《21世纪新能源丛书》编委会

“十二五”国家重点图书出版规划项目

21世纪新能源丛书

生物质热解原理与技术

朱锡锋　陆　强　编著

科学出版社

北　京

内 容 简 介

生物质能本质上是绿色植物通过光合作用转换和储存下来的太阳能，也是唯一一种具有碳源的可再生能源。生物质热解技术由于具有工艺过程短、原料适应性强、反应迅速、转化率高、易于工业化等诸多优点而备受人们的广泛关注。为进一步推动该项技术的研究与应用，编者基于多年的研究积累撰写成本书。全书内容共分 7 章，分别讲述了我国的能源形势和生物质能特点，生物质的组成、结构和性质，生物质的热解原理，生物质的热解炭化、热解气化和热解液化，以及生物油的性质与应用等，全书较好地构成了一套完整的生物质热解技术体系。

本书可作为高等学校和科研院所相关专业的研究生和高年级本科生的教材使用，也可以作为生物质能领域工程技术人员的参考资料使用。

图书在版编目(CIP)数据

生物质热解原理与技术/朱锡锋, 陆强编著. —北京: 科学出版社, 2014.6

(21 世纪新能源丛书)

ISBN 978-7-03-040761-0

Ⅰ. ①生… Ⅱ. ①朱… ②陆… Ⅲ. ①生物能源-热解气化 Ⅳ. ①TK6

中国版本图书馆 CIP 数据核字 (2014) 第 111129 号

责任编辑: 钱 俊 鲁永芳 / 责任校对: 郭瑞芝

责任印制: 吴兆东 / 封面设计: 耕者设计

科学出版社 出版

北京东黄城根北街 16 号

邮政编码: 100717

http://www.sciencep.com

中煤（北京）印务有限公司印刷

科学出版社发行 各地新华书店经销

*

2014 年 6 月第 一 版 开本: 720×1000 1/16

2025 年 9 月第六次印刷 印张: 20 3/4

字数: 398 000

定价: 138.00 元

(如有印装质量问题, 我社负责调换)

《21 世纪新能源丛书》序

物质、能量和信息是现代社会赖以存在的三大支柱。很难想象没有能源的世界是什么样子。每一次能源领域的重大变革都带来人类生产、生活方式的革命性变化，甚至影响着世界政治和意识形态的格局。当前，我们又处在能源生产和消费方式发生革命的时代。

从人类利用能源和动力发展的历史看，古代人类几乎完全依靠可再生能源，人工或简单机械已经能够适应农耕社会的需要。近代以来，蒸汽机的发明唤起了第一次工业革命，而能源则是以煤为主的化石能源。这之后，又出现了电和电网，从小规模的发电技术到大规模的电网，支撑了与大工业生产相适应的大规模能源使用。石油、天然气在内燃机、柴油机中的广泛使用，奠定了现代交通基础，也把另一个重要的化石能源引入了人类社会；燃气轮机的技术进步使飞机突破声障，进入了超声速航行的时代，进而开始了航空航天的新纪元。这些能源的利用和能源技术的发展，进一步适应了高度集中生产的需要。

但是化石能源的过度使用，将造成严重环境污染，而且化石能源资源终将枯竭。这就严重地威胁着人类的生存和发展，人类必然再一次使用以可再生能源为主的新能源。这预示着人类必将再次步入可再生能源时代——一个与过去完全不同的建立在当代高新技术基础上创新发展起来的崭新可再生能源时代。一方面，要满足大规模集中使用的需求；另一方面，由于可再生能源的特点，同时为了提高能源利用率，还必须大力发展分布式能源系统。这种能源系统使用的是多种新能源，采用高效、洁净的动力装置，用微电网和智能电网连接。这个时代，按照里夫金《第三次工业革命》的说法，是分布式利用可再生能源的时代，它把能源技术与信息技术紧密结合，甚至可以通过一条管道来同时输送一次能源、电能和各种信息网络。

为了反映我国新能源领域的最高科研水平及最新研究成果，为我国能源科学技术的发展和人才培养提供必要的资源支撑，中国工程热物理学会联合科学出版社共同策划出版了这套《21 世纪新能源丛书》。丛书邀请了一批工作在新能源科研一线的专家及学者，为读者展现国内外相关科研方向的最高水平，并力求在太阳能热利用、光伏、风能、氢能、海洋能、地热、生物质能和核能等新能源领域，反映我国当前的科研成果、产业成就及国家相关政策，展望我国新能源领域未来发展的趋势。

本丛书可以为我国在新能源领域从事科研、教学和学习的学者、教师、研究生提供实用系统的参考资料，也可为从事新能源相关行业的企业管理者和技术人员提供有益的帮助。

中国科学院院士

2013 年 6 月

前言

能源是人类社会赖以生存和发展的重要物质基础。纵观人类社会发展历史，从人类学会使用火开始，到工业化的今天，人类文明的每一次重大进步都伴随着能源技术的改进和提升。

改革开放以来，随着我国经济和社会的快速发展，我国能源消耗平均以6%~7%的年增长率快速增长，现已成为世界上第一大能源生产国，并已接近成为世界上第一大能源消费国。另一方面，我国人均能源资源拥有量在世界上却处于较低水平，其中煤炭资源人均拥有量相当于世界平均水平的50%，石油和天然气的人均资源量仅为世界平均水平的5%~6%。因此，在我国大力研究和开发应用包括生物质能在内的各种可再生能源，意义十分重大。

生物质能本质上是绿色植物通过光合作用转换和储存下来的太阳能，也是唯一一种具有碳源的可再生能源。我国生物质资源非常丰富，主要有农作物秸秆、薪柴和森林废弃物、能源植物、工业有机废弃物和生活有机垃圾等。采用热解等现代生物炼制技术将这些可再生的生物质资源转化为具有较高品质的能源产品，既可以减少石油等化石资源的消耗，又能够在保护生态环境的同时，开拓新的经济增长点和促进美好乡村的建设。

本人于1997年年底开始从事生物质能研究。当时本人即将结束在中国科学技术大学的博士后研究，在聆听了浙江大学岑可法院士来学校所做的关于能源利用技术的学术报告后，更加坚信生物质能是很有应用前景的一种可再生能源，故决定选择生物质热解作为自己留校工作后的研究方向。时光荏苒，17年悄然已过，本人在生物质热解领域从启蒙到了解，从小试到中试，再从中试到示范，一直没有停止对该项技术的探索和创新。

本人能够在生物质热解领域追梦至今，当要感谢原中国科学技术大学校长朱清时院士。朱清时先生于19世纪20年代初倡导绿色化学研究，1999年开始关注本人在生物质热解转化方面所做的工作。为支持和加快学校在生物质能领域的研究，朱先生于2001年发起成立了中国科学技术大学生物质洁净能源实验室，并亲自兼任实验室主任。朱先生除了对我们的研究工作给予学术指导外，更是以坚韧不拔的毅力带领我们申请国家973计划等重大项目。朱先生对科学与真理的执着追求，一直深深地影响着本人。

本人能够在生物质热解领域追梦至今，还要感谢导师、原中国科学院院长路甬祥院士。先生每当获悉本人在生物质热解研究方面取得的进展时，总是给予勉励。在本人的生物质热解液化技术第一次产业化示范开始不久，先生于 2007 年 5 月莅临现场指导，并欣然命笔题词："官产学研结合，发展生物质可再生能源"。

生物质热解技术因具有工艺过程短、原料适应性强、反应迅速、转化率高和无污染物排放等诸多优点而备受人们的广泛关注。为进一步推动该项技术的研究与应用，本人基于多年的研究积累撰写了本书。全书内容共 7 章，分别讲述我国的能源形势和生物质能特点，生物质的组成、结构和性质，生物质的热解原理，生物质的热解炭化、热解气化和热解液化，以及生物油的性质与应用等。全书虽然较好地构成了一套完整的生物质热解技术体系，但在生物质热解机理方面的叙述还不够深入，在生物质热解技术方面的叙述还不够深刻。如果本书能够对读者有所启发，本人将感到莫大的欣慰。

本书能列入"十二五"国家重点图书出版规划项目《21 世纪新能源丛书》，当要感谢中国科学院工程热物理研究所金红光院士的大力推荐和殷切勉励。金先生在燃料化学能梯级利用技术领域所取得的成就和他那"学而不厌、诲人不倦"的品格一直鼓舞着本人、激励着本人。

本书能够在不太长的时间内编撰完成，还要感谢编者之一、现为华北电力大学副教授的陆强博士。从本科三年级到博士毕业，7 年间他一直跟随本人从事生物质热解技术的研究，期间共计发表了 27 篇学术论文，2010 年毕业时荣获中国科学院院长优秀奖。他承担了本书五分之二的编写工作。

中国科学技术大学生物质洁净能源实验室的郭庆祥教授、阎立峰教授、傅尧教授、李全新教授等老师和研究生对于本书的编写给予了大力支持和热情帮助。在此谨向他们表示衷心的感谢！

在本书的编写过程中，作者广泛参考了国内外已出版和发表的相关资料。在此对本书所借鉴的研究成果的完成者表示衷心的感谢！

本书研究成果是在过去十余年时间内持续攻关取得的，研究工作得到了国家 973 计划（2007CB210203 和 2013CB228103）、国家 863 计划（2012AA051803）、国家科技支撑计划（2007BAD34B02）、国家自然科学基金（50576091、50876099 和 50930006）、中国科学院知识创新工程（KGCX2-YW-306-4 和 KGCX2-YW-330）和重点部署项目（KGZD-EW-304-3）的宝贵资助。在本书编写和出版过程中获得了同行专家和科学出版社编辑的很多鼓励和帮助，在此一并致以深深的谢意！

限于编者水平，书中难免存在不足之处，恳请读者不吝赐教。

朱锡锋

2014 年 4 月

目录

第1章　概　述

1.1　能源的基本概念

能源(energy source)亦称能量资源或能源资源，是人类社会赖以生存和发展的重要物质基础。纵观人类社会发展的历史，人类文明的每一次重大进步都伴随着能源的改进和更替。能源的开发和有效利用程度以及人均能源消费量，是生产技术、生活水平和社会发展的重要标志之一。

凡是自然界存在的、通过科学技术手段能够转换成各种形式能量(热能、电能、光能、化学能和机械能等)或可做功的资源都被统称为能源。其中凡自然界原来就存在、没有经过加工或转换的能源称为一次能源，如煤、石油、天然气、煤层气、水能、太阳能、风能、生物质能、核能、地热能等；由一次能源经过加工或转换而得到的能源称为二次能源，如电力、焦炭、煤气、汽油、柴油、热力等。

地球上的一次能源主要来源于三个方面[1]。

一是来自地球以外天体中的太阳辐射能。这方面的能量30%以短波辐射的形式直接反射和散射到宇宙空间，其余70%被大气、海洋、陆地、生物等接受。这70%中有47%左右直接转变成热能，再以长波辐射的形式离开地球；其余约23%成为一次能源的来源。作为一次能源的太阳辐射能，绝大部分使地表的水蒸发成为蒸汽上升至高空，在随大气环流过程中遇到冷空气凝结成雨雪又降落到地面而形成河流，河流水落差而生成的势能就是水能；另一部分照射大气层导致各处由于气温不同而产生气压差别并形成风能，或照射海洋使海水产生温差而引起密度不同并形成海流；还有一部分通过光合作用被植物吸收而生成生物质能，这些植物若被长久沉积在地下，就形成矿物燃料，如煤、石油和天然气等。人类和动物由食物中取得的能量都是直接或间接来自于太阳的辐射能。

二是来自地球本身的能量，如地热能、火山能、地震能以及核燃料(铀、钍、钚)等。这方面的能源目前可以利用的主要是地下热水、地下蒸汽、热岩等地热能，以及地壳和海洋中蕴藏的各种核燃料。这类能源目前多数尚未得到大量应用，但其前景非常可观，据估计能源总量约为全部煤炭能量的一亿多倍，如海水中每克重氢(氘)在聚变反应中可释放出1015kW·h的能量。

三是地球和其他天体相互作用而产生的能量。例如，在天体运动中，太阳和月亮对地球表面的水有着吸引力作用而产生的潮汐能就属于这一类能源。

能源可以根据它们是否能够再生而分为可再生能源和不可再生能源两类。可再生能源是指能够重复产生的自然能源，它可供人类长期使用而不会枯竭，如太阳能、风能、水能、海洋能、潮汐能、地热能和生物质能等。不可再生能源是指那些不能重复产生的自然能源，这些能源用一点就少一点，在短期内不会重复产生并最终会枯竭，如煤炭、石油、天然气、核燃料等。

能源根据其是否具有物质形态可以分为燃料能源和非燃料能源两类。燃料能源有矿物燃料(煤、石油、天然气等)、生物燃料(柴草、木材、沼气、有机废弃物等)、化工燃料(丙烷、甲醇、酒精、废旧塑料制品等)和核燃料(铀、钍、钚、氘等)四种。非燃料能源多数具有机械能，如风能、水能、潮汐能、波浪能等，有的含有热能，如地热能和太阳能等。

能源根据其使用的普及情况分为常规能源和新能源两类。常规能源是指在现有科学技术的水平下已被广泛使用的能源，如煤炭、石油、天然气、水能等。那些虽然早已被利用或已引起人们重视，但尚未广泛被利用或在利用技术方面尚待完善或正在研究中的能源，都称为新能源。随着科学技术的发展，新能源的技术日益完善而被逐渐广泛采用，新能源也就成为常规能源。在我国现阶段，核能、太阳能、风能、地热能、生物质能、海洋能等都被列为新能源。

能源根据其与环境友好的情况又分为清洁能源和非清洁能源两类。清洁能源是指在能源生产和使用过程中对环境不造成或基本不造成危害，而非清洁能源是指在能源生产和使用过程中会对环境造成危害。一般而言，可再生能源(如太阳能、风能、水能、海洋能、潮汐能、地热能和生物质能等)都属于清洁能源，而不可再生能源(如煤炭、石油、天然气、核燃料等)都属于非清洁能源。

表示能源的量主要有焦耳(J)、千焦(kJ)、兆焦(MJ)、吉焦(GJ)、太焦(TJ)、拍焦(PJ)、艾焦(EJ)等，以及国家标准已废除但工程上还常使用的卡(cal)和大卡(kcal)等。它们的换算关系是：1 cal=4.18 J，1 kcal=1000 cal。

能源的种类不同，计量单位也不同，如煤炭、石油等按吨计算，天然气、煤气等按立方米计算，电力按千瓦小时计算。因此，为了求出不同品种和不同含热量的能源的总量，需要将它们按各自不同的含热量折合成标准含量的统一计算单位的能源——煤当量或油当量。

煤当量和油当量分别是按标准煤和标准油的发热量计算各种能源量的换算指标，国际能源机构(IEA)规定：1kg 煤当量=7000kcal/kg=29 307kJ/kg 或 29.3GJ/t，以及 1kg 油当量=10 000kcal/kg=41 868kJ/kg 或 41.9GJ/t。

目前，我国已经成为世界上第一大能源生产国和能源消费国[2]。2011 年我国一次能源生产总量为 31.8 亿吨标准煤，其中煤炭占 77.5%，石油占 9.4%，天然气占

3.8%，其他(水电、核电、风电等)占 9.3%；同年，我国一次能源消费总量为 34.78 亿吨标准煤，其中煤炭占 69.6%，石油占 18.7%，天然气占 3.9%，其他(水电、核电、风电等)占 7.8%。今后一段时期，我国仍将处于工业化、城镇化加快发展阶段，能源需求会继续增长，能源供应保障任务更加艰巨。我国能源形势严峻，主要表现在以下几个方面。

一是能源资源结构不理想。我国已探明的煤炭资源可采储量占化石资源总的可采储量的 93.7%，而石油和天然气分别只占 2.9%和 3.4%，煤炭资源比重偏大，石油、天然气资源相对较少。

二是人均能源资源拥有量较低。我国人口众多，人均能源资源拥有量在世界上处于较低水平。煤炭资源人均拥有量相当于世界平均水平的 50%，石油和天然气的人均资源量仅为世界平均水平的 5%~6%。

三是资源储存与能源消费地域存在明显差别。我国能源资源分布广泛但不均衡，煤炭资源主要储存在华北、西北地区，石油和天然气资源主要储存在东、中、西部地区和海域，而我国主要能源消费地区集中在东南沿海经济发达地区，大规模、长距离的北煤南运、北油南运、西气东输、西电东送是我国能源流向的显著特征和能源运输的基本格局。

四是能源资源开发难度较大。与世界相比，我国煤炭资源地质开采条件较差，大部分储量需要井下开采，极少量可供露天开采；石油天然气资源地质条件复杂，埋藏深，勘探开发技术要求较高。

1.2 绿色植物光合作用

光合作用(photosynthesis)，即光能合成作用，是植物、藻类和某些细菌，在可见光的照射下，经过光反应和暗反应，利用光合色素将二氧化碳和水(细菌为硫化氢和水)转化为有机物，并释放出氧气(细菌释放氢气)的生化过程[3]。

植物的光合作用实际上只在植物的叶和茎中进行，因为在植物的这些部位存有许多叶绿体，叶绿体上分布着许多叶绿素分子，它吸收光能后就互相传递并引发一系列的化学反应，如发生光化反应生成氧气、发生二氧化碳同化反应生成碳水化合物等。植物光合作用过程的总反应式为

$$CO_2 + H_2O \xrightarrow{\text{光}} CH_2O + O_2 \tag{1-1}$$

光合作用是生物界赖以生存的基础，也是地球碳氧循环的重要媒介。全球的绿色植物通过光合作用每年约吸收 7×10^{11} 吨二氧化碳和合成 4.7×10^{11} 吨有机物。正是因为有了光合作用，地球上 60 多亿人类和近 200 万种生物(其中动物 150 多万种、

植物 30 多万种)的生命活动所需的食物才能不断地得到供应。

从能量利用角度来看，光合作用又是一个巨型的能量转换过程，它是地球上唯一能够大规模地将太阳能转变成可以储存的化学能的生物学过程。虽然通过光合作用固定的太阳能大约只占到达地球表面太阳能的千分之一，但其每年合成的有机物所蕴含的能量非常巨大，约为世界每年所耗能量的 10 倍，而目前的利用率不到 3%。

为什么光合作用能把太阳能转变为化学能储存起来呢？这是因为化合物的能量实际上可以看成是形成化合物的原子之间的化学键所储藏的。从上述光合作用总反应式可以看出，反应前和反应后的碳原子、氢原子和氧原子的数目都没有变化，只是这三种元素作了重新排列，即原子的结合不同了。不同结合的原子之间的化学键所储藏的能量是不同的，氢氧原子之间的键能(H—O)每摩尔为 460kJ，氧氧原子之间的键能(O—O)每摩尔为 485kJ，氧碳原子之间的键能(O—C)每摩尔为 795kJ，碳氢原子之间的键能(C—H)每摩尔为 385kJ，这样就可算出光合反应前二氧化碳和水的总键能是 2510kJ，而光合反应后氧气和碳水化合物的总键能是 2050 kJ，如式(1-2)所示。

$$(O \overset{795}{=} C \overset{795}{=} O) + \left(\begin{array}{c} H \\ |{\scriptstyle 460} \\ O \\ |{\scriptstyle 460} \\ H \end{array}\right) \rightleftharpoons (O \overset{485}{=} O) + \left(\begin{array}{c} H \\ {\scriptstyle 385}| \\ C \overset{795}{=} O \\ {\scriptstyle 385}| \\ H \end{array}\right) +460\ kJ/mol \tag{1-2}$$

因此，反应后氧气和碳水化合物里的键能比反应前二氧化碳和水里的键能小。键能小，就是所处的化学势位高，容易向键能大、化学势位低的方向转化，这种转化趋势就是化学能。光合作用在这里所得到的化学能是每摩尔 460 kJ。我们利用有机物时，如将有机物燃烧，只要把 1mol 碳水化合物和 1mol 氧气结合起来，变成更稳定的 1mol 二氧化碳和 1mol 水，就可以同时获得 460 kJ 的能量。

表 1-1 列出了世界上一些植物的干物质生产与光能利用率[4]。从表中可见，不同植物的光合作用效率存在明显差异。植物按其光合作用中碳的同化过程来区分，可以分为三碳(C_3)植物和四碳(C_4)植物两种。

大多数植物同化二氧化碳的途径都一样，即二氧化碳进入叶子后，先与腺三磷生成一种叫做磷酸甘油酸的中间化合物，然后再经若干次反应生成碳水化合物。由于磷酸甘油酸是一种具有三个碳原子的化合物，故这一类型的植物都叫做三碳(C_3)植物。另有一些起源于热带地区的植物，它们的碳同化过程在开头还要先生成一种比较稳定的叫做草酰乙酸的中间化合物，这个中间化合物经过一些变化后放出二氧化碳，然后再如三碳植物一样，通过磷酸甘油酸而发生一系列同化反应，最后生成碳水化合物。由于先生成的中间化合物草酰乙酸有四个碳原子，故这一类型的植物就叫四碳(C_4)植物。高粱、玉米和甘蔗等都是四碳植物。因四碳植物比三碳植物多一个二氧化碳吸收和放出的过程，故其光合作用效果比三碳植物好，产量也比三碳植物高。

表 1-1 世界上一些植物的干物质生产与光能利用率

	植物	国家和地区	干物质生产/($g/(m^2·d)$)	光能利用率/%
温带	高平茅	英国	43	3.5
	黑麦	英国	28	2.5
	羽衣甘蓝	英国	21	2.2
	大麦	英国	23	1.8
	玉米	英国	24	3.4
	小麦	荷兰	18	1.7
	豌豆	荷兰	20	1.9
	玉米	美国肯塔基	40	3.4
亚热带	马铃薯	美国加利福尼亚	37	2.3
	松树	澳大利亚	41	2.7
	棉花	美国佐治亚	27	2.1
	水稻	澳大利亚	23	1.4
	甘蔗	美国得克萨斯	31	2.8
	玉米	美国加利福尼亚	52	2.9
热带	木薯	马来西亚	18	2
	水稻	菲律宾	27	2.9
	紫狼尾草	萨尔瓦多	39	4.2
	甘蔗	美国夏威夷	37	3.8
	玉米	泰国	31	2.7

注：这里的光能利用率是指作物光合产物中储藏的能量占照射到地面能量的百分率

除植物种类之外，影响光合作用效率的主要因素还有光照强度、CO_2浓度、水分和温度等。增加光照强度能够提升光合作用的效率，但超过一定范围之后，光合作用效率的提升变慢，直到不再提升；CO_2是绿色植物光合作用的原料，在一定范围内提高它的浓度能够提升光合作用的效率，但达到一定值之后，光合作用的效率将不再提升；水分既是光合作用的原料，又可影响叶片气孔的开闭，从而间接影响CO_2的吸收；温度对光合作用的影响较为复杂，光合作用包括光反应和暗反应两个部分，其中光反应部分受温度影响小，而暗反应部分则明显受温度变化的影响和制约。

1.3　生物质资源与分类

"生物质"目前还没有严格的定义，不同的专业对其定义也有所不同。根据能量资源的观点，采用"一定累积量的动植物资源和来源于动植物的废弃物的总称(但不包括化石资源)"作为生物质定义的较多[5]。因此，生物质不仅包括农作物、木材、海藻等本原型农林水产资源，还包括纸浆废物、造纸黑液、酒精发酵残渣等工业有机废弃物、厨房垃圾、污水处理厂剩余污泥和人畜粪便等。

生物质不仅种类很多，而且存在量巨大。从能源角度评价生物质资源时，可以把生物质大致分为两类(图 1-1)：一类是生产资源型；另一类是残余废弃型。

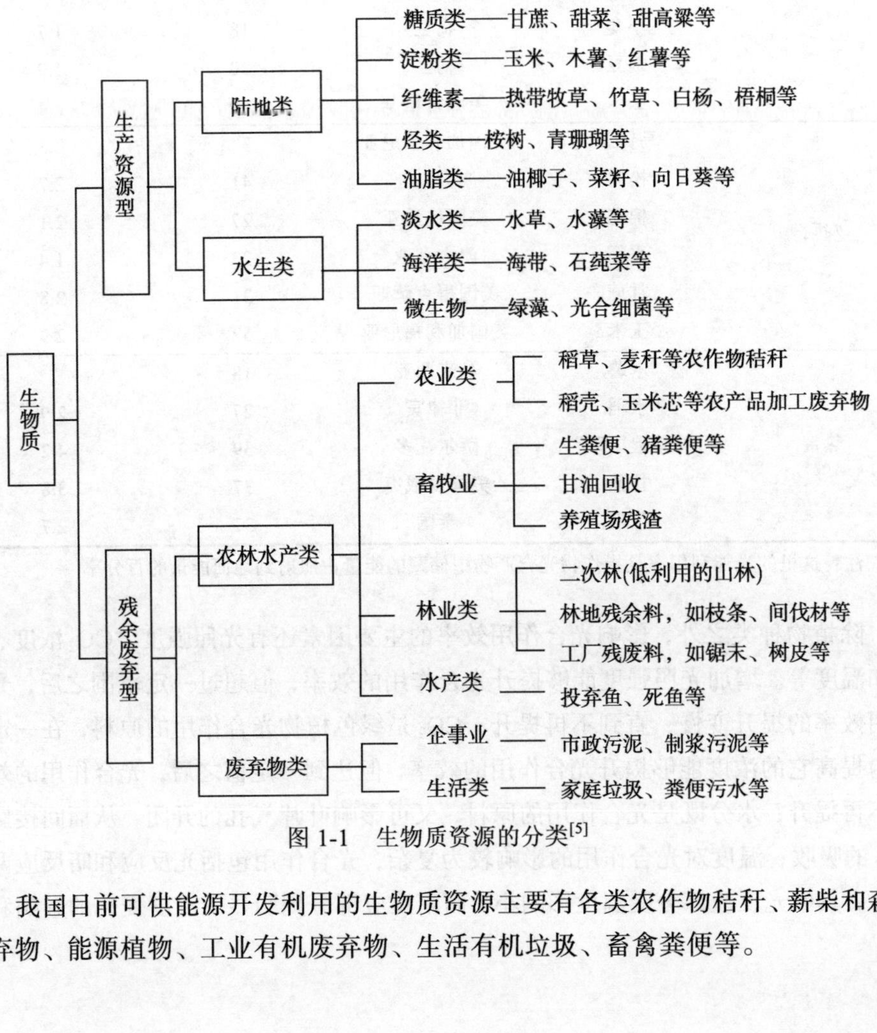

图 1-1　生物质资源的分类[5]

我国目前可供能源开发利用的生物质资源主要有各类农作物秸秆、薪柴和森林废弃物、能源植物、工业有机废弃物、生活有机垃圾、畜禽粪便等。

1. 农作物秸秆

农作物秸秆是指在农业生产过程中，收获了稻谷、小麦、玉米等农作物以后，残留的不能食用的茎、叶等副产品，以及一些农产品加工后剩余的皮壳(如稻壳和花生壳等)。我国农作物秸秆数量大、种类多、分布广。但近年来，随着秸秆产量增加、农村能源结构改善和各类替代原料应用，加上秸秆资源分布不集中、体积能量密度低、收集运输成本高，以及综合利用经济性差、产业化程度低等原因，秸秆出现了地区性、季节性和结构性的过剩，大量秸秆资源未被有效利用。

秸秆的资源量可分理论资源量和可收集资源量两种。

秸秆理论资源量是指某一区域秸秆的年总产量，表明理论上该地区每年可能生产的秸秆资源量。因为农作物分布的比较分散，并与当地的自然条件、生产情况有关，统计起来比较困难。一般是根据农作物产量和各种农作物的草谷比，大致估算出各种秸秆的产量，即秸秆理论资源量=农作物产量×草谷比。

据调查，2009 年全国农作物秸秆理论资源量为 8.20 亿吨(含水量为 15%)。从品种上看，稻草约为 2.05 亿吨，占理论资源量的 25%；麦秸为 1.50 亿吨，占 18.3%；玉米秸为 2.65 亿吨，占 32.3%；棉秆为 2584 万吨，占 3.2%；油料作物秸秆为 3737 万吨，占 4.6%；豆类秸秆为 2726 万吨，占 3.3%；薯类秸秆为 2243 万吨，占 2.7%。详见图 1-2。

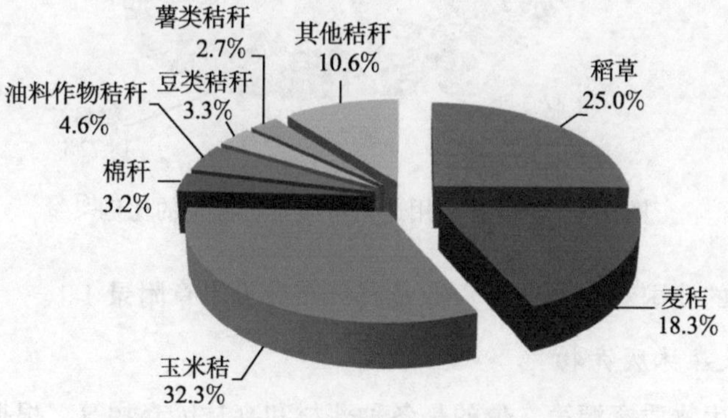

图 1-2　各种农作物秸秆占总资源量比例[6]

从区域分布上看，华北区和长江中下游区的秸秆资源最为丰富，理论资源量分别约为 2.33 亿吨和 1.93 亿吨，占总量的 28.45%和 23.58%；其次为东北区、西南区和蒙新区(注：内蒙古和新疆)，分别约为 1.41 亿吨、8994 万吨和 5873 万吨，占总量的 17.2%、10.97%和 7.16%；华南区和黄土高原区的秸秆理论资源量较低，分别约为 5490 万吨和 4404 万吨，占总量的 6.7%和 5.37%；青藏区最低，仅为 468 万吨，占总量的 0.57%。

秸秆的可收集资源量是在其理论资源量的基础上，考虑到许多农作物在收获过程中需要留茬收割，在秸秆收集和运输过程中会造成损失而估计得到的。据估算，2009 年全国农作物秸秆可收集资源量约为 6.87 亿吨，占理论资源量的 83.8%。

自古以来，秸秆一直是农民的基本生产生活资料，是保证农民生活和农业发展的宝贵资源，可用作肥料、饲料、生活燃料、食用菌基料以及造纸等工业原料等，用途十分广泛。但是，随着农村社会发展和农民收入的提高，秸秆的传统利用方式正在发生转变。调查结果表明，秸秆作为肥料使用量约为 1.02 亿吨(不含根茬还田)，占可收集资源量的 14.78%；作为饲料使用量约为 2.11 亿吨，占 30.69%；作为燃料使用量(含秸秆新型能源化利用)约为 1.29 亿吨，占 18.72%；作为种植食用菌基料使用量约为 0.15 亿吨，占 2.14%；作为造纸等工业原料使用量约为 0.16 亿吨，占 2.37%；废弃及焚烧约为 2.15 亿吨，占 31.31%。详见图 1-3。

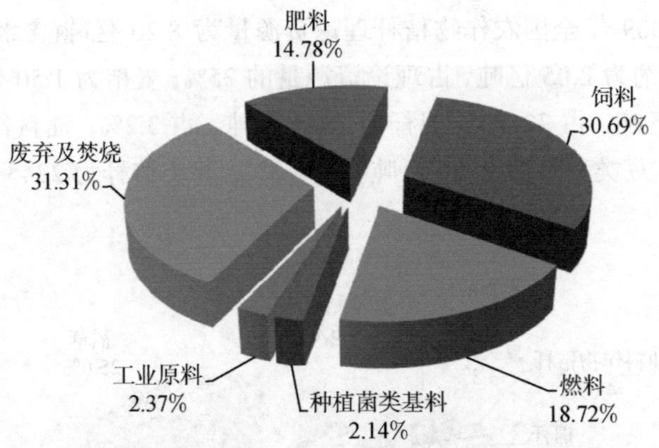

图 1-3　秸秆各种用途占可收集资源量的比例[6]

较为详细的我国农作物秸秆资源及其分布参见本章附录 1-1。

2. *薪材及森林废弃物*

占据我国生物质资源第二位的是各种薪材和森林废弃物等。根据 2008 年结束的第七次全国森林资源调查，除香港、澳门、台湾地区外，我国现有林地面积 30378.19 万 hm^2，森林面积 19333.00 万 hm^2，活立木(注：林地中生长着的林木)总蓄积 145.54 亿 m^3，森林蓄积 133.63 亿 m^3；天然林面积 11969.25 万 hm^2，天然林蓄积 114.02 亿 m^3；人工林保存面积 6168.84 万 hm^2，人工林蓄积 19.61 亿 m^3。

大体而言，我国森林资源的消耗可以分为三个主要部分：制造木制品、用于工业原料和用于生活燃料。据专家测算，近年我国可用作林业生物质能的各种薪材和森林废弃物的年产量达 1 亿吨，约合 6000 万吨标准煤。

3. 能源植物

能源植物是指以直接用于提供能源为目的的植物。按其所含主要物质进行分类，能源植物主要包括：①糖类能源植物，如甘蔗、甜高粱、甜菜等，主要用于生产糖类原料，经过发酵可以生产燃料乙醇；②淀粉类能源植物，如木薯、玉米、甘薯等，主要用于生产淀粉类原料，经过水解和发酵也可以生产燃料乙醇；③纤维素类能源植物，如速生林和芒草等，经过水解和发酵可以生产燃料乙醇，也可以利用其他技术获得气体、液体或固体燃料；④油料能源植物，如油菜、向日葵、棕榈、花生等，提取的油脂可用来生产生物柴油；⑤烃类能源植物，如续随子、绿玉树、古巴香胶树、银胶菊、西谷椰子和西蒙得木等，提取含烃汁液可以生产接近石油成分的燃料。

4. 工业有机废弃物

工业有机废弃物分为工业固体有机废弃物和工业有机废液两类。其中，工业固体有机废弃物主要来自木材加工厂、造纸厂、糖厂和粮食加工厂等，包括木屑、树皮、蔗渣、谷壳等；工业有机废液主要来自酒精、酿酒、制糖、食品、制药、造纸及屠宰等行业生产过程中排出的有机废液等。

我国的纸及纸板年产量约为8000万吨，由此而产生的有机废弃物总量为1000万吨(相当于500万吨标准煤)；我国酿酒厂、糖厂和食品加工厂每年产生的有机废液大约为100亿吨，这些有机废液中含有高浓度的COD，总量约为350万吨标准煤。

5. 生活有机垃圾

生活有机垃圾主要来自城镇居民的日常生活，还有一些来自于如学校、医院、公园等公共场所。据专家估算，最近若干年来，随着我国城镇化进程的加快，城镇生活有机垃圾的产生量和堆积量逐年增加，年均增长率达到10%以上。目前，我国城镇生活有机垃圾的总量达1.5亿吨标准煤/年，平均热值在4.18MJ/kg(1000kcal/kg)左右。

6. 畜禽粪便

畜禽粪便也是一种重要的生物质能源。除在牧区有少量的直接燃烧外，畜禽粪便主要是作为沼气的发酵原料。据估算，中国主要畜禽鸡、猪、牛等的粪便资源总量约8.5亿吨，约合8000万吨标准煤，其中大中型养殖场的畜禽粪便是最易集中开发利用的。我国目前大中型牛、猪、鸡场近万家，每年粪便资源量约3亿吨，约合2000万吨标准煤。

1.4　生物质的物理性质

1.4.1　生物质的含水率

生物质来自于生物，含水率较高，从干秸秆、干木屑的含水率20%以下，到微藻类、发酵残渣、生物污泥的含水率95%以上，差别较大。在生物质利用，尤其是作为能量转换利用时，含水率是十分重要的影响因素之一。

生物质含水率的定义根据研究领域的不同而不同。能源研究中大多采用以下方式来定义含水率：

$$含水率=\frac{水分质量}{总质量}\times 100\%$$

$$总质量=生物质质量+水分质量$$

上述定义中，含水率不会超过100%。而在森林和生态学研究中，含水率大都采用水分质量与生物质质量之比来计算，故含水率有可能超过100%。

本书以总质量中的水分占有量作为含水率的定义，而且如不加特别说明，所称的生物质都是含有水分的。

附录1-2为固体生物质燃料全水分的测定方法。

1.4.2　生物质的密度

生物质的密度通常有三种表示方法，即堆密度、视密度和真密度，对同一种生物质样，这三种密度的数值依次增大。

堆密度是指单位体积(既包括颗粒间的孔隙，也包括颗粒内部的孔隙)生物质的质量，它反映了在自然堆积状态下单位体积生物质物料的质量。图1-4给出了部分生物质物料的堆密度。由图可见，生物质物料的堆密度差异较大，如木材、木炭、棉秸在内的高密度物料的堆密度在200~350kg/m^3，而大多数农作物秸秆的堆密度却比较低，如玉米秸和麦秸等低密度秸秆的堆密度大都在100kg/m^{3}之下。

视密度是指单位体积(不包括颗粒间的孔隙，但包括颗粒内部的孔隙)生物质的质量，可用称量法(涂蜡法、涂凡士林法等)测定。由于存在内部孔隙，故视密度大小与测量方式有很大关系。

真密度是指单位体积(既不包括颗粒间的孔隙，也不包括颗粒内部的孔隙)生物质的质量，可用比重瓶法或其他置换方法来测定。

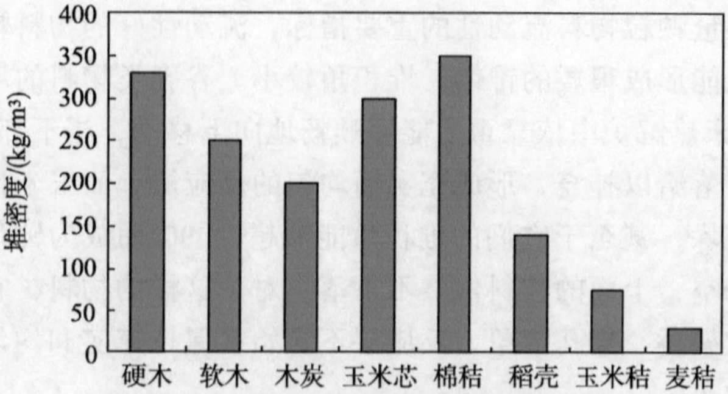

图 1-4　部分生物质物料的堆密度

测量堆密度时，由于生物质体积包含了颗粒间的孔隙和颗粒内部的孔隙，故原料堆积方式和堆积体积不同，其堆密度也不同，有时差异还会很大。测量视密度时，由于生物质的体积只包含了颗粒内部的孔隙，故其测量结果受原料堆积方式和堆积体积的影响小了很多。唯有真密度的测量结果可以不受原料堆积方式和堆积体积的影响。表 1-2 给出了几种生物质的颗粒平均直径、堆密度、视密度和孔隙率。

表 1-2　几种生物质的物性参数

种类	平均直径/mm	堆密度/(kg/m³)	视密度/(kg/m³)	孔隙率/%
木屑	0.78	150~200	570.3	57.7
木片	—	200~300	—	—
花生壳	0.61	200~250	566.8	55.9
椰子壳	0.98	400~450	547.9	21.5
稻壳	1.50	100~140	630.1	80.0
碎稻草	—	40~60	—	—
稻草捆	—	100~120	—	—

1.4.3　堆积角、内摩擦角和滑落角

如图 1-5 所示，当颗粒物料处于自由堆积状态时(无容器约束)，其堆积体的自由表面在静止平衡状态下与水平面间形成的最大夹角称为颗粒的堆积角。颗粒群的堆积角与实际供排料的方法有关。在某一高度下将颗粒物料注入到某一无限大平板上所形成的堆积角称为注入堆积角；将颗粒物料注入到某一有限的圆板上，当物料堆积到圆板边缘并开始有物料从圆板边缘排出时，物料的堆积角称为排出堆积角。一般的，对粒度分布较宽的物料，排出角大于注入角；对单一粒度的物料，两种堆积角基本相等。

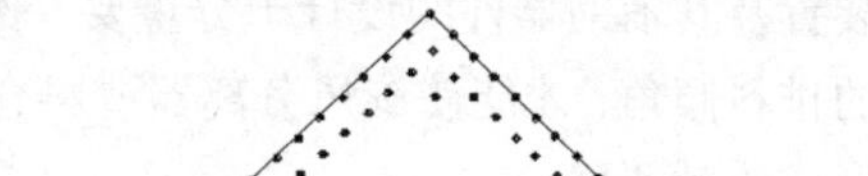

图 1-5　堆积角

堆积角是衡量颗粒物料流动性的重要指标，流动性好的物料颗粒在很小的坡度就会滚落，只能形成很矮的锥体，堆积角较小。谷壳类物料的堆积角通常不超过 45°，在固定床热解炉中依靠重力能够顺畅地向下移动，当下部原料消耗以后，上部原料自然下落给以补充，形成充实而均匀的反应层。而玉米秸和麦秸即使铡成小段也能堆成垛，甚至于它们的堆积角能够超过 90°而成为钝角，所以常出现草垛的底部被掏空，上面的物料依然不下落。对于这样的物料，它们在固定床热解炉里容易产生架桥、穿孔现象，反应层不易始终保持充实和均匀，故很难保证有良好的气化效果。

内摩擦角的大小显示颗粒群内部的层间摩擦特性[4]。该参数是生物质颗粒物料仓设计中的重要参数，其最简单、最直观的测定方法为仓流试验法。如图 1-6 所示，在装有颗粒物料的料仓底部开一小长孔，使仓内物料可以通过该孔连续流出。在物料流动过程中，可观察到物料存在一个流动核心，其边界面与水平面间的夹角即为该物料的内摩擦角。

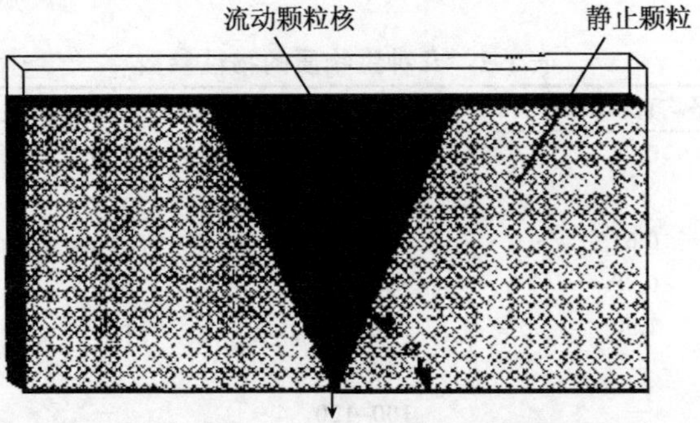

图 1-6　仓流试验法测定颗粒的内摩擦角[7]

颗粒群的滑落角表征颗粒物料与倾斜的固体表面的摩擦特性。滑落角本身不是一个定值，而是一个角度范围。载有颗粒物料的平板由水平逐渐倾斜，当物料开始滑动时，平板与水平面的夹角称为最小滑落角。滑落角即是指介于最小滑落角与 90°之间的角度范围。滑落角越大，则物料滑落速度越大。该参数对生物质热化学转化装置及其辅助器件的设计十分重要。例如，设计旋风分离器或料斗，只有选择适当的排料倾角，才能使旋风分离器或料仓中的颗粒物料顺利排出而不致于堵塞流道或形成流动死区。

1.4.4　生物质炭的机械强度

生物质物料加热后很快析出挥发分，剩余的生物质炭组成热解炉中的反应层。作为支撑生物质物料颗粒形状的骨架，生物质炭的机械强度对反应层的构成有重要影响。由木材和硬质秸秆等形成的生物质炭机械强度较高，析出挥发分后几乎可以保持原来形状，形成孔隙率高且均匀的优良反应层。而多数秸秆炭的机械强度很低，在大量挥发分析出后，不能保持原有形状，容易在反应层中产生空洞，形成不均匀气流，从而使反应层遭到破坏。

1.4.5 生物质的比表面积

比表面积是指单位质量物料所具有的总面积。对于具有一定孔隙结构的固体，其表面积有外表面积与内表面积之分。

生物质的表面积大小一般用比表面积来表示，即单位质量的生物质颗粒所具有的表面积。测定比表面积的方法有润湿热法、BET 法、微孔体积法等，其中以直接对比法和多点 BET 法[8]最为常用。

1.4.6 生物质的孔隙率

孔隙率又称气孔率，它是指孔隙体积(既包括颗粒间的孔隙，也包括颗粒内部的孔隙)与生物质的总体积之比，即单位质量的生物质所包含的孔隙体积。

孔隙率分为两种：多孔介质内相互连通的微小空隙的总体积与该多孔介质的外表体积的比值称为有效孔隙率；多孔介质内相通的和不相通的所有微小空隙的总体积与该多孔介质的外表体积的比值称为绝对孔隙率或总孔隙率。所谓孔隙率通常是指有效孔隙率，它与多孔介质固体颗粒的形状、结构和排列有关。

1.4.7 生物质的比热容

比热容又称比热容量，简称比热，是单位质量物质的热容量，即单位质量物体改变单位温度时吸收或释放的内能。

生物质的比热不是恒定的，它随生物质种类、水分、灰分变化而变化，与温度的变化关系大体是：在 0℃与某一温度之间，比热随温度增加而增加；超过某一温度，比热则随温度增加而下降。

1.4.8 生物质的导热系数

导热系数定义为热流密度与温度梯度之比，即在单位温度梯度作用下物体内所产生的热流密度。

总体而言，生物质是不良热导体，所以生物质在气化炉或热解反应炉中的升温速度很慢。提高生物质的堆密度或使用砂子等热载体，均能提高生物质的传热效果。

1.5　生物质的燃料特性

1.5.1　生物质的燃烧

生物质燃料(秸秆、薪柴等)的燃烧是强烈的放热化学反应过程，燃烧的进行除了要有燃料本身之外，还必须有足够的温度和适量的空气供应。燃料的燃烧过程可以分作预热、水分蒸发、析出挥发分和焦炭燃烧等几个阶段。

当柴草送进炉(或灶)膛后，用火种引燃柴草表面的可燃物，温度逐渐升高，柴草中水分首先蒸发而干燥。干燥的柴草吸热增温发生热解，析出挥发分气体，形成浓度合适的挥发分与空气的混合物。当温度和浓度这两个条件都已具备，挥发分首先着火燃烧，并为其后的焦炭燃烧准备了条件。当柴草表面燃烧所放出的热能逐渐积聚，通过传导和辐射向柴草内层扩散，从而使内层挥发分析出，继续与氧混合燃烧，并放出大量的热量。此时，柴草中剩下的焦炭被挥发分包围着，灶膛中的氧不易接触到焦炭表面，只有当挥发分的燃烧快要终了时，焦炭周围的温度很高，一旦有氧气接触到炽热的焦炭表面，就可以产生焦炭的燃烧。随着焦炭的燃烧，不断产生灰分，把剩余的焦炭包裹，妨碍它继续燃烧，这时适当人为地加以搅动或增加炉篦中的通风量，都可以加强剩余焦炭的燃烧，否则灰渣中可能会残留未燃尽的焦炭。

以上几个阶段实际上是连续进行的，当挥发分气体着火燃烧后，气体便不断向上流动，边流动边反应形成扩散火焰，在扩散火焰中，由于空气与可燃气体混合比例的不同，因而形成各层温度不同的火焰。混合比例恰当，燃烧就好，温度就高；反之，燃烧不好，温度就低。所以，进入炉膛的空气不能过多，也不能过少，否则都会造成火焰熄灭。

碳的燃烧，理论上可按式(1-3)和式(1-4)进行

$$C+O_2 = CO_2 \tag{1-3}$$

$$2C+O_2 = 2CO \tag{1-4}$$

但实际上氧气在高温下与炽热的焦炭表面接触时，将同时产生一氧化碳和二氧化碳，即基本上按下列方式发生氧化反应

$$4C+3O_2 = 2CO_2+2CO \tag{1-5}$$

$$3C+2O_2 = 2CO+CO_2 \tag{1-6}$$

一氧化碳和二氧化碳两种气体产生量的多少由温度的高低和空气供给的多少而定，当温度处于 900~1200℃时，反应主要按式(1-5)进行，当温度高于 1450℃时，反

应则主要按式(1-6)进行。

在温度较高(如超过 700℃)的情况下，当生成的一氧化碳向外扩散时遇到氧气，则会继续燃烧生成二氧化碳，即

$$2CO+O_2 = 2CO_2 \tag{1-7}$$

若温度更高，当生成的二氧化碳在扩散过程中遇到炽热的焦炭，就会发生碳的气化还原反应，生成一氧化碳，即

$$CO_2+C = 2CO \tag{1-8}$$

这种反应会促使固定碳的氧化。

由于炉膛中尚有一些水蒸气存在，它也会向焦炭表面扩散，当与炽热的焦炭相遇时，也会发生碳的气化还原反应，产生氢气或甲烷，即

$$C+2H_2O = CO_2+2H_2 \tag{1-9}$$

$$C+H_2O = CO+H_2 \tag{1-10}$$

$$C+2H_2 = CH_4 \tag{1-11}$$

水蒸气比二氧化碳对碳的气化作用快，所以炉膛或热解反应炉中有适量的水蒸气，可促进固定碳的燃烧或转化。

1.5.2 生物质的发热量

燃料发热量又称燃料的热值，它有高位热值(HHV)和低位热值(LHV)之分，是衡量生物质燃料燃烧性能优劣的一个重要指标。

高位热值是指单位质量的燃料完全燃烧后能够产生的全部热量，即包括燃烧产物(烟气)中水分的汽化潜热。一般燃烧装置(如锅炉等)的排烟温度都大于 100℃，烟气中的水分处于蒸汽状态，这些水蒸气从燃料燃烧释放出的热量中吸取了汽化潜热，故从燃料高位热值中扣除这部分汽化潜热后才是燃烧装置可能利用的热量，称此热量为燃料的低位发热量，即低位热值。燃料燃烧装置的热力计算以低位发热量为依据。

相同基燃料的高、低位发热量的差别仅在于水蒸气吸取的汽化潜热。烟气中水蒸气是由两部分水分组成，即燃料中固有的水分和氢氧元素化合而成的水分。后者由下列化学反应生成

$$H_2+\frac{1}{2}O_2 \longrightarrow H_2O \tag{1-12}$$

可知，1kg 氢气燃烧后产生 9kg 水，故 1kg 燃料燃烧后产生$\left(9\frac{H}{100}+\frac{M}{100}\right)$kg 水。式

中，H、M分别为燃料中氢元素的质量百分数和水分的质量百分数。

若1kg水的汽化潜热在常压下近似取为2508kJ，则相同基燃料高、低位发热量的关系为

$$\text{LHV}=\text{HHV}-2508\left(9\frac{H}{100}+\frac{M}{100}\right)=\text{HHV}-25.08(9H+M)\quad (\text{kJ/kg}) \tag{1-13}$$

表1-3列出了几种生物质在自然风干情况下的热值[9]。一般分析计算时可认为秸秆的平均热值大约为14MJ/kg。

表1-3 几种生物质在自然风干情况下的热值 单位：(MJ/kg)

种类	玉米秸	高粱秸	棉花秸	豆秸	麦草	稻草	稻壳	谷草	杂草	树叶
高位热值	16.90	16.37	17.37	17.59	16.67	15.24	15.67	16.31	16.26	16.28
低位热值	15.54	15.07	15.99	16.15	15.36	13.97	14.36	15.01	14.94	14.84

生物质的热值除与它的种类(主要是所含成分)有关外，还与其含水量有较大的关系。含水量越高，燃烧时水分蒸发摄取的热量也越多，净得热量就越少，低位热值也就越低。表1-4列出了部分生物质的低位热值与其含水量的关系。

表1-4 部分生物质低位热值(MJ/kg)与其含水量(%)的关系

含水率	5	7	9	11	12	14	16	18	20	22
玉米秆	15.42	15.04	14.66	14.28	14.09	13.71	13.33	12.95	12.57	12.19
高粱秆	15.74	15.36	14.97	14.59	14.39	14.01	13.62	13.24	12.85	12.46
棉花秆	15.95	15.55	15.17	14.77	14.58	14.19	13.80	13.41	13.02	12.64
豆　秸	15.84	15.31	14.95	14.57	14.37	13.99	13.61	13.22	12.84	12.45
麦　草	15.44	15.06	14.68	14.30	14.15	13.73	13.36	12.97	12.60	12.22
稻　草	14.18	13.83	13.48	13.13	12.95	12.60	12.25	11.90	11.55	11.19
谷　草	14.79	14.43	14.06	13.69	13.51	13.15	12,78	12.46	12.05	11.69
柳树枝	16.32	15.93	15.52	15.13	14.93	14.54	14.13	13.74	13.34	12.95
杨树枝	14.00	13.61	13.26	12.91	12.74	12.39	12.04	11.69	11.35	11.00
牛　粪	15.38	14.96	14.59	14.21	14.02	13.64	13.26	12.89	12.43	12.13
马尾松	18.37	17.93	17.49	17.05	16.83	16.38	15,94	15.49	15.05	14.61
桦　木	16.97	16.42	16.13	15.72	15.51	15.10	14.69	14.28	13.87	13.46
椴　木	16.65	16.25	15.84	15.44	15.24	14.84	14.43	14.02	13.62	13.21

如表1-5所示，木质燃料的热值随树种不同和树的部位不同而略有差异。同样，木材的几种成分中，其热值也各不相同，如纤维素14.12MJ/kg、木质素26.66MJ/kg、树脂38.07MJ/kg。

表 1-5 几种树木的发热量

树木部分	发热量 (MJ/kg，干基)		
	松 树	云 杉	桦 木
树干	19.28	19.08	19.08
树皮	19.48	19.88	22.39
截头	20.28	19.88	20.38
针叶	21.19	19.88	—

1.5.3 生物质燃料的化学当量比

燃料燃烧时实际供给的空气量与完全燃烧理论所需的空气量之比，称为空气过量系数，以 α 表示。根据空气过量系数 α 值的大小，燃烧工况可以分为贫氧燃烧、富氧燃烧和理论燃烧三种，即贫氧燃烧的空气过量系数 α 小于 1，富氧燃烧的空气过量系数 α 大于 1，理论燃烧的空气过量系数 α 等于 1。

空气过量系数 α 可按下式进行计算，即

$$\alpha = \frac{AR}{SR} \tag{1-14}$$

式中，AR 为燃烧时实际供给的空气量与燃料量之比(kg/kg)，简称空燃比，其值取决于运行参数；SR 为完全燃烧理论所需要的空气量与燃料量之比(kg/kg)，简称化学当量比，其值取决于燃料特性。

燃料完全燃烧理论所需要的空气量可以根据燃料可燃质元素与氧化合时所需的空气量换算成标准状态下的体积而获得。一般而言，包括生物质在内的有机燃料多是多种元素的化合物，其中每一种可燃元素可能分别与其他元素化合，燃烧反应复杂，故对每一种可燃元素的化学反应不可能用单一化学反应式描述，但是根据物质平衡，每一种可燃元素可用一个反应式表示。理论所需空气量就是根据生物质燃料中所含碳、氢、硫元素分别与氧气反应后求得的。

碳的氧化反应是

$$\underset{12\text{kg}}{C} + \underset{22.4\text{m}^3}{O_2} \xrightarrow{\text{完全燃烧}} \underset{22.4\text{m}^3}{CO_2} \tag{1-15}$$

故 1kg 碳完全燃烧需要 22.4/12=1.866m^3 的氧气，并产生 22.4/12=1.866m^3 的二氧化碳气体。

氢的氧化反应是

$$\underset{4.032\text{kg}}{4H} + \underset{22.4\text{m}^3}{O_2} \xrightarrow{\text{完全燃烧}} \underset{44.8\text{m}^3}{2\,H_2O} \tag{1-16}$$

故 1kg 氢充分燃烧需要 22.4/4.032=5.55m^3 的氧气，并产生 44.8/4.032=11.1m^3 的水

蒸气。

硫的氧化反应是

$$\underset{32\text{kg}}{\text{S}} + \underset{22.4\text{m}^3}{\text{O}_2} \xrightarrow{\text{完全燃烧}} \underset{22.4\text{m}^3}{\text{SO}_2} \tag{1-17}$$

故 1kg 硫充分燃烧需要 22.4/32=0.7m^3 的氧气，并产生 22.4/32=0.7m^3 的二氧化硫气体。

1kg 应用基的生物质燃料含碳 $\frac{C_{ar}}{100}$kg、氢 $\frac{H_{ar}}{100}$kg、硫 $\frac{S_{ar}}{100}$kg、氧 $\frac{O_{ar}}{100}$kg，其中 $\frac{O_{ar}}{100}$kg 的氧换算成标准状态下的体积为 $\frac{O_{ar}}{100}\cdot\frac{22.4}{32}=0.7\frac{O_{ar}}{100}$ m^3。以上 C_{ar}、H_{ar}、S_{ar}、O_{ar} 分别为生物质燃料中碳、氢、硫、氧的成分。故 1kg 应用基的生物质燃料充分燃烧需要供给氧气的体积为

$$V_{O_2}^0=1.866\frac{C_{ar}}{100}+0.7\frac{S_{ar}}{100}+5.55\frac{H_{ar}}{100}-0.7\frac{O_{ar}}{100}\quad(\text{m}^3/\text{kg}) \tag{1-18}$$

由于干空气中氧气体积占 21%，则 1kg 应用基的生物质燃料充分燃烧需要的干空气体积——理论空气量为

$$V_{air}^0=0.0889(C_{ar}+0.375S_{ar})+0.265H_{ar}-0.0333O_{ar}\quad(\text{m}^3/\text{kg}) \tag{1-19}$$

因为标准状态下空气的质量密度为 1.29kg/m^3，故燃料的理论空燃比 *SR* 为

$$SR=0.1147(C_{ar}+0.375S_{ar})+0.3419H_{ar}-0.0430O_{ar}\quad(\text{kg/kg}) \tag{1-20}$$

由于生物质燃料中所含的硫元素很少，与碳、氢、氧三个元素相比，它对理论空燃比的作用可以忽略不计。基于这一思想，Van Corven 给出了下面一个计算公式[9]

$$SR=\left(\frac{C_{daf}}{12}+\frac{H_{daf}}{4}-\frac{O_{daf}}{32}\right)\left(1+\frac{79}{21}\right)\left(1-\frac{A_d}{100}\right)\cdot\frac{28.84}{100}\quad(\text{kg/kg}) \tag{1-21}$$

1.6　生物质能源转换技术

生物质能源是最古老的一种传统能源，自从人类懂得钻木取火到工业革命前，以柴草为主的能源结构已经延续了上万年。但由于天然的生物质燃料品质不好，直接燃用效率很低，燃烧排放的烟尘还很容易使人们的居住环境遭到污染。因此，很久以前人们就试图提高生物质燃料的品质，使其使用起来更为方便和干净。早

期的提高生物质燃料的方法主要是烧制木炭，即将木头点燃后与空气几乎隔绝，使木材在热降解作用下析出挥发分，留下的木炭不但发热量高，而且燃用时不再有烟尘冒出。

通常把生物质能通过一定的方法和手段转变成使用起来更为方便和干净的燃料物质或能源产品的技术统称为生物质能转换技术。

依照常态下的原料湿度不同可将生物质分为干生物质和湿生物质两大类。如图1-7所示，为干、湿两类生物质的转换利用及其主要产品。由图可见，生物质利用技术主要有成型燃料技术、直接燃烧技术、气化技术、热解液化技术、沼气技术、燃料乙醇技术和生物柴油技术等七种，它们各有各自的技术特点和适宜应用领域。

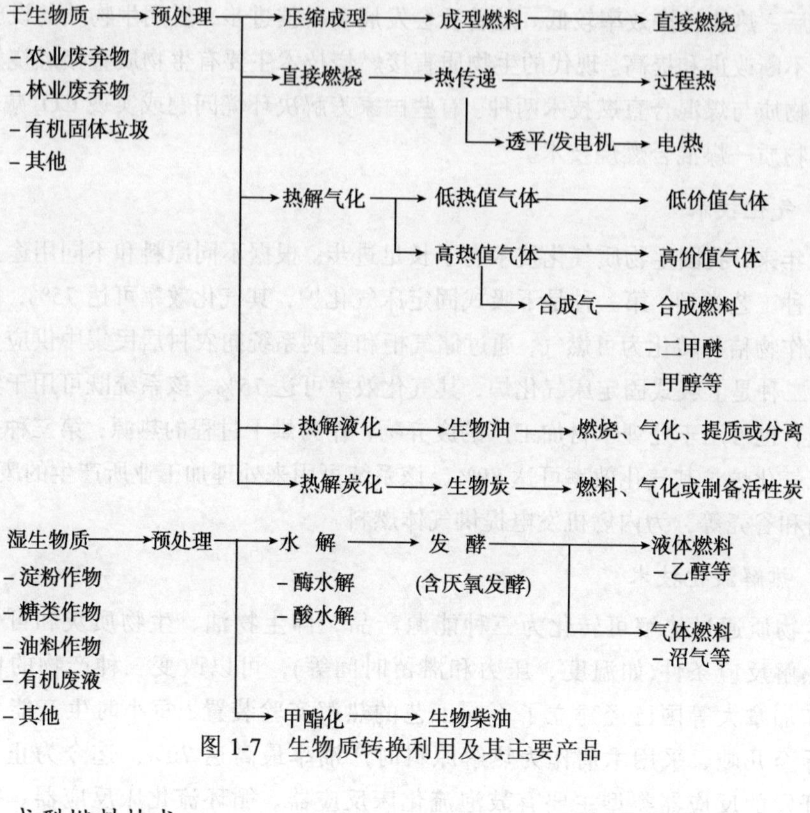

图1-7 生物质转换利用及其主要产品

1. 成型燃料技术

生物质材料的力传导性极差，通过缩短力传导距离，给其一个剪切力，可使被木质素包裹的纤维素分子团错位、变形、延展，在较小压力和较低温度下，可使其相邻相嵌，并借助于木质素的黏结而重新组合和成型。利用这一原理将经过粉碎后的农林废弃物采用机械加压方式压缩成具有一定形状、密度较大的固体燃料的技术，即为生物质成型燃料技术。

生物质成型燃料工艺根据是否往原料中添加黏结剂可以分为加黏结剂成型和不加黏结剂成型两种，根据原料热处理方式不同又可以分为常温压缩成型、热压成型和炭化成型三种。

压缩成型不仅提高了生物质的体积能量密度，使之便于运输和储存，而且还解决了生物质直接燃烧能效低的问题，使之能够替代煤炭用作锅炉燃料，或作为居民采暖和炊事燃料使用。

2. 直接燃烧技术

直接燃烧是最原始、最实用的生物质能利用方式。但传统的燃烧利用方式技术相对落后，热能转换效率较低。随着社会发展和科技进步，燃用生物质的设施和方法也在不断改进和提高。现代的生物质直接燃烧技术主要有生物质直接燃烧发电技术和生物质与煤混合直燃技术两种。有些国家为解决环境问题或实现CO_2减排，发展了生物质—煤混合燃烧技术。

3. 气化技术

近年来，我国生物质气化技术有了长足进步。根据不同原料和不同用途主要发展了三种工艺类型。第一种是下吸式固定床气化炉，其气化效率可达75%，该系统可将农作物秸秆转化为可燃气，通过储气柜和管网系统向农村居民集中供应生活燃气；第二种是上吸式固定床气化炉，其气化效率可达75%，该系统既可用于集中供气系统，也可用于处理木材加工厂的废弃物，作为烘干过程的热源；第三种是循环流化床气化炉，其气化效率可达80%，该系统可用来处理加工业所产生的废弃物，如木屑和谷壳等，为内燃机发电提供气体燃料。

4. 热解液化技术

生物质通过热解可转化为三种能源产品，即生物油、生物质炭和可燃气。控制热解反应条件(如温度、压力和滞留时间等)，可以改变三种产物的比例。荷兰和加拿大等国已经建立了不同工艺的热解实验装置，每小时生产能力从几百公斤至几吨，采用木屑作为热解原料时产油率最高达70%。迄今为止，国内外所开发的反应器类型主要有鼓泡流化床反应器、循环流化床反应器、携带床反应器、固定床反应器、旋转锥反应器、旋转螺旋反应器、烧蚀板反应器和烧蚀涡流反应器等。

一般来说，生物质热解油的化学组分相当复杂，热值低，化学性质不稳定，不易分离和提纯。因此，生物质热解液化技术的推广应用，必须要解决好生物油等热解产物应用技术的开发，如生物油燃烧和生物油分离制备化学品等。

5. 炭化技术

生物质炭化是指将秸秆、林业废弃物和木材加工剩余物等放在制炭设备中，通过一定的加工工艺而实现不完全热降解，并最终形成生物质炭和一部分冷凝液体(主要是焦油和醋液的混合物)等产物的过程。由于干馏是生物质炭化的核心工艺，故有人也用生物质干馏代指生物质炭化。

秸秆炭化与传统的木材烧炭不同，它在制炭过程中需要辅以烘干和破碎等机械加工手段，因而秸秆生物质炭又被称为机制生物质炭。

6. 沼气技术

沼气是人畜粪便、工业有机废液和农作物秸秆等，在厌氧条件下经过微生物的发酵作用而生成的一种混合气体。由于这种气体最先是在沼泽中发现的，所以称为沼气。沼气一般含甲烷 50%~70%，其余为二氧化碳和少量的氮、氢和硫化氢等。

沼气发酵的过程，实质上是微生物的物质代谢和能量转化过程，这些微生物在分解代谢过程中获得能量和物质，以满足自身生长繁殖，同时大部分物质转化为甲烷和二氧化碳。

7. 燃料乙醇技术

乙醇又称酒精，是由 C、H、O 三种元素组成的有机化合物，也是一种优质的液体燃料，不含硫及灰分，可以直接代替汽油、柴油等石油燃料，是最易工业化的一种民用燃料或内燃机燃料，也是最具发展潜力的一种石油替代燃料。

生物质可以通过生物转化的方法生产乙醇，由淀粉类或糖类生物质采用发酵方法生产燃料乙醇的技术已经相当成熟，但采用木质纤维素类生物质生产乙醇，则必须要解决大规模、低成本生产纤维素酶的瓶颈问题。

8. 生物柴油技术

植物油虽然可以直接用作内燃机的燃料，但由于它黏度高、挥发性差等缺点，为避免燃用设备出现故障和问题，需要对其进行酯化处理以生产生物柴油，使其在性质上更接近柴油，成为较理想的柴油代用燃料。目前，国内外生物柴油的生产技术主要以化学法为主，即采用植物油(或动物油)与甲醇或乙醇在酸性、碱性或生物酶等催化剂作用下进行酯交换反应，生成相应的脂肪酸甲酯或乙酯燃料油。

鉴于本书的出版目的，本书在后面的章节中将重点叙述生物质气化、热解液化和炭化的原理和技术，其他生物质转化技术将不再是我们的讨论对象。

参考文献

[1] 朱锡锋. 生物质热解原理与技术. 合肥: 中国科学技术大学出版社，2006
[2] 中华人民共和国国务院新闻办公室. 中国的能源政策(2012), 白皮书. 新华社，2012
[3] 王镜岩. 生物化学(上). 北京: 高等教育出版社，2012
[4] 朱锡锋. 生物油制备技术与应用. 北京：化学工业出版社，2013
[5] 日本能源学. 生物质和生物能源手册. 史仲平，华兆哲译. 北京: 化学工业出版社，2007
[6] 农业部科技教育司. 全国农作物秸秆资源调查与评价报告. 北京，2010
[7] Brown R L, Richards J C. Principles of Powder Mechanics. Oxford: Pergamon Press, 1970
[8] 气体吸附 BET 法测定固态物质比表面积. GB/T19587-2004
[9] 张瑞芹. 生物质衍生的燃料和化学物质. 郑州: 郑州大学出版社，2004

附录 1-1　我国农作物秸秆资源及其分布

农作物秸秆资源量是依据农作物产量进行估算的，具体计算公式为

$$S=\sum_{j=1}^{k} S_j d_j$$

式中，S 为秸秆资源量；S_j 为某种农作物产量；d_j 为某种农作物的草谷比。

常见农作物的草谷比见附表 1-1。

附表 1-1　常见农作物草谷比

作物种类	草谷比	作物种类	草谷比	作物种类	草谷比
稻谷	1.0	薯类	0.5	花生	2.0
小麦	1.4	豆类	1.5	糖类	0.1
玉米	2.0	棉花	3.0	麻类	1.0

根据以上数据以及《中国统计年鉴 2012》，可估算出历年来我国主要农作物秸秆总量，见附表 1-2。1990 年以来，我国主要年份的秸秆总产量平均超过 7.05 亿吨。近年来在惠农政策的支持下，我国主要农作物产量大幅提升的同时，秸秆总产量也显著提高，从 1990 年的 5.69 亿吨，增长到 2008 年的 7.92 亿吨，再到 2011 年的 8.61 亿吨。稻谷、小麦和玉米秸秆是我国最主要的农作物秸秆，占 2008 年秸秆总产量的 24.2%、19.9%和 41.9%，占 2011 年秸秆总产量的 23%、19%、45%。

附表 1-2 我国历年主要农作物秸秆产量及总量 (单位：万吨)

年份	稻谷	小麦	玉米	薯类	豆类	棉花	花生	糖类	麻类	总量
1990	18 933.1	13 752.1	19 363.8	1371.7		1352.3	1273.7	721.5	109.7	56 877.9
1995	18 522.6	14 309	22 397.2	1631.3	2681.2	1430.3	2046.9	794	89.7	63 902.2
2000	18 790.8	13 949	21 200	1842.6	3015	1325.2	2887.3	763.5	52.9	63 826.3
2001	17 758	13 142.2	22 817.5	1781.5	3079.2	1597.1	2883.1	865.5	68.1	63 992.2
2002	17 453.9	12 640.6	24 261.5	1832.9	3361.8	1474.9	2963.5	1029.3	96.4	65 114.8
2003	16 065.6	12 108.3	23 166	1756.6	3191.3	1457.9	2684	964.2	85.3	61 479.2
2004	17 908.8	12 873.3	26 057.4	1778.8	3348.1	1897.1	2868.4	957.1	107.4	67 796.4
2005	18 058.8	13 642.3	27 873.1	1734.3	3236.5	1714.3	2868.3	945.2	110.5	70 183.3
2006	18 171.8	15 185.2	30 320.6	1350.6	3005.6	2259.8	2577.4	1046	89.1	74 006.1
2007	18 603.4	15 301.7	30 460.1	1403.9	2580.2	2287.1	2605.5	1218.8	72.8	74 533.5
2008	19 189.6	15 745	33 182.8	1490.1	3064.9	2247.6	2857.2	1342	62.5	79 181.7
2009	19 510.3	16 116.1	32 794.8	1497.8	2895.5	1913.1	2941.6	1227.7	38.8	78 935.7
2010	19 576.1	16 125.3	35 449.0	1557.1	2844.8	1788.3	3128.8	1200.6	31.7	81 701.7
2011	20 100.1	16 436.1	38 556.2	1636.5	2862.6	1976.7	3209.2	1251.7	29.6	86 058.7

我国农作物秸秆资源无论在资源总量还是种类上都存在着巨大的地区差异。2011 年我国各省市主要农作物秸秆产量及总量见附表 1-3。由表可以看出，农作物秸秆产量最高的省份依次是河南 11.0%、黑龙江 9.92%和山东 9.39%，北京、天津和上海三个直辖市的秸秆年产量仅分别占全国的 0.26%、0.35%和 0.15%，而秸秆产量最少的省份为西藏和青海，年产量仅为 44.86 万吨和 109.06 万吨。总体上来看，我国秸秆资源的主要分布特点是中东部和东北地区资源量大，沿海、直辖市和西部地区资源量很小。

附表 1-3 2011 年我国秸秆资源分布状况 (单位：万吨)

省份	稻谷	小麦	玉米	薯类	豆类	棉花	花生	糖类	麻类	总量
北京	0.2	39.76	180.6	0.65	1.8	0.3	2.6	0		225.91
天津	10.7	75.88	188.8	0.3	2.55	21.6	1	0		300.83
河北	60.2	1786.54	3279.2	52.3	53.55	195.9	257.8	4.65	0.1	5690.24
山西	0.5	336.42	1709.2	15.1	36.6	18.9	4.4	3.24		2124.36
内蒙古	77.9	239.26	3264.2	102	256.95	0.6	6.2	15.77		3962.88
辽宁	505.1	5.18	2720.6	32.5	55.5	0.3	233	0.78		3552.96
吉林	623.5	1.82	4678	27.25	151.95	3.6	72	1.63		5559.75
黑龙江	2062.1	145.32	5351.6	67.35	866.7	0	11.4	27.5	1.2	8533.17
上海	88.9	33.74	5.6	0.4	2.25	1.5	0.4	0.11		132.9
江苏	1864.2	1432.48	452.4	19.3	124.2	74.1	74	0.96	0.2	4041.84
浙江	649	37.8	29.2	22.7	47.4	9.6	10.8	7.11		813.61
安徽	1387.1	1701.98	725.2	23.25	172.5	113.4	168.6	2.16	2.6	4296.79
福建	514.1	1.12	33.2	59.85	29.85	0	51.4	5.6		695.12
江西	1950.1	3.08	21	29.95	43.05	42.9	87.4	6.28	1	2184.76
山东	104	2945.46	3957.4	94.05	64.95	235.5	677.2	0		8078.56

续表

省份	稻谷	小麦	玉米	薯类	豆类	棉花	花生	糖类	麻类	总量
河南	474.5	4372.2	3393	69.65	142.8	114.6	859.6	2.67	4.4	9433.42
湖北	1616.9	482.72	552.4	49.9	59.25	157.8	137.4	3.25	2.9	3062.52
湖南	2575.4	14.28	377	59.4	61.65	68.1	64	7.22	4.2	3231.25
广东	1096.9	0.42	157.8	82.1	27.3	0	181.6	139		1685.12
广西	1084.1	0.28	489.4	33.9	43.35	0.6	95	727	1.2	2474.83
海南	145.1	0	20.6	15.15	3.45	0	19.6	38.78	0.1	242.78
重庆	493.5	59.36	514	142.1	65.25	0	20.2	1.18	1.4	1296.99
四川	1527.1	610.4	1403.2	220.85	144.3	4.5	125.4	8.8	6.1	4050.65
贵州	303.9	70.56	487.4	119.65	33	0.3	12.2	4.36	0.1	1031.47
云南	668.7	138.46	1196.4	89.45	188.55	0	14	189.88	1.1	2486.54
西藏	0.6	34.86	5.6	0.2	3.6	0	0	0		44.86
陕西	84.5	575.26	1101.4	40.15	66.9	20.1	18.6	0.02	0.1	1907.03
甘肃		346.5	851.2	114.45	52.2	22.8	0.6	1.81	0.2	1389.76
青海		49.56	30.4	18.45	10.65	0	0	0		109.06
宁夏	70.8	88.2	344.8	22.25	7.05	0	0	0		533.1
新疆	60.6	807.24	1035.4	12	43.65	869.4	2.6	51.9	2.6	2885.39
全国	20 100.2	16 436.14	38 556.2	1636.6	2862.75	1976.4	3209	1251.66	29.5	86 058.45

1. 水稻秸秆资源分布

2011 年我国的水稻秸秆资源量为 2.01 亿吨，其在不同省区市的分布状况见附图 1。由图可以看出，我国的水稻秸秆资源主要分布在湖南(13%)、江西(10%)、江苏(9%)和湖北(8%)等长江以南 8 个省区，占全国总量的 65%；中东部和东北地区只有黑龙江水稻秸秆资源量较大，为 2062 万吨，占全国的 10%；其他 22 个省市自治区直辖市的水稻秸秆总量仅占全国的 25%。

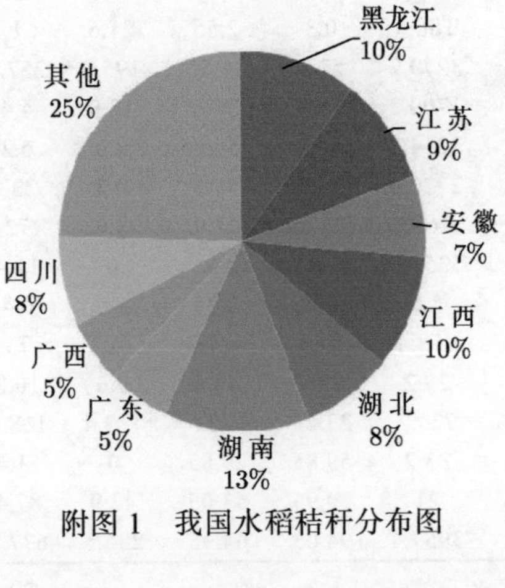

附图 1　我国水稻秸秆分布图

2. 小麦秸秆资源分布

2011 年我国的小麦秸秆资源量为 1.64 亿吨，其在不同省区市的分布状况见附图 2。由图可以看出，我国的小麦秸秆资源主要分布在河南(26%)、山东(18%)、河北(11%)和安徽(10%)等 6 个省区，总资源量为 1.28 亿吨，占全国总量的 78%；湖南、广西和福建等东南部地区基本上没有小麦秸秆，陕西、重庆、四川和甘肃等西部省区市的小麦秸秆资源量也十分稀少。

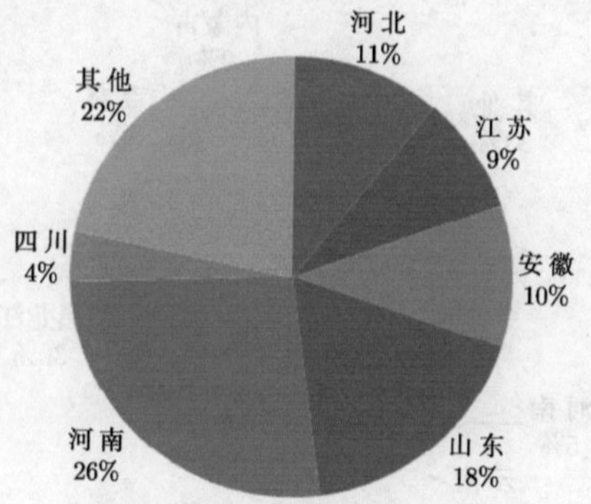

附图 2 我国小麦秸秆分布图

3. 玉米秸秆资源分布

2011 年我国的玉米秸秆资源量为 3.86 亿吨，其在不同省区市的分布状况见附图 3。由图可以看出，我国的玉米秸秆资源主要分布在吉林(12%)、山东(10%)、黑龙江(14%)、河南(9%)和河北(9%)等 7 个省区，总资源量为 2.67 亿吨，占全国总量的 69%；其中东北三省的玉米秸秆资源量最多，占全国的 33%；江西、广西、西藏、青海等东南部和西部地区的玉米秸秆产量很少或没有玉米秸秆。

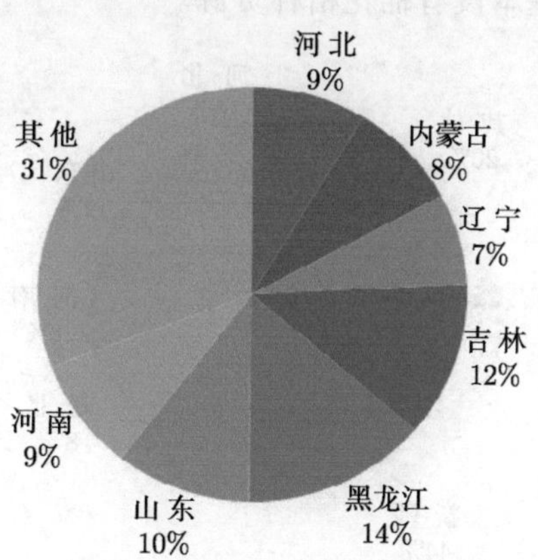

附图 3 我国玉米秸秆分布图

4. 豆类秸秆资源分布

2011 年我国的豆类秸秆资源量为 0.29 亿吨，其在不同省区市的分布状况见附图 4。由图可以看出，我国的豆类秸秆资源主要分布在黑龙江(30%)、内蒙古(9%)、安徽(6%)、四川(5%)等 7 个省区，总资源量为 0.19 亿吨，占全国总量的 67%；其中黑龙江省的豆类秸秆资源量最多，达 0.09 亿吨，占全国的 30%；东南部和西部地区的豆类秸秆产量较少。

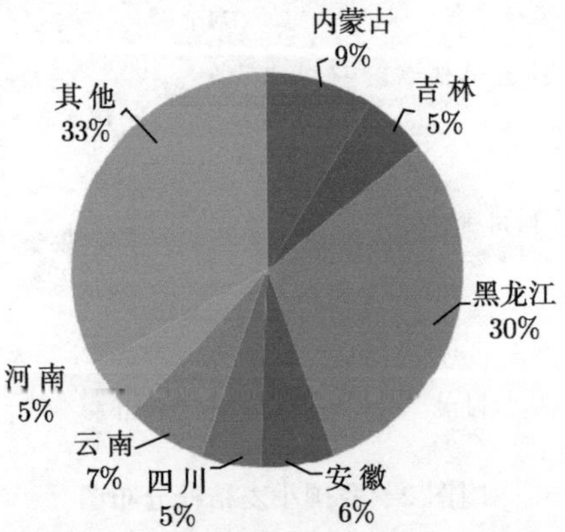

附图 4　我国豆类秸秆资源分布图

5. 棉花秸秆资源分布

2011 年我国的棉花秸秆资源量为 0.20 亿吨，其在不同省区市的分布状况见附图 5。由图可以看出，我国的棉花秸秆资源主要分布在新疆(44%)、山东(12%)、河北(10%)、河南(6%)和湖北(8%)5 个省区，总资源量为 0.16 亿吨，占全国总量的 80%；其中新疆的棉花秸秆资源量最多，达 0.09 亿吨，占全国的 44%；其余东南沿海和西藏、青海等西部地区基本没有棉花秸秆资源。

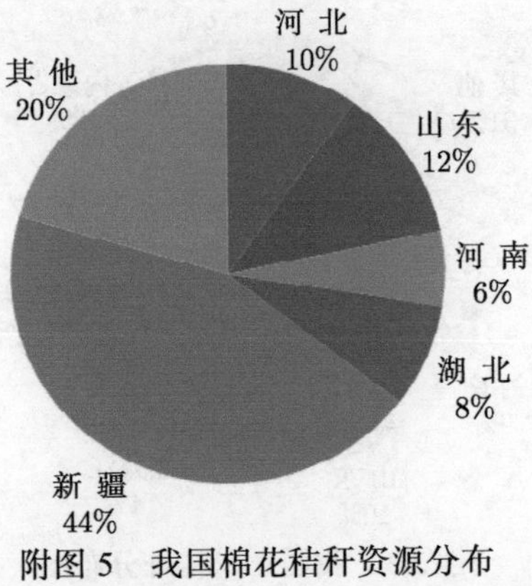

附图 5　我国棉花秸秆资源分布

6. 花生秸秆资源分布

2011 年我国的花生秸秆资源量为 0.32 亿吨，其在不同省区市的分布状况见附图 6。由图可以看出，我国的花生秸秆资源主要分布在河南(27%)、山东(21%)、河北(8%)、广东(6%)和安徽(5%)5 个省区，总资源量为 0.21 亿吨，占全国总量的 67%；其余东南部省份花生秸秆资源量很少，新疆、西藏、青海等西部地区基本没有花生秸秆资源。

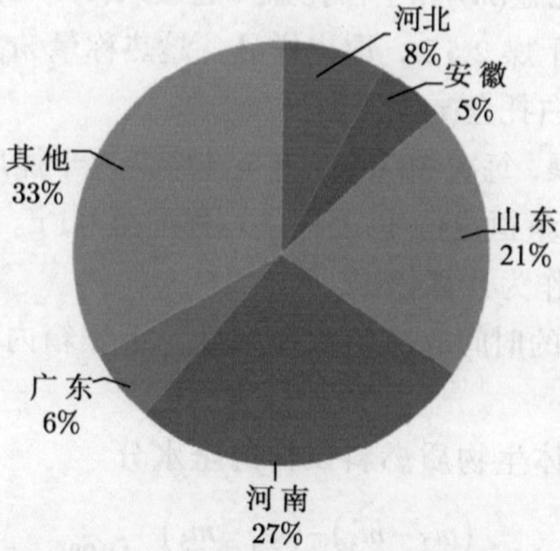

附图 6　我国花生秸秆资源分布

附录 1-2　固体生物质燃料全水分测定方法

1. 摘要

(1) 方法 A(仲裁法)：称取一定量的固体生物质燃料试样，于(105 ± 2)℃的温度下，在空气流中干燥到质量恒定，趁热称量。根据样品干燥后的质量损失并经浮力校正后计算出全水分含量。

(2) 方法 B(简化法)：称取一定量的固体生物质燃料试样，于(105 ± 2)℃的温度下，在空气流中干燥到质量恒定，趁热称量。根据样品干燥后的质量损失计算出全水分含量。

2. 全水分分析方法

在测定全水分之前，应检查收到的样品是否用密封防水容器包装，并与容器标签所注明的总质量进行核对。如果称出的总质量小于标签上所注明的总质量(不超过 1%)，并且能确定样品在运送过程中没有损失时，应将减少的质量作为固体生物质燃料试样在运送过程中损失的水分质量，计算水分损失百分率，并按下文所述进行水分损失补正。

称取样品之前，将样品倒在干净的平面或托盘上，混合均匀并摊平，用棋盘法取样。

3. 方法 A(仲裁法)

(1) 在预先干燥和已称量过的托盘(m_1)内迅速称取粒度≤30 mm 的样品(300 ± 10)g(称准至 0.1 g)，平摊在托盘中，使得每平方厘米的样品不超过 1 g。同时称量一同样的空白托盘(m_4)。

(2) 将盛有样品的托盘(m_2)和空白托盘一起放入(105±2)℃的空气干燥箱中，在鼓风条件下干燥。首次干燥 2.5 h，取出样品，趁热称量 m_3 以避免样品和托盘吸收水分。同时趁热称量空白托盘(m_5)。

(3) 进行检查性干燥，每次 30 min，直至连续两次干燥后的质量减少不超过 5 g 或质量增加为止(达到质量恒定)。以上称量均称准至 0.1 g。在质量增加的情况下，采用质量增加的前一次作为计算依据。

注：达到质量恒定的时间取决于试样粒度、干燥箱内换气速度及样品层厚度等因素。

(4) 按下式计算固体生物质燃料试样的全水分

$$M_t=\frac{(m_2-m_3)-(m_4-m_5)}{(m_2-m_1)}\times 100\% \tag{1}$$

式中，M_t 为固体生物质燃料试样的全水分质量分数，%；m_1 为空托盘的质量，单位为克(g)；m_2 为干燥前空托盘和样品的质量，单位为克(g)；m_3 为干燥后空托盘和样品的质量，单位为克(g)；m_4 为干燥前空白托盘在室温下的质量，单位为克(g)；m_5 为干燥后空白托盘趁热称量的质量，单位为克(g)。

测量值和报告值均保留一位小数。

4. 方法 B(简化法)

除不进行空白托盘试验外，其余步骤同方法 A，且按式(2)计算固体生物质燃料试样的全水分

$$M_t=\frac{(m_2-m_3)}{(m_2-m_1)}\times 100\% \tag{2}$$

式中，m_1 为空托盘的质量，单位为克(g)；m_2 为干燥前空托盘和样品的质量，单位为克(g)；m_3 为干燥后空托盘和样品的质量，单位为克(g)。

5. 水分损失补正

如果在运送过程中固体生物质燃料的水分有损失，则按下式求出补正后的全水分值，即

$$M_t'=M_1+\frac{100-M_t}{100}\times M_t \tag{3}$$

式中，M_t'为固体生物质燃料的全水分质量分数，%；M_1为固体生物质燃料在运送过程中的水分损失，%；M_t为不考虑固体生物质燃料在运送过程中水分损失时的全水分质量分数，%。

当M_1大于1%时，表明固体生物质燃料在运送过程中可能受到意外损失，则不可补正，但测得的水分可作为实验室收到样品的全水分。在报告结束时，应注明"未经水分损失补正"，并将容器标签和密封情况一并报。

第 2 章　生物质的组成与结构

2.1　生物质的组成和结构

生物质种类多种多样，其组成成分也多种多样。除灰分之外，木本生物质主要是由纤维素、半纤维素和木质素组成的，草本生物质基本也由纤维素、半纤维素和木质素组成的，但组成比例不同，且还含有少量的淀粉、粗蛋白和提取物等。而谷物含淀粉较多，污泥和畜禽粪便等则含有一定量的蛋白质和脂质。因此，不同种类的生物质，其组成成分差异很大，因而适用的能量转化方式也应有所不同。从热解转化利用角度来看，应用潜力较大的是由纤维素、半纤维素和木质素组成的生物质，如各种农作物秸秆和林业加工残余废弃物等。表 2-1 列出了部分秸秆和木屑的组成成分。

由于生物质的基本组成物又都是由碳、氢、氧三种原子所构成，故表 2-2 列出了碳、氢、氧三种元素在纤维素、半纤维素、木质素、淀粉和植物油中的统计比。为了与化石燃料进行比较，表中还列出了石油和煤的碳、氢、氧原子统计比。

表 2-1　部分秸秆和木屑的组分成分[1]　　(单位：wt%，干基)

种类	木质素	半纤维素	纤维素	灰分	粗蛋白
玉米秸秆	4.6	32.5	32.9	7.0	9.3
稻草	6.3	34.3	39.6	19.4	3.2
麦秸	9.5	22.4	43.2	6.4	2.6
高粱秸	7.6	31.6	42.2	6.0	3.4
甘蔗渣	20.2	38.5	38.1	1.6	1.3
核桃壳	53.8	19.9	22.1	1.5	0.7
毛竹	19.6	17.3	35.8	1.1	1.1
松针	23.0	6.8	29.7	3.8	11.4
烟叶	6.5	5.1	39.0	5.7	5.5
软木屑	19.5	35.0	39.0	0.4	—
硬木屑	27.8	24.0	41.0	0.3	—

表 2-2 植物生物质基本组成物及石油、煤的碳、氢、氧原子统计比[2]

品名	C	H	O
纤维素	1	1.6	1
半纤维素	1	1.6	1
木质素	1	1.3	0.3
淀粉	1	2	>0.8
植物油	1	2	0.1
石油	1	1.6	0.05
煤	1	0.8	0.08

1. 碳水化合物

一般而言，纤维素和半纤维素是由碳水化合物构成的，而木质素、淀粉和植物油则是由碳水化合物通过一系列生物化学反应合成的。因此，要了解植物生物质的结构，还得先从碳水化合物说起。

顾名思义，碳水化合物分子是由碳和水构成的。碳水化合物分布广泛，在自然界无处不在。几乎在每一种生物组织中，碳水化合物都起着重要作用，为生命所必须。在食糖、淀粉、木材和棉花中，纤维素是近乎纯的碳水化合物。修饰的碳水化合物构成活细胞外围的组成部分，在携带遗传信息的 DNA 中也有碳水化合物。碳水化合物作为食物，在代谢过程中为生命提供了能量。

历史上，葡萄糖是人类发现的第一个简单的碳水化合物，其分子式是 $C_6H_{12}O_6$，当初这种组成被认为是“碳水化合物”，即 $C_6(H_2O)_6$。虽然这种观点很快被放弃，但碳水化合物这种名称却被保留了下来。

碳水化合物一般分为三类：单糖、低聚糖和多糖。

单糖：多羟基醛或酮，是一类不能再水解为更小分子的碳水化合物，如葡萄糖、果糖、阿拉伯糖等。它们是晶体，溶于水，绝大多数具有甜味。

低聚糖：水解时生成 2～10 个单糖分子的碳水化合物统称为低聚糖。例如，蔗糖是由一分子葡萄糖与一分子果糖构成的二糖。因此，蔗糖水解后能够得到一分子葡萄糖与一分子果糖。

多糖：水解时生成 10 个以上单糖分子的碳水化合物统称为多糖。淀粉和纤维素都是多糖。纤维素是由数千个葡萄糖分子聚合而成的多糖。多糖没有甜味。

2. 纤维素[3]

纤维素是由 D-葡萄糖通过 β(1→4)-葡萄糖糖苷键相连形成的高分子聚合物(多糖)。其分子式以$(C_6H_{12}O_6)_n$表示，n 为聚合度，为几千至几万。纤维素完全水解后生成 D-葡萄糖(单体)，部分水解则生成纤维二糖(β-D-葡萄糖基-(1,4)-β-D-葡萄糖，二糖)、纤维三糖(三糖)等 $n = 4$~10 的多糖。

纤维素分子是重复单元(葡萄糖)简单均一的线形高聚物。由于葡萄糖上带有多个羟基，因此，在高分子链间容易形成氢键，从而使分子链易于聚集成为结晶性的原纤结构。纤维素原纤结构是植物细胞壁的骨架，原纤埋在半纤维素、果胶和某些蛋白质中。成熟了的细胞壁再与基架物质木质素相结合。

纤维素是自然界中分布最广、含量最多的一种多糖，高等植物的细胞壁一般都含有纤维素。棉花的纤维素含量接近 100%，为天然的最纯纤维素来源；一般木材中，纤维素占 40wt%～50wt%，还有 10wt%～30wt%的半纤维素和 20wt%～30wt%的木质素。

纤维素的结构如图 2-1 所示，它有五种结晶变体，即纤维素Ⅰ、Ⅱ、Ⅲ、Ⅳ和Ⅴ，这五种结晶变体各有其不同的晶胞结构，并可由 X 射线衍射、红外光谱、拉曼光谱等方法鉴定。纤维素Ⅰ是纤维素天然存在的形式，包括细菌纤维素、海藻和高等植物细胞中的纤维素，根据试样来源的不同和测定方法的不同，其晶胞参数略有不同；纤维素Ⅱ是由纤维素Ⅰ经溶液中再生或丝光化过程得到的结晶变体。大量研究表明，不同来源的纤维素Ⅱ的晶胞参数不尽相同，其中存在大量分子间氢键，且纤维素Ⅱ晶胞在热力学上比纤维素Ⅰ稳定；纤维素Ⅲ是干态纤维素的第三种结晶变体，又称氨纤维素，是用液氨或有机胺类化合物处理纤维素Ⅰ或纤维素Ⅱ得到的一种低温变体；纤维素Ⅳ又名纤维素 T 或高温纤维素，是纤维素的第四种结晶变体。纤维素Ⅳ可以纤维素Ⅰ、Ⅱ和Ⅲ为原料分别用不同方法制得；纤维素Ⅴ是纤维素的又一种结晶变体，在 20℃下用盐酸与纤维素Ⅰ或纤维素Ⅱ作用，然后用水处理，即可得到纤维素Ⅴ粉末。

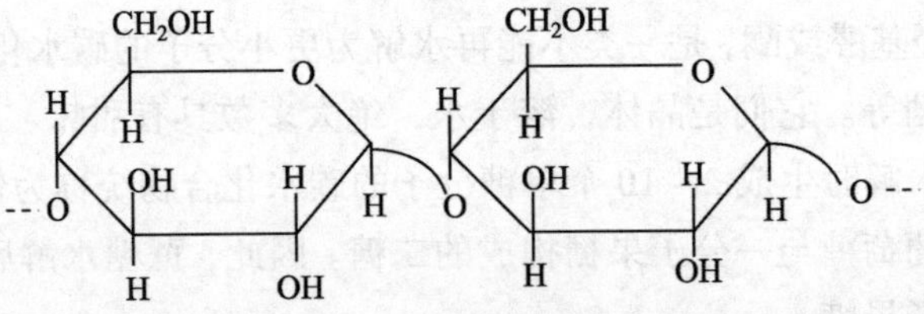

图 2-1　纤维素的结构

纯纤维素是无色无味的白色丝状物，具有晶体结构，不溶于水，对酸和碱的耐受性也很强，但可以氧化降解、微生物降解、热降解(热解)和机械降解。

纤维素的热解特性大体为：25~150℃，物理吸附的水进行解吸；150~240℃，结构中某些葡萄糖基开始脱水；240~400℃，结构中糖甙键开始断裂，一些 C—O 键和 C—C 键也开始断裂，并产生一些新的产物和低分子量的挥发性化合物；400℃以上时，结构中的残余部分进行芳环化，逐步形成石墨结构。

3. 半纤维素[3]

半纤维素是由 D-木糖、D-阿拉伯糖(以上均为戊糖，五碳单糖)、D-甘露糖、D-半乳糖、D-葡萄糖(以上均为己糖，六碳单糖)等结构单元构成的多糖。戊糖多于己糖，平均分子式表示为$(C_5H_8O_4)_n$。与纤维素有规律的链状结构不同，半纤维素含有支链结构，聚合度为 50～200，低于纤维素的聚合度。因此，与纤维素相比，半纤维素易于分解，且大多可溶于碱溶液。

一种植物往往含有几种由两或三种糖基构成的半纤维素，其化学结构各不相同。图 2-2 所示为木聚糖类半纤维素和甘露聚糖类半纤维素的结构式，前者广泛存在于自然界，如海藻、禾本植物和木本植物等，其主链由 D-木糖以 β(1→4)-糖苷键相连而成；后者在植物中的分布广泛，其主链由 D-吡喃甘露糖与 D-吡喃葡萄糖以 β(1→4)-糖苷键相连而成。半纤维素中还含有葡糖甘露聚糖(D-葡萄糖和 D-甘露糖以 3:7 的比例结合而成)、半乳糖葡糖甘露聚糖(D-半乳糖、D-葡萄糖和 D-甘露糖以 2:10:30 的比例结合而成，该比例随部位的不同而有所不同)等。木聚糖在针叶林木中的含量约为 10wt%，阔叶林木约含 30wt%；而甘露糖在针叶林木中的含量更为丰富，约为 15wt%，但在阔叶林木和禾本植物中含量甚低，难以检出。

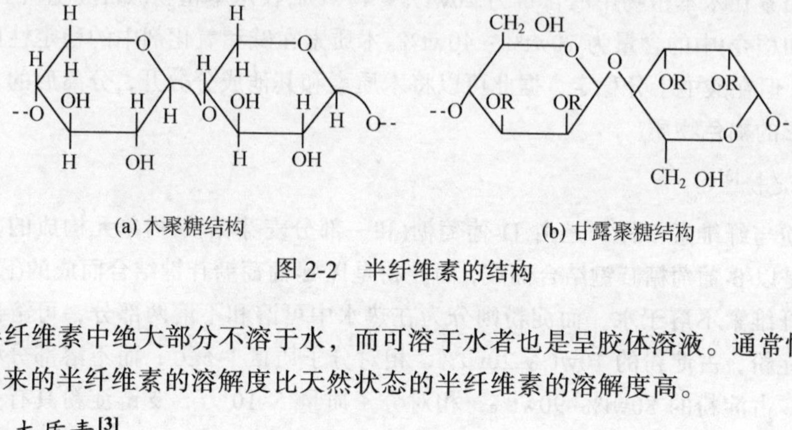

(a) 木聚糖结构　　(b) 甘露聚糖结构

图 2-2　半纤维素的结构

半纤维素中绝大部分不溶于水，而可溶于水者也是呈胶体溶液。通常情况下，分离出来的半纤维素的溶解度比天然状态的半纤维素的溶解度高。

4. 木质素[3]

木质素是由苯丙烷及其衍生物为结构单元经三维立体结合而成的化合物，这种结合极其复杂，其结构还未完全被人们所了解。

如图 2-3 所示，木质素的单体是一类具有苯丙胺骨架的多羟基化合物，单体间通过 C—C 键或 C—O—C 键形成复杂的无定型高聚物。

木质素广泛存在于植物体中，它与半纤维素一起作为细胞间质填充在细胞壁和微细纤维之间，也填充在细胞间层，把相邻的细胞连接在一起，发挥木质化的作用。木质化的细胞壁能够抵抗微生物的侵蚀，增加强度，并提高细胞壁的透水性。由于长期进化的结果，木质素与纤维素、半纤维素的结合错综复杂，如能把木质素与纤维素、半纤维素有效地分离，对它们的利用就能够更加高效。人类研究这个问题已经有几个世纪，最早可以追溯到公元 105 年，当时中国发明了造纸术，探讨了许多方法，这些方法要么成本昂贵，要么污染严重。至今仍然缺乏可以大规模推广的高效和环境友好的技术，其根本原因在于人们对植物细胞壁中木质素、纤维素、半纤维素等化学组分的排列顺序、连接方式、三位空间结构等知之甚少。

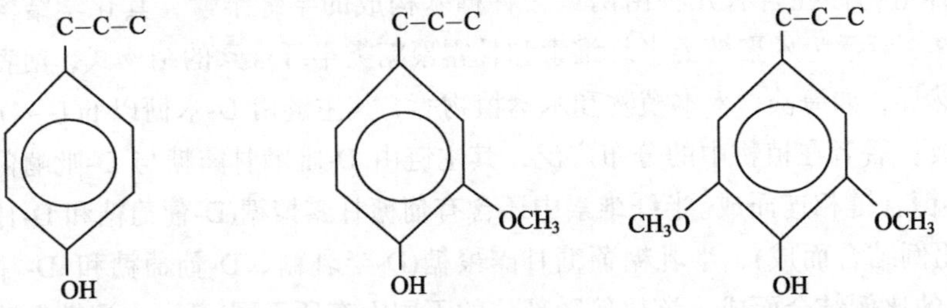

(a) 对羟基苯丙烷　(b) 2-甲氧基-4丙基苯酚　(c) 2-6-二甲氧基-4-丙基苯酚

图 2-3　木质素的结构单元

木质素在木本植物中的含量为 20wt% ~ 40wt%，在禾本植物(如甘蔗渣、玉米芯、花生壳和稻壳)中的含量为 10wt% ~ 40wt%。木质素在碱和氧化剂中的稳定性比纤维素稍差，但在酸中十分稳定，据此可以将木质素和其他成分分开，分离后的木质素为无定形的褐色物质。

5. 淀粉[3]

淀粉与纤维素一样，是由 D-葡萄糖(和一部分麦芽糖)结构单元构成的多糖，纤维素是以 β-葡萄糖苷键结合而成，而淀粉是以 α-葡萄糖苷键结合而成的(图 2-4)。此外，纤维素不溶于水，而淀粉则分为在热水中可溶和不溶两部分，可溶部分称为直链淀粉，占淀粉的 10wt%~20wt%，相对分子质量 1~6 万；而不溶部分称为支链淀粉，占淀粉的 80wt%~90wt%，相对分子质量 5~10 万，支链淀粉具有分支状结构。

淀粉广泛存在于玉米、大豆、山芋、米、麦等农产品中，具有极高的食用价值。

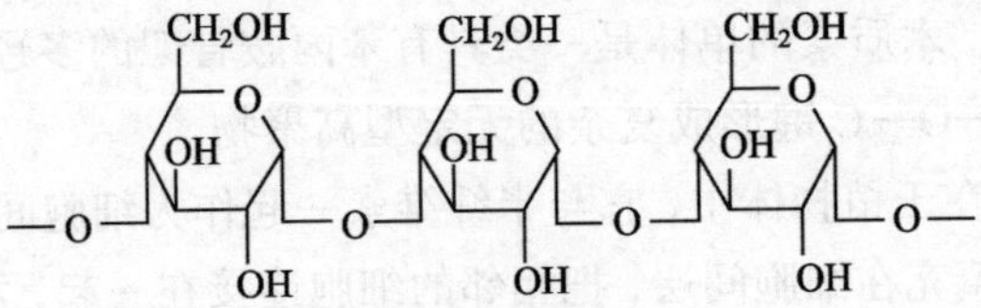

图 2-4　淀粉链

6. 蛋白质[3]

蛋白质是由氨基酸高度聚合而成的高分子化合物，随着所含氨基酸的种类、比例和聚合度的不同，蛋白质的性质也不同。蛋白质与前述的纤维素和淀粉等碳水化合物组成成分相比，在生物质中所占比例较低。粗蛋白含量约相当于该物质中氮元素含量乘以 6.25。

7. 提取物

纤维素、半纤维素和木质素几乎是所有生物质的组成成分。除了这些多糖类碳水化合物，生物质中一般还有少量的提取物，这些提取物使得各种植物具有不同的颜色、气味、密度、抗腐蚀性和易燃性等特性。提取物一般都是亲脂性和亲油性的有机化合物，能够被一些非极性的有机溶剂或是水溶液从原料中提取出来。一般可以将提取物分为三类：脂肪族、酚类和其他化合物。脂肪族提取物包括萜烃类物质、萜类物质、甘油酯、烷烃、脂肪酸和脂肪醇，其中萜烃类和萜类物质作为香水添加剂、杀虫剂和药用品等而被大量的提取，甘油酯是甘油的脂肪酸酯，根据所结合的脂肪酸基团的数目，可分为甘油单酯、甘油二酯和甘油三酯，特别是甘油三酯，作为脂肪(油脂)，在生物质中含量较多。构成甘油三酯的脂肪酸，几乎都是偶数碳的直链饱和脂肪酸，代表性的有 C12 的月桂酸、C14 的豆蔻酸、C16 的棕榈酸、C18 的硬脂酸、亚油酸和亚麻酸(后两者为不饱和脂肪酸)。酚类物质包括苯酚、1,2-二苯乙烯、芪、异类黄酮、类黄酮以及浓缩脱水二聚的丹宁酸等。而其他物质则包括糖类化合物、多环醇、环庚三烯酚酮、氨基酸、生物碱、香豆素和苯醌等。

8. 灰分

虽然生物质是(天然)高分子有机物，但也含有微量的无机成分(灰分)。一般而言，生物质的灰分含有 Ca、Al、Mg、Na、K、Fe、O、Si、C1、Zn、P 等元素，而这些元素的含量与生物质的种类及产地有关，并受种植条件的影响。

生物质灰分对其燃烧、气化和热解均具有显著影响，且起主要作用的是碱金属、碱土金属和过渡金属，如 K、Na、Ca、Mg、Al、 Fe、Zn 等。如灰含量增加，热解时生物油收率降低，焦炭和燃气增多，且生物油中的酸含量及低分子物增多。

表 2-3 列出了一些生物质的灰分含量。从中可见，木本生物质(树皮除外)含量极少，草本生物质、水生生物质和有机生活垃圾等则含量较高。

表 2-3　一些生物质的灰分含量

生物质	灰分/(%, 干基)	灰的组成/(%, 干基)						
		Al_2O_3	CaO	Fe_2O_3	MgO	Na_2O	K_2O	SiO_2
杨木	2~3	1	47	0.5	4.4	0.2	20	2.6
松木	2~3	4.5	49	3.5	0.5	0.4	2.6	32.5
枫木	3~5	4	56	2	20	—	6	10

续表

生物质	灰分/(%, 干基)	灰的组成/(%, 干基)						
		Al_2O_3	CaO	Fe_2O_3	MgO	Na_2O	K_2O	SiO_2
玉米秸秆	5~10	6	14	1.4	18	20	0.1	40
麦草	10~15	1.7	10	1.9	2.5	1.2	25	46
水葫芦	19~20	—	—	—	—	—	—	—
市政污泥	15~20	—	—	—	—	—	—	—
生活垃圾	14~18	—	—	—	—	—	—	—

2.2　生物质的元素分析

生物质的元素组成通常仅指其有机质的元素组成，掌握生物质的元素组成对研究它的燃烧和热解都具有十分重要的意义。

一般认为，植物生物质主要由碳、氢、氧、氮、硫五种元素组成。其中，木材主要由碳、氢、氧、氮四种元素组成，它们的含量约为：碳 49.5%、氢 6.5%、氧 43%、氮 1%；秸秆主要由碳、氢、氧、氮、硫五种元素组成，它们的含量为：碳 40%~46%、氢 5%~6%、氧 43%~50%、氮 0.6%~1.1%、硫 0.1%~0.2%[4]。还有一些含量很少的元素(如磷、钾等)，一般不列入元素组成之内。

1. 碳和氢元素

碳是生物质的主要可燃成分，1kg 碳完全燃烧可以释放出 33 858kJ 的热量。碳元素的着火点很高，故生物质碳元素含量越高就越不容易着火。然而，生物质中的碳并非完全以单质元素形式存在，一般与氢、氮、硫等元素组成有机化合物。

碳与氧燃烧，可以进行完全反应生成 CO_2，也可以进行不完全反应生成 CO，即

$$C + O_2 \longrightarrow CO_2 + 408.2\ \text{kJ/mol} \tag{2-1}$$

$$2C + O_2 \longrightarrow 2CO + 246.4\ \text{kJ/mol} \tag{2-2}$$

具体哪个反应占据优先，则取决于氧的供给量和其他反应条件。

氢是生物质中仅次于碳的主要可燃成分，1kg 氢完全燃烧可以释放出 125 400kJ 的热量。含碳氢化合物多的燃料易着火，但含重碳氢化合物多的燃料在供氧不足的燃烧过程中燃烧不充分，易形成炭黑，既造成燃料损失，又污染大气。氢在生物质中有两种存在形式：一种称为可燃氢，燃烧时能放出大量热能；另一种称为化合氢，它与氧结合为水，不能燃烧和放热。由于生物质中的可燃氢含量远远低于碳的含量，所以氢燃烧所起的作用明显不如碳。

氢的燃烧反应方程式为

$$2H_2 + O_2 \longrightarrow 2H_2O + 483.3\ \text{kJ/mol} \tag{2-3}$$

一般采用如图 2-5 所示碳氢测定仪对生物质中的碳、氢两种元素同时进行测试。碳氢测定仪由净化系统、燃烧反应系统和吸收系统三部分组成，其测试步骤如下。

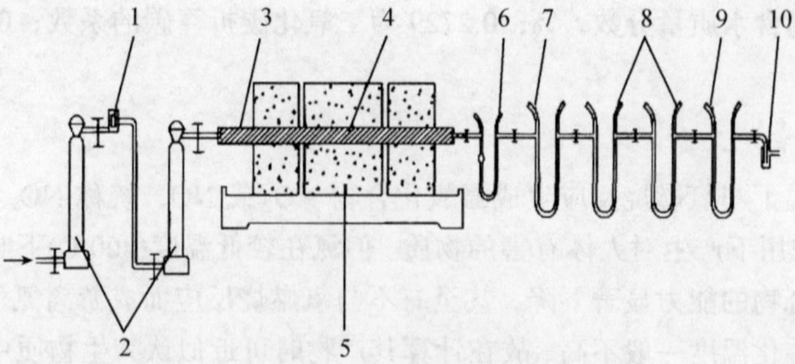

图 2-5 碳氢测定仪

1-流量计；2-干燥塔；3-燃烧反应管；4-管内反应填充物；
5-电炉控制装置；6-吸水 U 形管；7-氮氧化物吸收 U 形管；
8-二氧化碳吸收 U 形管；9-空 U 形管；10-气泡计

(1) 将第一节炉炉温控制在(850 ± 10)℃，第二节炉炉温控制在(800 ± 10)℃，第三节炉炉温控制在(600 ± 10)℃，并使第一节炉紧靠第二节炉。

(2) 在预先灼烧过的燃烧舟中称取粒度小于 1mm 或更小粒度的空气干燥固体生物质燃料试样(0.2 ± 0.01)g(数值保留至小数点后 4 位)，并均匀铺平，在试样上严密覆盖一层三氧化钨。可将装有试样的燃烧舟暂存入专用的磨口玻璃管或不加干燥剂的干燥器中。

(3) 接上质量已恒定并称量过的吸收系统，以 120mL/min 的流量通入氧气，打开橡皮塞，取出铜丝卷，迅速将燃烧舟放入燃烧管中，使其前端刚好在第一节炉炉口，再放入铜丝卷，塞上橡皮塞，保持氧气流量为 120mL/min。5min 后向净化系统移动第一节炉的炉体，使燃烧舟的一半进入炉口；5min 后，移动第一节炉的炉体，使燃烧舟末端进入炉口；再 5min 后，使燃烧舟位于第一节炉的炉体中央。保温 18min 后，把第一节炉移回原位；2min 后，取下吸收系统，将磨口塞关闭，用绒布擦净，在天平旁放置 10min 后称量(除氮管不必称量)。第二个吸收二氧化碳 U 形管质量变化小于 0.0005g，计算时可忽略。

(4) 测试结果计算。

碳含量：

$$C_{ad} = \frac{0.2729 m_1}{m} \times 100 \tag{2-4}$$

氢含量：

$$H_{ad}=\frac{0.1119(m_2-m_3)}{m}\times 100-0.1119W_{ad} \tag{2-5}$$

式中，C_{ad}为空气干燥基生物质样品的碳的质量分数，%；H_{ad}为空气干燥基生物质样品的氢的质量分数，%；m 为分析生物质样品的质量，g；m_1为吸收二氧化碳 U 形管的增量，g；m_2为吸水 U 形管的增量，g；m_3为空白值，g；W_{ad}为空气干燥基生物质样品的含水质量分数，%；0.2729 为二氧化碳折算碳的系数；0.1119 为水折算氢的系数。

2. 氮元素

氮在高温下与氧燃烧反应生成氮氧化合物 NO_2 或 NO，统称 NO_x。NO_x 排入大气，在光的作用下产生对人体有害的物质。但氮在较低温度(800℃)下与氧燃烧反应生成氮氧化合物的能力显著下降，甚至有不与氧燃烧反应而成游离氮气状态。由于生物质热解转化温度一般不高，故在计算其产物时可近似认为生物质中的氮元素最后只以氮气形式析出。

生物质中氮的分析普遍采用凯氏法或改良凯氏法。该法并不能保证测出所有形式的氮，但能测出绝大部分的氮，一般已足够准确了。它包括以下步骤。

(1) 消化——用浓硫酸、硫酸钾和硫酸铜作反应剂。浓硫酸能将生物质中的碳和氢氧化成 CO_2 和 H_2O，氮经过复杂的反应变成氨再与硫酸反应生成 NH_4HSO_4。硫酸钾的作用主要是提高硫酸的沸点，即升高消化温度，这样可缩短反应时间。硫酸铜可起催化作用。

(2) 蒸馏——向消化后的溶液加入过量碱并蒸出氨。

$$NH_4HSO_4+H_2SO_4+4NaOH\longrightarrow NH_3+2Na_2SO_4+4H_2O \tag{2-6}$$

(3) 吸收——以硼酸作吸收剂，与氨生成分子配合物。

$$H_3BO_3+xNH_3\longrightarrow H_3BO_3\cdot xNH_3 \tag{2-7}$$

(4) 滴定——以标准酸进行滴定。

$$2H_3BO_3\cdot xNH_3+xH_2SO_4\longrightarrow x(NH_4)_2SO_4+2H_3BO_3 \tag{2-8}$$

3. 硫元素

硫是生物质中可燃成分之一，但也是有害的成分。1kg 硫完全燃烧可释放 9 033kJ 的热量，燃烧产物为 SO_2 或 SO_3，统称 SO_x。这些气体与烟气或大气中的水蒸气相遇化合成亚硫酸 H_2SO_3 或硫酸 H_2SO_4，从而对环境造成污染。

生物质中硫的存在形式可分为无机硫和有机硫两类。从燃烧角度也可将它们分为可燃硫(或称挥发硫)和不可燃硫(或称固定硫)两类。

随着人们环境意识的日益增强，燃烧或热解转化生物质时应采取脱硫措施，以防止造成大气污染。采用流化床技术并加入石灰石或白云石作为脱硫剂，设备较简单，脱硫效果也较佳。采用石灰石脱硫的原理是：石灰石的主要成分是碳酸钙，它受热后分解成氧化钙和二氧化碳气体，而生物质中可燃硫燃烧后产生二氧化硫和三氧化硫气体，它们与氧化钙分别发生化学反应后生成硫酸钙，即

$$CaO + SO_3 \longrightarrow CaSO_4 \tag{2-9}$$

$$CaO + SO_2 \longrightarrow CaSO_3 \tag{2-10}$$

$$2CaSO_3 + O_2 \longrightarrow 2CaSO_4 \tag{2-11}$$

无机硫不在有机质组成之内，主要包括硫化物硫、元素硫和硫酸盐硫等；有机硫是指与 C、H、O 元素形成有机化合物的硫，在生物质中含量极微，目前还没有可靠的直接测定法，而是通过测定全硫和无机硫后再用差减法求得。

全硫测定的标准方法是艾氏法，该法精确度高，但时间长，其原理是：艾氏试剂与生物质样混合均匀后置于马弗炉中加热，使生物质缓慢燃烧，生物质中的硫全部转化为可溶性硫酸盐，然后使硫酸根离子生成硫酸钡沉淀，根据硫酸钡的质量计算固体生物质燃料中全硫的含量。具体步骤如下。

(1) 在 30mL 瓷坩埚内称取一般分析生物质试样(1.00 ± 0.01)g(称准至 0.0002 g)和艾氏剂(2 ± 0.1)g，仔细混合均匀，再用(1 ± 0.1)g 艾氏剂覆盖在混匀的试样上面。

(2) 将装有试样的坩埚移入通风良好的马弗炉中，在 1~2h 内从室温逐渐加热到 800~850℃，并在该温度下恒温 1~2h。

(3) 将坩埚从马弗炉中取出，冷却至室温。用玻璃棒将坩埚中的灼烧物仔细搅松、捣碎，如发现有未烧尽的黑色试样颗粒，应继续灼烧 30min，然后把灼烧物转移到 400mL 烧杯中。用热水冲洗坩埚内壁，将洗液收入烧杯，再加入 100~150mL 刚煮沸的蒸馏水，充分搅拌。如果此时尚有黑色颗粒漂浮在液面上，则本次测定作废。

(4) 用中速定性滤纸以倾泻法过滤上述试液，并用热水冲洗 3 次，然后将残渣转移到滤纸中，用热水仔细清洗至少 10 次，洗液总体积为 250~300mL。

(5) 向滤液中滴入 2~3 滴甲基橙指示剂，用盐酸溶液中和滤液至淡红色，再加入盐酸溶液 2mL，使溶液呈微酸性。将溶液加热到沸腾，在不断搅拌下缓慢滴加氯化钡 10 mL，并在微沸状况下保持约 2h，溶液最终体积约为 200 mL。

(6) 溶液冷却或静置过夜后，用致密无灰定量滤纸过滤，并用热水洗至无氯离子为止(硝酸银溶液检验无浑浊)。

(7) 将带有沉淀的过滤纸移到已知质量的瓷坩埚中，低温灰化滤纸后，在温度为 800~850℃的马弗炉内灼烧 20~40min，取出坩埚，在空气中稍加冷却后放入干燥器中，冷却至室温后称重。

(8) 每配制一批艾氏剂或更换其他任何一种试剂时，应进行 2 个以上空白试验(除不加固体生物质燃料一般分析试样外，全部操作按以上步骤进行)，硫酸钡沉淀的质量级差不得大于 0.0010 g，取算术平均值作为空白值。

(9) 按下式计算生物质试样中的全硫含量

$$S_{t,ad}=\frac{(m_1-m_2)\times 0.1374}{m}\times 100 \tag{2-12}$$

式中，$S_{t,ad}$ 为固体生物质燃料一般分析试样中全硫含量(质量分数)，%；m_1 为硫酸钡质量，单位为克(g)；m_2 为空白实验的硫酸钡质量，单位为克(g)；0.1374 为由硫酸钡换算为硫的质量分数；m 为固体生物质燃料一般分析试样质量，单位为克(g)。

生物质中的无机硫绝大部分是以硫铁矿硫 FeS_2 形态存在，可用稀硝酸 HNO_3 将生物质中的硫铁矿硫氧化为 H_2SO_4，然后测定出 H_2SO_4，即可计算出其中的无机硫。

4. 氧元素

氧是不可燃成分，它与一部分氢和碳相结合处于化合物状态，故仍将它列为有机成分。生物质中的氧含量目前还没有直接测定的方法，仅靠减差法计算，即在已测定生物质样的碳、氢、氮、硫、水分、灰分质量百分数的前提下，按下式计算

$$M(\mathrm{O})=100\%-(M(\mathrm{C})+M(\mathrm{H})+M(\mathrm{N})+M(\mathrm{S})+M(\mathrm{M})-M(\mathrm{A})) \tag{2-13}$$

式中，M(O)、M(C)、M(H)、M(N)、M(S)、M(M)、M(A)分别为氧、碳、氢、氮、硫、挥发分和灰分在生物质中所占的百分比。

5. 其他元素

磷、钾虽然是可燃元素，但由于含量很少，在生物质热化学转化中起的作用不大，故可忽略不计。

表 2-4 是一些生物质和煤炭的元素分析结果。从表中可见：生物质中的碳含量普遍比煤炭低得多，氢含量比煤炭多，故生物质比煤炭容易燃烧，但又不如煤炭耐烧；生物质中的氧含量比煤炭高得多，而氧是不可燃成分，故生物质的热值要比煤炭低得多；生物质中的硫含量比煤炭低得多，而硫是污染元素，燃烧产物为 SO_2 或 SO_3，故生物质与煤炭相比属于清洁燃料。

表 2-4　一些生物质和煤炭的元素组成[2,5]　(单位：wt%，干基)

种类	C	H	O	N	S
稻草	40.44	5.31	53.42	0.66	0.12
稻壳	38.92	5.10	37.89	2.17	0.12
谷草	41.42	5.17	52.19	1.04	0.15
杂草	41.00	5.24	51.88	1.59	0.22
树叶	41.14	5.08	52.76	0.74	0.14
麦秸	45.30	5.89	47.87	0.68	0.19
豆秸	44.79	5.81	45.37	0.85	0.11
玉米秸秆	45.43	6.15	47.14	0.78	0.13
玉米芯	46.31	5.62	47.53	0.57	0.12
高粱秆	45.18	5.59	48.10	0.62	0.11
棉花秸	43.50	5.35	49.56	0.91	0.10
棉花秆	39.47	5.07	38.09	1.25	0.02
甘蔗渣	44.80	5.35	39.55	0.38	0.01
杉木	50.64	6.18	43.00	0.06	0.02
松木	52.33	5.81	38.87	0.20	0.01
红木	53.54	5.96	40.31	0.12	0.02
榉木	51.63	6.33	41.66	0.07	0.01
灌木	46.90	5.08	40.17	0.54	0.03
木屑	47.13	5.86	40.35	0.65	0.16
椰子壳	50.22	5.70	43.37	0.00	0.00
核桃壳	49.50	6.85	43.00	0.52	0.13
毛竹	51.19	5.59	42.50	0.61	0.11
松针	52.60	6.13	39.68	1.37	0.18
烟叶	46.01	8.54	43.30	0.81	0.34
无烟煤	86.78	1.63	1.96	0.65	0.92
烟煤	63.89	4.97	24.54	0.57	0.48
泥煤	56.00	5.00	35.00	1.00	0.00
焦炭	89.13	0.43	0.98	0.85	1.00
木炭	92.04	2.45	2.96	0.53	1.00

2.3　生物质的工业分析

生物质的元素分析不能反映生物质在热化学转化时的某些性质，如生物质的挥发物在燃烧过程中对生物质的着火影响很大，高挥发分着火迅速、火焰长、燃烧稳定，低挥发分不易着火、火焰短、燃烧不易稳定。因此，应该有一种能够从应用角度要求来表征生物质的某些特点的分析，这种分析称为生物质的工业分析。

生物质的工业分析是其水分(M)、灰分(A)、挥发分(V)和固定碳(FC)四个分析项目的总称，并对灰渣进行观察和对灰熔点做出判断。生物质的工业分析所需的分析试验设备比元素分析简单，可在使用单位进行。利用工业分析结果可初步判断生物质燃料的质量，表 2-5 是部分生物质和煤的工业分析结果。

表 2-5　部分生物质和煤的工业分析结果[2,6]　　(单位：wt%，干基)

种类	水分/(wt%)	灰分	挥发分	固定碳
稻草	4.97	13.86	65.11	16.06
稻壳	4.70	15.8	69.30	10.20
玉米秸秆	4.87	5.93	75.90	13.30
玉米芯	6.10	4.70	71.95	17.25
高粱秸	4.71	8.91	68.90	17.48
麦秸	4.93	8.90	67.36	19.35
棉花秸	6.87	3.97	68.54	20.71
豆秸	5.10	3.13	74.65	17.12
花生壳	7.88	1.60	68.10	22.42
谷草	5.33	8.95	66.93	18.79
杂草	5.43	9.46	68.71	16.40
杂树叶	11.82	10.12	61.73	16.33
杨树叶	2.34	13.65	67.39	16.12
松木	6.25	0.76	78.95	14.04
柳木	6.72	3.67	77.17	12.44
杨木	6.26	3.50	73.68	16.56
杉木	7.38	2.20	74.30	16.12
桦木	9.06	2.36	74.90	13.68
枫木	5.60	3.60	64.20	16.60
榉木	5.90	0.60	79.00	14.50
椰子壳	13.26	0.76	77.70	21.54
核桃壳	2.25	1.46	82.23	14.06
毛竹	6.65	1.07	80.46	11.82
松针	4.54	1.47	77.75	14.10
烟叶	9.40	5.20	67.85	17.55
无烟煤	1.94	6.27	5.34	86.85
烟煤	8.85	21.37	38.48	31.30
泥煤	4.38	65.83	27.19	2.60

1. 生物质中的水分

生物质是多孔性固体，含有或多或少的水分。水分的存在对生物质热化学转化带来很大影响。所以，水分是生物质最基本的分析指标之一。

根据结合状态，生物质中的水分可以分为游离水和结晶水两大类，而游离水又分外在水和内在水两种，具体含义如下。

(1) 外在水分又称自由水分或表面水分。它是指附着于生物质颗粒表面的水膜和存在于直径>10^{-5} cm 的毛细孔中的水分。这种水分的蒸汽压与纯水的蒸汽压相同，在常温下容易蒸发，蒸发速度与空气的温度和湿度有关。

(2) 内在水分是指吸附或凝聚在生物质颗粒内部毛细孔(直径<10^{-5} cm)中的水分。由于毛细孔的吸附作用，这部分水的蒸汽压低于纯水的蒸汽压，故较难蒸发去除，需要在高于水的正常沸点的温度下才能除尽。

(3) 结晶水分是指生物质中矿物质所含的结晶水或化合水。这部分水在生物质中占的比例非常少，很难单独测定，它的值一般不列于生物质的水分之中，它与挥发分一道释出，计入挥发分中。

此外，生物质中的有机质在热解过程中生成的水称为热解水，其概念与上述三种水分完全不同，不可混淆。

生物质水分分析方法有两种：一是通氮干燥法，另一是空气干燥法，其中通氮干燥法为仲裁法。

通氮干燥法是称取一定量的生物质燃料作为一般分析试样，置于(105±2)℃干燥箱中，在干燥的氮气流中干燥到质量恒定，然后根据试样的质量损失计算出水分的质量分数。其主要步骤如下。

(1) 在预先干燥并已称量过的称量瓶内称取粒度小于 0.2mm 的一般分析实验生物质试样(1±0.1)g，称准至 0.0002g，平摊在称量瓶中。

(2) 打开称量瓶盖，放入预先通入干燥氮气并已加热到 105~110℃的干燥箱中，干燥 2 h。在称量瓶放入干燥箱前 10min 开始通入氮气，氮气流量以每小时换气 15 次为准。

(3) 从干燥箱中取出称量瓶，立即盖上盖，放入干燥器中冷却至室温(约 20 min)后称量。

(4) 进行检查性干燥，每次 30min，直到连续两次干燥生物质试样质量的减少不超过 0.0010 g 或质量增加时为止。在后一种情况下，采用质量增加前一次的质量为计算依据。当水分小于 2.00%时，不必进行检查性干燥。

空气干燥法是称取一定量的生物质燃料作为一般分析试样，置于(105±2)℃鼓风干燥箱中，于空气流中干燥到质量恒定，然后根据试样的质量损失计算出水分的质量分数。其主要步骤如下。

(1) 在预先干燥并已称量过的称量瓶内称取固体生物质试样(1±0.1)g，称准至 0.0002g，平摊在称量瓶中。

(2) 打开称量瓶盖，放入预先鼓风并已加热到(105±2)℃的干燥箱中。在一直鼓风的条件下干燥 2h (注：预先鼓风是为了使温度均匀。可将装有生物质试样的称量瓶放入干燥箱前 3~5min 就开始鼓风)。

(3) 从干燥箱中取出称量瓶，立即盖上盖，放入干燥器中冷却至室温(约 20min)后称量。

(4) 进行检查性干燥，每次 30min，直到连续两次干燥生物质试样质量的减少不超过 0.0010 g 或质量增加时为止。在后一种情况下，采用质量增加前一次的质量为计算依据。当水分小于 2.00%时，不必进行检查性干燥。

不论采用哪种测试方法，最后均按式(2-14)计算获得生物质试样的水分

$$M_{ad}=\frac{m_1}{m}\times 100 \tag{2-14}$$

式中，M_{ad} 为一般分析生物质试样水分的质量分数，%；m 为称取的一般分析生物质试样的质量，单位为克(g)；m_1 为生物质试样干燥后失去的质量，单位为克(g)。

2. 生物质中的灰分

灰分是生物质中所有可燃物质完全燃烧以及生物质中矿物质在一定温度下产生一系列分解、化合等复杂反应后剩下来的残渣，主要由 CaO、K_2O、Na_2O、MgO、SiO_2、Fe_2O_3 和 P_2O_5 等组成。

生物质灰分与生物质中的矿物质不完全相同，确切地说，生物质灰分应称为在一定温度下的灰分产率，因为灰分中的矿物质在高温燃烧条件下有一部分可能已经发生化学变化，两者的重量不相等，组成也有所不同。

传统看法认为灰分是不能燃烧的物质，故对生物质的热化学转化不会起什么作用。但其实不然，灰分尤其是其中的碱金属等矿物质对生物质热化学转化有着不可忽略的影响，在一些热解过程中可以起到催化剂的作用；另外，灰分的熔融性也即灰熔点对热解反应器的设计有较大影响，因为灰分在高温下变成熔融状态后容易黏结成难以清除的大渣块，设计排渣装置时必须要充分考虑到这一点。

灰分熔融性是与灰分化学组成相关的一个重要指标，对生物质的热化学转化有很大影响。灰分熔融性习惯上称为灰渣熔点，但实际上是不确切的，因为灰分是由许多化合物组成的混合物，并没有一个固定的熔点，仅有一个相当宽的熔化温度范围。这些混合物在一定温度下还能形成共熔体，所以灰分熔化温度又不等于各组分熔点的加权平均值。换言之，灰分熔融性与灰分化学组成有着密切的关系，灰分中 SiO_2 等的比例越大，其熔化温度范围就越高；而 Fe_2O_3 等碱性成分的比例越大，则熔化温度范围越低。一般生物质原料的灰熔点在 900~1050℃内，也有一些产地的生物质原料的灰熔点会在 850℃以下。

除熔融温度外，灰分熔化后的黏度大小以及黏度与温度的变化关系也是灰分的重要指标。因为液态排渣要求的黏度大致为 50~100 泊。

生物质灰分测定是称取一定量的生物质试样放入马弗炉中，以一定的速度加热到(550±10)℃，灰化并灼烧到质量恒定，以残留物的质量占据生物质试样质量的质量分数作为生物质试样的灰分。其主要步骤如下。

(1) 在预先灼烧至质量恒定的灰皿中，称取固体生物质试样(1±0.1)g，称准至

0.0002g，均匀地摊在灰皿中。

(2) 将灰皿送入炉温处于室温状态马弗炉恒温区中，关上炉门并使炉门留有 15mm 左右的缝隙或能保证每分钟 5~10 次空气变换的通风速度。在不少于 50min 的时间内(升温速度为 5℃/min)将炉温缓慢升温至(250±10)℃，并在此温度下保持 60min。继续在不少于 60 min 内(升温速率 5℃/min)升温至(550±10)℃，并在此温度下灼烧 2 h。

(3) 从炉中取出灰皿，放在耐热瓷板或石棉板上，在空气中冷却 5min 左右，移入干燥器中冷却至室温(约 20min)后称量。

(4) 观察灼烧后试样是否灰化完全，如果怀疑灰化不完全，应进行检查性灼烧，温度为(550±10)℃，每次 30min，直到连续两次灼烧后的质量变化小于 0.2 mg 为止。以最后一次灼烧后的质量为计算依据。

(5) 按式(2-15)计算生物质试样的空气干燥基灰分

$$A_{ad} = \frac{m_1}{m} \times 100 \tag{2-15}$$

式中，A_{ad} 为空气干燥基灰分的质量分数，%；m_1 为灼烧后残留物的质量，单位为克(g)；m 为称取的一般分析实验生物质试样的质量，单位为克(g)。

灰分测定时还应注意空气能够自由通入，若试样灰化过程中空气供给不足，则试样很难燃尽，称出的灰分重量就不准确。

3. 生物质中的挥发分

生物质样在隔绝空气的条件下加热到一定温度，并在该温度下停留一定时间，其有机质受热分解析出的所有气态产物即为挥发分。挥发分与水分不同，它不是生物质中的固有物质，而是在特定条件下受热分解的产物，包括饱和的和未饱和的芳香族碳氢化合物，以及生物质中结晶水分解后蒸发的水蒸气等。挥发分的数量和成分随加热条件不同而不同，只有在一定规范条件下分析测定的挥发分数据才具有可比性。当然，由于生物质是多孔性结构，它也可能吸附一部分气体，但这部分的影响甚微，可忽略不计。

不同生物质析出挥发分的数量变化范围较宽，析出挥发分后余下的固体残余物称为焦炭或半焦。挥发分的多少及焦炭或半焦的特性能很好地表征生物质是否容易燃烧或热解转化。

生物质挥发分的测定在很大程度上取决于测定条件，即使是同一种生物质，如果测定条件不同，析出的挥发分数量也会不同。此外，挥发分析出量与所用坩埚材料、大小、形状以及加热设备也有关系。下面介绍的是华北电力大学生物质发电成套设备国家工程实验室发展的一种生物质灰分分析法：一般应选用带严密坩埚盖的瓷质坩埚，其高度约为 40mm，上口直径约为 30mm，加热装置采用具有热电偶和调温装置的马弗炉，温度控制为(900±15)℃，与空气隔绝加热 7min。

(1) 称取一定量的生物质试样(1±0.1)g，称准至 0.0002g，然后轻轻振动坩埚，使生物质试样摊平，盖上盖，放在坩埚架上。

(2) 将马弗炉预先加热到 900℃左右，打开炉门，迅速将放有坩埚的坩埚架送入恒温区，立即关上炉门并计时，准确加热 7min。坩埚及坩埚架放入后，要求炉温在 3min 内恢复至(900±10)℃，此后保持在(900±10)℃，否则此次实验作废。加热时间包括温度恢复时间在内。

注：马弗炉预先加热温度可视马弗炉具体情况调节，若起始温度为 900 ℃时达不到上述要求，可将起始温度调整为不超过 920 ℃，以保证在放入坩埚及坩埚架后，炉温在 3min 内恢复至(900±10)℃为准。

(3) 从炉中取出坩埚，放在空气中冷却 5min 左右，移入干燥器中冷却至室温(约 20min)后称量。

(4) 按式(2-16)计算生物质试样的空气干燥基挥发分

$$V_{ad} = \frac{m_1}{m} \times 100 - M_{ad} \tag{2-16}$$

式中，V_{ad} 为空气干燥基挥发分的质量分数，%；m 为一般分析实验生物质试样的质量，单位为克(g)；m_1 为生物质试样加热后减少的质量，单位为克(g)；M_{ad} 为一般分析实验生物质试样水分的质量分数，%。

4. 生物质中的固定碳

生物质中的固定碳是指从生物质中除去水分、灰分和挥发分后的残留物。与灰分一样，固定碳也不全是生物质中的固有成分，准确地说它也是热分解产物，其中不仅包含碳，而且还包含氢、氧、氮、硫等其他元素。因此，生物质中的固定碳与碳元素含量是两个不同的概念，不可混淆。

可按式(2-17)计算生物质试样的空气干燥基固定碳

$$FC_{ad} = 100 - (M_{ad} + A_{ad} + V_{ad}) \tag{2-17}$$

式中，FC_{ad} 为空气干燥基固定碳的质量分数，%；M_{ad} 为一般分析实验生物质试样水分的质量分数，%；A_{ad} 为空气干燥基灰分的质量分数，%；V_{ad} 为空气干燥基挥发分的质量分数，%。

5. 分析结果的表示方法和基准换算

生物质中除有机质外，还有一定量的水分和矿物质存在，同一实验如采用不同的基准计算，其结果会有相当大的差别。所以，对生物质的一切分析数据必须同时注明基准，否则就失去意义。

生物质分析中常用的基准有应用基(收到基)、分析基(空气干燥基)、干燥基和干燥无灰基等。但这并不是说任何一个分析指标都可以用任何一个基准来表示，如水分就不能以干燥基表示；同样，灰分也不能以干燥无灰基表示。这些基准的符号和含义见表 2-6。

表 2-6　不同基准的物理意义

基准	符号		有机质	灰分	水分	
	标准符号	过去国内			外在	内在
应用基	ar	y	√	√	√	√
分析基	ad	f	√	√	×	√
干燥基	d	g	√	√	×	×
干燥无灰基	daf	–	√	×	×	×

各种基准的表示方法如生物质样水分为 M_{ad}、干燥无灰基挥发分为 V_{daf} 等。不同基准的分析结果相互之间可以换算，换算公式列于表 2-7。

表 2-7　不同基准分析结果的换算公式

换算基准	应用基	分析基	干燥基	干燥无灰基
应用基	1	$\dfrac{100-M_{ad}}{100-M_{ar}}$	$\dfrac{100}{100-M_{ar}}$	$\dfrac{100}{100-M_{ar}-A_{ar}}$
分析基	$\dfrac{100-M_{ar}}{100-M_{ad}}$	1	$\dfrac{100}{100-M_{ad}}$	$\dfrac{100}{100-M_{ar}-A_{ad}}$
干燥基	$\dfrac{100-M_{ar}}{100}$	$\dfrac{100-M_{ad}}{100}$	1	$\dfrac{100}{100-A_{d}}$
干燥无灰基	$\dfrac{100-M_{ar}-A_{ar}}{100}$	$\dfrac{100-M_{ad}-A_{ad}}{100}$	$\dfrac{100-A_{d}}{100}$	1

参 考 文 献

[1] 朱锡锋. 生物质热解原理与技术. 合肥: 中国科学技术大学出版社, 2006

[2] 朱锡锋. 生物油制备技术与应用. 北京: 化学工业出版社, 2013

[3] 日本能源学会. 生物质和生物能源手册. 史仲平，华兆哲译. 北京: 化学工业出版社, 2007

[4] 张瑞芹. 生物质衍生的燃料和化学物质. 郑州: 郑州大学出版社, 2004

[5] 万仁新. 生物质能工程. 北京: 中国农业出版社, 1995

[6] 郭崇涛. 煤化学. 北京: 化学工业出版社, 1992

附录 2-1　纤维素聚合度的测定方法及常见生物质原料的组成成分

聚合度是指纤维素中重复的葡萄糖结构单元的数目，实际上所测定的是平均聚合度[1]。聚合度的分析方法目前有渗透压法、光散射法、超速离心法和黏度法等，目前较常用的是黏度法[2,3]，以毛细管黏度计为主，用铜氨、铜乙二胺和镉乙二胺溶液为溶剂，效果更好，而且装置简单，便于操作，适合在生产中随时监测。纤维素属于天然高分子化合物，能够分散、溶解而又不导致纤维素发生降解作用的溶剂不多，最常见的纤维素溶剂是铜氨溶液。较长的纤维素分子在溶剂中显示更大的黏度。黏度法测定纤维的聚合度是利用毛细管黏度计，首先测出纤维铜氨溶液的增比黏度，然后利用溶液的黏度与高聚物分子量的关系式计算得出聚合度。由于黏度强烈地依赖于温度，所有的检测在恒温器中进行，温度采用(25±0.1)℃[4]。

纤维素铜氨溶液增比黏度

$$\eta_{sp}=\frac{\eta-\eta_0}{\eta_0}=\frac{t-t_0}{t_0}$$

可由 Staudinger 关系式

$$\eta_{sp}=C\cdot K_m\cdot DP$$

获得聚合度的计算式为

$$DP=\frac{\eta sp}{C\cdot K_m}=\frac{\eta-\eta_0}{\eta_0}\cdot\frac{1}{C\cdot K_m}$$

式中，K_m 为溶剂特性常数 0.5×10^{-4}；C 为纤维铜乙二胺溶液浓度，%或 g/mL；η 为溶液的特性黏度；η_0 为溶剂的特性黏度；t 为纤维素铜氨溶液在毛细管黏度计中流过的时间；t_0 为铜氨溶剂在毛细管黏度计中流过的时间。

奥氏黏度计测量溶液黏度的毛细管尺寸为 0.5~0.6mm。为了获得可以比较的数值，最好在相同条件下用同一只黏度计进行测定。

纤维素铜氨溶液制备方法原理是基于马丁的经验方程式，用此方程式只需测定纤维素在单一浓度下的相对黏度就能计算出它的平均聚合度。实验分析时使用的溶剂均为分析纯试剂，并使用蒸馏水或去离子水[5,6]。

1. 铜氨溶液制备法

称取 100g 分析纯硫酸铜（$CuSO_4\cdot5H_2O$）放入盛有 800mL 蒸馏水的 1000mL 烧

杯中，加热至沸。待硫酸铜全部溶解后，在磁力搅拌器的搅拌下缓缓加入约 58mL 浓氨水，使硫酸溶液由最初的蓝色转变为翠绿色，最后变为蓝色。继续搅拌 20min 后，静置，使其沉淀。此时用广泛 pH 试纸测试上部清液应呈弱碱性。倾去上部清液，用倾斜法反复洗涤沉淀，先用热蒸馏水洗 4 次，再用冷蒸馏水洗若干次。每次在搅拌器的不断搅拌下加入约 400mL 蒸馏水，搅拌 10min 后静置。当洗至用 10% 氯化钡溶液检验清液中无硫酸根离子时为止。最后加入足够的蒸馏水于沉淀物中，使总体积为 600mL，置于冰箱中，冷却至 10℃以下。取出后再搅拌，缓缓加入 340mL 20%的氢氧化钠溶液，再用倾斜法反复洗涤氢氧化铜沉淀至清液用酚酞检验无色时为止（约需 13 次）。然后用足量的蒸馏水将氢氧化铜沉淀移入棕色细口瓶中，使总体积为 250mL，再加入无水乙二胺 40g，摇匀后静置 1~2 天。将上层清液缓缓倒入量筒中记下体积，移入另一棕色瓶中，以备标定。

2. 铜氨溶液标定

用移液管吸取 25mL 配好的溶液于 250mL 容量瓶中，用水稀释至刻度。用移液管吸取 25mL 稀释液，置于 500mL 带磨口塞的锥形瓶，加入 25mL 1mol/L 盐酸标准溶液及 30mL10%碘化钾溶液摇匀后，立即用 1mol/L 硫代硫酸钠标准溶液滴定至棕色几乎消失时，加入 1g 硫氰酸铵及粉指剂，继续滴定至蓝色消失为止，记录所耗用的硫代硫酸钠体积。

向上述溶液中多加 5 滴硫代硫酸钠溶液，再加入 200mL 蒸馏水，摇匀，用甲基橙为指示剂，1mol/L 氢氧化钠标准溶液滴定至显黄色，即为终点。

3. 铜氨溶液浓度计算

铜氨浓度
$$M_1=\frac{N_1V_1-N_2V_2-N_3V_3}{2V} \tag{1}$$

铜浓度
$$M_2=\frac{N_2V_2}{V} \tag{2}$$

$$R=\frac{M_1}{M_2} \tag{3}$$

式中，V 为用于滴定的铜乙二胺溶液体积，mL；V_1 为加入的 1.0mol/L 盐酸标准溶液体积，mL；N_1 为盐酸标准溶液的浓度，mol/L；V_2 为滴定时耗用的硫代硫酸钠标准溶液的体积，mL；N_2 为硫代硫酸钠标准溶液的浓度，mol/L；V_3 为滴定时耗用的氢氧化钠标准溶液的体积，mL；N_3 为氢氧化钠标准溶液的浓度，mol/L；M_1 为铜乙二胺溶液中二胺的克分子浓度；M_2 为铜乙二胺溶液中铜的克分子浓度，mol/L；R 为乙二胺与铜的克分子浓度比例。

R 要求为 2.00±0.04，铜的浓度 M_2 为 1.00±0.02。如果分析结果，$R<2$，$M_2>$

M_1，说明乙二胺和水量不够，则可按下式计算。加入一定量的乙二胺和蒸馏水，以配置所需浓度的铜氨溶液。

需加入乙二胺量V_4：　$V_4=(2M_2-M_1)*6.0*V_0/A$　　(4)

需配置的铜乙二胺溶液总量V_5：　$V_5=M_2*V_0$　　(5)

需加入的蒸馏水量V_6：　$V_6=V_5-(V_3+V_0)$　　(6)

式中，V_0为原始溶液量，mL；A为乙二胺的百分含量。

4. 仪器

(1) 试样溶解瓶。溶积约为 52mL 的细口聚乙烯瓶，当容器中装入 50mL 溶液时，残留的空气能排出，排出空气后盖好橡皮塞或带有密封垫的罗口盖。

(2) 毛细管黏度计。黏度计中毛细管是关系到测定数据是否准确的关键，挑选毛细管可先用放大镜选出直径为 0.57mm 和 0.80mm 的两种毛细管，然后把毛细管放在显微镜下，用标尺仔细分段测量直径，并用十字标检查毛细管有无弯曲现象。在 150mm 长度内直径为(0.57±0.02)mm 和(0.8±0.05)mm，均匀性好，无弯曲，即可认为合格。

(3) 恒温水浴：能控制在(25±0.1)℃，并装有自动循环泵。

(4) 铜片：约 5mm×5mm，由电解铜制造。

(5) 天平：感量 0.0001g。

(6) 秒表。

5. 试验步骤

称取一定量生物质试样（称准至 0.0005g）于试样溶解瓶中。加入 2~3 块紫铜片，用移液管吸取 25mL 蒸馏水注入瓶中，塞进瓶塞。剧烈摇荡至试样分散后，再吸取 25mL 铜乙二胺溶液于瓶中，并把全部存留气体排除，反复剧烈摇荡至试样完全溶解。一般低黏度浆约需 3min 即可。调整溶液温度至 25℃，仔细倒出部分溶液于测定用黏度计中，开动自动循环保温的恒温器，恒温 5min。测定(25±0.1)℃的流出时间，用秒表计时，平行测定 3 次，取其平均值计算相对黏度。

常见生物质原料的组成成分见附表 2-1。

附表 2-1　常见生物质原料的组成成分

文献	原料种类	产地	纤维素	半纤维素	木质素	灰分
7	稻壳	河南郑州	21.90	19.00	17.80	20.00
8	油菜秸秆	成都平原地区	52.99	18.34	22.06	7.35 ~ 7.53
	小麦秸秆	成都平原地区	51.16	28.41	23.89	2.76 ~ 7.52
	水稻秸秆	成都平原地区	39.69	24.81	25.22	16.79
9	香蒲枯叶	上海	28.33	11.03	13.53	—

续表

文献	原料种类	产地	纤维素	半纤维素	木质素	灰分
10	玉米秸秆	广东广州	37.10	24.20	18.20	5.20
	稻秆	广东广州	36.00	19.60	24.00	6.30
	小麦秸秆	广东广州	44.50	24.30	21.30	3.10
	白杨	广东广州	49.00	25.60	23.10	0.20
	桦木	广东广州	42.60	13.30	30.90	0.80
	桉木	广东广州	48.00	14.00	29.00	1.00
	辐射松	广东广州	41.70	20.50	25.90	0.30
	花旗松	广东广州	42.00	23.50	27.80	0.40
11	玉米秸秆	山东济南	32.00	27.82	15.42	—
12	楠竹屑（脱脂）	湖南湘潭	48.80	17.40	25.40	4.90
13	玉米秸秆	新疆乌鲁木齐	31.65	31.52	—	—
	小麦秸秆	新疆乌鲁木齐	31.18	30.44	—	—
	水稻秸秆	新疆乌鲁木齐	28.94	25.07	—	—
	棉花秸秆	新疆乌鲁木齐	28.62	13.07	—	—
14	玉米芯	山西平遥	33.56	34.65	13.94	1.60
15	香根草	湖南长沙	27.06	14.31	13.30	—
	香茅	湖南长沙	33.47	14.87	14.26	—
	巨菌草	湖南长沙	30.65	14.36	12.89	—
	象草	湖南长沙	29.96	14.18	13.16	—
16	桑树枝条	江苏南京	36.42	36.13	24.56	—
17	稻草	江苏南京	39.00	17.00	10.00	—
	小麦秸秆	江苏南京	39.00	19.00	14.00	—
	玉米秸秆	江苏南京	35.00	15.00	15.00	—
	玉米芯	江苏南京	36.00	28.10	15.00	—
	燕麦壳	江苏南京	33.70	29.50	13.00	—
	禾秆	江苏南京	31 ~ 40	35 ~ 48	13 ~ 25	—
18	玉米秸秆	河南郑州	36.21	15.72	18.12	—
19	紫皮甘蔗	云南	39.99	30.91	16.18	—
20	棉花秸秆	新疆石河子市郊	35.50	21.98	19.87	4.89
21	柳枝稷	北京	39.84	33.23	—	—
	荻	北京	32.33	29.90	—	—
	芦竹	北京	32.79	29.35	—	—
22	河北杨树	甘肃兰州	52.91	18.50	20.60	—
	新疆杨树	甘肃兰州	57.90	17.20	21.30	—
	银白杨树	甘肃兰州	48.80	18.62	20.70	—
	箭秆杨	甘肃兰州	53.28	16.34	23.40	—
	大叶杨	甘肃兰州	60.32	14.37	17.26	—
23	毛竹笋壳	福建南平	35.08	35.08	—	—
24	松木木屑	广东广州	28.86	12.15	48.39	3.50

续表

文献	原料种类	产地	纤维素	半纤维素	木质素	灰分
25	烟草	福建三明	17.37	11.27	48.53	0.01
26	稻秆	江苏泰兴	48.92	21.03	5.99	—
	玉米芯	江苏泰兴	70.25	20.89	7.86	—
27	小麦秸秆	河南南阳市郊	40.50	28.20	19.60	7.20
28	油菜秸秆	安徽肥东	39.41	27.38	14.09	—
29	姬松茸	山西太原	28.72	18.21	19.15	—
30	竹笋壳	湖北咸宁	41.66	28.12	20.34	—
	苎麻	湖南株洲	70 ~ 77	12 ~ 15	0.5 ~ 2	—
	亚麻	上海	70 ~ 80	12 ~ 15	2.5 ~ 5	—
	竹子	上海	45 ~ 55	20 ~ 25	20 ~ 30	—
31	小麦秸秆	北京大兴	39.00	28.00	19.00	7.00
32	玉米秸秆	江苏连云港	33.90	23.89	15.84	—
33	木棉纤维	广东广州	35 ~ 50	22 ~ 45	15 ~ 22	—
34	玉米芯	安徽六安市郊	32.00	38.20	16.50	—
35	甘蔗渣	广西	42.90	32.30	17.80	2.10
36	玉米秸秆	内蒙古	33.14	19.06	18.53	3.78
37	柳枝稷	北京小汤山苗圃	36.98	32.00	18.33	—
	大麻	内蒙古赤峰市	40.51	27.74	15.56	—
38	稻草	湖北武汉市郊	38.33	26.49	11.89	—
	木屑	湖北武汉市郊	34.26	24.74	19.83	—
	粗纤维	湖北武汉市郊	85.34	14.17	6.19	—
	滤纸	湖北武汉市郊	92.68	5.58	1.10	—
39	稻草	河南郑州市郊	39.22	16.94	10.25	12.41
40	玉米秸秆粉	湖北武汉	32.00	23.40	6.60	—
	麸皮		10.40	34.00	4.40	—
41	玉米	河南郑州	33.89	19.04	14.95	—
42	油菜秸秆	安徽合肥	40.50	25.60	15.30	—
43	稻草	长江大学农田	36.70	20.23	9.87	12.87
44	黄麻圆果种	广东	59.16	16.10	9.93	—
	黄麻长果种	萧山	60.60	14.37	11.94	—
45	紫花苜蓿	内蒙古赤峰市	30.98	11.00	9.33	—
	高丹草	内蒙古赤峰市	25.51	27.74	15.56	—
	沙打旺	内蒙古赤峰市	22.06	25.51	13.20	—
46	稻草	江苏仪征	38.60	16.50	11.00	—
47	杨木原粉	湖南常德	59.00	19.50	20.60	0.50
48	山毛榉树	陕西西安	45.00	29.00	26.00	—
49	杉木	浙江杭州	50.68	13.45	35.11	0.76
	花梨木	浙江杭州	46.22	17.65	35.23	0.87
	水曲柳	浙江杭州	54.74	14.43	29.74	1.08

续表

文献	原料种类	产地	纤维素	半纤维素	木质素	灰分
50	巨尾桉树	福建漳州	29.88	30.20	12.33	0.11
51	油菜秸秆	湖北武汉	40.55	21.69	20.09	5.36
	花生秸秆	湖北武汉	44.99	18.23	11.76	5.76
	芝麻秸秆	湖北武汉	38.17	23.18	17.99	5.71
52	亚麻原茎	云南宾川	21.01	19.40	18.40	—
53	福建柏落叶	福建福州	14.95	12.37	32.42	4.90
	杉木	福建福州	15.89	11.76	33.32	4.45
54	玉米秸秆	河南郑州市郊	38.00	25.00	18.00	—
	小麦秸秆	河南郑州市郊	41.00	26.00	23.00	—
	棉花秆	河南郑州市郊	45.00	20.00	17.00	—
55	野生型水稻	广东广州	40.70	18.80	19.10	—
	超级 SGR 水稻	广东广州	39.80	14.10	18.60	—
	永绿色水稻	广东广州	40.30	19.00	19.60	—
56	红柳枝条	甘肃永靖	37.40	18.40	34.50	—
57	稻草	黑龙江哈尔滨	39.17	22.56	11.45	—
58	烤烟烟叶	四川	5 ~ 9	2 ~ 5	10 ~ 16	—
59	草坪草	河南郑州	38.70	11.40	8.02	—
60	斑茅	福建漳州	43.77	28.57	11.01	—
61	玉米秸秆	美国	37.30	20.60	17.50	6.10
62	大麻	云南	50.64	21.12	7.16	6.09
63	桉木	福建龙岩	45.76	21.72	28.80	—
64	麦草	黑龙江齐齐哈尔	39.00	38.70	17.00	1.80
65	棉花秸秆	新疆建设兵团	37.40	20.10	27.40	—
	小麦秸秆	湖北武汉	42.60	21.00	10.00	—
	稻秆	湖北武汉	39.90	30.90	9.30	—
	玉米秸秆	湖北武汉	45.80	27.50	23.20	—
66	香牙蕉假茎纤维	广东湛江	55.59	17.35	8.74	—
67	松木	湖北武汉	49.22	12.60	27.19	0.50
	稻草	湖北武汉	34.19	18.75	14.21	7.51
	芦苇	湖北武汉	44.02	22.28	22.67	4.09
68	稻草	江苏盐城	38.20	20.40	12.80	4.20
69	红麻秸秆	福建农林大学	42.31	22.58	23.79	—
70	木薯	广西明阳	21.72	33.21	4.26	5.06

参考文献

[1] 张良，刘润玉. 纤维素在 EWNNmod(NaCL)溶液中聚合度的测定. 印染，1989，15(5): 261-265

[2] 龚三龙等. 棉麻纤维素聚合度测定方法探讨. 纤维素标准及检验. 1993,34: 10-11

[3] 龙德树. 亚（胡）麻纤维素聚合度测定与分析. 麻纺织技术, 1997, 20(1): 25-27

[4] 廖艳芬. 纤维素热裂解机理试验研究. 浙江大学博士学位论文, 2003
[5] 苎麻纤维素聚合度测定方法, GB 5881-86
[6] GB/T 1548-1989, 纸浆黏度的测定法
[7] 熊素敏等. 稻壳中纤维素、半纤维素和木质素的测定.粮食与饲料工业, 2005, (8): 40, 41
[8] 赵蒙蒙等. 几种农作物秸秆的成分分析.材料导报, 2011, 25(16): 122-125
[9] 陈一等. pH 对生物质同步水解产酸的影响. 环境污染与防治, 2011, 33(6): 11-14, 18
[10] 余强等. 木质纤维素类生物质制取燃料及化学品的研究进展.化工进展,2012,31(4): 784-791
[11] 王金主等. 玉米秸秆中纤维素、半纤维素和木质素的测定.山东食品发酵, 2010, (3): 44-48
[12] 胡蝶等. 提取条件对竹纤维分级分离的影响.生物质化学工程, 2010, 44(5): 11-16
[13] 李华等. 秸秆饲料中纤维素、半纤维素和木质素的定量分析研究. 新疆农业大学学报, 2007, 30(3): 65-68
[14] 秦伟军等. 玉米芯碱液预处理条件优化.农业工程学报, 2010, 26(4): 248-253
[15] 郭新红等. 6 种植物中木质纤维素含量的比较研究.湖南大学学报, 2008, 35(9): 76-78
[16] 胡克等. 二甲基亚砜 / N-甲基咪唑体系中木质素和半纤维素改性剥离研究. 南京林业大学学报: 自然科学版, 2012, 36(1): 101-104
[17] 史央等. 秸秆降解的微生物学机理研究及应用进展.微生物学杂志, 2002, 22(1): 47-50
[18] 岳建芝等. 玉米秸秆主要成分及热值的测定与分析.河南农业科学, 2006(9): 30-32
[19] 张晓峰等. 蔗渣半纤维素 · 纤维素和木质素分离条件研究. 安徽农业科学, 2012(27): 13549-13551
[20] 邓辉等. 棉花秸秆糖化碱预处理条件优化.农业工程学报, 2009, 25(1): 208-212
[21] 侯新村等. 挖沙废弃地草本能源植物生物质品质对氮肥的响应.中国草地学报,2011,33(1): 11-17
[22] 陶玲等. 杨树转化燃料乙醇的 H2SO4 预处理效果研究.甘肃科学学报,2009,21(3): 57-60
[23] 余能富等. 从笋壳中提取木聚糖研究.中国食品添加剂, 2012, (6): 107-110
[24] 亓伟等. 生物质酸催化两步水解反应的研究. 太阳能学报, 2012, 33(8): 1257-1262
[25] 孙银合等. 氨浸预处理法辅助提取烟草中茄尼醇.精细化工, 2013, 30(1): 32-35
[26] 严青等. 采用酸 – 超声波强化碱预处理稻秆和玉米芯. 东南大学学报, 2013, 43(1): 105-109
[27] 田龙等. 常压温和条件下丙酸预处理小麦秸秆的工艺优化. 农业工程学报, 2011, 27(7): 295-299
[28] 朱洪龙等. 两种白腐菌降解油菜秸秆效果的研究.安徽农学通报, 2007, 13(8): 33-35
[29] 梁志英等. 姬松茸碳源利用规律的研究. 山西农业大学学报(自然科学版), 2007, 27(1): 79-81
[30] 周晓洁等. 竹笋壳化学成分分析.武汉科技学院学报, 2010, 23(1): 1-3
[31] 张利等. 利用丙酸降解小麦秸秆的研究. 四川大学学报, 2011, 38(3): 430-433
[32] 张红漫等. NREL 法测定木质纤维素原料组分的含量.分析实验室, 2010,29(11): 15-18
[33] 韩玲. 木棉纤维性能及其在纺织中应用的建议.棉纺织技术, 2010, 38(7): 469-472
[34] 许丙磊等. 玉米芯蒸汽爆破处理的研究及响应曲面法优化.林产化学与工业, 2012, 30(6): 82-88
[35] 张婷等. 木质纤维原料各组分温和液化行为. 清华大学学报, 2006, 46(12): 2011-2014

[36] 欧阳嘉等. 碱法-酶法处理玉米秸秆的制糖工艺研究.南京林业大学学报, 2010, 34(3): 1-5
[37] 高凤芹等. 以草类纤维素为原料制乙醇的预处理及发酵研究.江苏农业科学,2011,39(3): 344-347
[38] 张晓昱等. 不同木质纤维素基质上白腐菌降解特性的研究.微生物学杂志, 2004,24(6): 4-7
[39] 宋安东等. 不同微生物降解木质纤维素效率和过程的对比研究.安全与环境学报,2009,9(2): 1-6
[40] 徐春燕等. 碳源对白腐菌降解竹基质的影响.北京林业大学学报, 2008, 30(1): 96-100
[41] 库丽霞等. 玉米秸秆能量指标的测定和利用研究.玉米科学,2004,12(1): 114-118
[42] 王力生等.N+注入选育白腐菌及其降解油菜秸秆木质纤维素的研究.激光生物学报, 2012, 21(2): 181-187
[43] 马立安等. 微生物发酵稻草降解非纤维素成分的工艺研究.安徽农业科学, 2009, 37(33): 16658-16659
[44] 陈琼华等. 黄麻纤维的形态结构及组分研究现状.中国麻业, 2005, 27(5): 254-259
[45] 高凤芹等. 化学预处理对牧草酶解糖化发酵效果的影响.安徽农业科学, 2009, 37(23): 11012-11014
[46] 赵林果等. 白腐菌及黑曲霉所产的纤维素复合酶对稻草秸秆的生物质降解.中国生物工程杂志, 2007, 27(3): 71-75
[47] 吴庆定等. 木质粉末高密度滑动轴承无胶温压成形结合机理研究.中国粉体技术, 2012, 18(2): 1-6
[48] 吕欣, 坂志朗. 流通加压热水液化木质生物质.农业工程学报, 2010, 26(3): 289-293
[49] 文丽华等. 生物质的多组分热裂解动力学模型.浙江大学学报, 2005, 39(2): 247-252
[50] 刘喜明等. 人工林巨尾桉脱落树皮化学成分研究.福建林学院学报, 2011, 31(4): 372-375
[51] 南占东等. 油料作物秸秆快速热解及其生物油特性的研究.中国油料作物学报, 2008, 30(4): 501-505
[52] 彭源德等. 亚麻快速生物脱胶技术研究-Ⅲ麻茎化学成分在快速生物脱胶过程中的变化.中国麻业, 2004, 26(3): 137-140
[53] 杨玉盛等. 福建柏和杉木人工林凋落物性质的比较.林业科学,2004, 40(1): 2-10
[54] 黄浩等. 农作物秸秆细胞壁成分对其干燥过程的影响.河南科学,2005,23(2): 221-223
[55] 张华等. 水稻永绿色基因对细胞壁主要成分含量的影响.广东农业科学, 2011, (11): 33-34
[56] 徐红等. 蒸汽爆破预处理对红柳木质组分及酶解性能的影响.林业科学,2011,48(11): 92-97
[57] 燕红等. 蜡样芽孢杆菌对稻草的降解作用.哈尔滨工业大学学报,2008,40(8): 1242-1246
[58] 陈红丽等. 四川烤烟烟叶细胞壁物质含量与外观质量、感官质量的关系.烟草科技, 2011, (1): 9-12
[59] 董向元等. 湿解处理木质纤维类废物的实验研究.生态环境, 2008,17(1): 128-132
[60] 张树河等. 利用能源植物斑茅纤维固态发酵产纤维素酶及其糖化的研究.热带作物学报, 2011, 32(12): 2346-2351
[61] 张强等. 玉米秸秆酒精中废弃物木质素的综合利用.酿酒科技,2005, (8): 77-80
[62] 冯新星等. 好氧菌脱胶大麻的研究.纺织学报, 2006, 27(4): 25-27
[63] 武书斌等. 桉木碱性亚硫酸盐预处理对酶解糖化效果的影响.华南理工大学学报, 2011,

39(11): 1-5
[64] 许凤等. 有机溶剂法麦草木质素的化学特性研究.中国造纸学报, 2007, 22(4): 23-27
[65] 王江丽等. 棉秆沼气发酵潜力的研究.浙江农业科学, 2009, (1): 183-186
[66] 韦传宝等. 香蕉假茎纤维成分的分析.中国林福特产, 2008, (1): 16-18
[67] 赵卫等. 黄孢原毛平革菌对松木、稻草和芦苇去木质化作用的研究.生物技术, 2005, 15(4): 25-27
[68] 邱向锋等. 饲用稻草预处理的研究.粮食与饲料工业, 2006, (2): 31-32
[69] 阮奇城等. 红麻秸秆发酵转化燃料乙醇.福建农林大学学报, 2012, 41(1): 78-82
[70] 彭志连等. 淀粉木薯渣不同保存条件下的成分变化.广东农业科学, 2012, (18): 103-107

附录 2-2　常见生物质原料的分析结果

华北电力大学生物质发电成套设备国家工程实验室对常见的生物质原料（主要从生物质电厂取样）进行了测试，包括工业分析、热值测定、元素分析以及灰熔点，结果分别列于附表 2-2~附表 2-5。

此外，从相关文献资料中对不同生物质原料的工业分析、热值、元素分析、灰熔点以及灰成分进行了整理总结，结果分别列于附表 2-6~附表 2-10。

附表 2-2　不同生物质原料的工业分析结果　　(单位：wt%)

序号	原料种类	产地	分析基准	水分	挥发分	灰分	固定碳
1	甘蔗皮	广西北海合浦	收到基	5.22	76.66	3.23	14.89
2	木薯	广西北海合浦	收到基	9.28	72.00	2.25	16.47
3	桉树皮	广西北海合浦	收到基	20.72	58.03	3.33	17.92
4	松塔渣	吉林梅河口电厂	收到基	54.34	34.27	2.20	9.19
5	稻壳	吉林辽源电厂	收到基	10.08	61.02	13.31	15.59
6	干稻草	吉林辽源电厂	收到基	19.00	54.90	11.40	14.70
7	烂稻草	吉林辽源电厂	收到基	61.17	24.14	6.90	7.79
8	造纸渣	吉林辽源电厂	收到基	57.23	32.98	4.10	5.69
9	玉米秸秆	内蒙古通辽电厂	收到基	11.48	70.60	4.90	13.02
10	玉米秸秆	辽宁黑山电厂	收到基	44.77	44.44	3.20	7.59
11	玉米秸秆	河北南宫电厂	空气干燥基	9.00	67.89	8.28	14.83
12	棉花秸秆	河北南宫电厂	空气干燥基	9.94	64.24	9.50	16.31
13	小麦秸秆	河北南宫电厂	空气干燥基	9.69	65.29	12.52	12.50
14	麦壳	河北南宫电厂	空气干燥基	9.30	65.02	11.90	13.77
15	瓜秧	河北南宫电厂	空气干燥基	11.30	65.38	8.35	14.97
16	玉米皮	河北南宫电厂	空气干燥基	9.37	70.32	7.12	13.20
17	棉材	山东垦利电厂	空气干燥基	7.14	67.04	6.07	19.75
18	小麦秸秆	河南扶沟电厂	空气干燥基	7.25	70.69	7.43	14.64

续表

序号	原料种类	产地	分析基准	水分	挥发分	灰分	固定碳
19	玉米秸秆	河南扶沟电厂	空气干燥基	7.12	68.63	10.61	13.65
20	花生壳	河北威县电厂	空气干燥基	9.15	68.69	5.44	16.72
21	湿树枝	河北威县电厂	空气干燥基	7.41	76.72	1.81	14.06
29	树枝段	辽宁黑山电厂	空气干燥基	10.58	75.10	1.23	13.09
30	玉米芯	辽宁黑山电厂	空气干燥基	9.86	72.01	1.65	16.48
31	稻草	辽宁黑山电厂	空气干燥基	8.52	69.44	7.96	14.08
32	稻草	吉林梅河口电厂	空气干燥基	11.38	64.14	9.23	15.25
33	稻壳	吉林梅河口电厂	空气干燥基	10.78	63.19	11.55	14.48
34	玉米秸秆	吉林梅河口电厂	空气干燥基	8.88	73.79	2.64	14.69
35	玉米芯	新疆阿瓦提电厂	空气干燥基	9.47	72.37	2.15	16.01
36	甘草渣	新疆阿瓦提电厂	空气干燥基	19.98	40.30	31.40	8.32
37	土绒	新疆巴楚电厂	空气干燥基	7.00	43.80	47.16	2.04
38	甘草渣	新疆巴楚电厂	空气干燥基	15.00	46.90	29.90	8.20
39	小麦秸秆	山东宁阳电厂	空气干燥基	12.47	59.97	14.20	13.36
40	松锯末	山东宁阳电厂	空气干燥基	46.33	45.62	1.00	7.05
41	稻草	江苏射阳电厂	空气干燥基	12.03	61.53	12.60	13.84
42	稻壳	江苏射阳电厂	空气干燥基	9.97	61.63	11.90	16.50
43	棉花秆	江苏射阳电厂	空气干燥基	9.87	70.30	3.10	16.73
44	意杨树皮	江苏射阳电厂	空气干燥基	13.27	65.93	5.10	15.70
45	意杨树枝	江苏射阳电厂	空气干燥基	10.50	72.30	1.60	15.60
46	玉米秸秆	河南浚县电厂	空气干燥基	11.07	66.33	7.50	15.10
47	小麦秸秆	河南浚县电厂	空气干燥基	11.53	65.47	8.29	14.71
48	花生壳	河南浚县电厂	空气干燥基	11.93	65.80	4.10	18.17
49	稻草	辽宁昌图电厂	空气干燥基	10.30	62.90	13.80	13.00
50	松木片	黑龙江龙江电厂	空气干燥基	10.50	73.60	2.20	13.70
51	杨木片	黑龙江龙江电厂	空气干燥基	11.36	74.44	0.80	13.40
52	玉米秸秆	黑龙江龙江电厂	空气干燥基	10.87	69.36	4.50	15.27
53	稻壳	黑龙江龙江电厂	空气干燥基	10.30	57.40	16.10	16.20
54	松树皮	黑龙江龙江电厂	空气干燥基	16.30	59.34	2.20	22.16
55	麦糠	山东单县电厂	空气干燥基	10.30	67.37	8.69	13.64
56	槐皮	山东单县电厂	空气干燥基	12.33	72.77	1.20	13.70
57	花生壳	山东单县电厂	空气干燥基	11.83	67.20	2.40	18.57

附表 2-3　不同生物质原料的高位热值　(单位：MJ/kg)

序号	原料种类	产地	分析基准	高位热值
1	甘蔗皮	广西北海合浦	收到基	18.65
2	木薯	广西北海合浦	收到基	18.11
3	桉树皮	广西北海合浦	收到基	14.53

续表

序号	原料种类	产地	分析基准	高位热值
4	稻壳	吉林梅河口电厂	收到基	14.55
5	松塔渣	吉林梅河口电厂	收到基	10.28
6	稻壳	吉林辽源电厂	收到基	15.23
7	干稻草	吉林辽源电厂	收到基	13.38
8	烂稻草	吉林辽源电厂	收到基	6.32
9	造纸渣	吉林辽源电厂	收到基	8.26
10	玉米秸秆	内蒙古通辽电厂	收到基	17.70
11	瓜子壳	内蒙古	收到基	18.01
12	油菜秆	北京	干燥基	17.30
13	黄豆秸秆	北京	干燥基	17.89
14	水稻秆	北京	干燥基	15.45
15	玉米秸秆	北京	干燥基	18.22

附表 2-4　不同生物质原料的元素分析结果　　(单位： wt%)

序号	原料种类	产地	分析基准	C	H	N	S	O
1	甘蔗皮	广西北海合浦	干燥基	48.26	6.18	0.38	0.14	41.63
2	木薯	广西北海合浦	干燥基	48.99	6.41	1.20	0.21	40.71
3	桉树皮	广西北海合浦	干燥基	45.63	6.06	0.25	0.11	43.76
4	玉米秸秆	河北南宫电厂	干燥基	38.16	5.12	0.91	0.31	46.40
5	小麦秸秆	河北南宫电厂	干燥基	40.34	5.62	1.00	0.27	38.91
6	麦壳	河北南宫电厂	干燥基	40.19	5.63	1.00	0.21	39.85
7	瓜秧	河北南宫电厂	干燥基	40.55	5.43	1.14	0.29	43.19
8	玉米皮	河北南宫电厂	干燥基	37.76	5.67	0.79	0.14	47.80
9	玉米秸秆	河南扶沟电厂	干燥基	42.50	6.18	1.03	0.58	38.30
10	花生壳	河北威县电厂	干燥基	46.79	6.15	0.95	0.20	39.92
11	玉米芯	辽宁黑山电厂	干燥基	46.18	6.45	0.40	0.11	45.02
12	稻草	辽宁黑山电厂	干燥基	41.92	6.21	0.90	0.18	42.09
13	稻草	吉林梅河口电厂	干燥基	42.50	6.14	0.66	0.15	40.13
14	稻壳	吉林梅河口电厂	干燥基	43.02	6.08	0.64	0.11	37.21
15	玉米秸秆	吉林梅河口电厂	干燥基	47.20	6.32	1.12	0.13	42.33
16	玉米芯	新疆阿瓦提电厂	干燥基	46.64	6.42	0.25	0.09	44.23
17	甘草渣	新疆阿瓦提电厂	干燥基	37.13	4.50	2.18	0.28	16.66
18	土绒	新疆巴楚电厂	干燥基	29.00	3.81	1.52	0.76	—
19	甘草渣	新疆巴楚电厂	干燥基	36.96	4.70	2.03	0.71	—
20	松锯末	山东宁阳电厂	干燥基	46.64	6.56	0.07	0.08	—
21	稻草	江苏射阳电厂	干燥基	37.97	5.44	1.45	0.42	—
22	稻壳	江苏射阳电厂	干燥基	40.67	5.74	0.51	0.16	—
23	棉花秆	江苏射阳电厂	干燥基	43.11	6.22	0.71	0.15	—

续表

序号	原料种类	产地	分析基准	C	H	N	S	O
24	意杨树皮	江苏射阳电厂	干燥基	42.84	5.71	1.42	0.26	—
25	意杨树枝	江苏射阳电厂	干燥基	49.55	6.69	1.30	0.20	—
26	玉米秸秆	河南浚县电厂	干燥基	42.84	5.98	0.71	0.19	—
27	小麦秸秆	河南浚县电厂	干燥基	39.85	5.90	0.54	0.38	—
28	花生壳	河南浚县电厂	干燥基	44.12	6.10	1.11	0.19	—
29	稻草	辽宁昌图电厂	干燥基	39.21	5.78	0.77	0.18	—
30	松木片	黑龙江龙江电厂	干燥基	43.66	5.90	0.28	0.21	—
31	杨木片	黑龙江龙江电厂	干燥基	45.95	6.30	0.18	0.13	—
32	玉米秸秆	黑龙江龙江电厂	干燥基	41.54	6.02	0.68	0.16	—
33	稻壳	黑龙江龙江电厂	干燥基	41.45	5.79	0.58	0.13	—
34	松树皮	黑龙江龙江电厂	干燥基	50.75	6.10	0.14	0.10	—
35	麦糠	山东单县电厂	干燥基	41.89	6.02	0.83	0.25	—
36	槐皮	山东单县电厂	干燥基	48.64	6.45	0.31	0.12	—
37	花生壳	山东单县电厂	干燥基	48.04	6.30	1.11	0.17	—

附表 2-5　不同生物质原料的灰熔点　　(单位：℃)

序号	原料种类	产地	变形温度	软化温度	半球温度	流动温度
1	甘蔗皮	广西北海合浦	1222	1237	1239	1247
2	木薯	广西北海合浦	高于 1400			
3	桉树皮	广西北海合浦	高于 1400			
4	稻草	吉林梅河口电厂	1059	1173.5	1221	1266
5	稻壳	吉林梅河口电厂	高于 1450			
6	玉米芯	吉林梅河口电厂	1233	1304	1319	1399
7	松塔渣	吉林梅河口电厂	1038	1161	1192	1283
8	稻壳	吉林辽源电厂	高于 1400			
9	干稻草	吉林辽源电厂	1162	1247	1299	1334
10	烂稻草	吉林辽源电厂	972	1233	1273	1323
11	玉米芯	吉林辽源电厂	900℃处理图像时已经处于流动状态			
12	造纸渣	吉林辽源电厂	1129	1148	1152	1171
13	玉米秸秆	辽宁黑山电厂	1207	1215	1222	1307
14	油菜秆	北京	900℃处理图像时已经处于流动状态			
15	黄豆秸秆	北京	高于 1400			
16	水稻秆	北京	903	984	1068	1196
17	玉米秸秆	北京	980	1022	1075	1138
18	玉米秸秆	河北南宫电厂	1194	1221	1224	1229
19	小麦秸秆	河北南宫电厂	948	1103	1158	1200
20	麦壳	河北南宫电厂	1005	1167	1223	1275

续表

序号	原料种类	产地	变形温度	软化温度	半球温度	流动温度
21	瓜秧	河北南宫电厂	1191	1217	1222	1230
22	玉米皮	河北南宫电厂	1077	1160	1187	1236
23	花生壳	河北威县电厂	1120	1206	1208	1243
24	甘草渣	新疆阿瓦提电厂	1178	1202	1205	1210

附表 2-6　不同生物质原料的工业分析结果　(单位：wt%)

文献	原料种类	产地	分析基准	水分	灰分	挥发分	固定碳
1	松木锯屑	湖北武汉	空气干燥基	8.61	1.02	76.50	14.41
2	木屑	北京	空气干燥基	5.55	1.76	73.88	18.81
3	小麦秸秆	陕西西安	空气干燥基	6.36	8.84	67.68	17.12
3	玉米秸秆	陕西西安	空气干燥基	3.70	6.30	72.62	17.38
3	玉米芯	陕西西安	空气干燥基	3.68	2.80	77.72	15.80
3	木屑	陕西西安	空气干燥基	9.87	0.42	76.77	12.94
4	小麦秸秆	河南焦作	空气干燥基	7.38	7.49	68.58	16.54
4	玉米秸秆	河南焦作	空气干燥基	7.54	6.86	68.24	17.36
4	木屑	河南焦作	空气干燥基	4.94	5.15	75.74	14.18
4	核桃壳	河南焦作	空气干燥基	8.61	2.04	70.85	18.50
5	玉米秸秆	黑龙江王兆热电厂	空气干燥基	6.20	3.34	73.93	16.53
5	葵花秆	黑龙江王兆热电厂	空气干燥基	3.08	2.88	75.27	18.77
5	稻秆	黑龙江王兆热电厂	空气干燥基	6.46	9.94	67.32	16.28
5	稻壳	黑龙江王兆热电厂	空气干燥基	6.92	18.82	59.14	15.12
5	玉米秸秆	黑龙江王兆热电厂	收到基	—	3.07	81.73（daf）	15.19
5	葵花秆	黑龙江王兆热电厂	收到基	—	2.55	80.04(daf)	16.64
5	稻秆	黑龙江王兆热电厂	收到基	—	9.46	80.53(daf)	15.49
5	稻壳	黑龙江王兆热电厂	收到基	—	18.52	79.64(daf)	14.88
5	大豆秸秆	黑龙江王兆热电厂	收到基	5.1	2.74	—	—
6	稻草秸秆	四川	空气干燥基	10.77	11.19	74.64	3.38
7	定生浒苔	山东青岛汇泉湾	空气干燥基	7.44	15.45	68.02	9.09
7	漂浮浒苔	山东青岛汇泉湾	空气干燥基	13.83	12.46	67.79	5.92
7	石莼	山东青岛汇泉湾	空气干燥基	8.02	15.22	70.22	6.54
7	裙带菜	山东青岛汇泉湾	空气干燥基	8.84	19.48	62.07	9.61
7	海带	山东青岛地区养殖场	空气干燥基	9.35	15.26	66.95	8.44
7	大叶藻	山东青岛汇泉湾	空气干燥基	9.17	35.95	48.40	6.48
7	龙须菜	山东青岛地区养殖场	空气干燥基	4.64	34.84	54.24	6.28
7	玉米秸秆	山东青岛	空气干燥基	3.97	3.30	78.63	14.10
7	锯末	山东聊城	空气干燥基	3.51	5.48	78.50	12.51
8	稻草	上海	干燥无灰基	4.97	13.86	65.11	16.06
8	麦秸	上海	干燥无灰基	4.93	8.90	67.36	19.35

续表

文献	原料种类	产地	分析基准	水分	灰分	挥发分	固定碳
8	玉米秸秆	上海	干燥无灰基	4.87	5.93	71.95	17.75
9	棉花秆	安徽无为	空气干燥基	1.19	2.70	76.92	19.19
9	小麦秸秆	安徽无为	空气干燥基	3.30	6.38	71.59	18.73
10	水稻秸秆	华东地区	空气干燥基	14.17	14.93	66.33	4.57
11	玉米芯	山东	空气干燥基	0.1-0.15	4.18	77.68	18.14
12	杨木锯屑	山西平遥	空气干燥基	2.97	1.88	80.27	15.34
13	马尾松	安徽合肥	空气干燥基	8.27	1.98	75.20	14.55
14	松木锯末	江苏	收到基	7.89	1.56	75.78	14.77
15	小麦秸秆	湖北	空气干燥基	6.36	8.84	67.68	17.12
15	玉米秸秆	湖北	空气干燥基	3.68	6.32	72.62	17.38
16	稻壳	湖北武汉	收到基	8.00	16.70	63.40（daf）	—
17	红松	辽宁沈阳	空气干燥基	6.15	0.76	74.48	18.28
17	白松	辽宁沈阳	空气干燥基	7.26	0.62	67.43	14.62
17	落叶松	辽宁沈阳	空气干燥基	8.57	0.84	76.68	17.64
17	秸秆	辽宁沈阳	空气干燥基	10.60	7.17	63.41	13.30
18	棉花秸秆	北京大兴	空气干燥基	8.42	21.69	62.33	7.56
18	麦秸	北京大兴	空气干燥基	8.79	9.95	72.01	9.25
18	玉米秸秆	北京大兴	空气干燥基	9.15	7.71	75.58	7.56
18	落叶松	北京大兴	空气干燥基	7.63	1.01	85.55	14.75
18	红松	北京大兴	空气干燥基	9.32	6.32	76.61	7.75
19	樟子松	浙江杭州	空气干燥基	13.90	0.30	73.74	12.06
19	花梨木	浙江杭州	空气干燥基	13.45	0.35	71.07	15.13
19	竹粉	浙江杭州	空气干燥基	5.40	3.68	75.70	15.22
19	象草	浙江杭州	空气干燥基	8.21	2.44	73.09	16.26
19	稻壳	浙江杭州	空气干燥基	12.30	12.26	60.98	14.46
19	稻秆	浙江杭州	空气干燥基	11.21	16.12	62.36	11.31
19	海藻	浙江杭州	空气干燥基	16.30	10.09	60.39	13.22
20	小麦秸秆	湖北武汉	空气干燥基	5.08	10.51	68.28	16.14
20	稻壳	湖北武汉	空气干燥基	5.92	15.03	61.83	17.22
20	松木屑	湖北武汉	空气干燥基	5.99	1.23	75.39	17.4
21	松木	安徽大别山	空气干燥基	8.27	2.16	81.98	15.86
21	棉花秸秆	安徽淮南	空气干燥基	7.65	7.51	74.75	17.73
21	杉木	安徽淮南	空气干燥基	7.54	1.98	80.86	17.16
21	江蓠	山东青岛浮山湾	空气干燥基	3.26	25.39	53.26	21.36
21	角叉菜	山东青岛浮山湾	空气干燥基	4.10	24.90	57.33	17.78
21	马尾藻	山东青岛浮山湾	空气干燥基	4.79	30.64	55.25	14.12
21	蜈蚣藻	山东青岛浮山湾	空气干燥基	4.93	26.00	61.41	12.59
21	石莼	山东青岛浮山湾	空气干燥基	4.69	23.47	58.68	17.85
21	叉开网翼藻	山东青岛浮山湾	空气干燥基	5.00	25.97	60.65	13.38
22	稻草	湖北武汉	空气干燥基	8.54	10.50	65.77	15.19
22	锯末	湖北武汉	空气干燥基	11.80	4.03	71.55	12.62

续表

文献	原料种类	产地	分析基准	水分	灰分	挥发分	固定碳
23	秸秆	天津	空气干燥基	4.30	10.70	68.80	16.10
24	稻壳	北京	收到基	8.00	16.70	63.40（daf）	11.90
24	小麦秸秆	北京	收到基	9.00	19.90	61.20(daf)	9.82
24	松木屑	北京	收到基	5.28	3.63	77.90(daf)	13.22
25	橡木	日本广岛	空气干燥基	5.20	0.60	82.40	11.80
25	甘蔗渣	葡萄牙里斯本	空气干燥基	9.70	4.30	67.50	18.50
25	松木	葡萄牙里斯本	空气干燥基	11.50	0.40	74.50	13.60
25	木屑	美国鲍灵格林	空气干燥基	10.40	1.30	70.40	17.90
25	杏木	辽宁大连	空气干燥基	8.52	0.17	75.14	—
25	向日葵壳	土耳其伊斯坦布尔	空气干燥基	8.10	3.30	76.40	12.20
25	棉花	土耳其伊斯坦布尔	空气干燥基	5.40	6.50	75.80	12.30
25	稻草	日本茨城	空气干燥基	—	22.60	49.00	28.40
25	玉米秸秆	陕西西安	空气干燥基	8.02	6.46	67.55	17.79
25	小麦秸秆	辽宁大连	空气干燥基	6.50	7.60	69.20	16.70
26	甘蔗叶	广东	收到基	14.65	6.55	60.01	16.88
27	水稻秸秆	华东地区	空气干燥基	14.17	14.93	66.33	4.57
28	木屑	广西昆明	空气干燥基	9.30	0.83	76.98	12.90
29	玉米秸秆	欧洲	空气干燥基	4.87	5.93	71.95	17.75
29	高粱秸秆	欧洲	空气干燥基	4.71	8.91	68.90	17.48
29	小麦秸秆	欧洲	空气干燥基	4.93	8.90	67.36	19.35
29	稻草	欧洲	空气干燥基	4.97	13.86	65.11	16.06
29	稻壳	欧洲	空气干燥基	11.20	17.10	65.90	17.00
29	白松	欧洲	空气干燥基	7.08	1.28	76.58	15.06
29	木屑	欧洲	空气干燥基	9.64	1.61	79.80	18.60
30	木屑	河南焦作	空气干燥基	9.08	2.54	74.95	13.43
31	谷壳	湖北武汉	空气干燥基	7.81	16.22	66.79	17.19
32	松木木屑	湖北武汉	空气干燥基	8.61	1.02	76.00	14.47
33	松木锯末	江苏	收到基	7.89	1.56	75.78	14.77
34	麦秸	华北	空气干燥基	7.55	6.28	79.24	6.93
34	玉米芯	华北	空气干燥基	7.61	2.58	79.95	9.86
34	稻壳	华北	空气干燥基	8.80	1.37	70.82	19.01
34	木屑	华北	空气干燥基	9.07	3.60	81.44	5.89
34	紫花苜蓿	华北	空气干燥基	9.20	2.57	82.98	5.25
34	芦苇	华北	空气干燥基	7.86	7.56	77.31	7.27
34	沙柳枝	华北	空气干燥基	6.95	2.85	81.24	8.96
34	沙柳叶	华北	空气干燥基	7.79	6.76	77.10	8.35
34	碱草	华北	空气干燥基	6.32	5.65	77.82	10.22
34	旱柳枝	华北	空气干燥基	7.96	5.36	78.60	8.08
34	旱柳叶	华北	空气干燥基	9.07	9.37	79.36	2.20
35	木质	瑞典 Sodra Cell 公司	收到基	6.50	0.30	85.10	8.10
35	树皮	瑞典 Sodra Cell 公司	收到基	9.10	3.40	73.20	14.30

续表

文献	原料种类	产地	分析基准	水分	灰分	挥发分	固定碳
35	油菜秆	瑞典农业大学	收到基	9.60	4.70	78.90	6.80
35	藕草	瑞典农业大学	收到基	12.00	7.90	76.00	4.10
35	小麦秸秆	瑞典农业大学	收到基	9.30	6.60	75.20	8.90
35	玉米秸秆	北京大兴礼贤公司	收到基	9.15	7.71	75.58	7.56
35	棉花秸秆	北京大兴礼贤公司	收到基	8.42	21.69	62.33	7.56
35	小麦秸秆	北京大兴礼贤公司	收到基	8.79	9.95	72.01	9.25
35	落叶松	北京大兴礼贤公司	收到基	7.63	1.01	85.55	5.81
36	木质	湖南长沙	收到基	4.88	0.40	81.52	13.20
36	玉米秸秆	湖南长沙	收到基	3.85	11.89	66.89	17.37
37	玉米秸秆	北京	空气干燥基	3.70	6.30	72.62	17.38
37	玉米芯	北京	空气干燥基	3.68	2.80	77.72	15.80
37	木屑	北京	空气干燥基	3.86	3.07	73.34	19.73
37	小麦秸秆	北京	空气干燥基	6.36	8.84	67.68	17.12
38	棉花秆	安徽无为	空气干燥基	1.19	2.70	76.92	19.19
38	小麦秸秆	安徽无为	空气干燥基	3.30	6.38	71.59	18.73
39	稻秆	江苏南京	空气干燥基	11.32	12.88	60.52	15.28
39	小麦秸秆	江苏南京	空气干燥基	11.61	6.80	65.92	15.67
39	棉花秆	江苏南京	空气干燥基	13.09	4.49	63.72	18.70
39	稻壳	江苏南京	空气干燥基	12.01	16.07	56.73	15.19
40	玉米秸秆	北京	空气干燥基	5.56	14.19	69.00	11.25
40	树皮	北京	空气干燥基	15.92	5.83	77.16	1.09
41	松木屑	北京	空气干燥基	5.28	3.63	77.86	13.23
42	稻草	上海宝山	干燥基	—	9.72	71.70	18.58
43	锯末	河南安阳	空气干燥基	21.15	0.28	64.25	14.32
43	稻秆	河南安阳	空气干燥基	13.03	11.42	60.43	15.12
43	花生壳	河南安阳	空气干燥基	7.88	1.60	68.10	22.40
44	芦苇	长江中下游	收到基	6.78	10.75	67.02	15.45
44	稻草	长江中下游	收到基	7.26	11.52	67.82	13.40
44	狼尾草	长江中下游	收到基	9.68	5.46	70.45	14.41
44	芒属	长江中下游	收到基	7.50	4.18	72.88	15.44
45	玉米秸秆	河南郑州	空气干燥基	4.87	5.93	71.45	17.75
46	稻壳	安徽	空气干燥基	3.89	8.05	71.98	16.11
47	麦秸	江苏	收到基	8.61	8.50	64.98	17.91
48	玉米秸秆	湖南益阳	空气干燥基	3.78	3.83	72.61	19.78
48	花生壳	湖南益阳	空气干燥基	3.45	2.16	72.16	21.78
48	大豆秸秆	湖南益阳	空气干燥基	3.85	3.05	76.26	16.84
48	稻壳	湖南益阳	空气干燥基	3.16	10.73	71.57	14.54
48	刺桐木屑	湖南益阳	空气干燥基	4.45	1.23	79.07	15.25
48	杉木屑	湖南益阳	空气干燥基	4.88	0.32	79.92	14.88
48	松木屑	湖南益阳	空气干燥基	4.76	0.50	80.61	14.13
49	玉米秸秆	辽宁营口	空气干燥基	1.28	6.23	74.50	17.99

续表

文献	原料种类	产地	分析基准	水分	灰分	挥发分	固定碳
49	苹果树枝	辽宁营口	空气干燥基	1.30	3.30	76.57	18.83
50	木屑	上海	空气干燥基	9.74	2.95	59.09	28.22
50	秸秆	上海	空气干燥基	10.30	6.71	63.41	19.28
50	红松	上海	空气干燥基	10.15	0.94	67.48	21.43
50	Bark	瑞典	空气干燥基	8.58	6.16	71.74	13.52
50	Spån	瑞典	空气干燥基	7.77	0.24	78.67	13.32
51	玉米芯	辽宁大连	空气干燥基	1.05	0.91	73.28	24.76
52	秸秆	黑龙江哈尔滨	空气干燥基	9.29	3.00	74.08	13.63
52	稻壳	黑龙江哈尔滨	空气干燥基	4.67	17.48	63.64	14.21
52	木屑	黑龙江哈尔滨	空气干燥基	9.20	1.54	75.46	13.80
53	玉米芯	天津蓟县	干燥无灰基	5.6（ar）	5.89(d)	67.81	9.91
54	玉米芯	江苏南京	干燥无灰基	4.93	5.83	75.22	18.95
54	稻壳	江苏南京	干燥无灰基	5.80	9.40	72.50	18.10
54	花生壳	江苏南京	干燥无灰基	5.98	10.80	72.00	17.20
55	小麦秸秆	湖北武汉	收到基	9.02	1.85	72.48	16.65
55	棉花秆	湖北武汉	收到基	6.93	3.18	73.00	16.89
55	玉米秸秆	湖北武汉	收到基	8.52	7.09	68.09	16.30
55	稻壳	湖北武汉	收到基	6.00	16.92	51.98	25.10
55	花生壳	湖北武汉	收到基	8.84	4.69	68.48	17.99
55	松木屑	湖北武汉	收到基	6.11	3.47	74.60	15.82
55	稻草	湖北武汉	收到基	4.13	13.56	67.77	14.54
56	玉米秸秆	河南郑州	空气干燥基	4.87	5.93	71.45	17.75
57	水稻秸秆	上海	空气干燥基	5.04	7.74	82.12	5.10
57	玉米秸秆	河南长葛	空气干燥基	8.89	47.35	36.39	7.37
57	玉米芯	河南长葛	空气干燥基	13.36	23.31	52.05	11.28
58	木屑	广东广州	干燥基	9.02（ar）	0.82	81.64	17.54
58	稻秆	广东广州	干燥基	5.47(ar)	16.32	68.32	15.38
58	小麦秸秆	广东广州	干燥基	6.21(ar)	10.10	72.64	17.27
59	小麦秸秆	山东济南	空气干燥基	6.64	8.20	68.56	16.60
59	杨木屑	山东济南	空气干燥基	8.85	1.77	66.88	22.50
60	花生壳	华北	空气干燥基	4.13	13.47	64.90	17.50
60	棉花秸秆	华北	空气干燥基	8.83	6.90	61.89	22.38
60	红松木材	华北	空气干燥基	4.45	5.73	73.67	16.15
60	锯末	华北	空气干燥基	7.93	4.14	73.16	14.77
61	松木屑	北京	空气干燥基	5.28	3.63	77.86	13.23
62	麦秸	江苏	收到基	8.61	8.50	64.98	17.91
63	江蓠	浙江象山港	空气干燥基	11.65	14.84	54.50	19.01
63	条浒苔	江苏如东	空气干燥基	13.30	37.09	41.82	7.79
63	马尾藻	广东湛江	空气干燥基	10.46	29.09	48.85	11.60
64	红松锯屑	小兴安岭	空气干燥基	9.10	0.50	72.90	17.50
65	稻草	上海宝山	干燥基	—	9.72	71.70	18.58

续表

文献	原料种类	产地	分析基准	水分	灰分	挥发分	固定碳
65	棉花秸秆	上海金山	干燥基	—	2.84	76.71	20.45
65	松木屑	上海	干燥基	—	0.78	85.07	14.15
66	杜松	东北林业大学林场	空气干燥基	6.36	8.26	70.87	14.51
66	黄玫瑰	东北林业大学林场	空气干燥基	8.09	1.89	78.01	12.01
66	红皮云杉	东北林业大学林场	空气干燥基	7.02	6.70	72.91	13.37
66	暴马丁香	东北林业大学林场	空气干燥基	8.52	2.85	75.02	13.61
67	稻壳	江苏	空气干燥基	9.74	18.47	58.33	13.46
68	麦秸秆	山东	空气干燥基	9.69	8.77	62.92	18.62
68	玉米秸秆	山东	空气干燥基	9.21	5.64	65.36	19.79
68	棉花秸秆	山东	空气干燥基	9.02	6.17	63.14	21.67
68	梧桐	山东	空气干燥基	8.00	0.84	73.51	17.63
68	松木	山东	空气干燥基	9.41	1.04	72.23	17.32
68	杨木	山东	空气干燥基	7.85	4.50	66.88	20.77
69	稻壳	江苏南京	空气干燥基	9.85	12.36	63.39	14.40
69	稻秆	江苏南京	空气干燥基	6.88	10.58	78.54	4.00
69	小麦秸秆	江苏南京	空气干燥基	8.14	8.90	72.04	10.92
70	稻壳	浙江杭州	空气干燥基	8.41	12.66	66.75	12.68
70	木屑	浙江杭州	空气干燥基	4.38	2.28	78.27	15.07
70	橘皮	浙江杭州	空气干燥基	11.34	2.45	73.16	13.45
71	棉花秆	河南	空气干燥基	7.07	2.17	78.92	11.84
71	玉米秸秆	河南	空气干燥基	8.16	8.94	69.94	12.96
72	稻秆	上海崇明	空气干燥基	5.04	7.74	82.12	5.10
72	玉米秸秆	河南	空气干燥基	8.89	47.35	36.39	7.37
72	玉米芯	河南	空气干燥基	13.36	23.31	52.05	11.28
73	白松	浙江杭州	空气干燥基	2.58	18.57	3.25	75.60
73	稻壳	浙江杭州	空气干燥基	2.34	49.97	4.27	43.42
73	锯末	湖北武汉	空气干燥基	2.37	19.15	5.13	73.25
74	松树	黑龙江	空气干燥基	5.24	6.71	71.70	16.35
74	杨树	黑龙江	空气干燥基	4.18	5.52	75.56	14.74
74	椴树	黑龙江	空气干燥基	7.89	4.90	74.36	12.85
74	白桦	黑龙江	空气干燥基	8.52	3.06	72.22	16.20
75	玉米芯	陕西西安	空气干燥基	7.04	2.90	72.67	17.39
76	小麦秸秆	安徽淮南	空气干燥基	9.42	10.29	67.14	13.39
76	玉米秸秆	安徽淮南	空气干燥基	9.19	9.46	74.12	11.96
77	木屑	江苏南京	空气干燥基	8.27	3.30	71.40	17.03
77	玉米秸秆	江苏南京	空气干燥基	8.93	7.27	68.38	15.42
77	稻壳	江苏南京	空气干燥基	9.32	11.04	64.91	14.74
77	稻草	江苏南京	空气干燥基	8.76	16.42	61.65	13.18
78	稻秆	长江以南地区	空气干燥基	6.88	10.58	78.54	4.00
79	木屑	陕西西安	空气干燥基	3.86	3.07	73.34	19.73
79	小麦秸秆	陕西西安	空气干燥基	6.36	8.84	67.68	17.12

续表

文献	原料种类	产地	分析基准	水分	灰分	挥发分	固定碳
79	玉米秸秆	陕西西安	空气干燥基	3.70	6.30	72.62	17.38
79	玉米芯	陕西西安	空气干燥基	3.68	2.80	77.72	15.80
80	纤维素	湖北武汉	空气干燥基	5.50	0.00	89.20	5.30
80	甘蔗	湖北武汉	空气干燥基	5.48	2.84	77.83	13.85
80	玉米芯	湖北武汉	空气干燥基	7.75	8.13	66.81	17.31
80	棉花秸秆	湖北武汉	空气干燥基	8.87	5.46	68.70	16.96
80	稻草	湖北武汉	空气干燥基	8.54	10.50	65.77	15.19
80	松木	湖北武汉	空气干燥基	7.90	2.68	71.39	18.02
80	稻壳	湖北武汉	空气干燥基	7.67	14.96	60.69	16.68
80	木质素	湖北武汉	空气干燥基	13.10	12.35	35.74	38.81
81	苹果树枝条	辽宁营口	空气干燥基	1.30	3.30	76.57	18.83
82	小麦秸秆	安徽淮南	空气干燥基	4.81	7.10	79.52	8.58
82	玉米秸秆	安徽淮南	空气干燥基	4.34	4.39	81.94	9.31
83	稻壳	浙江杭州	空气干燥基	9.23	17.21	58.69	14.87
83	红松	浙江杭州	空气干燥基	11.81	0.57	71.30	16.32
83	水曲柳	浙江杭州	空气干燥基	9.74	0.64	74.69	14.93
83	樟木松	浙江杭州	空气干燥基	12.29	0.49	72.47	14.75
84	奥库曼	非洲	空气干燥基	7.47	0.53	76.22	15.78
84	柚木	南美	空气干燥基	8.21	0.47	72.55	18.77
84	胡桃木	天津	空气干燥基	7.62	0.33	76.06	15.99
84	樟子松	天津	空气干燥基	9.15	0.13	78.58	12.14
84	辐射松	天津	空气干燥基	8.24	0.28	77.22	14.26
85	杉木	浙江杭州	空气干燥基	2.35	0.95	67.31	29.39
85	白松	浙江杭州	空气干燥基	2.77	0.37	78.45	18.41
85	速生杨	浙江杭州	空气干燥基	2.33	0.57	81.56	15.44

附表 2-7　不同生物质原料的热值　　(单位：MJ/kg)

文献	原料种类	产地	分析基准	高位热值	低位热值
1	松木锯屑	湖北武汉	收到基	19.37	—
2	木屑	北京	收到基	18.41	—
5	玉米秸秆	黑龙江王兆热电厂	空气干燥基	17.57	—
5	葵花秆	黑龙江王兆热电厂	空气干燥基	18.04	—
5	稻秆	黑龙江王兆热电厂	空气干燥基	15.43	—
5	稻壳	黑龙江王兆热电厂	空气干燥基	14.65	—
5	玉米秸秆	黑龙江王兆热电厂	收到基	—	14.85
5	葵花秆	黑龙江王兆热电厂	收到基	—	14.63
5	稻秆	黑龙江王兆热电厂	收到基	—	13.48
5	稻壳	黑龙江王兆热电厂	收到基	—	13.13
5	大豆秸秆	黑龙江王兆热电厂	收到基	—	16.88
8	稻草	上海	干燥无灰基	—	13.98

续表

文献	原料种类	产地	分析基准	高位热值	低位热值
8	小麦秸秆	上海	干燥无灰基	—	15.37
8	玉米秸秆	上海	干燥无灰基	—	15.68
9	棉花秸秆	安徽无为	空气干燥基	19.32	—
9	小麦秸秆	安徽无为	空气干燥基	17.81	—
14	松木锯末	江苏	收到基	—	14.47
15	小麦秸秆	湖北	空气干燥基	15.36	—
15	玉米秸秆	湖北	空气干燥基	16.33	—
16	稻壳	湖北武汉	收到基	—	14.54
17	红松	辽宁沈阳	空气干燥基	19.72	—
17	白松	辽宁沈阳	空气干燥基	17.32	—
17	落叶松	辽宁沈阳	空气干燥基	16.98	—
17	秸秆	辽宁沈阳	空气干燥基	15.20	—
18	棉花秸秆	北京大兴	空气干燥基	—	13.15
18	小麦秸秆	北京大兴	空气干燥基	—	15.23
18	玉米秸秆	北京大兴	空气干燥基	—	15.13
18	落叶松	北京大兴	空气干燥基	—	16.83
18	红松	北京大兴	空气干燥基	—	16.65
20	小麦秸秆	湖北武汉	空气干燥基	13.04	—
20	稻壳	湖北武汉	空气干燥基	14.52	—
20	松木屑	湖北武汉	空气干燥基	14.31	—
21	松木	大别山	空气干燥基	19.92	—
21	棉花秸秆	安徽淮南	空气干燥基	18.68	—
21	杉木	安徽淮南	空气干燥基	21.82	—
21	江蓠	山东青岛浮山湾	空气干燥基	17.83	—
21	角叉菜	山东青岛浮山湾	空气干燥基	16.78	—
21	马尾藻	山东青岛浮山湾	空气干燥基	16.01	—
21	蜈蚣藻	山东青岛浮山湾	空气干燥基	18.32	—
21	石莼	山东青岛浮山湾	空气干燥基	18.06	—
21	叉开网翼藻	山东青岛浮山湾	空气干燥基	17.93	—
24	稻壳	北京	收到基	—	14.54
24	小麦秸秆	北京	收到基	—	13.59
24	松木屑	北京	收到基	—	16.89
25	甘蔗渣	葡萄牙里斯本	空气干燥基	19.41	—
25	松木	葡萄牙里斯本	空气干燥基	20.19	—
25	木屑	美国鲍灵格林	空气干燥基	18.81	—
25	向日葵壳	土耳其伊斯坦布尔	空气干燥基	16.10	—
25	棉花	土耳其伊斯坦布尔	空气干燥基	18.80	—
25	稻草	日本茨城	空气干燥基	12.87	—
25	玉米秸秆	陕西西安	空气干燥基	15.58	—
26	甘蔗叶	广东	收到基	13.40	—
28	木屑	广西昆明	空气干燥基	16.23	—

续表

文献	原料种类	产地	分析基准	高位热值	低位热值
29	玉米秸秆	欧洲	空气干燥基	16.90	15.54
29	高粱秸	欧洲	空气干燥基	16.37	15.07
29	小麦秸秆	欧洲	空气干燥基	17.37	16.00
29	稻草	欧洲	空气干燥基	17.59	16.15
29	稻壳	欧洲	空气干燥基	16.67	15.36
29	白松	欧洲	空气干燥基	15.24	13.97
29	木屑	欧洲	空气干燥基	16.31	15.01
30	木屑	河南焦作	空气干燥基	14.44	—
31	谷壳	湖北武汉	空气干燥基	12.89	—
32	松木木屑	湖北武汉	空气干燥基	19.37	—
33	松木锯末	江苏	收到基	—	14.47
34	小麦秸秆	华北	空气干燥基	17.83	—
34	玉米芯	华北	空气干燥基	18.45	—
34	稻壳	华北	空气干燥基	15.79	—
34	木屑	华北	空气干燥基	18.26	—
34	紫花苜蓿	华北	空气干燥基	17.79	—
34	芦苇	华北	空气干燥基	16.92	—
34	沙柳枝	华北	空气干燥基	19.18	—
34	沙柳叶	华北	空气干燥基	18.73	—
34	碱草	华北	空气干燥基	17.17	—
34	旱柳枝	华北	空气干燥基	18.38	—
34	旱柳叶	华北	空气干燥基	17.40	—
35	木质	瑞典 Sodra Ce ll 公司	收到基	—	19.13
35	树皮	瑞典 Sodra Ce ll 公司	收到基	—	17.77
35	油菜秆	瑞典农业大学	收到基	—	17.57
35	虉草	瑞典农业大学	收到基	—	17.31
35	小麦秸秆	瑞典农业大学	收到基	—	17.41
35	玉米秸秆	北京大兴礼贤公司	收到基	—	15.13
35	棉花秸秆	北京大兴礼贤公司	收到基	—	13.15
35	小麦秸秆	北京大兴礼贤公司	收到基	—	15.22
35	落叶松	北京大兴礼贤公司	收到基	—	16.83
36	木质	湖南长沙	收到基	—	18.52
36	玉米秸秆	湖南长沙	收到基	—	15.96
37	玉米秸秆	北京	空气干燥基	16.33	—
37	玉米芯	北京	空气干燥基	16.53	—
37	木屑	北京	空气干燥基	17.40	—
37	小麦秸秆	北京	空气干燥基	15.36	—
38	棉花秸秆	安徽无为	空气干燥基	—	17.85
38	小麦秸秆	安徽无为	空气干燥基	—	16.59
40	玉米秸秆	北京	空气干燥基	15.23	—
40	树皮	北京	空气干燥基	14.51	—

续表

文献	原料种类	产地	分析基准	高位热值	低位热值
41	松木屑	北京	空气干燥基	18.55	—
43	锯末	河南安阳	空气干燥基	14.41	—
43	稻秆	河南安阳	空气干燥基	15.03	—
43	花生壳	河南安阳	空气干燥基	19.27	—
45	玉米秸秆	河南郑州	空气干燥基	—	16.80
47	小麦秸秆	江苏	收到基	—	14.60
49	玉米秸秆	辽宁营口	空气干燥基	16.89	—
49	苹果树枝	辽宁营口	空气干燥基	17.86	—
52	秸秆	黑龙江哈尔滨	空气干燥基	15.70	—
52	稻壳	黑龙江哈尔滨	空气干燥基	13.78	—
52	木屑	黑龙江哈尔滨	空气干燥基	15.09	—
53	玉米芯	天津蓟县	干燥无灰基	—	17.25
55	小麦秸秆	湖北武汉	收到基	—	15.83
55	棉花秸秆	湖北武汉	收到基	—	18.40
55	玉米秸秆	湖北武汉	收到基	—	15.50
55	稻壳	湖北武汉	收到基	—	13.38
55	花生壳	湖北武汉	收到基	—	16.28
55	松木屑	湖北武汉	收到基	—	15.41
55	稻草	湖北武汉	收到基	—	13.67
56	玉米秸秆	河南郑州	收到基	—	16.80
58	木屑	广东广州	干燥基	18.83	—
58	稻秆	广东广州	干燥基	15.46	—
58	小麦秸秆	广东广州	干燥基	16.42	—
62	小麦秸秆	江苏	收到基	—	14.60
65	稻草	上海宝山	干燥基	17.23	—
65	棉花秸秆	上海金山	干燥基	17.32	—
65	松木屑	上海	干燥基	19.27	—
67	稻壳	江苏	空气干燥基	—	13.02
68	小麦秸秆	山东	空气干燥基	16.58	—
68	玉米秸秆	山东	空气干燥基	15.06	—
68	棉花秸秆	山东	空气干燥基	15.99	—
68	梧桐	山东	空气干燥基	19.50	—
68	松木	山东	空气干燥基	19.50	—
68	杨木	山东	空气干燥基	17.11	—
69	稻壳	江苏南京	空气干燥基	14.28	—
69	稻秆	江苏南京	空气干燥基	13.59	—
69	小麦秸秆	江苏南京	空气干燥基	13.57	—
70	稻壳	浙江杭州	空气干燥基	15.92	—
70	木屑	浙江杭州	空气干燥基	18.02	—

续表

文献	原料种类	产地	分析基准	高位热值	低位热值
70	橘皮	浙江杭州	空气干燥基	23.32	—
71	棉花秸秆	河南	空气干燥基	—	15.74
71	玉米秸秆	河南	空气干燥基	—	14.85
73	白松	浙江杭州	空气干燥基	26.54	—
73	稻壳	浙江杭州	空气干燥基	15.93	—
73	锯末	湖北武汉	空气干燥基	26.39	—
79	玉米芯	陕西西安	空气干燥基	—	16.53
81	苹果树枝条	陕西西安	空气干燥基	—	17.86
88	木薯秆	广西扶绥	干燥基	17.10	15.70
88	玉米秸秆	广西南宁	干燥基	18.45	17.10
88	芭蕉树秆	广西南宁	干燥基	15.17	13.79
88	香蕉树秆	广西南宁	干燥基	15.96	14.58
88	芭蕉叶梗	广西南宁	干燥基	17.19	15.90
88	香蕉叶梗	广西南宁	干燥基	15.33	14.13

附表 2-8　不同生物质原料的元素分析结果　　(单位：wt%)

文献	原料种类	产地	分析基准	C	H	N	S	O
1	松木锯屑	湖北武汉	空气干燥基	49.42	7.82	0.12	0.06	42.49
2	木屑	北京	空气干燥基	46.46	5.34	0.32	0.12	40.45
3	小麦秸秆	陕西西安	空气干燥基	41.64	4.23	0.43	0.08	38.77
3	玉米秸秆	陕西西安	空气干燥基	44.42	4.95	0.57	0.11	41.25
3	玉米芯	陕西西安	空气干燥基	44.58	4.40	0.28	0.01	45.45
3	木屑	陕西西安	空气干燥基	44.75	4.98	0.12	0.01	39.85
5	玉米秸秆	黑龙江王兆热电厂	空气干燥基	43.96	5.20	0.20	0.03	41.07
5	葵花秆	黑龙江王兆热电厂	空气干燥基	45.42	5.68	0.33	0.04	42.57
5	稻秆	黑龙江王兆热电厂	空气干燥基	39.26	4.83	0.53	0.10	38.88
5	稻壳	黑龙江王兆热电厂	空气干燥基	36.68	5.39	0.31	0.04	31.84
5	玉米秸秆	黑龙江王兆热电厂	收到基	40.40	4.78	0.18	0.03	37.74
5	葵花秆	黑龙江王兆热电厂	收到基	40.26	5.03	0.29	0.04	37.73
5	稻秆	黑龙江王兆热电厂	收到基	37.35	4.60	0.50	0.10	36.99
5	稻壳	黑龙江王兆热电厂	收到基	36.10	5.30	0.31	0.04	31.33
5	大豆秸秆	黑龙江王兆热电厂	收到基	43.31	5.10	0.59	0.12	43.04
8	稻草	上海	干燥无灰基	48.30	5.30	0.81	0.09	—
8	小麦秸秆	上海	干燥无灰基	49.60	6.20	0.61	0.07	—
8	玉米秸秆	上海	干燥无灰基	49.30	6.00	0.70	0.11	—
9	棉花秸秆	安徽无为	空气干燥基	46.43	6.18	0.80	0.08	42.62
9	小麦秸秆	安徽无为	空气干燥基	43.00	5.36	0.63	0.22	41.11
10	水稻秸秆	华东	空气干燥基	40.79	7.66	1.17	0.49	49.89
11	玉米芯	山东	空气干燥基	46.29	6.24	1.07	0.10	42.12

续表

文献	原料种类	产地	分析基准	C	H	N	S	O
12	杨木锯屑	山西平遥推光漆器厂	干燥无灰基	45.89	4.16	78.03	49.14	—
14	松木锯末	江苏	收到基	40.06	5.61	0.90	0.10	43.88
15	小麦秸秆	湖北	空气干燥基	41.64	4.23	0.43	0.08	38.77
15	玉米秸秆	湖北	空气干燥基	44.42	4.95	0.57	0.11	41.25
16	稻壳	湖北武汉	收到基	39.70	4.90	0.49	0.08	30.10
17	红松	辽宁沈阳	空气干燥基	49.89	6.23	0.25	0.05	41.79
17	白松	辽宁沈阳	空气干燥基	48.86	5.98	0.18	0.03	40.06
17	落叶松	辽宁沈阳	空气干燥基	47.63	6.04	0.62	0.45	41.25
17	秸秆	辽宁沈阳	空气干燥基	40.42	6.12	0.74	0.27	44.37
18	棉花秸秆	北京大兴	空气干燥基	38.33	4.74	1.55	0.29	24.98
18	小麦秸秆	北京大兴	空气干燥基	43.46	5.66	0.74	0.28	31.12
18	玉米秸秆	北京大兴	空气干燥基	44.92	5.77	0.98	0.21	31.26
18	落叶松	北京大兴	空气干燥基	48.89	6.19	0.12	0.09	36.07
18	红松	北京大兴	空气干燥基	47.39	5.89	0.23	0.10	30.75
19	樟子松	浙江杭州	空气干燥基	45.92	4.41	0.10	0.03	35.34
19	花梨木	浙江杭州	空气干燥基	44.32	4.88	0.16	0.00	36.84
19	竹粉	浙江杭州	空气干燥基	45.32	2.51	0.82	0.04	42.23
19	象草	浙江杭州	空气干燥基	44.45	4.68	0.31	0.16	39.75
19	稻壳	浙江杭州	空气干燥基	40.00	3.66	0.53	0.13	31.12
19	稻秆	浙江杭州	空气干燥基	36.89	3.44	1.19	0.20	30.95
19	海藻	浙江杭州	空气干燥基	34.17	3.84	2.16	1.04	32.40
20	小麦秸秆	湖北武汉	空气干燥基	40.45	8.07	0.71	0.38	34.82
20	稻壳	湖北武汉	空气干燥基	36.26	9.33	0.55	0.47	32.43
20	松木屑	湖北武汉	空气干燥基	43.69	6.75	0.09	0.23	42.03
22	稻草	湖北武汉	空气干燥基	39.16	10.21	1.13	0.00	30.47
22	锯末	湖北武汉	空气干燥基	46.07	12.95	0.16	0.15	24.84
23	秸秆	天津	空气干燥基	39.80	2.05	0.84	0.15	38.50
24	稻壳	北京	收到基	39.70	4.90	0.49	0.08	30.10
24	小麦秸秆	北京	收到基	34.60	4.30	0.55	0.11	31.50
24	松木屑	北京	收到基	55.80	6.81	0.05	0.25	37.11
25	橡木	日本广岛	空气干燥基	51.80	6.60	0.30	—	41.30
25	甘蔗渣	葡萄牙里斯本	空气干燥基	55.09	6.56	2.14	0.13	36.08
25	松木	葡萄牙里斯本	空气干燥基	51.60	4.90	0.90	—	42.60
25	木屑	美国鲍灵格林	空气干燥基	46.20	5.10	1.50	0.06	35.40
25	杏木	辽宁大连	空气干燥基	44.39	5.74	0.37	0.05	49.45
25	向日葵壳	土耳其伊斯坦布尔	空气干燥基	50.20	6.10	0.02	—	43.70
25	棉花	土耳其伊斯坦布尔	空气干燥基	42.10	6.00	3.10	—	48.80
25	稻草	日本茨城	空气干燥基	36.90	4.70	0.30	0.06	32.50
25	玉米秸秆	陕西西安	空气干燥基	41.18	4.96	0.78	0.19	38.41
25	小麦秸秆	辽宁大连	空气干燥基	41.40	5.70	1.10	0.50	42.90

续表

文献	原料种类	产地	分析基准	C	H	N	S	O
26	甘蔗叶	广东	收到基	40.46	4.80	0.47	0.17	33.08
27	水稻秸秆	华东	空气干燥基	40.79	7.66	1.17	0.49	49.89
28	木屑	昆明	空气干燥基	43.84	6.76	0.16	0.05	39.07
29	玉米秸秆	欧洲	空气干燥基	49.95	5.97	0.83	0.13	—
29	高粱秸秆	欧洲	空气干燥基	48.63	6.08	0.36	0.01	—
29	小麦秸秆	欧洲	空气干燥基	49.04	6.16	1.05	0.34	—
29	稻草	欧洲	空气干燥基	48.87	5.84	0.74	0.17	—
29	稻壳	欧洲	空气干燥基	46.20	6.10	2.58	0.14	—
29	白松	欧洲	空气干燥基	49.18	5.82	0.45	0.00	—
29	木屑	欧洲	空气干燥基	47.60	6.45	0.39	0.00	—
30	木屑	河南焦作	空气干燥基	38.80	5.55	1.49	0.06	42.48
31	谷壳	湖北武汉	空气干燥基	38.84	6.36	0.78	0.34	39.61
32	松木木屑	湖北武汉	空气干燥基	49.42	7.65	0.12	0.06	42.19
33	松木锯末	江苏	收到基	40.06	5.61	0.90	0.10	43.88
34	小麦秸秆	华北地区	空气干燥基	44.69	6.11	0.18	0.60	34.59
34	玉米芯	华北地区	空气干燥基	45.95	6.44	0.33	0.16	36.93
34	稻壳	华北地区	空气干燥基	41.13	5.84	0.36	0.16	42.34
34	木屑	华北地区	空气干燥基	47.74	6.49	0.08	0.09	32.93
34	紫花苜蓿	华北地区	空气干燥基	45.21	6.50	0.78	0.11	35.63
34	芦苇	华北地区	空气干燥基	42.72	6.15	0.33	0.23	35.15
34	沙柳枝	华北地区	空气干燥基	47.57	6.69	0.30	0.19	35.45
34	沙柳叶	华北地区	空气干燥基	48.21	6.60	1.83	0.33	28.48
34	碱草	华北地区	空气干燥基	44.35	6.43	1.28	0.32	35.66
34	旱柳枝	华北地区	空气干燥基	46.02	6.48	0.89	0.20	33.10
34	旱柳叶	华北地区	空气干燥基	43.62	6.21	2.39	0.88	28.46
35	木质	瑞典 Sodra Cell 公司	收到基	50.60	6.00	0.10	0.01	43.00
35	树皮	瑞典 Sodra Cell 公司	收到基	52.50	5.90	0.40	0.03	37.80
35	油菜秆	瑞典农业大学	收到基	47.20	6.00	0.50	0.13	41.30
35	藕草	瑞典农业大学	收到基	45.90	5.90	0.90	0.11	39.40
35	小麦秸秆	瑞典农业大学	收到基	46.00	5.70	0.70	0.13	40.20
35	玉米秸秆	北京大兴礼贤公司	收到基	44.92	5.77	0.98	0.21	41.00
35	棉花秸秆	北京大兴礼贤公司	收到基	38.33	4.74	1.55	0.29	39.00
35	小麦秸秆	北京大兴礼贤公司	收到基	43.46	5.66	0.74	0.28	40.00
35	落叶松	北京大兴礼贤公司	收到基	48.89	6.19	0.12	0.09	43.00
36	木质	湖南长沙	收到基	44.66	7.64	0.32	0.10	41.98
36	玉米秸秆	湖南长沙	收到基	41.49	3.85	0.74	0.12	38.15
37	玉米秸秆	北京	空气干燥基	44.42	4.95	0.57	0.11	41.25
37	玉米芯	北京	空气干燥基	44.58	4.40	0.28	0.05	45.45
37	木屑	北京	空气干燥基	45.83	4.94	0.92	0.12	39.41
37	小麦秸秆	北京	空气干燥基	41.64	4.23	0.43	0.08	38.77

续表

文献	原料种类	产地	分析基准	C	H	N	S	O
38	棉花秸秆	安徽无为	空气干燥基	46.43	6.18	0.80	0.08	42.62
38	小麦秸秆	安徽无为	空气干燥基	43.00	5.36	0.63	0.22	41.11
39	稻秆	江苏南京	空气干燥基	36.08	5.64	0.77	0.22	33.09
39	小麦秸秆	江苏南京	空气干燥基	40.26	6.07	0.36	0.52	34.38
39	棉花秸秆	江苏南京	空气干燥基	40.97	6.06	1.09	0.53	33.77
39	稻壳	江苏南京	空气干燥基	36.05	5.50	0.32	0.00	30.05
40	玉米秸秆	北京	空气干燥基	37.83	4.78	1.39	0.25	—
40	树皮	北京	空气干燥基	40.99	4.85	1.09	0.12	—
41	松木屑	北京	干燥无灰基	55.77	6.81	0.25	0.25	37.11
42	稻草	上海宝山	干燥基	43.68	5.70	0.97	0.21	39.72
44	芦苇	长江中下游	干燥无灰基	45.41	6.00	1.06	—	30.01
44	稻草	长江中下游	干燥无灰基	41.56	1.06	1.11	—	37.48
44	狼尾草	长江中下游	干燥无灰基	44.63	6.01	0.94	—	33.29
44	芒属	长江中下游	干燥无灰基	49.82	6.42	0.66	—	31.42
45	玉米秸秆	河南郑州	空气干燥基	39.04	6.16	1.05	0.19	43.75
46	稻壳	安徽	空气干燥基	35.50	4.72	0.68	0.08	47.08
47	小麦秸秆	江苏	收到基	36.57	4.91	0.57	0.14	40.70
48	玉米秸秆	湖南益阳	空气干燥基	45.15	6.24	0.60	0.11	40.29
48	花生壳	湖南益阳	空气干燥基	48.98	6.35	0.86	0.11	38.09
48	大豆秸秆	湖南益阳	空气干燥基	45.04	6.48	0.95	0.13	40.50
48	稻壳	湖南益阳	空气干燥基	43.71	6.22	1.02	0.08	35.08
48	刺桐木屑	湖南益阳	空气干燥基	46.26	6.16	0.17	0.03	41.70
48	杉木屑	湖南益阳	空气干燥基	48.95	6.54	0.11	0.00	32.20
48	松木屑	湖南益阳	空气干燥基	48.74	6.88	0.08	0.00	39.04
49	玉米秸秆	辽宁营口	空气干燥基	44.92	5.64	0.87	0.18	40.88
49	苹果树枝	辽宁营口	空气干燥基	47.53	5.78	0.76	0.08	41.25
51	玉米芯	辽宁大连	干燥基	43.04	6.27	0.57	—	50.12
52	秸秆	黑龙江哈尔滨	空气干燥基	43.71	5.18	0.53	0.06	38.23
52	稻壳	黑龙江哈尔滨	空气干燥基	37.99	4.64	0.49	0.07	34.66
52	木屑	黑龙江哈尔滨	空气干燥基	43.01	6.42	0.17	0.02	39.64
53	玉米芯	天津蓟县	干燥无灰基	47.63	4.91	0.85	0.11	37.72
54	玉米芯	江苏南京	干燥无灰基	46.63	5.91	0.94	0.14	36.72
54	稻壳	江苏南京	干燥无灰基	41.25	5.65	0.61	0.19	34.50
54	花生壳	江苏南京	干燥无灰基	38.67	5.34	0.59	0.17	31.36
55	小麦秸秆	湖北武汉	收到基	44.65	5.24	0.28	0.08	40.72
55	棉花秸秆	湖北武汉	收到基	44.90	7.50	1.20	0.00	35.47
55	玉米秸秆	湖北武汉	收到基	42.47	3.27	1.18	0.26	52.82
55	稻壳	湖北武汉	收到基	35.34	5.43	1.77	0.09	35.36
55	花生壳	湖北武汉	收到基	43.53	6.54	2.24	0.12	34.04
55	松木屑	湖北武汉	收到基	45.76	6.74	0.07	0.00	37.85
55	稻草	湖北武汉	收到基	38.09	6.15	0.70	0.06	37.31

续表

文献	原料种类	产地	分析基准	C	H	N	S	O
56	玉米秸秆	河南郑州	收到基	39.04	6.16	1.05	0.19	42.76
57	水稻秸秆	上海	空气干燥基	42.37	5.75	0.81	0.19	48.84
57	玉米秸秆	河南长葛	空气干燥基	29.16	2.87	0.80	0.12	10.81
57	玉米芯	河南长葛	空气干燥基	29.54	3.39	0.86	0.06	29.48
58	木屑	广东广州	干燥基	47.95	6.57	0.04	0.29	44.33
58	稻秆	广东广州	干燥基	40.04	5.37	0.30	0.12	37.85
58	小麦秸秆	广东广州	干燥基	42.16	6.31	0.81	0.44	40.18
61	松木屑	北京	干燥无灰基	55.77	6.81	0.25	0.25	37.11
62	小麦秸秆	江苏	收到基	36.57	4.91	0.57	0.14	40.70
63	江蓠	浙江象山港	空气干燥基	31.11	5.60	0.83	2.04	33.93
63	条浒苔	江苏如东	空气干燥基	22.74	6.27	3.14	1.27	16.19
63	马尾藻	广东湛江	空气干燥基	25.90	5.57	3.58	1.22	24.18
64	红松锯屑	小兴安岭	干燥无灰基	50.80	6.79	0.23	0.05	42.13
65	稻草	上海宝山	干燥基	43.45	6.38	0.88	0.15	39.42
65	棉花秸秆	上海金山	干燥基	50.63	8.77	1.04	0.23	36.49
65	松木屑	上海	干燥基	53.44	7.52	0.79	0.07	37.40
66	杜松	东北林业大学林场	空气干燥基	44.57	5.47	—	—	—
66	黄玫瑰	东北林业大学林场	空气干燥基	47.56	6.06	—	—	—
66	红皮云杉	东北林业大学林场	空气干燥基	46.44	5.81	—	—	—
66	暴马丁香	东北林业大学林场	空气干燥基	47.79	5.89	—	—	—
67	稻壳	江苏	空气干燥基	34.21	4.55	0.91	—	41.86
68	小麦秸秆	山东	空气干燥基	41.02	5.10	1.39	0.12	28.75
68	玉米秸秆	山东	空气干燥基	41.38	4.92	1.40	0.00	37.26
68	棉花秸秆	山东	空气干燥基	45.14	5.74	1.25	0.17	41.09
68	梧桐	山东	空气干燥基	42.54	4.88	1.07	0.20	31.35
68	松木	山东	空气干燥基	48.28	7.31	0.28	0.20	43.88
68	杨木	山东	空气干燥基	47.28	6.29	1.40	<0.01	41.80
69	稻壳	南京	空气干燥基	28.24	4.11	0.58	0.14	34.72
69	稻秆	南京	空气干燥基	37.81	4.78	0.71	0.09	34.63
69	小麦秸秆	南京	空气干燥基	44.57	2.13	0.69	0.25	43.48
70	稻壳	浙江杭州	空气干燥基	40.09	5.54	0.52	0.14	33.24
70	木屑	浙江杭州	空气干燥基	45.15	5.76	0.39	0.03	42.01
70	橘皮	浙江杭州	空气干燥基	45.64	6.40	1.20	0.05	32.92
71	棉花秸秆	河南	空气干燥基	47.97	—	—	0.08	—
71	玉米秸秆	河南	空气干燥基	43.87	—	—	0.17	—
72	稻秆	上海崇明	空气干燥基	42.37	5.75	0.81	0.19	48.84
72	玉米秸秆	河南	空气干燥基	29.16	2.87	0.80	0.12	10.81
72	玉米芯	河南	空气干燥基	29.54	3.39	0.86	0.06	29.48
74	松树	黑龙江	空气干燥基	45.49	6.50	0.66	—	47.35
74	杨树	黑龙江	空气干燥基	44.80	6.64	1.05	—	47.51
74	椴树	黑龙江	空气干燥基	42.72	6.74	0.44	—	50.10

续表

文献	原料种类	产地	分析基准	C	H	N	S	O
74	白桦	黑龙江	空气干燥基	46.04	6.67	0.54	—	46.75
75	玉米芯	陕西西安	空气干燥基	43.24	5.28	0.44	0.03	41.02
76	小麦秸秆	安徽淮南地区	空气干燥基	39.90	6.02	0.21	0.10	53.77
76	玉米秸秆	安徽淮南地区	空气干燥基	41.77	6.08	0.35	0.03	51.77
77	木屑	江苏南京	空气干燥基	41.24	5.18	0.41	—	41.60
77	玉米秸秆	江苏南京	空气干燥基	37.04	5.04	0.99	—	40.73
77	稻壳	江苏南京	空气干燥基	35.44	4.89	1.02	—	38.30
77	稻草	江苏南京	空气干燥基	32.32	4.62	0.89	—	36.99
78	稻秆	长江以南地区	空气干燥基	37.81	4.78	0.71	0.09	34.63
79	木屑	陕西西安	空气干燥基	45.83	4.94	0.92	0.12	39.41
79	小麦秸秆	陕西西安	空气干燥基	41.64	4.23	0.43	0.08	38.77
79	玉米秸秆	陕西西安	空气干燥基	44.42	4.95	0.57	0.11	41.25
79	玉米芯	陕西西安	空气干燥基	44.58	4.40	0.28	0.01	45.45
80	纤维素	湖北武汉	空气干燥基	42.06	6.06	0.00	0.00	46.38
80	甘蔗	湖北武汉	空气干燥基	46.28	6.32	0.21	0.00	38.88
80	玉米芯	湖北武汉	空气干燥基	41.62	6.07	0.63	0.16	35.64
80	棉花秸秆	湖北武汉	空气干燥基	42.70	6.25	0.94	0.26	35.53
80	稻草	湖北武汉	空气干燥基	39.28	6.17	1.41	0.66	33.44
80	松木	湖北武汉	空气干燥基	45.73	6.50	0.23	0.20	36.76
80	稻壳	湖北武汉	空气干燥基	38.45	5.68	0.56	0.31	32.37
80	木质素	湖北武汉	空气干燥基	47.65	4.30	2.92	0.08	19.60
81	苹果树枝条	辽宁营口	空气干燥基	47.53	5.78	0.76	0.08	41.25
83	稻壳	浙江杭州	空气干燥基	37.18	4.26	0.68	0.15	31.29
83	红松	浙江杭州	空气干燥基	47.55	5.25	0.57	0.01	34.24
83	水曲柳	浙江杭州	空气干燥基	45.10	5.00	0.28	0.04	39.20
83	樟木松	浙江杭州	空气干燥基	43.43	4.84	0.32	0.10	38.53
85	杉木	浙江杭州	空气干燥基	48.07	5.54	0.92	0.52	41.65
85	白松	浙江杭州	空气干燥基	51.17	5.65	0.23	0.07	39.74
85	速生杨	浙江杭州	空气干燥基	48.16	5.24	0.47	0.27	42.96
86	玉米芯	山东临沂	空气干燥基	39.76	5.15	0.30	—	43.68
87	玉米秸秆	北京	空气干燥基	45.80	5.30	0.60	—	42.30
88	木薯秆	广西扶绥	干燥基	49.21	6.21	1.02	0.19	40.60
88	玉米秸秆	广西南宁	干燥基	49.30	6.00	0.70	0.11	43.60
88	芭蕉树秆	广西南宁	干燥基	48.20	6.10	0.61	0.13	42.30
88	香蕉树秆	广西南宁	干燥基	47.65	6.12	0.58	0.10	41.20
88	芭蕉叶梗	广西南宁	干燥基	48.42	5.70	0.69	0.20	41.67
88	香蕉叶梗	广西南宁	干燥基	46.78	5.30	0.63	0.18	41.02

附表 2-9　不同生物质原料的灰熔点　（单位：℃）

文献	原料种类	产地	分析基准	变形温度	软化温度	半球温度	流动温度
8	稻草	上海	干燥无灰基	1040	1220	—	1260
8	小麦秸秆	上海	干燥无灰基	950	980	—	1080
8	玉米秸秆	上海	干燥无灰基	1010	1130	—	1250
18	棉花秸秆	北京大兴	空气干燥基	1332	1389	1394	1394
18	小麦秸秆	北京大兴	空气干燥基	1191	1211	1224	1262
18	玉米秸秆	北京大兴	空气干燥基	1224	1247	1252	1269
18	玉米秸秆（含添加剂）	北京大兴	空气干燥基	1163	1201	1211	1229
18	落叶松	北京大兴	空气干燥基	1207	1217	1221	1251
18	红松	北京大兴	空气干燥基	1196	1213	1217	1221
59	小麦秸秆	山东济南	空气干燥基	879	922	—	1143
59	杨木屑	山东济南	空气干燥基	1190	1196	—	1214
71	棉花秸秆	河南	空气干燥基	1280	1300	1310	1320
71	玉米秸秆	河南	空气干燥基	1090	1190	1220	1310

附表 2-10　不同生物质原料的灰成分结果　（单位：　wt%）

文献	原料种类	产地	SiO_2	Fe_2O_3	Al_2O_3	CaO	MgO	TiO_2	SO_3	K_2O	Na_2O	P_2O_5
37	玉米秸秆	北京	23.48	0.67	0.90	7.59	3.46	0.02	2.81	41.22	0.80	6.42
37	玉米芯	北京	26.07	2.08	1.58	2.81	3.05	0.08	2.06	44.34	0.81	4.59
37	木屑	北京	17.56	3.24	3.00	14.74	45.90	0.73	2.87	2.81	2.02	0.92
37	小麦秸秆	北京	41.15	1.33	1.06	5.66	1.54	0.08	4.91	34.43	1.17	1.35
49	玉米秸秆	辽宁营口	45.64	2.16	6.04	9.35	16.24	—	—	10.14	0.29	—
49	苹果树枝	辽宁营口	16.82	3.48	4.42	34.16	7.01	—	—	11.22	4.48	—
73	白松	浙江杭州	49.26	7.14	—	—	4.15	—	—	5.54	2.63	—
73	稻壳	浙江杭州	87.16	0.42	—	—	1.07	—	—	4.16	0.61	—
73	锯末	湖北武汉	42.95	10.52	—	—	4.16	—	—	3.32	3.23	—

参 考 文 献

[1] 罗思义等. 生物质微米燃料旋风燃烧实验研究. 锅炉技术,2010,41(1): 69-76
[2] 杨宗仁等. 生物质木屑热解特性研究. 煤质技术,2010,(1):43-45
[3] 戚红梅等. 生物质热解制炭与制气一体化研究. 可再生能源,2010,28(1):115-118
[4] 朱孔远等. 生物质与煤热解特性及动力学研究. 农机化研究,2010,(3):202-206
[5] 朱振军. 黑龙江省生物质发电的发展及前景. 应用能源技术,2010,(2):45-48
[6] 李春桃等. 复合生物质型煤黏结剂研究. 中国煤炭,2010,36(2):80-87
[7] 赵辉等. 海洋生物质的热解特性与动力学研究. 生物技术通报,2010,(4):135-140

[8] 潘雯瑞等. 秸秆生物质燃料燃烧特性分析. 上海电力学院学报,2010,26(2):131-134
[9] 王贵军等. 农业生物质秸秆低温热解预处理技术. 工业锅炉,2010,(2):4-9
[10] 蔡腾跃等. 生物质在熔盐中的热裂解特性. 农业工程学报,2010,26(4):243-247
[11] 闫桂焕等. 生物质固定床两步法气化技. 农业机械学报,2010,41(4):101-104
[12] 郭振兴等. 合成气气氛下褐煤与生物质共液化残渣的燃烧特性. 燃料化学学报,2010,38(2):155-161
[13] 王新运等. 生物质催化热解特性和动力学研究. 应运化工,2010,39(3):377-379
[14] 郝建刚等. 基于Fe基载氧体的生物质化学链燃烧试验研究. 锅炉技术,2010,41(2):65-70
[15] 景振涛等. 两种秸秆类生物质燃烧反应动力学研究. 水电与新能源,2010,(3):69-71
[16] 蒋国平. 掺烧生物质燃料对燃煤锅炉效率的影响分析. 华中电力, 2010,23(3):39-45
[17] 孙玉凤等. 生物质及其热裂解产物生物油的特性分析. 节能,2010,(4):17-20
[18] 罗娟等. 典型生物质颗粒燃料燃烧特性试验. 农业工程学报,2010,26(5):220-226
[19] 王琦等. 生物质快速热裂解制取高品位液体燃料. 浙江大学学报,2010,44(5):988-1008
[20] 杜胜磊等. 生物质热解过程中 F 和 Cl 的迁徙行为研究. 中国电机工程学报, 2010, 30(14): 115-120
[21] 王君. 生物质微波裂解制备液体燃料的基础研究. 安徽理工大学博士学位论文, 2007
[22] 李志远. 碱金属/碱土金属对生物质热解特性影响的实验研究. 华中科技大学硕士学位论文, 2008
[23] 刘瑞芝. 生物质秸秆燃烧特性的试验研究. 设计与研究, 2010, 30(3):30-32
[24] 孙俊威等. 生物质与煤掺烧的实验研究. 电力科学与工程, 2010, 26(8):34-39
[25] 高宁博等. 生物质气化及其影响因素研究进展. 化工进展, 2010, 29:52-57
[26] 柏继松等. 生物质循环流化床燃烧污染物的排放特性. 化工进展, 2010, 29:116-119
[27] 沈琦等. 熔融碱热解生物质制氢. 化工进展, 2010, 29:190-194
[28] 赵鲁梅等. 预煅烧铜渣对生物质催化热解动力学的影响. 过程工程学报, 2010, 10(4): 726-731
[29] 赵军. 悬浮流化式生物质热解液化装置设计理论及仿真研究. 东北林业大学博士学位论文, 2008
[30] 朱孔远等. 煤与生物质共热解的 TGA-FTIR 研究. 煤炭转化, 2010, 33(3): 10-14
[31] 吴正舜等. 生物质气化过程中焦油形成机理的研究. 太阳能学报, 2010, 31(2): 233-236
[32] 刘石明等. 生物质微米燃料(BMF)空气-水蒸气气化实验研究. 太阳能学报, 2010, 31(2): 237-241
[33] 吴家桦等. 串行流化床生物质气化制氢试验研究. 太阳能学报, 2010, 31(2): 242-247
[34] 陈吟颖等. 生物质热解后氮元素迁移的试验研究. 锅炉技术, 2010, 41(5): 75-78
[35] 姚宗路等. 生物质颗粒燃料特性及其对燃烧的影响分析. 农业机械学报, 2010, 41(10): 97-102
[36] 蒋绍坚等. 生物质成型燃料炉点火和熄火过程中排放行为的实验研究. 热科学与技术, 2010, 9(3): 256-261
[37] 赵科等. 生物质灰在流化床燃烧中的固硫特性研究. 热能动力工程, 2010, 25(5): 557-580
[38] 施勇. 秸秆类生物质低温热解及混合气化的研究. 上海化工, 2010, 35(8):6-11
[39] 王永桥等. 生物质再燃脱硝及异相还原研究. 中国电机工程学报, 2010, 30(26):101-106
[40] 徐金苗等. 煤与生物质混燃过程中 SO2 释放规律研究. 热力发电, 2010, 39(10):20-24

[41] 李明等. 生物质两段式制氢反应炉原理及热态实验研究. 太阳能学报, 2010, 31(4): 473-477
[42] 肖瑞瑞等. 温度对生物质热解产物有机结构的影响. 太阳能学报,2010,31(4):491-496
[43] 段晓飞等. 生物质——煤混合燃烧的采暖炉性能试验研究. 现代商贸工业, 2010, (23): 420-421
[44] 傅旭峰等. 几种生物质热解特性及动力学的对比. 农业工程学报,2009,25(1):199-202
[45] 王志伟等. 生物质热解利用系统的实验研究. 农机化研究,2009,(3):150-153
[46] 刘宝亮. 锥形流化床结构与生物质颗粒流化特性研究. 中国林业科学研究院博士学位论文, 2007
[47] 肖军等. 生物质催化热解气化热重分析研究. 太阳能学报,2009,30(9): 1252-1257
[48] 杨素文等. 基于生物质真空热解液化技术的生物油制备.农业机械学报, 2009, 40(4): 107-111
[49] 李诗媛等. 生物质成型燃料循环流化床燃烧试验研究. 燃烧科学与技术, 2009, 15(1): 54-58
[50] 陈磊等. 能源作物与传统生物质热解特性对比研究. 电站系统工程, 2009, 25(4):13-16
[51] 王刚等. 生物质与聚乳酸塑料共热解特性. 化工学报, 2009, 60(7):1787-1792
[52] 栾积毅等. 生物质再燃过程中气相成分浓度的变化规律. 动力工程, 2009, 29(8): 783-788
[53] 王立群等. 生物质与煤共气化制取氢气的试验. 江苏大学学报, 2009, 30(5):496-500
[54] 李勤等. 水蒸气活化制备生物质活性炭的实验研究. 东南大学学报, 2009, 9(5): 1008-1011
[55] 陈汉平等. 生物质燃烧技术现状与展望. 工业锅炉,2009,(5):1-7
[56] 白炜等. 小型生物质热解气化发电系统研究. 河南科学,2009,27(11):1405-1408
[57] 白兆兴等. 秸秆类生物质燃烧动力学特性实验研究. 能源研究与信息, 2009, 25(3): 130-137
[58] 武宏香等. 煤与生物质热重分析及动力学研究. 燃料化学学报,2009,37(5):538-545
[59] 董信光等. 生物质混煤的灰熔融特性分析. 华东电力,2009,37(11):1936-1939
[60] 佟薇等. 几种生物质颗粒燃料等温燃烧过程和动力学研究. 可再生能源, 2009, 27(6): 58-62
[61] 李明等. 生物质热解参数对焦碳生成特性及产氢率的影响. 太阳能学报, 2009, 30(8): 1129-1133
[62] 肖军等. 生物质催化热解气化热重分析研究. 太阳能学报,2009,30(9):1252-1257
[63] 王爽等. 大型海藻生物质的比热容实验研究. 太阳能学报,2009,30(10):1176-1180
[64] 王伟等. TG-FTIR 联用下生物质废弃物的热解特性研究. 农业环境科学学报,2008,27(1):380-384
[65] 张巍巍等. 生物质慢速热解工艺的新探讨. 环境科学与技术,2008,31(2):38-42
[66] 杜海清等. 木质类生物质热解过程的热重分析研究. 黑龙江大学自然科学学报, 2008, 25(1):85-94
[67] 谢玉荣等. 生物质催化气化重整制取富氢气体的实验研究. 西安交通大学学报, 2008, 42(5):634-638
[68] 巩志强. 生物质直接再燃脱硝特性试验研究. 山东大学硕士学位论文, 2008
[69] 任强强等. 升温速率对生物质热解的影响. 燃料化学学报, 2008, 36(2):232-235

[70] 于海洋等. 生物质再燃还原 NO_x 的机理分析. 电站系统工程, 2008, 24(1):1-4
[71] 江得厚等. 发展生物质发电的必要性及存在的问题. 发电设备, 2008, (2):152-156
[72] 陈祎等. 氧量对典型生物质燃烧特性的影响. 中国电机工程学报, 2008, 28(2):43-48
[73] 赵辉等. 生物质半焦高温水蒸汽气化反应动力学的研究. 动力工程,2008,28(3):53-458
[74] 杜海清. 木质类生物质催化热解动力学研究. 黑龙江大学硕士学位论文, 2008
[75] 闫秋会等. 生物质与煤超临界水气化制氢的实验研究. 西安交通大学学报, 2008, 42(6): 765-769
[76] 闵凡飞等. 新鲜生物质热解气化半焦特性的FTIR研究. 安徽理工大学学报, 2008, 28(2): 55-58
[77] 王中贤等. 热管式生物质气化炉的热力学平衡模型研究. 农机化研究, 2008, (7): 214-218
[78] 臧丹丹等. 生物质热解与燃烧特性试验研究. 锅炉技术, 2008, 39(3):77-80
[79] 梁爱云等. 几种生物质的 TG-DTG 分析及其燃烧动力学特性研究. 可再生能源, 2008, 26(4): 56-61
[80] 吕当振等. 纤维素、木质素含量对生物质热解气化特性影响的实验研究. 工程热物理学报, 2008, 29(10):1771-1774
[81] 宁新宇等. 生物质成型燃料流化床燃烧黏结机理实验研究. 电站系统工程, 2008, 24(6):17-19
[82] 张瑜. 生物质裂解—半焦气化实验研究. 安徽理工大学大学硕士学位论文, 2008
[83] 周劲松等. 生物质气流床气化制取合成气的试验研究. 太阳能学报, 2008, 29(11):1406-1413
[84] 王昶等. 植物类生物质热解特性及动力学研究. 天津科技大学学报, 2007, 22(1):8-12
[85] 王树荣等. 生物质组分热裂解动力学研究. 浙江大学学报, 2007, 41(4):585-602
[86] 何光莹等. 生物质快速热解蒸气的在线催化研究. 动力工程学报, 2010, 30(2): 147-155
[87] 鲁长波等. 生物质催化热解催化剂稳定性考察. 石油学报, 2010, 增刊-0253-05: 253-257
[88] 张庭婷等. 几种生物质原料厌氧发酵制取沼气能量转换效率的比较. 造纸科学与技术, 2009, 28(3):36-41

第 3 章　生物质的热解原理

生物质的热解是生物质在缺氧的环境中受热降解形成固体、液体和气体三相产物的热化学转化过程。这个过程极为复杂，包括热量传递、物质扩散等物理过程，以及生物质大分子化学键断裂、分子内(间)脱水、官能团重排等化学过程，两个过程以热量为主要媒介相互作用。通过改变热解工艺和反应条件，可以在较大的范围内调节固液气三相产物的比例。

生物质原料复杂的化学组成，使其热解过程极为复杂，而且受多种因素的影响。在生物质热解形成的三相产物中，固体和气体产物的组成相对较为简单，其形成原理将在第 4 章和第 5 章进行介绍，而液体产物的组成则极为复杂，对于其形成机理的认识，将极大地提升对于生物质热解的认识。生物质热解过程中，液体产物是在快速热解条件下的主要产物[1-3]，因此本章将重点介绍在快速热解条件下的液体产物的形成机理与特性。

3.1　纤维素热解机理

3.1.1　纤维素热解机理概述

生物质的三种基本组分中，关于纤维素热解机理的研究，获得了最多的关注。一般来说，纤维素在超过 150℃后就会缓慢地发生热解反应，在低于 300℃的温度范围内，纤维素的热解主要包括聚合度的降低、自由基的形成、分子间或分子内的脱水、CO_2 和 CO 的形成等反应，脱水后的纤维素容易发生交联反应，最终形成焦炭[4-7]。总的来说，纤维素低温热解时的有机液体产物很少。

当温度超过 300℃后，纤维素的热解速度大幅提高，且开始形成较多的液体产物，并在 500 ℃左右的中温热解区域得到最大的液体产率。总的来说，在热解初期，纤维素聚合度降低形成活性纤维素[8]，而后主要经历两平行竞争途径而形成各种一次热解产物：解聚形成各种脱水低聚糖、以左旋葡聚糖(LG)为主的各种脱水单糖以及其他衍生物；吡喃环的开裂以及环内 C—C 键断裂而形成以羟基乙醛(HAA)为主的各种小分子醛、酮、醇、酯等产物[9-14]，如图 3-1 所示。

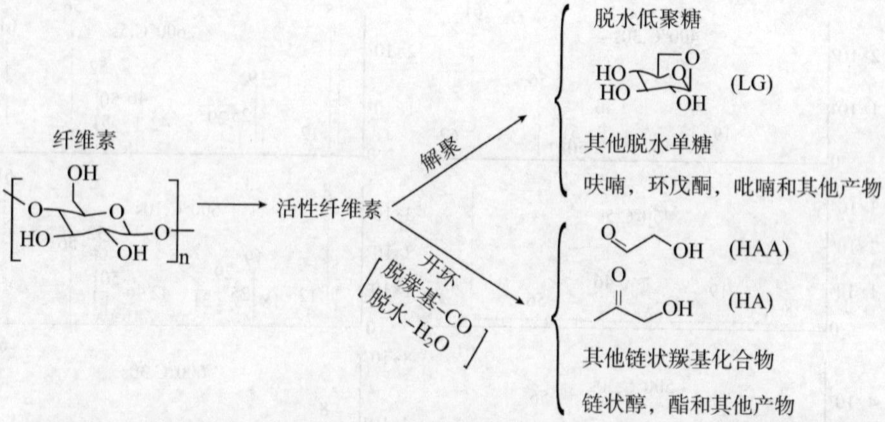

图 3-1　纤维素热解过程中形成液体产物的解聚和开裂两条竞争反应途径

3.1.2　纤维素热解液体产物组成

纤维素热解所形成的液体产物种类主要包括以下几类：①脱水糖及其衍生物，以左旋葡聚糖(LG)为主，另外还有一定量的左旋葡萄糖酮(1,6-脱水-3,4-二脱氧-β-D-吡喃糖烯-2-酮，LGO)、1,4:3,6-二脱水-α-D-吡喃葡萄糖(DGP)、1-羟基-3,6-二氧二环[3.2.1]辛-2-酮(LAC)、1,5-脱水-4-脱氧-D-甘油基-己-1-烯-3-酮糖(APP)等；②呋喃类产物，包括 5-羟甲基糠醛(HMF)、糠醛(FF)、呋喃(F)等；③小分子醛酮类产物，包括羟基乙醛(HAA)、羟基丙酮(HA)、丙酮(A)等；④其他产物，包括小分子酸、酯、醇类产物、环戊酮类产物、烃类产物等[15]。在不同的热解条件对纤维素进行热解时，虽然产物种类没有太大的差别，但产物分布的差别却较大。图 3-2 所示的是以微晶纤维素为原料进行快速热解所获得的典型离子总图，主要热解产物列于表 3-1。对于一些重要的产物，在离子总图上进行了标注，并给出了其结构式及其英文缩写，如图 3-3 所示。

3.1.3　LG 的形成

1. LG 形成途径的推测

在纤维素的热解中，解聚是最为重要的一个过程，在这个过程中主要发生糖苷键的断裂，并伴随着一定的重排、脱水等反应，从而形成以 LG 为主的解聚产物。

Pakhomov 等[16]认为，纤维素链中的葡萄糖单元可以在 β-1,4-糖苷键的 C1 与 O 之间均裂断开，形成两端各具有一个单电子的双自由基葡萄糖中间体(图 3-4)，之后自由基葡萄糖中间体中羟甲基上的羟基氢转移到左端自由基上，羟基氧则与 C1 成键形成 LG。

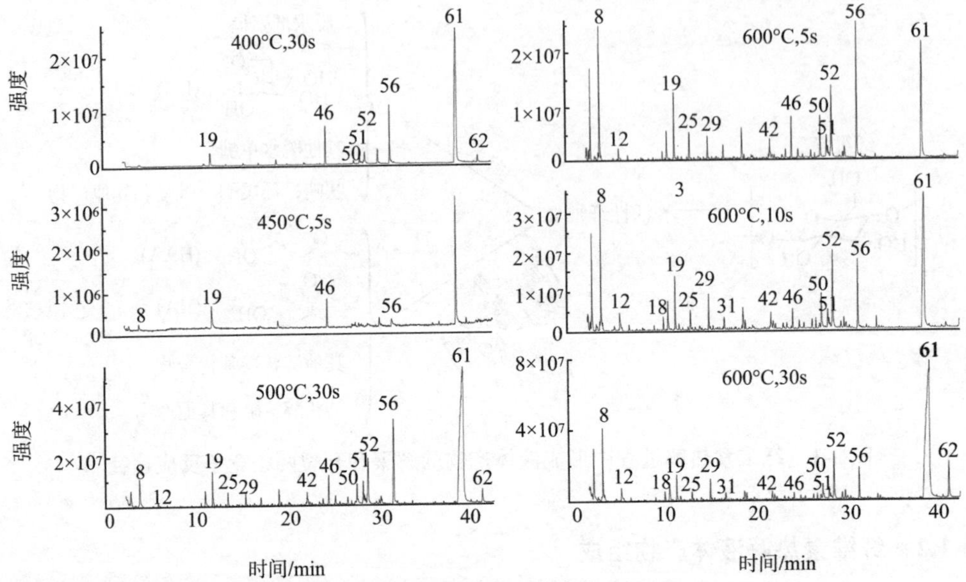

图 3-2　纤维素在不同快速热解条件下产物的离子总图

表 3-1　纤维素快速热解的主要产物组成

编号	保留时间/min	化合物	分子式	分子量
1	2.42	呋喃	C_4H_4O	68
2	2.52	丙酮	C_3H_6O	58
3	2.55	2-丙烯醛	C_3H_4O	56
4	3.11	乙酸	$C_2H_4O_2$	60
5	3.19	2-甲基呋喃	C_5H_6O	82
6	3.42	2,3-丁二酮	$C_4H_6O_2$	82
7	3.49	3-丁烯-2-酮	C_4H_6O	70
8	3.58	羟基乙醛	$C_2H_4O_2$	60
9	4.37	苯	C_6H_6	78
10	4.80	丙酸	$C_3H_6O_2$	74
11	4.99	2-丁烯醛	C_4H_6O	70
12	5.56	1-羟基-2-丙酮	$C_3H_6O_2$	74
13	6.93	甲苯	C_7H_8	92
14	7.25	3-戊烯-2-酮	C_5H_8O	84
15	8.61	1-羟基-2-丁酮	$C_4H_8O_2$	88
16	9.25	乙酸基乙酸	$C_4H_6O_4$	118
17	10.11	乙苯	C_8H_{10}	106
18	10.25	丙酮酸甲酯	$C_4H_6O_3$	102
19	11.51	糠醛	$C_5H_4O_2$	96
20	11.75	2,3-二羟基丙酮	$C_3H_6O_3$	90
21	11.89	2-环戊烯酮	C_5H_6O	82

续表

编号	保留时间/min	化合物	分子式	分子量
22	12.33	2-丙基呋喃	$C_7H_{10}O$	110
23	12.92	5-甲基-2(3H)-呋喃酮	$C_5H_6O_2$	98
24	13.10	1-乙酰氧基-2-丙酮	$C_5H_8O_3$	116
25	13.18	二氢-4-羟基-2(3H)-呋喃酮	$C_4H_6O_3$	102
26	14.15	2-甲基环戊酮	C_6H_8O	96
27	14.39	2-乙酰基呋喃	$C_6H_6O_2$	110
28	14.73	1,3-二羟基-2-丙酮	$C_3H_6O_3$	90
29	15.15	1,2-环戊二酮	$C_5H_6O_2$	98
30	16.32	苯酚	C_6H_6O	94
31	16.79	5-甲基-糠醛	$C_6H_6O_2$	110
32	17.10	5-甲基-2-(5H)-呋喃酮	$C_5H_6O_2$	98
33	17.35	3-甲基-2-环戊烯酮	C_6H_8O	96
34	17.58	3-甲基-2,5-呋喃二酮	$C_5H_4O_3$	112
35	17.95	5-乙酰基二氢-2(3H)-呋喃酮	$C_6H_8O_3$	128
36	18.34	2H-吡喃-2,6-(3H)-二酮	$C_5H_4O_3$	112
37	18.59	2H-吡喃-2-酮	$C_5H_4O_2$	96
38	19.04	2-羟基-3-甲基-2-环戊烯酮	$C_6H_8O_2$	112
39	19.21	4H-吡喃-4-酮	$C_5H_4O_2$	96
40	19.28	2-甲基-苯酚	C_7H_8O	108
41	20.18	4-甲基-苯酚	C_7H_8O	108
42	21.85	2,5-二甲基-4-羟基-3(2H)-呋喃酮	$C_6H_8O_3$	128
43	21.91	3-糠酸甲酯	$C_6H_6O_3$	126
44	23.15	2,5-二甲酰基呋喃	$C_6H_4O_3$	124
45	23.57	2,3-二氢-3,5-二羟基-6-甲基-4H-吡喃-4-酮	$C_6H_8O_4$	144
46	24.19	左旋葡聚糖	$C_6H_6O_3$	126
47	24.91	3,5-二羟基-2-甲基-4-吡喃酮	$C_6H_6O_4$	142
48	25.17	1,2-二羟基苯	$C_6H_6O_2$	110
49	26.68	3-甲基-2,4(3H,5H)-呋喃二酮	$C_5H_6O_3$	114
50	27.28	1 - 羟基-3,6 - 二氧杂二环[3.2.1]辛烷-2 - 酮	$C_6H_8O_4$	144
51	27.96	1,4:3,6-二脱水-α -D -吡喃葡萄糖	$C_6H_8O_4$	144
52	28.48	5 - 羟甲基糠醛	$C_6H_6O_3$	126
53	29.53	1,2-二羟基苯	$C_6H_6O_2$	110
54	29.68	2,3-脱水-D-甘露糖	$C_6H_8O_4$	144
55	30.26	2,3-脱水-D-半乳糖	$C_6H_8O_4$	144
56	31.16	1,5-脱水-4-脱氧-D-甘油基-己-1-烯-3-酮糖	$C_6H_8O_4$	144
57	31.75	2-甲基-1,4-苯二酚	$C_7H_8O_2$	124
58	32.35	1,2,4-环戊三醇	$C_5H_{10}O_3$	118
59	33.44	3,4-脱水-D-半乳糖	$C_6H_8O_4$	144
60	36.54	3,4-阿卓糖	$C_6H_{10}O_5$	162
61	38.80	左旋葡聚糖	$C_6H_{10}O_5$	162
62	40.80	1,6-脱水-β-D-呋喃葡萄糖	$C_6H_{10}O_5$	162

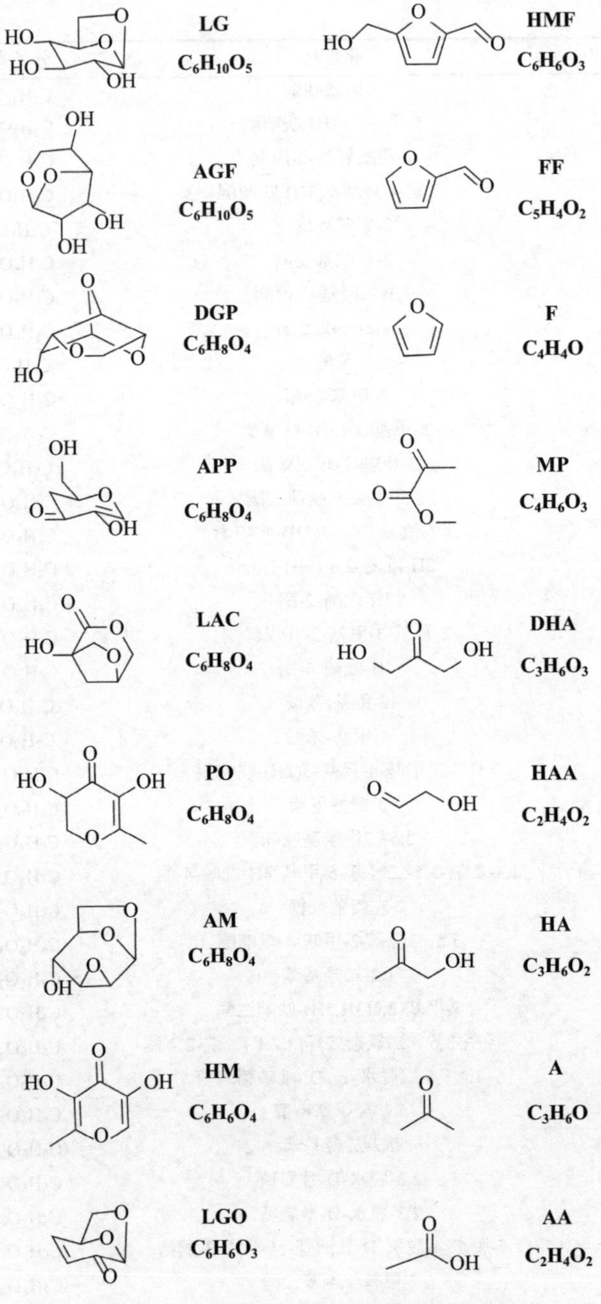

图 3-3　纤维素热解重要液体产物的结构式

Golova 等[17]试图通过实验手段检测出纤维素热解过程中双自由基葡萄糖中间体的存在，但由于自由基中间体的极不稳定性，而无法实现。不过他们通过在对 3-O-

甲基纤维素进行真空热解，发现产物中存在大量 1,4-脱水糖，因此认为在 C6 位没有羟基存在的情况下，自由基中间体若想稳定，只能形成 1,4 位的脱水糖结构。然而，此实验结论过于片面，也无法说明 LG 的确切形成途径。

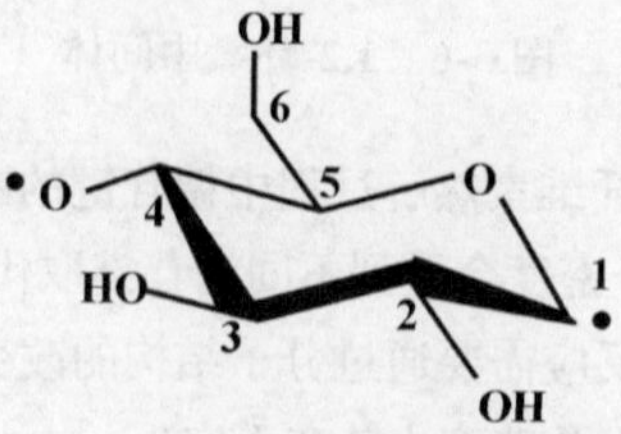

图 3-4　双自由基葡萄糖中间体

Shen 等[9]也提出了通过含有一个不配对单电子的葡萄糖自由基中间体而生成 LG 的反应机理，不过他们认为 β-1,4-糖苷键中 C4 与 O 间糖苷键更容易断裂，在 C4 位上形成自由基(图 3-5)，之后需要再捕获一个 OH 自由基形成 LG。

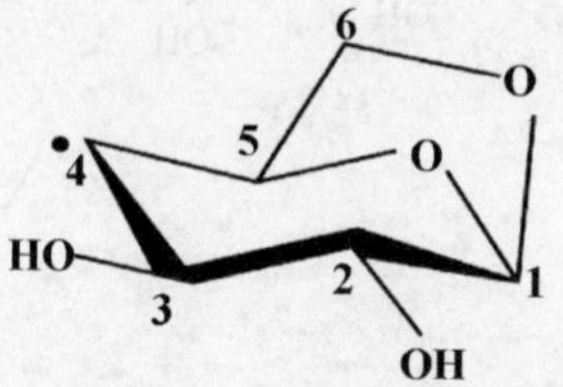

图 3-5　单自由基葡萄糖中间体

Kislitsyn 等[18]则通过实验手段，即向纤维素热解反应系统中加入自由基清除剂(2-β-萘苯二胺)，证明了葡萄糖自由基中间体存在的可能性。结果表明，当自由基清除剂的浓度为 2.25mol%时，LG 的产量下降了 50%，而当浓度为 4.5mol%时，几乎完全抑制了 LG 的生成。因此，他们认为 LG 是通过纤维素糖苷键均裂产生的自由基形成的。

Kilzer 等[19]以及 Gardiner 等[20]在对己糖以及纤维素等聚糖进行热解之后发现，其热解产物与在水溶液中经过酸催化反应得到的产物相似，因此认为纤维素的热解反应机理也与其水解机理相同，为糖苷键经过异裂形成离子基中间体的反应过程。

Byrne 等[21]提出，纤维素中的葡萄糖单元首先从椅型结构转变为船型结构，之后 C1 位与 C2 位间发生脱水反应，形成 1,2-环氧中间体结构(图 3-6)，之后迅速重整形成 LG。Byrne 认为整个过程都是按照不可逆的离子中间体机理完成的。

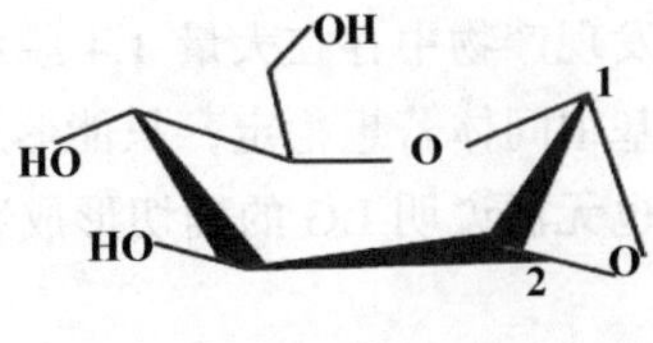

图 3-6　1,2-环氧中间体

Shafizadeh 等[22]认为，纤维素热解过程中糖苷键的断裂一定是通过异裂形式完成的，因为他们发现产物的电子密度会受到不同糖苷键取代基的影响。Shafizadeh 等同时认为，纤维素糖苷键的断裂反应需要通过分子结构的改变来增加其灵活性，这可以在高温条件下通过氢键的断裂以及玻璃化转变而实现，由此提出反应机理，如图 3-7 所示；纤维素热解过程中，糖苷键断裂后 C2 或 C4 上的羟基作用(分子内的转糖苷反应)，形成 1,2-脱水吡喃葡萄糖和 1,4-脱水吡喃葡萄糖，之后快速重整形成 LG。

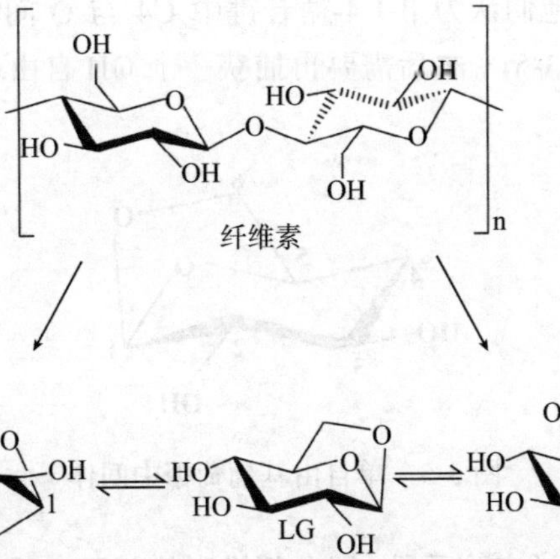

图 3-7　纤维素经过 1,2-和 1,4-脱水葡萄糖形成 LG 的反应过程

Richards 等[23]认为，纤维素中葡萄糖单体间糖苷键异裂断开，形成共振稳定的离子基葡萄糖中间体(图 3-8)，在易于生成 LG 的环境下，该阳离子以 1,6-脱水苷的形式稳定，而后该结构单元邻近糖苷键再次发生异裂并捕获一个 H 离子形成 LG。

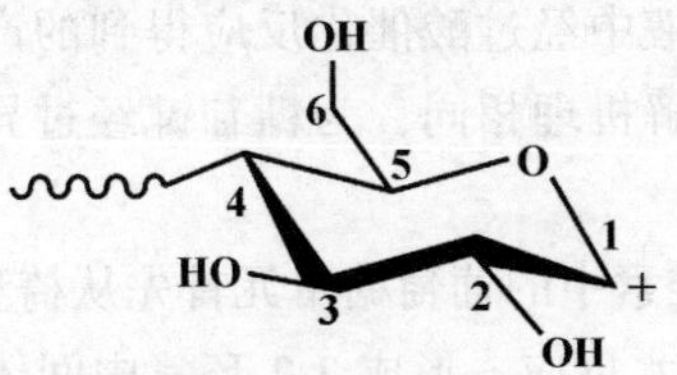

图 3-8　离子基葡萄糖中间体

Ponder 等[24]认为，糖苷键的异裂只有在空间中有可利用的羟基时才可能发生，并通过实验验证了这一论点，其提出的反应机理如图 3-9 所示。首先纤维素的糖苷键发生异裂，生成 C1 位阳离子的离子基中间体，之后 C6 位的羟基与 C1 形成环氧中间体，同时阳离子转移到 C6 位的羟基之上；然后，多余的一个氢离子脱出，另一个糖苷键的异裂即可释放出 LG 分子，并伴随产生另一葡萄糖基阳离子，再以类似的方式继续反应。Ponder 同时利用 β-1,6-糖苷键连接的链状葡萄糖进行热解反应，并没有检测到 LG 的生成，因此可以得出 C6 位的羟基对 LG 的生成具有重要作用。

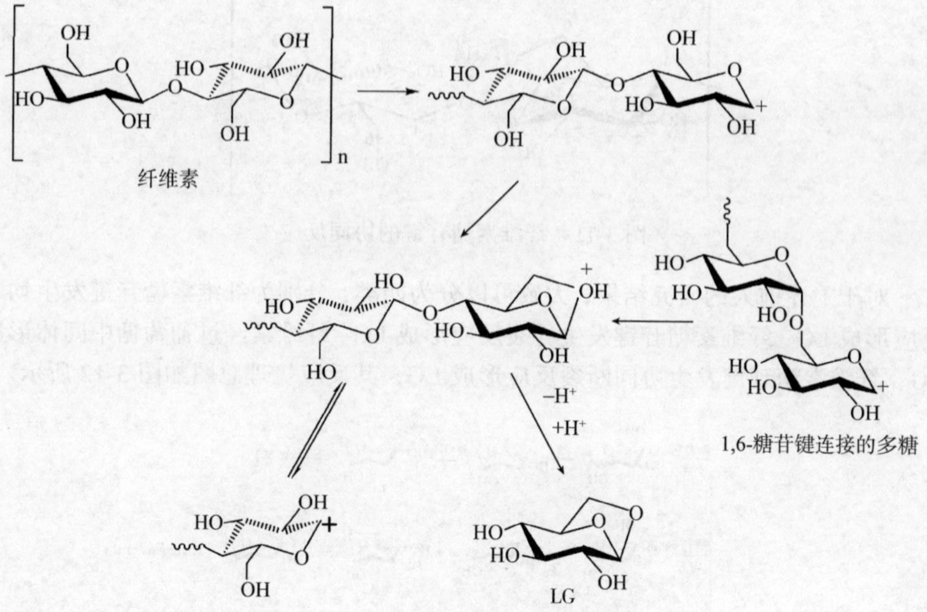

图 3-9　纤维素的异裂反应及 C6 位羟基的作用

Mayes 和 Broadbelt[25]提出了纤维素通过葡萄糖单体形成 LG 的机理：纤维素长链在糖苷键位置与一分子水发生作用(水解反应，图 3-10)，释放出葡萄糖单体；该葡萄糖单体经过 C1 与 C6 位上的脱水反应，直接形成 LG。然而大部分研究表明，纤维素在低温下更倾向于发生脱水反应而不是水解反应，并且在纤维素的热解实验中，也并没有检测到葡萄糖单体的稳定存在，因此该机理并没有被深入研究。

Mamleev 等[26]认为，纤维素单元中 C6 位羟甲基中的羟基可与糖苷键经历一个四元环过渡态(图 3-11)，糖苷键经过协同反应而断裂，从而直接形成 LG。

Choi 等[27]在此基础上进一步明确了整个纤维素的热解反应机理，利用糖苷键协同反应，分别讨论了纤维素链从最左端一直到最右端的热解反应过程，认为 LG 的大量生成是纤维素不断经过糖苷键协同反应的结果。

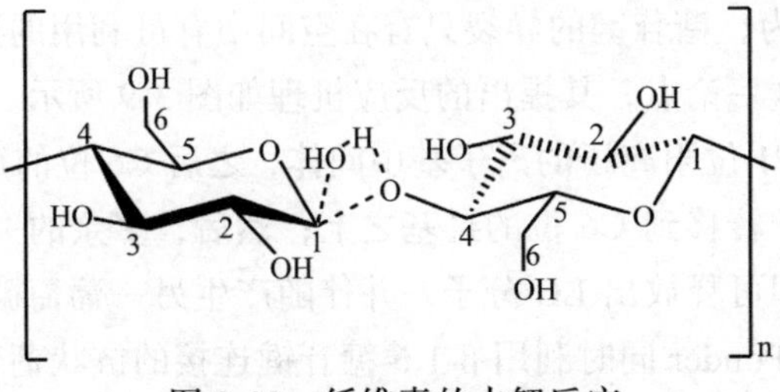

图 3-10　纤维素的水解反应

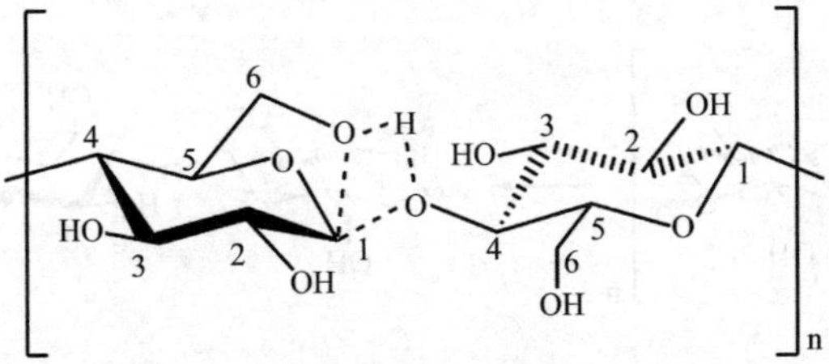

图 3-11　纤维素糖苷键的协同反应

对于上述前人的研究结果，大致可以分为四类，分别为纤维素糖苷键发生均裂反应形成 LG、纤维素糖苷键发生异裂反应形成 LG、纤维素经过葡萄糖中间体形成 LG、纤维素糖苷键发生协同断裂反应形成 LG，其反应机理总图如图 3-12 所示。

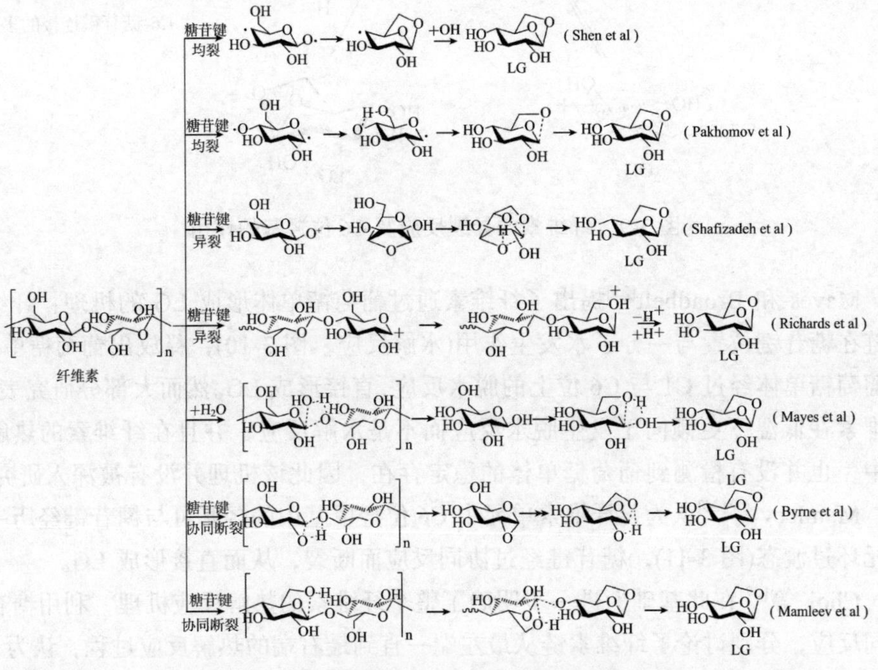

图 3-12　纤维素热解生成 LG 的反应机理总图

对于纤维素热解生成 LG 的反应机理，上述每一条反应路径似乎都存在着一定的理论支撑，因此还需要通过一些其他研究手段对反应机理进行深入探究。

2. LG 形成途径的分子模拟研究

张晓磊、黄金保等在前人的假设与实验基础上，通过分子模拟的手段，计算得出纤维素热解生成 LG 的不同路径的反应活化能，通过活化能的对比，掌握整个纤维素热解的反应机理。但对于 LG 的生成机理，他们之间有着不同的结论。

黄金保[28]以纤维二糖为纤维素的模型代表物，对其通过均裂、异裂和协同反应生成 LG 的途径进行了计算并确定了反应活化能(图 3-13)。结果显示，糖苷键发生均裂后形成 LG 的反应能垒为 321.26kJ/mol，而糖苷键发生协同断裂反应的能垒为 377.54kJ/mol，由此判定纤维素通过均裂反应生成 LG 是能量较优途径(图 3-13 中第一条反应路径)。

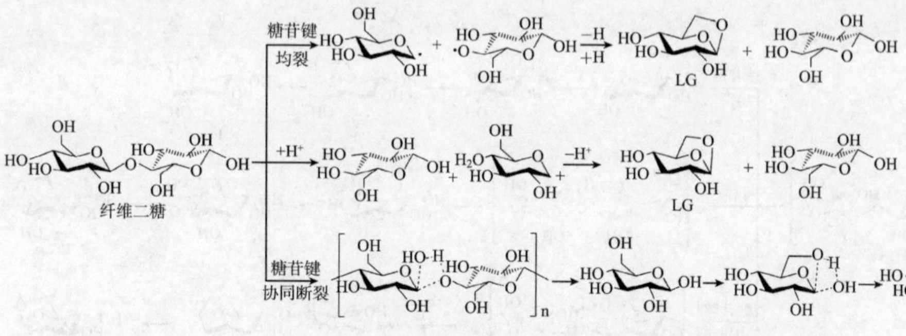

图 3-13　黄金保进行分子模拟计算的三条反应路径

张晓磊[29]则首先对比了纤维二糖糖苷键均裂与异裂的能量差别(图 3-14)，发现糖苷键的均裂能垒为 331kJ/mol，而异裂能垒则高达 659kJ/mol 以及 925kJ/mol，由此判定纤维素糖苷键的均裂比异裂更有可能发生。随后，以纤维素二糖为纤维素模型代表物，对其通过均裂、水解和协同反应生成 LG 的途径进行了计算并确定了反应活化能(图 3-15)。结果表明，糖苷键经过协同反应生成 LG 的途径具有最低的反应能垒，仅为 195kJ/mol，因此判定纤维素经过协同反应直接生成 LG 是能量较优路径(图 3-15 中最后一条反应路径)。

对于纤维素热解生成 LG 的途径，虽然目前已有较多的研究，但还没有形成定论。由于实验研究的局限性，在今后的研究中，应该更多的通过分子模拟计算，确定纤维素热解形成 LG 的最可能反应途径。

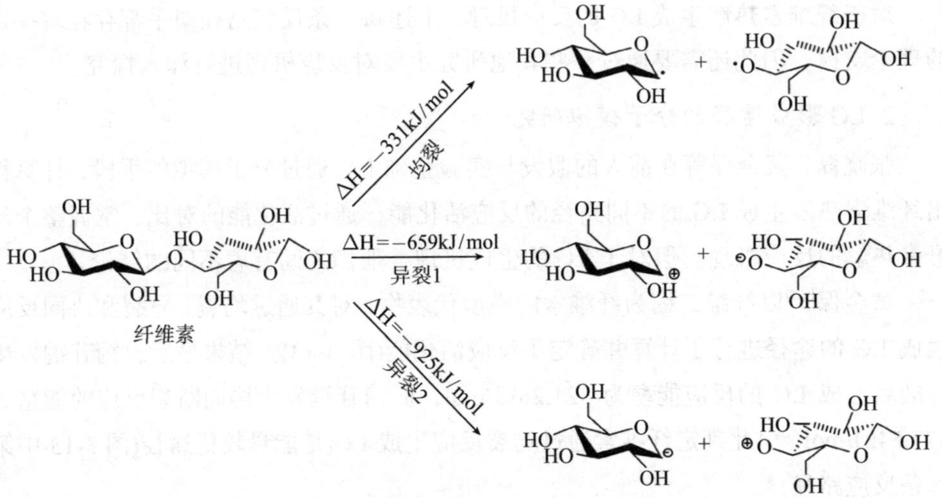

图 3-14　纤维素糖苷键均裂与异裂的键能对比

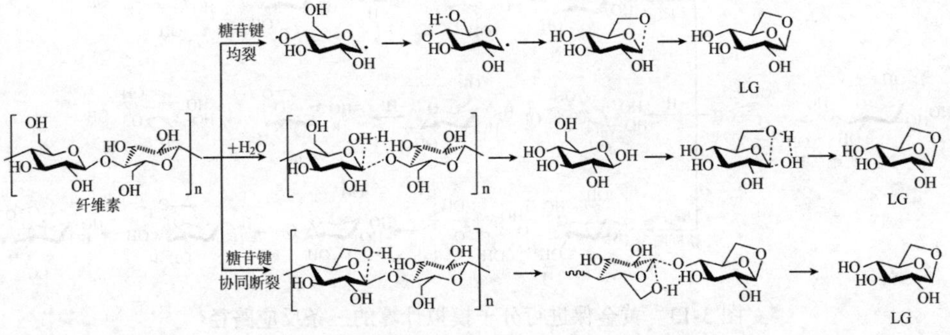

图 3-15　张晓磊进行分子模拟计算的三条路径

3.1.4　其他脱水糖衍生物的形成

1. 脱水低聚糖的形成

在纤维素热解解聚过程中，当葡萄糖单元一侧的糖苷键断裂后，如果邻近的糖苷键继续断裂，则最终形成挥发性的 LG；但是如果邻近的糖苷键并不随之断裂，就不能释放出单体。实际上，热解反应过程中糖苷键一般都很难完全断裂，因此除 LG 外，解聚过程一般都会形成各种不同聚合度的产物，即为脱水低聚糖[30]。根据聚合度的不同，糖苷键不完全断裂后得到的脱水低聚糖会有不同的存在形态。聚合度较大的脱水低聚糖一般留在固体残留物中，随着热解时间的延长，这部分脱水低聚糖会继续发生反应；聚合度小到一定程度的脱水低聚糖则会以胶质颗粒的形式随着热解气一起离开固体颗粒，最终随热解气的冷凝进入生物油，成为生物油中不具挥发性的组分。

2. LGO 的形成

在纤维素的热解解聚过程中，如果同时发生脱水等反应(有时伴随着重排等反应)，则形成了 LGO、LAC、DGP 等多种脱水糖衍生物。但对于这些产物的研究，远没有像 LG 一样深入，而且现阶段还只有基于实验结果的推测，没有基于分子模拟的理论研究。

LGO 是最具代表性的一种脱水糖衍生物，主要在热解初期形成。在部分前人的研究中，认为 LGO 是直接由 LG 脱水而形成的[31, 32]。然而基于详细的纤维素热解实验结果却可以否定这一推测。LGO 的形成需要经历纤维素糖苷键的断裂以及吡喃环内的脱水反应，纤维素在低温区域内主要发生脱水等反应，但很少有挥发性单体有机产物的形成；而一旦进入中温热解区域，则快速地发生糖苷键的断裂而释放出单体，此时脱水等反应的速度比糖苷键的断裂速度要慢得多。因此，当纤维素升温至介于低温和中温的过渡温度区域时，则可能最有利于同时发生脱水和解聚反应而形成 LGO。基于此，Ohnishi 等[33]提出了 LGO 的形成途径，如图 3-16 所示，如果脱水和解聚反应发生的先后顺序不同，则会经历不同的中间过程最终都形成 LGO。一方面，纤维素首先发生分子内的脱水而后发生糖苷键的断裂，则不经 LG 而形成 LGO(图 3-16 右上侧的反应途径，这是形成 LGO 的主要途径)；另一方面，纤维素首先发生糖苷键的断裂而形成 LG，而后仅有少量的 LG 进一步脱水形成 LGO(图 3-16 左下侧的反应途径，这就是 LG 的二次裂解反应)。

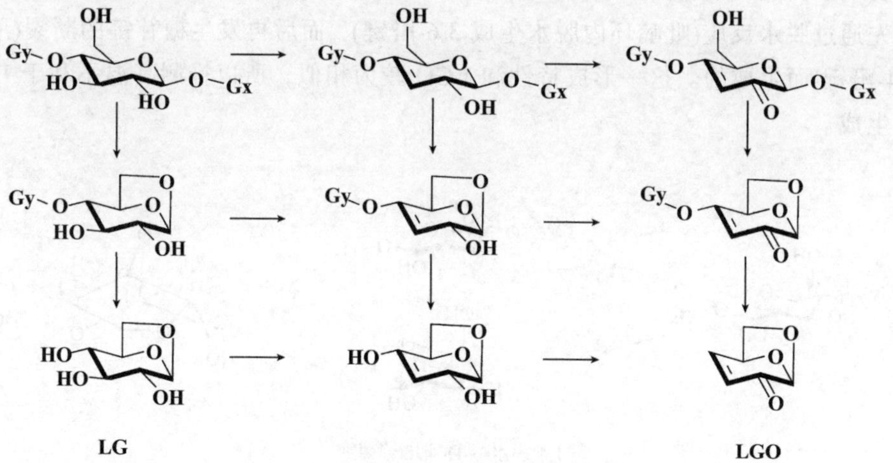

图 3-16　纤维素热解形成 LGO 的反应途径

3. APP 和 LAC 的形成

在各种脱水糖衍生物中，APP 的相对含量较高。根据 Shafizadeh 等的研究，APP 是由纤维素经过两次糖苷键的断裂而形成的[4]；而 Furneaux 等[34]则提出 APP 经过苄基重排反应后则会形成 LAC，如图 3-17 所示。中温有利于 APP 的生成，而高温则有利于 APP 向 LAC 的转变。

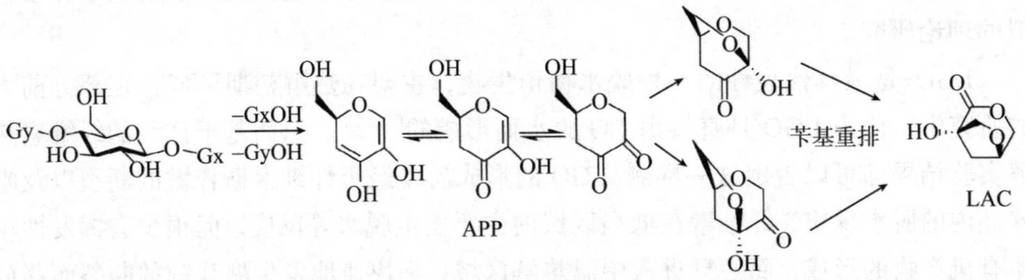

图 3-17　纤维素热解形成 APP 和 LAC 的反应途径

4. DGP 的形成

DGP 也是纤维素热解初期就形成的产物，它的形成包括吡喃环两侧糖苷键断裂后形成 1,4-酐键以及吡喃环内脱水形成 3,6-酐键两步过程[35, 36]。根据酐键形成先后顺序的不同，DGP 的形成过程中也可能会存在两种不同的反应途径，如图 3-18 所示。进一步分析可知，如果 DGP 的生成过程中首先形成 1,4-酐键，必定有 1,4-脱水-α-D-吡喃葡萄糖这种中间产物，然而在目前所有的研究中还未检测到该物质。由此可以初步判断，在纤维素的热解过程中，至少绝大部分的 DGP 是首先通过脱水反应(吡喃环内脱水生成 3,6-酐键)，而后再发生糖苷键的断裂(形成 1,4-酐键)而生成的。这一形成特性和 LGO 较为相似，所以推测高温不利于 DGP 的生成。

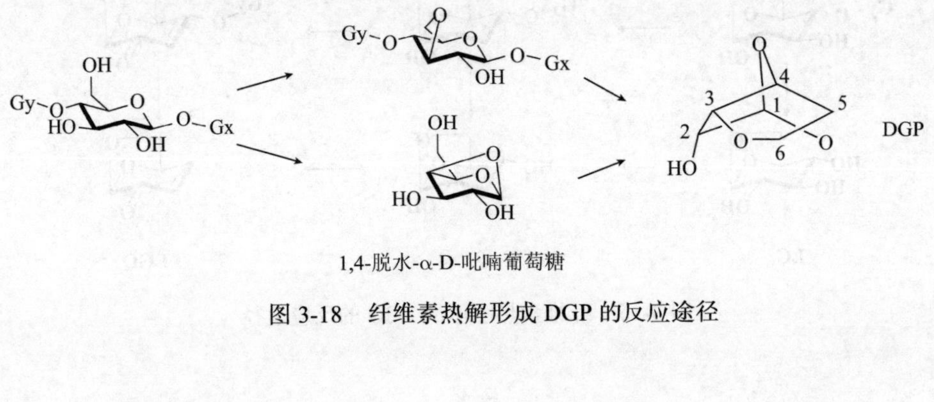

图 3-18　纤维素热解形成 DGP 的反应途径

3.1.5　呋喃类产物的形成

1. HMF 的形成

在纤维素热解形成的呋喃类产物中，HMF 和 FF 最为重要。对于 HMF 的形成机理，前人以葡萄糖等为原料进行了深入研究[37, 38]，并得到了如图 3-19 所示的反应途径：吡喃环首先发生开环，而后 C2 和 C5 之间缩醛得到呋喃环结构，最后经过两步脱水重整而形成 HMF。

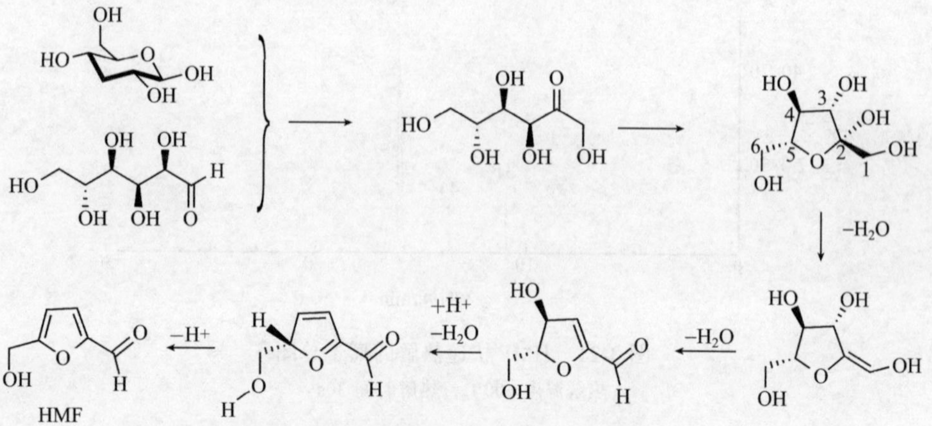

图 3-19　葡萄糖热解形成 HMF 的反应途径

纤维素热解形成 HMF，应该也是按照上述机理进行的：C1 位上糖苷键的断裂，以及 C1-O 化学键的断裂使吡喃环开环后，就能够进行缩醛、脱水重整、C4 位上糖苷键的断裂等过程而最终形成 HMF，其中 C4 位上的糖苷键的断裂可能会在上述过程中的不同时刻发生，从而导致纤维素热解过程中 HMF 的形成具有多条可能的途径。

2. FF 的形成

关于 FF 的形成途径，多个研究单位的人员都认为 FF 可由 HMF 的羟甲基脱落而形成[39]。然而，从键能的角度分析得知 HMF 最弱的两个键都在羟甲基上，分别是 C—OH 键 69 kcal/mol 和 C—H 键 76 kcal/mol[40]。因此，从理论上可以预测，HMF 的二次裂解过程中应该会发生 C—OH 键的断裂形成 5-甲基糠醛，以及 C—H 键的断裂则形成 2,5-呋喃二甲醛，如图 3-20 所示，并不主要形成 FF。上述理论预测可进一步进行实验验证，采用 HMF 为模型化合物进行热解，其离子总图如图 3-21 所示(图中产物编号同表 3-1)。从实验结果可以看出，HMF 的二次裂解形成了多种呋喃类产物，但其中只有 5-甲基糠醛和 2,5-呋喃二甲醛这两种产物的含量较高，其他产物的含量都很低，与理论预测结果相当吻合。

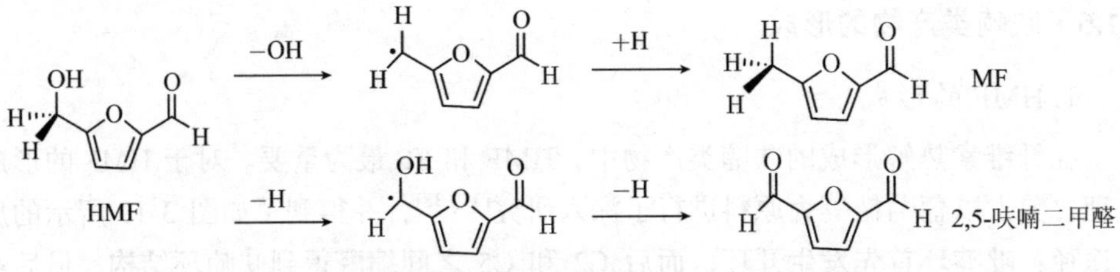

图 3-20　HMF 二次裂解形成 5-甲基糠醛和 2,5-呋喃二甲醛的反应途径

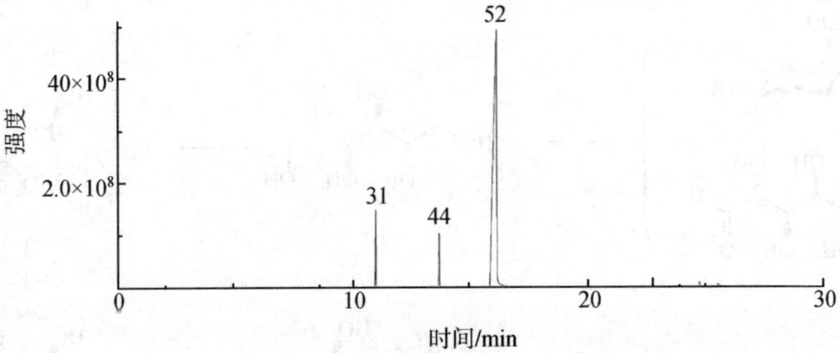

图 3-21　HMF 快速热解的离子总图

热解温度 600℃，热解时间 30s

在纤维素热解过程中，FF 在热解初期就形成，而且产率和含量都较高，因此 FF 不可能是由 HMF 二次裂解而形成的，而应该是由与形成 HMF 相竞争的途径形成的。Paine 等[41]通过对葡萄糖进行热解，采用同位素标识的方法确定了 FF 的来源，大部分的 FF 是由 C1—C5 形成的，少部分的 FF 也可由 C2—C6 形成，并给出了几种可能的葡萄糖热解形成 FF 的途径。由此可知，纤维素热解生成 FF 的过程将更为复杂，包括解聚、开环、缩醛、脱水、C—C 断裂等过程，难以直接给出所有可能的反应途径。

3. F 的形成

和 HMF、FF 相比，呋喃(F)的形成时间较晚，而且随着热解温度的提高以及热解时间的延长，F 的产率增加；在对 HMF 和 FF 开展的二次热解实验中发现，其热解都会形成少量的 F，说明 HMF、FF 等重质呋喃类产物的二次裂解是 F 的一种来源；但除了其他呋喃类产物的二次裂解以外，纤维素的直接热解也可能形成一部分 F[38]。

3.1.6　小分子醛酮类产物的形成

1. HAA 的形成

在纤维素快速热解过程中，吡喃环开环并同时发生环内 C—C 键的断裂，则能够形成多种小分子物质，以 HAA 为主，同时还包括 HA、A、AA、MP、DHA 等物质。

关于 HAA 的形成机理，Piskorz 等[42]从键能角度出发，认为葡萄糖单体中 C1、C2 分别与相邻的 O、C3 发生断键反应，生成了包含 C1 与 C2 的乙烯二醇和一个四碳碎片，乙烯二醇随后可重组形成 HAA。

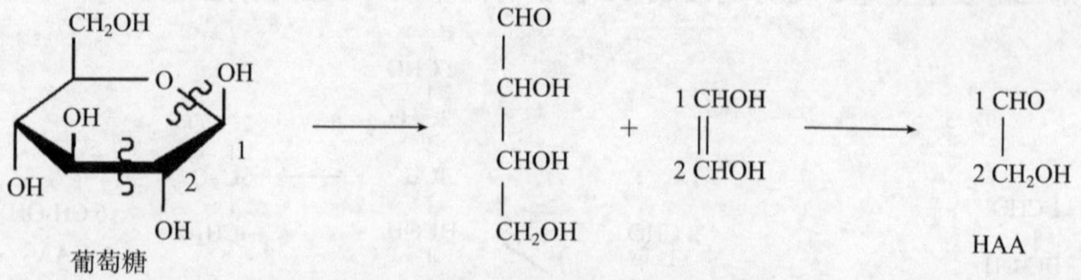

图 3-22　Piskorz 提出的 HAA 形成路径

Richards 等[43]提出了 HAA 更有可能是由葡萄糖单元中的 C5 与 C6 组成的，如图 3-23 所示。纤维素葡萄糖单元中的 C3 位上的羟基首先与 C2 位上的氢发生脱水反应，形成具有不饱和双键的环氧中间体，随后环氧中间体发生断裂，形成了含有四个碳的烯基链状产物以及包含 C5 与 C6 的 HAA。

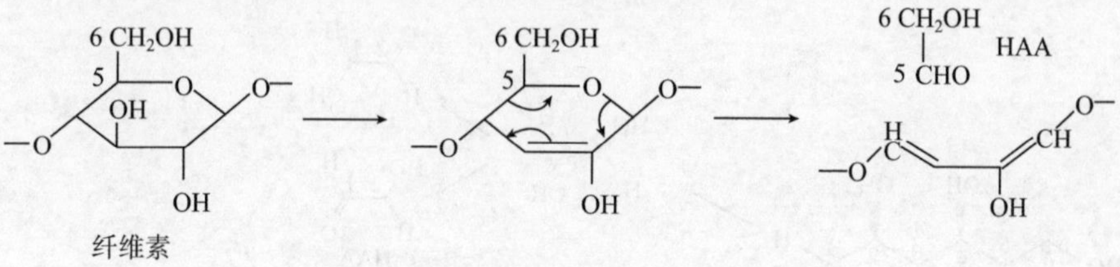

图 3-23　Richards 提出的 HAA 形成路径

廖艳芬等[44]认为吡喃环上普遍存在着断键反应，因此任何位置都有可能产生 HAA，但是 C5 与 C6 位更有可能形成 HAA，并且提出了两种可能的 HAA 生成路径，如图 3-24 所示。首先葡萄糖单元发生开环反应形成链状葡萄糖，之后 C1 以甲醛的形式脱除。此时有两条可能的反应路径，一条为 C3 与 C4 间发生脱水反应，形成 C3 位上具有酮基的 3 酮糖结构，之后 3 酮糖中间体中 C4 与 C5 间的碳碳键断裂，从而形成丙酮醛以及包含 C5 与 C6 的 HAA；另一条为 C3 与 C4 间不发生脱水，而是 C4 与 C5 间的碳碳键断裂，直接形成二丙醇醛以及包含 C5 与 C6 的 HAA。

Paine 等[45]则提出了比较完整的 HAA 形成路径图，认为 HAA 可以从纤维素的多个位置断裂产生，并且认为 C1 与 C2 位更容易形成 HAA，如图 3-25 所示。纤维素葡萄糖单元首先开环形成链状葡萄糖，随后 C3 位上的羟基氢转移到 C1 位上，并且 C2 与 C3 间的碳碳键断裂，形成包含 C1 与 C2 的乙烯二醇以及一分子丁醇醛。乙烯二醇随后重组，可分别形成 C1 位具有醛基或 C2 位具有醛基的 HAA。而丁醇醛再经历一个类似于第一步的断键反应，C5 位上的羟基氢转移到 C3 位的醛基上，C4 与 C5 键断裂，形成了包含 C5 与 C6 的 HAA 和包含 C3 与 C4 的乙烯二醇。随后乙烯二醇发生重组，可分别形成 C3 位具有醛基或 C4 位具有醛基的 HAA。

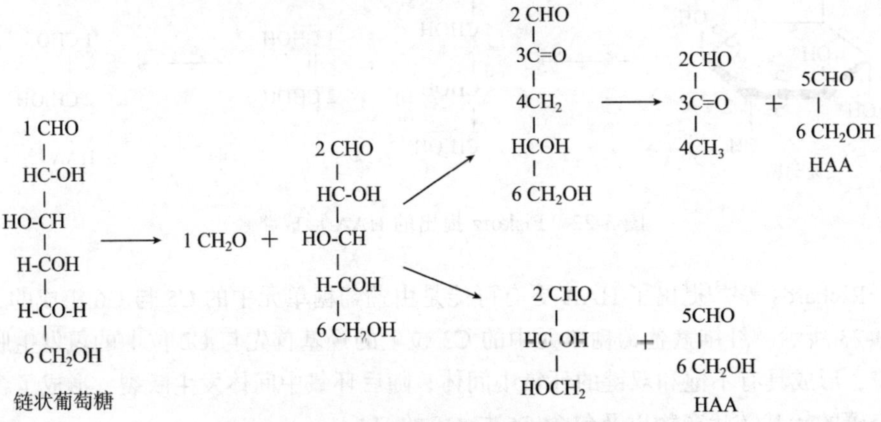

图 3-24　廖艳芬提出的 HAA 形成路径

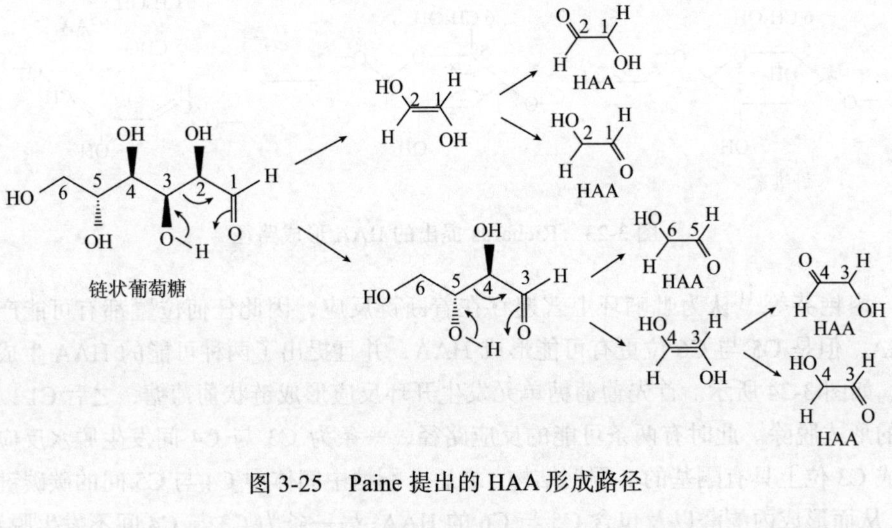

图 3-25　Paine 提出的 HAA 形成路径

Pouwels 等[46]提出了 HAA 通过左旋葡聚糖(LG)二次裂解产生的反应路径，如图 3-26 所示。LG 为纤维素热解的最主要产物，其在纤维素热解过程中大量生成，因此 LG 的二次裂解也可能成为 HAA 的形成途径之一。首先 LG 中 C2 与 C3 间的碳碳键、C4 与 C5 间的碳碳键发生断裂，形成一分子乙烯二醇以及环氧中间体；随后乙烯二醇发生重组，可分别形成 C3 位具有醛基或 C4 位具有醛基的 HAA。

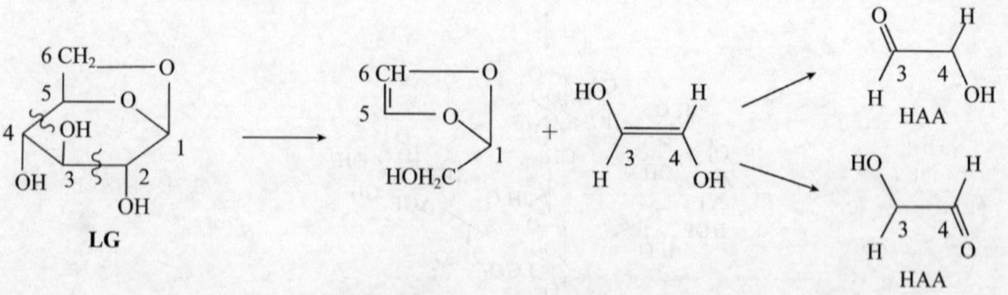

图 3-26 Pouwels 提出的 LG 二次裂解形成 HAA 的反应路径

Shafizadeh 等[47]对左旋葡聚糖(LG)热裂解过程的研究，认为其分解过程中逆缩醛反应是开环的主要途径。通过水合作用生成的葡萄糖单体或左旋葡聚糖单体，在此基础上发生分子内部的脱水作用形成了一些烯和酮、醛基团，不稳定的中间体在热作用下发生断裂。其具体反应路径类似于图 3-22。

2. HA 的形成

除 HAA 外，其他小分子产物的产率都不高，其中相对较高的是 HA。Piskorz 等认为 HA 主要是由吡喃环开裂后的四碳分子碎片形成的[11]；Paine 等[48]发现葡萄糖裂解产物中，HA 可分别由 C6/C5/C4 或 C3/C2/C1 形成。具体的形成途径可参考该文献。由此可知，HA 的形成不可能仅仅是按照 Piskorz 等提出的纤维素单体开裂后的四碳分子碎片重整得到的，因为这样无法得到由 C3/C2/C1 所形成的 HA，同时说明了 HA 的形成也具有多条可能的反应途径。可以推测，除 HAA 和 HA 以外其他的小分子物质，也都不太可能是由单一的反应途径形成的。

3.1.7 纤维素快速热解的整体反应途径

基于纤维素热解的实验结果，Lin 等提出了纤维素热解的主要反应途径及其产物[49]，如图 3-27 所示；Shen 等综合前人的研究，提出了纤维素热解过程中形成主要产物的具体反应途径[9]，如图 3-28 所示；之后，董长青等在前人研究基础之上，基于杨木热解的实验结果，进一步提出了纤维素热解的反应机理[50]，如图 3-29 所示。

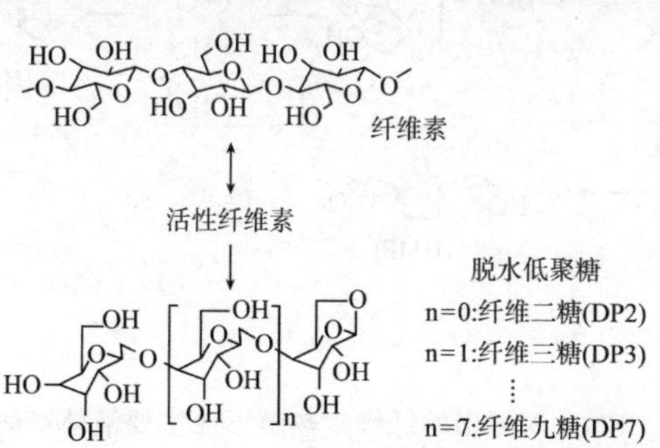

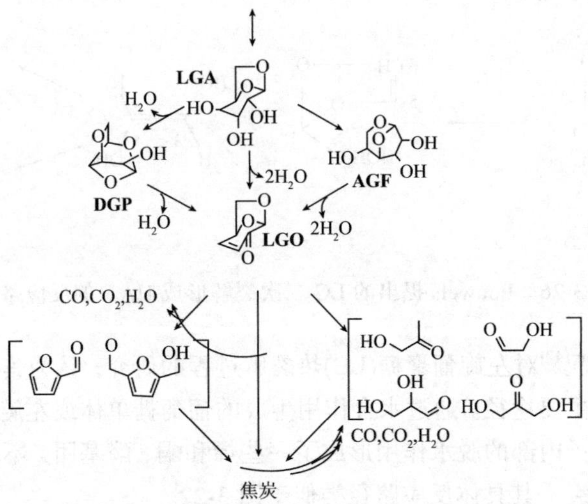

图 3-27　Lin 等提出的纤维素热解主要形成液体产物的反应途径

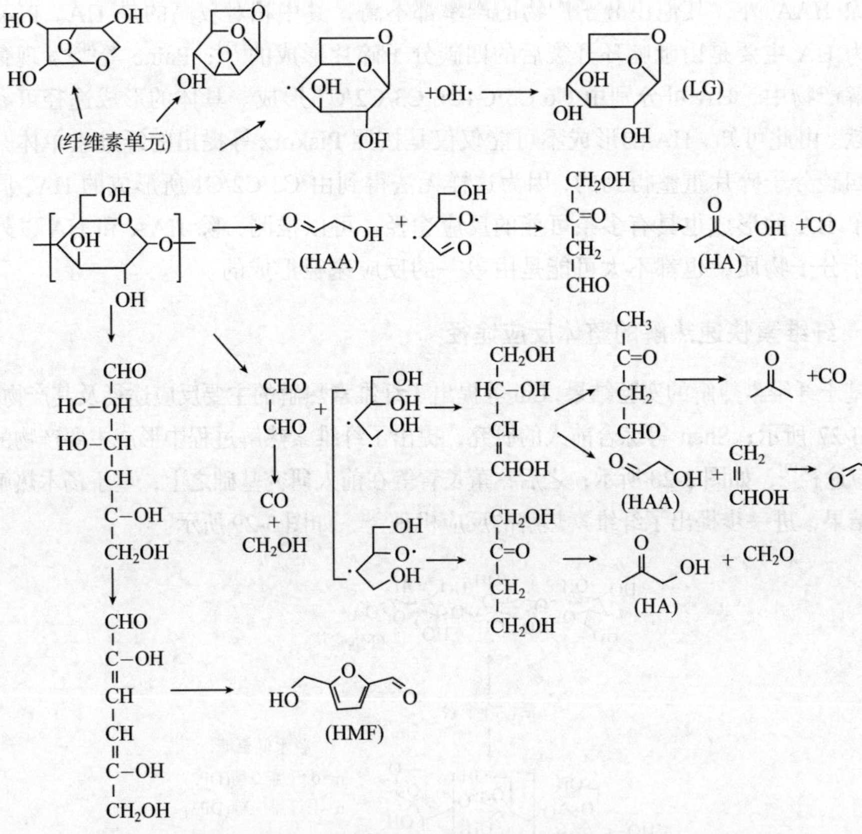

图 3-28　Shen 等提出的纤维素热解形成主要液体产物的反应途径

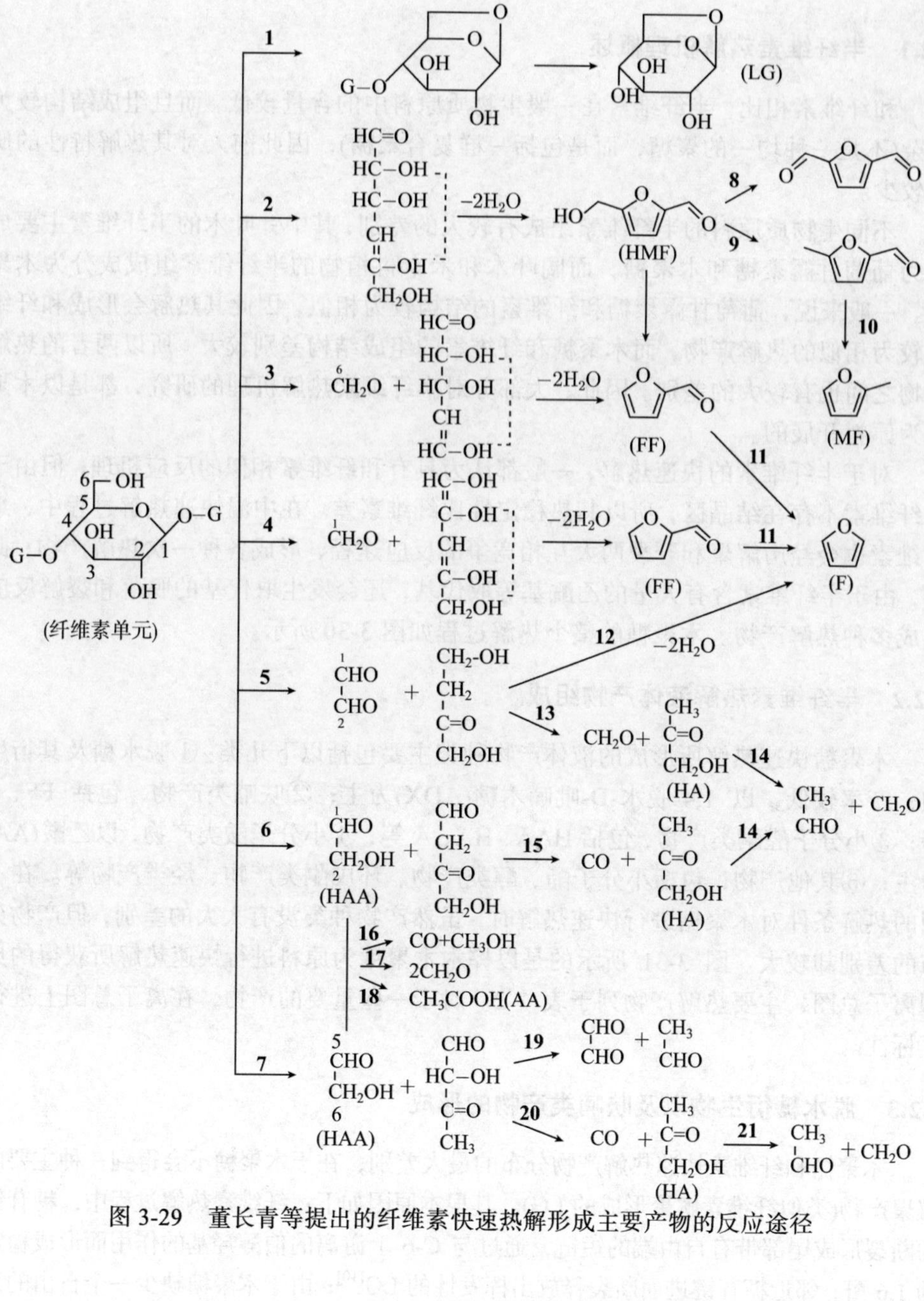

图 3-29　董长青等提出的纤维素快速热解形成主要产物的反应途径

3.2　半纤维素热解机理

3.2.1　半纤维素热解机理概述

和纤维素相比，半纤维素在一般生物质原料中的含量较低，而且组成结构较为复杂(不是一种均一的聚糖，而是包括一群复合聚糖)，因此前人对其热解特性的研究较少。

不同生物质原料的半纤维素组成有较大的差别，其中针叶木的半纤维素主要成分为葡萄甘露聚糖和木聚糖，而阔叶木和禾本科植物的半纤维素组成成分为木聚糖。一般来说，葡萄甘露聚糖和纤维素的结构较为相似，因此其热解会形成和纤维素较为相似的热解产物，而木聚糖和纤维素的组成结构差别较大，所以两者的热解产物之间也有较大的差别。因此，大部分对半纤维素热解机理的研究，都是以木聚糖为原料开展的。

对于半纤维素的快速热解，一般都认为具有和纤维素相似的反应机理，但由于半纤维素不存在结晶区，所以其热稳定性比纤维素差。在中温快速热解过程中，半纤维素也会经历解聚和开裂两大互相竞争的反应途径，形成各种一次热解产物；此外，由于半纤维素含有大量的乙酰基等取代基，还会发生取代基的脱落和裂解反应形成多种热解产物。木聚糖的整个热解过程如图 3-30 所示。

3.2.2　半纤维素热解液体产物组成

木聚糖快速热解所形成的液体产物种类主要包括以下几类：①脱水糖及其衍生物，产率较低，以 1,4-脱水-D-吡喃木糖(ADX)为主；②呋喃类产物，包括 FF、F等；③小分子醛酮类产物，包括 HAA、HA、A 等；④小分子酸类产物，以乙酸(AA)为主；⑤其他产物，包括小分子酯、醇类产物、环戊酮类产物、烃类产物等。在不同的热解条件对木聚糖进行快速热解时，虽然产物种类没有太大的差别，但产物分布的差别却较大。图 3-31 所示的是以桦木木聚糖为原料进行快速热解所获得的典型离子总图，主要热解产物列于表 3-2。对于一些重要的产物，在离子总图上进行了标注。

3.2.3　脱水糖衍生物以及呋喃类产物的形成

木聚糖和纤维素快速热解产物分布的最大差别，在于木聚糖不会得到一种主要的解聚产物(类似纤维素解聚形成的 LG)。其根本原因如下：纤维素热解过程中，糖苷键的断裂形成尾部带有自由端的短链，通过与 C-6 上游离的伯醇羟基的作用而形成稳定的 1,6-酐，邻近糖苷键进而断裂释放出挥发性的 LG[10]；由于木聚糖缺少一个自由的羟基，其热解过程中形成的木糖吡喃糖分子很难通过分子内酐键的形成而稳定下来，只有通过其他木糖分子贡献的羟基而形成稳定的物质(转糖苷作用)。总的来说，木聚糖热解过程中形成的木糖吡喃糖分子倾向于发生多步脱水反应而最终形成焦炭[51]。

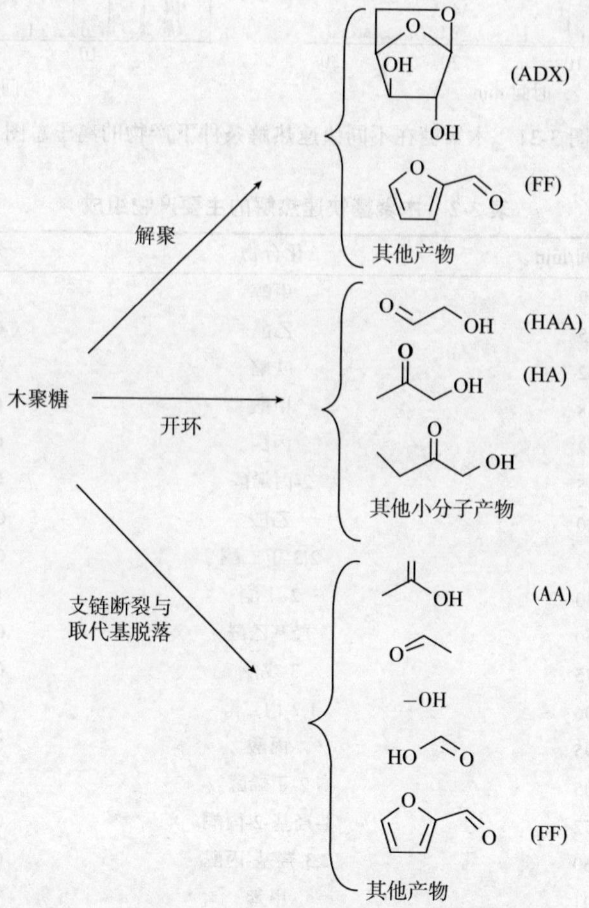

图 3-30　木聚糖快速热解过程中的主要反应途径

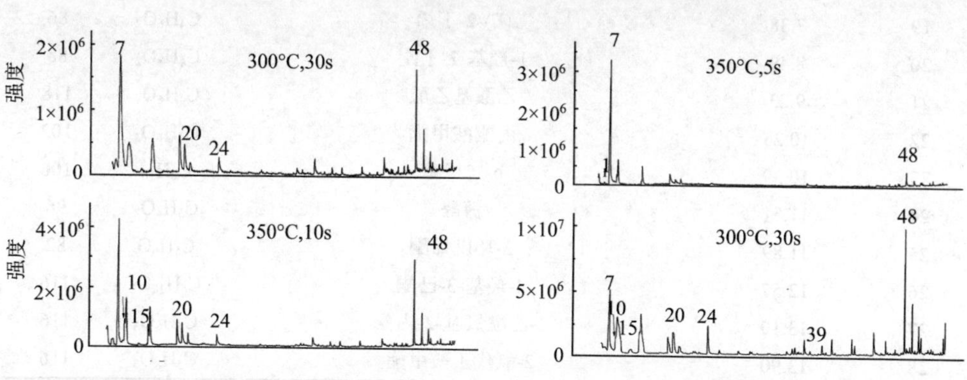

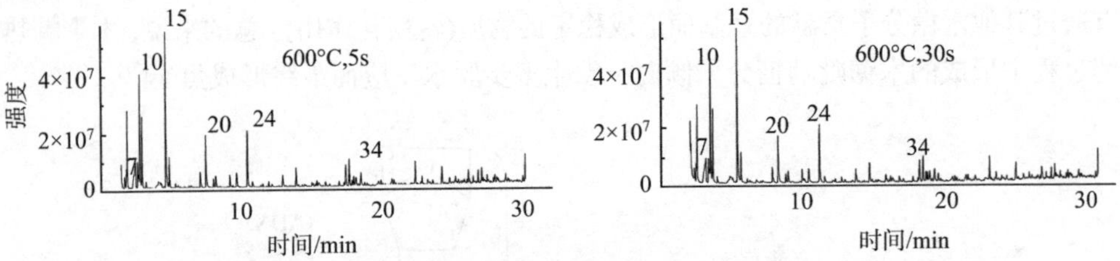

图 3-31　木聚糖在不同快速热解条件下产物的离子总图

表 3-2　木聚糖快速热解的主要产物组成

编号	保留时间/min	化合物	分子式	分子量
1	2.10	甲醇	CH_4O	32
2	2.15	乙醛	C_2H_4O	44
3	2.42	呋喃	C_4H_4O	68
4	2.48	甲酸	CH_2O_2	46
5	2.52	丙酮	C_3H_6O	58
6	2.55	2-丙烯醛	C_3H_4O	56
7	3.20	乙酸	$C_2H_4O_2$	60
8	3.43	2,3-丁二酮	$C_4H_6O_2$	82
9	3.50	2-丁酮	C_4H_6O	70
10	3.60	羟基乙醛	$C_2H_4O_2$	60
11	3.75	3-戊酮	$C_5H_{10}O$	86
12	4.06	1,2-丙二醇	$C_3H_8O_2$	76
13	4.95	丙酸	$C_3H_6O_2$	74
14	5.05	2-丁烯醛	C_4H_6O	70
15	5.52	1-羟基-2-丙酮	$C_3H_6O_2$	74
16	6.60	2,3-羟基-丙醛	$C_3H_6O_3$	90
17	6.91	甲苯	C_7H_8	92
18	7.24	3-戊烯-2-酮	C_5H_8O	84
19	7.38	(E)-2-丁烯	$C_4H_6O_2$	86
20	8.49	1-羟基-2-丁酮	$C_4H_8O_2$	88
21	9.23	乙酸基乙酸	$C_4H_6O_4$	118
22	10.25	丙酮酸甲酯	$C_4H_6O_3$	102
23	10.39	p-二甲苯	C_8H_{10}	106
24	11.51	糠醛	$C_5H_4O_2$	96
25	11.89	2-环戊烯酮	C_5H_6O	82
26	12.57	4-羟基-3-已酮	$C_6H_{12}O_2$	116
27	13.10	1-乙酰氧基-2-丙酮	$C_5H_8O_3$	116
28	13.90	2-氧代丁酸甲酯	$C_5H_8O_3$	116

续表

编号	保留时间/min	化合物	分子式	分子量
29	14.13	2-甲基环戊烯酮	C_6H_8O	96
30	16.33	苯酚	C_6H_6O	94
31	17.32	3-甲基-2-环戊烯酮	C_6H_8O	96
32	17.62	3,4-二甲基-2-环戊烯酮	$C_7H_{10}O$	110
33	18.33	2H,3H-吡喃-2,6-二酮	$C_5H_4O_3$	112
34	19.07	2-羟基-3-甲基-2-环戊烯酮	$C_6H_8O_2$	112
35	19.28	2-甲基-苯酚	C_7H_8O	108
36	19.40	2-羟基-3,4-二甲基-2-环戊烯-1-酮	$C_7H_{10}O_2$	126
37	19.57	2,3-二甲基-2-环戊烯酮	$C_7H_{10}O$	110
38	19.72	2,3,4-三甲基-环戊烯酮	$C_8H_{12}O$	124
39	19.92	3 -羟基- 2(3H)-呋喃酮	$C_4H_6O_3$	102
40	20.19	4-甲基-苯酚	C_7H_8O	108
41	21.39	3-乙基-2-羟基-2-环戊烯酮	$C_7H_{10}O_2$	126
42	21.72	3,5-二甲基-2-环己烯酮	$C_8H_{12}O$	124
43	22.35	3-乙基-2-羟基-2-环戊烯酮	$C_7H_{10}O_2$	126
44	22.90	3,4-二甲基苯酚	$C_8H_{10}O$	122
45	24.43	2,3-二羟基-苯甲醛	$C_7H_6O_3$	138
46	25.22	5-乙酰基二氢-2(3H)-呋喃酮	$C_6H_8O_3$	128
47	28.15	4-羟基-苯甲醛	$C_7H_6O_2$	122
48	28.52	1,4-脱水-α –D-吡喃木糖	$C_5H_8O_4$	132
49	28.78	2-甲基-1,4-苯二酚	$C_7H_8O_2$	124
50	30.55	2-羟基-5-甲基-1,3-苯二甲醛	$C_9H_8O_3$	164
51	31.97	3,4-二氢-6-羟基-2H-1-苯并吡喃-2-酮	$C_9H_8O_3$	164

木聚糖在热解过程中，当其一侧的糖苷键断裂后，所得到的木糖吡喃糖分子不能通过分子内酐键的形成而稳定，一般只能通过其他木糖分子贡献的羟基而形成稳定的物质(转糖苷作用)[51-53]；但是如果另一侧的糖苷键也同时断裂，则就能够通过分子内的酐键(1,4-酐键)的形成而释放出单体而得到 ADX。ADX 是木聚糖最重要的解聚产物[51, 54-57]，很明显，ADX 的形成比纤维素解聚形成 LG 的条件要苛刻得多。此外，1,4-酐键的形成比 1,6-酐键需要更高的活化能，而且 1,4-酐键的稳定性还较差。所有这些因素都导致了 ADX 无法像 LG 一样成为一种绝对主要的热解产物，而且随着热解温度的提高，木聚糖热解形成 ADX 的途径明显不如其他反应途径具有竞争性，导致在较高温度下，ADX 的产率很低。

除 ADX 等脱水糖类产物外，木聚糖的快速热解也形成了多种以 FF 为主的呋喃类产物，其生成特性和纤维素热解形成 FF 相似。前人通过对木糖热解形成 FF 的机理研究，证实了 FF 也是经由吡喃环开环后，C2 和 C5 形成缩醛结构，最终经脱水重整形成 FF，和纤维素热解形成 HMF 的机理类似[58]。值得注意的是，当热解温度较高时，ADX 在热解产物中的相对含量已经很低了，此时木聚糖所有解聚产物中，只有 FF 的相对含量还较高，所以在一些学者的研究中，一般都把 FF 作为木聚糖的典型解聚产物。

3.2.4 小分子物质的形成

木聚糖热解开环形成的小分子醛酮类产物，主要包括 HAA、HA 和 1-羟基-2-丁酮。和纤维素热解开环反应类似，木聚糖热解开环形成这三种产物，也应该具有多条形成途径。

此外，木聚糖在 C2 或 C3 的位置一般都含有较多的 O-乙酰基以及 4-O-甲基-α-D-葡萄糖醛酸基取代基，这些取代基的脱落会形成多种热解产物。O-乙酰基的脱落会形成 AA(这也是生物质热解过程中 AA 的主要来源)，乙酰基的脱落形成乙醛；4-O-甲基-α-D-葡萄糖醛酸基脱落并热解形成的产物包括：O-甲基的脱落则形成了甲醇、羧基的脱落就形成了甲酸，剩余糖基的热解则会形成 FF 等多种产物。

3.2.5 木聚糖快速热解的整体反应途径

基于纤维素快速热解的实验结果， Shen 等综合前人的研究，提出了木聚糖热解过程中形成主要产物的具体反应途径[53]，如图 3-32 所示；此外，Patwardhan 等提出了木聚糖热解的主要反应途径及其产物[59]，如图 3-33 所示；之后，董长青等在前人研究基础之上，基于杨木热解的实验结果，进一步提出了木聚糖热解的反应机理[50]，如图 3-34 所示。

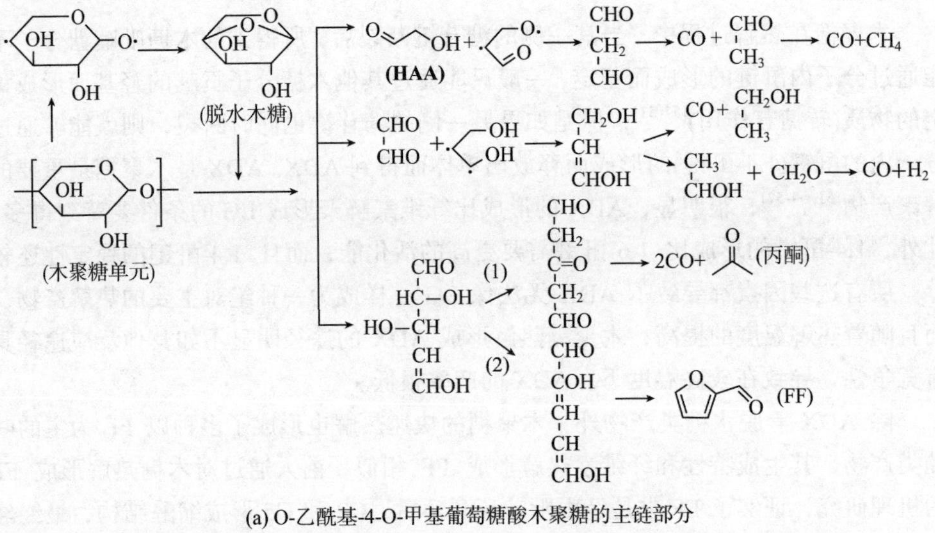

(a) O-乙酰基-4-O-甲基葡萄糖酸木聚糖的主链部分

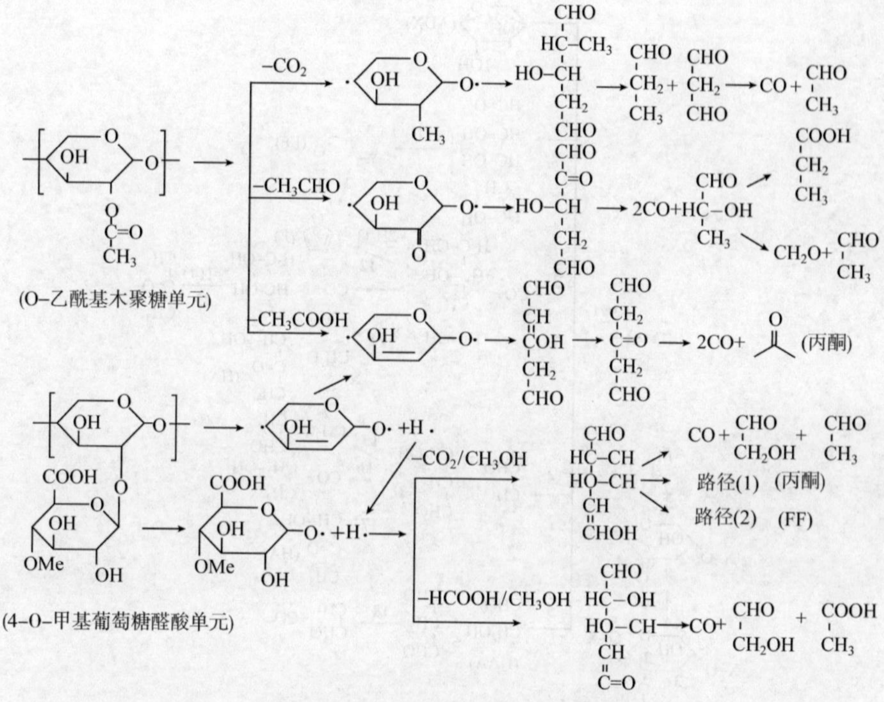

(b) O-乙酰基木聚糖和4-O-甲基葡萄糖醛酸单元

图 3-32 Shen 等提出的木聚糖热解形成主要液体产物的反应途径

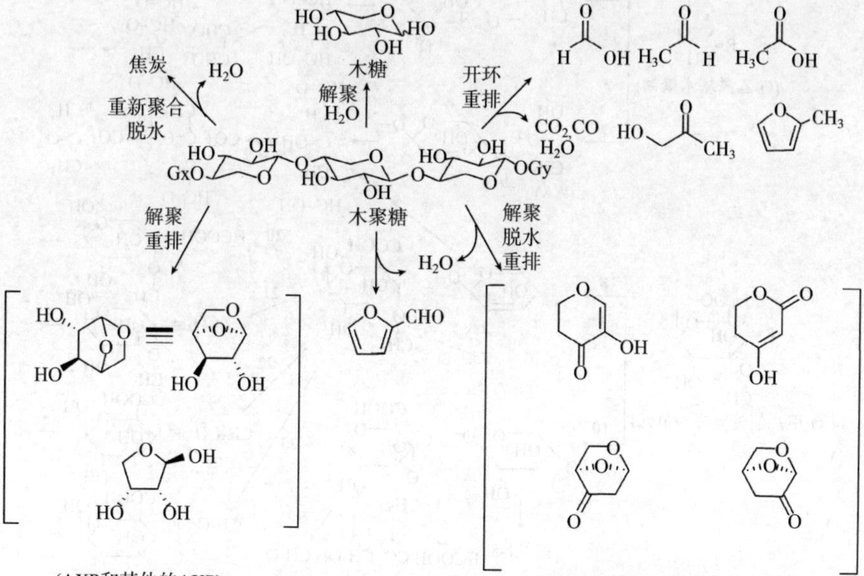

(AXP和其他的AXP)

DAXP1,DAXP2和其他的DAXP

图 3-33 Patwardhan 等提出的木聚糖热解形成主要液体产物的反应途径

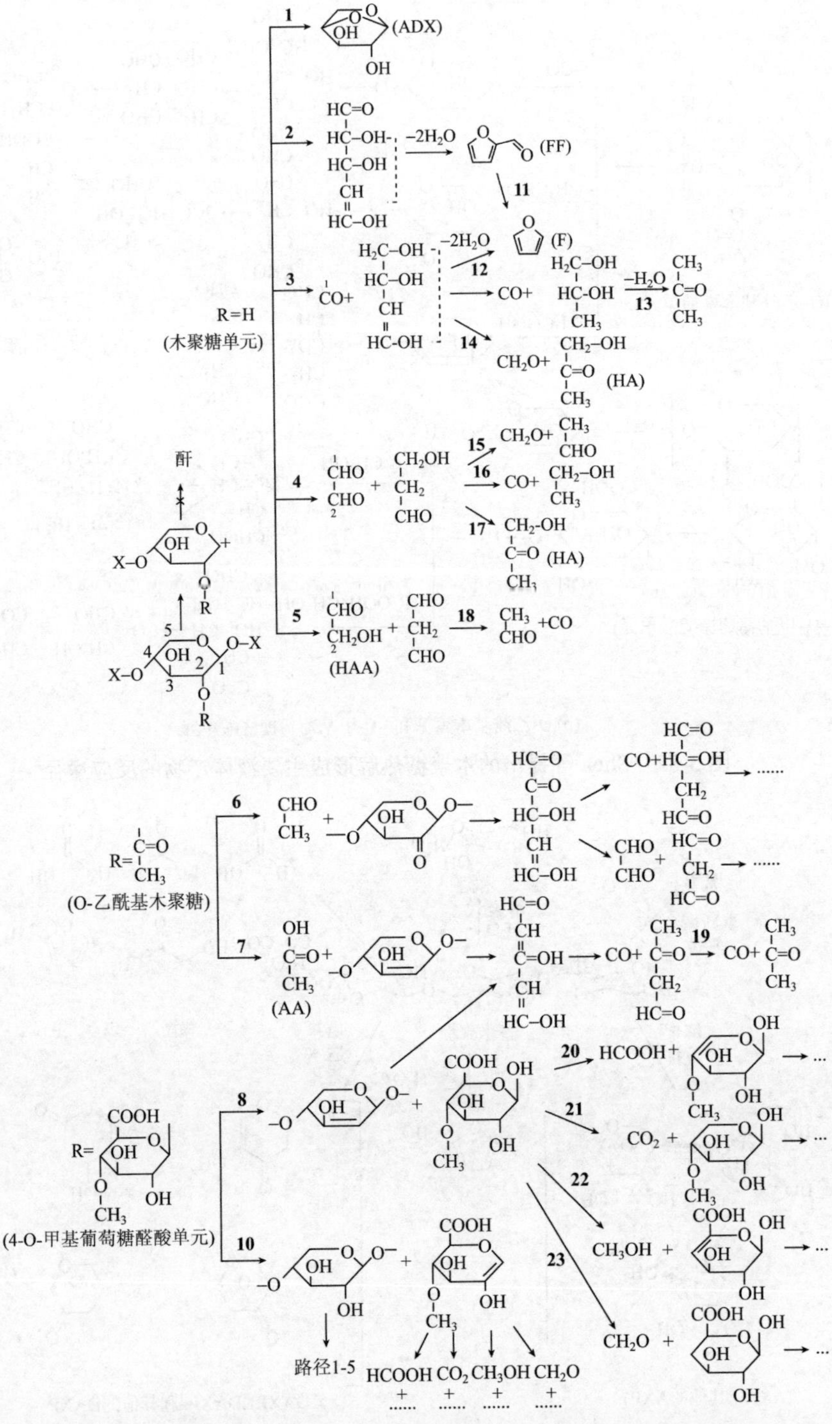

图 3-34　董长青等提出的木聚糖快速热解形成主要产物的反应途径

3.3　木质素热解机理

3.3.1　木质素热解机理概述

木质素的初始热解一般在 200℃左右发生，但其大量热解需要较高的温度，比纤维素大量热解的温度高，所以木质素一般被认为是生物质三种主要组分中热稳定性最好的组分。

木质素的快速热解会形成较高产率的焦炭，这是由于木质素是一种芳香族高分子化合物，其裂解比纤维素和半纤维素中糖苷键的断裂要困难得多。木质素快速热解形成的液体产物可以分为三类：①大分子木质素热解低聚物(也称热解木质素，pyrolytic lignins)；②单分子挥发性酚类物质；③小分子物质(如甲醇、乙酸等)。其中低聚物的产率最高，一般在常规生物油中含量可达 13.5~27.7 wt%(干基状态)[52, 60-66]。

和纤维素、半纤维素相比，木质素的分离较为困难，迄今为止还没有办法能分离到一种完全代表原本木质素的木质素制备物，因此无法采用纯木质素进行热解实验以揭示其热解反应机理。此外，由于无法对木质素的组成进行简单统一的表达，更加无法直接给出木质素热解过程中主要产物的形成途径。

3.3.2　木质素模型化合物及其热解机理

为了能够初步了解木质素的热解机理，现有的机理研究工作一般都是采用代表木质素基本结构的模型化合物进行热解机理的研究，主要的模型化合物如图 3-35~图 3-41 所示[67]。

针对这些不同的模型化合物，不同的学者研究了其热解过程中的反应机理及其所形成的产物分布。Klein 提出木质素模型化合物的热解机理与产物，如图 3-42 所示[68]；Evans 等提出木质素模型化合物的热解反应机理，如图 3-43 所示[69]；Nakamura 等提出了木质素模型化合物的热解机理与产物，如图 3-44 所示[70]；Lou 等提出了木质素模型化合物的热解机理与产物，如图 3-45 所示[71]；Shen 等提出木质素基本结构单元的热解反应途径，如图 3-46 所示[72]。

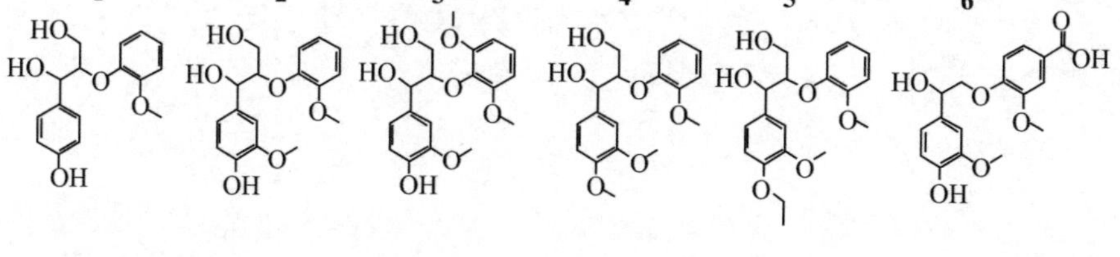

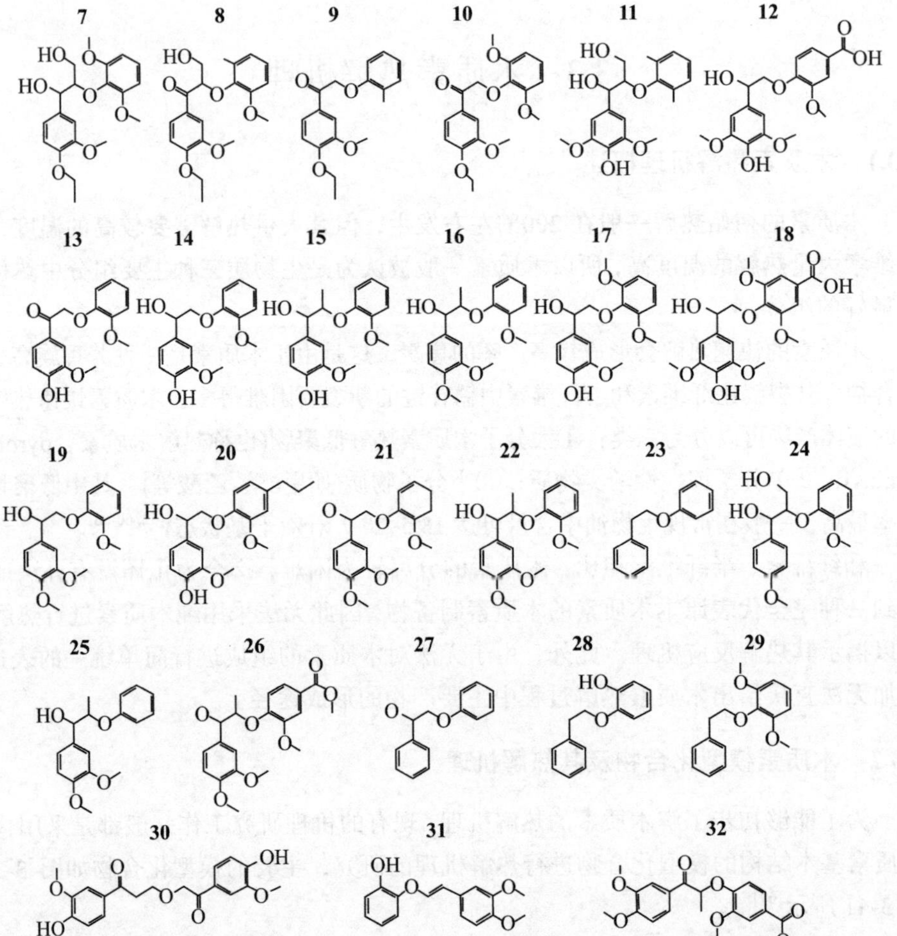

图 3-35　β-O-4 型木质素模型化合物

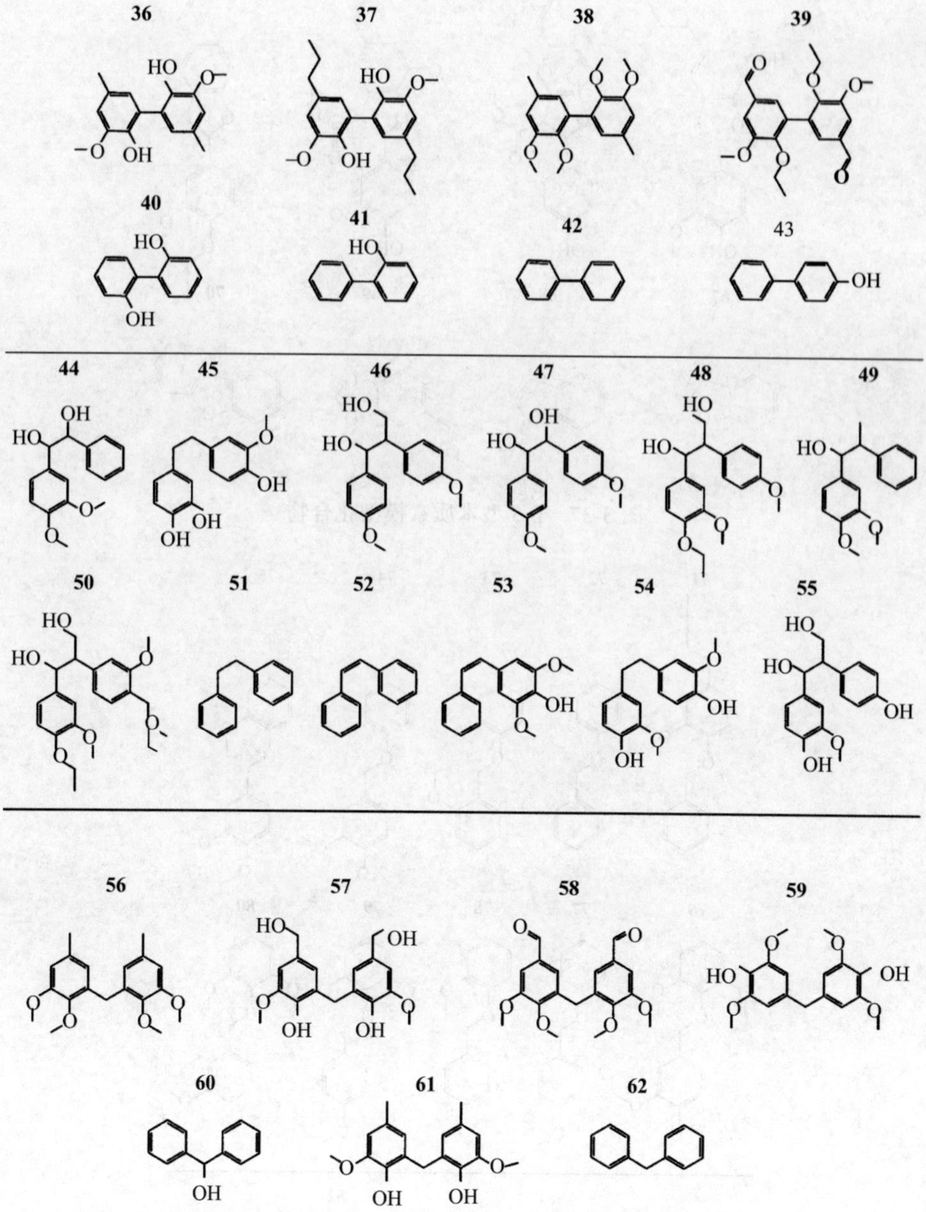

图 3-36　5-5 型、β-1 型和 α-1 型木质素模型化合物

63　　64　　65　　66

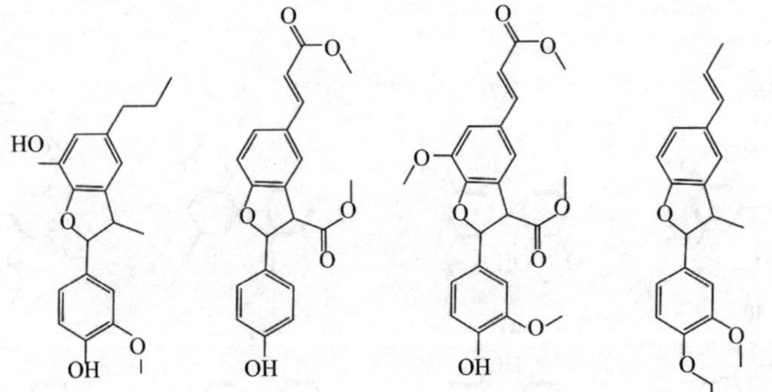

67　　68　　69　　70

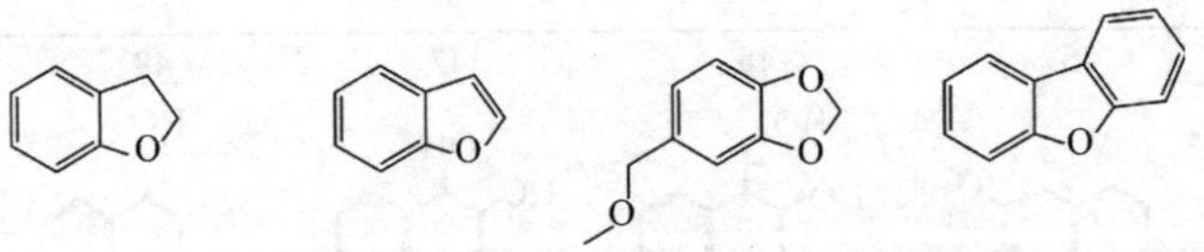

图 3-37　β-5 型木质素模型化合物

71　　72　　73　　74　　75

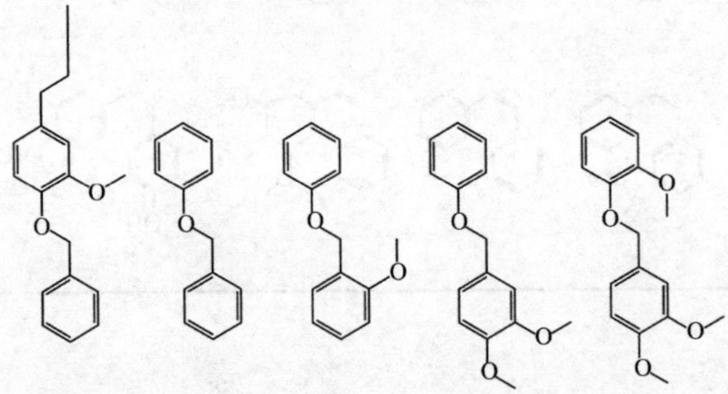

76　　77　　78　　79　　80

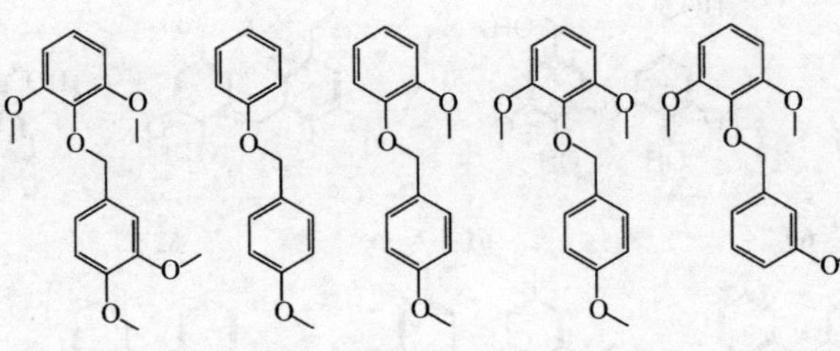

81　　82

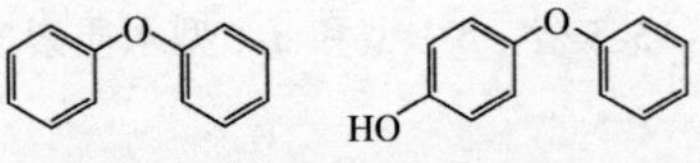

图 3-38　α-O-4，4-O-5 型木质素模型化合物

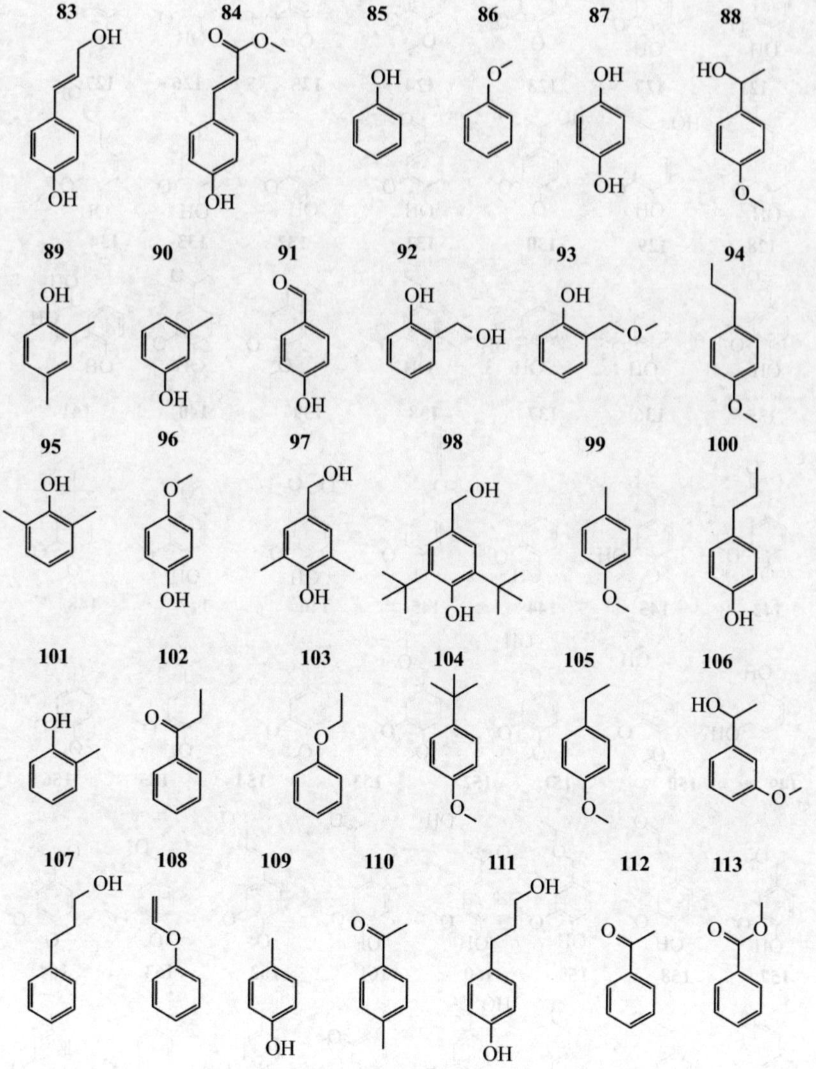

图 3-39　香豆醇型木质素模型化合物

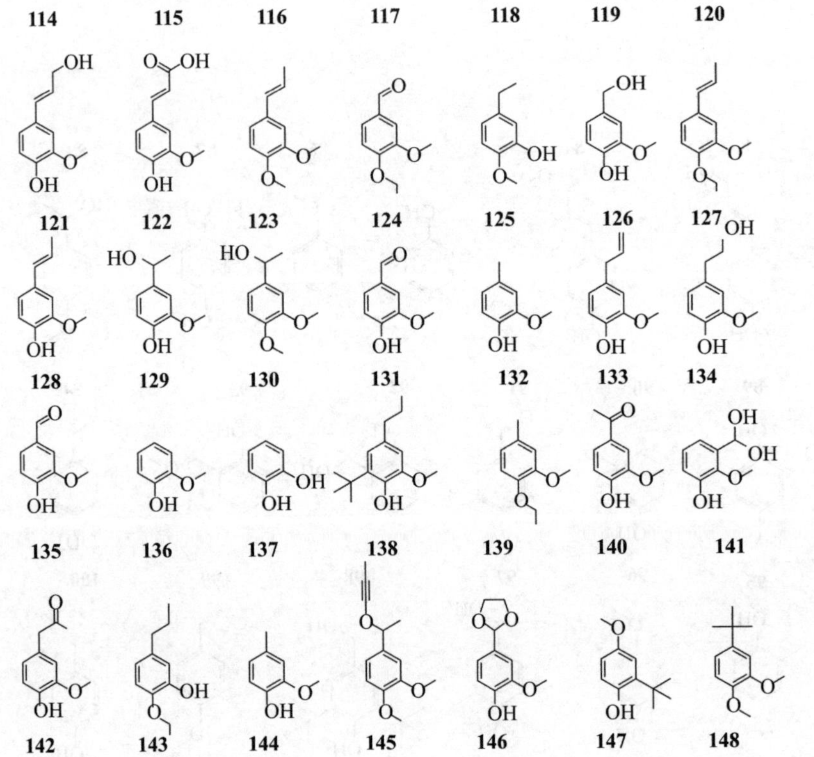

图 3-40　松柏醇型木质素模型化合物

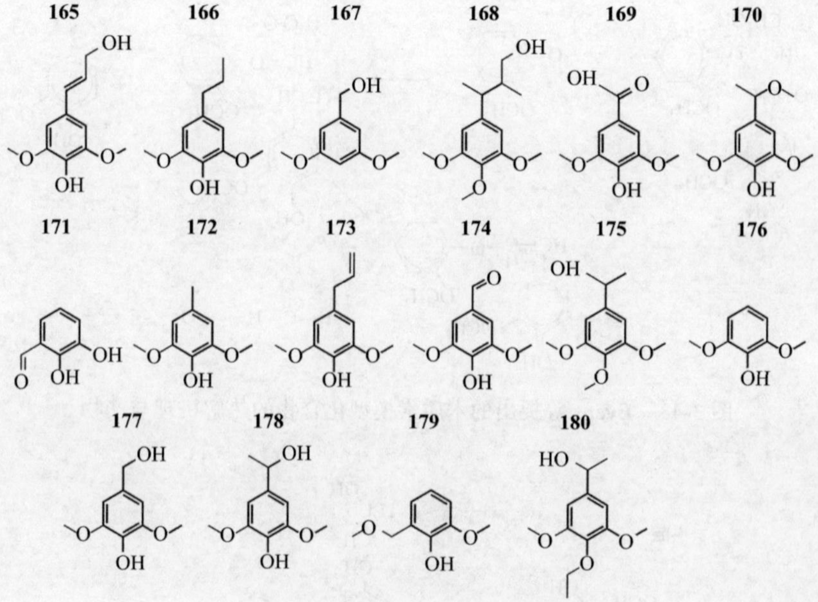

图 3-41　芥子醇型木质素模型化合物

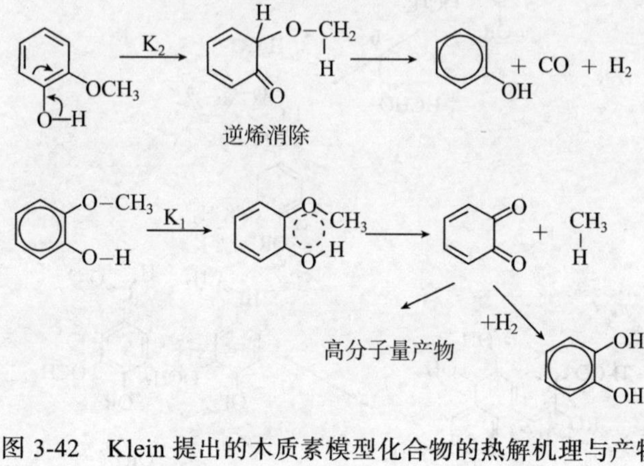

图 3-42　Klein 提出的木质素模型化合物的热解机理与产物

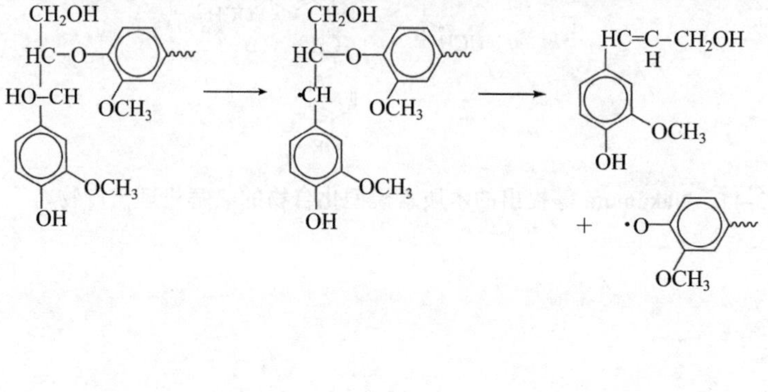

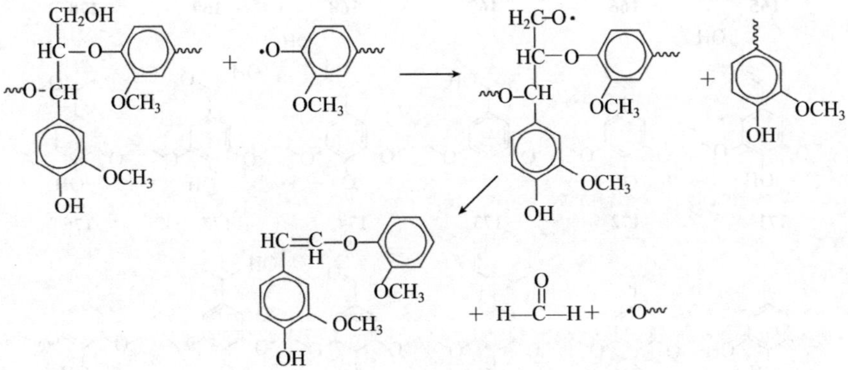

图 3-43　Evans 等提出的木质素模型化合物的热解机理与产物

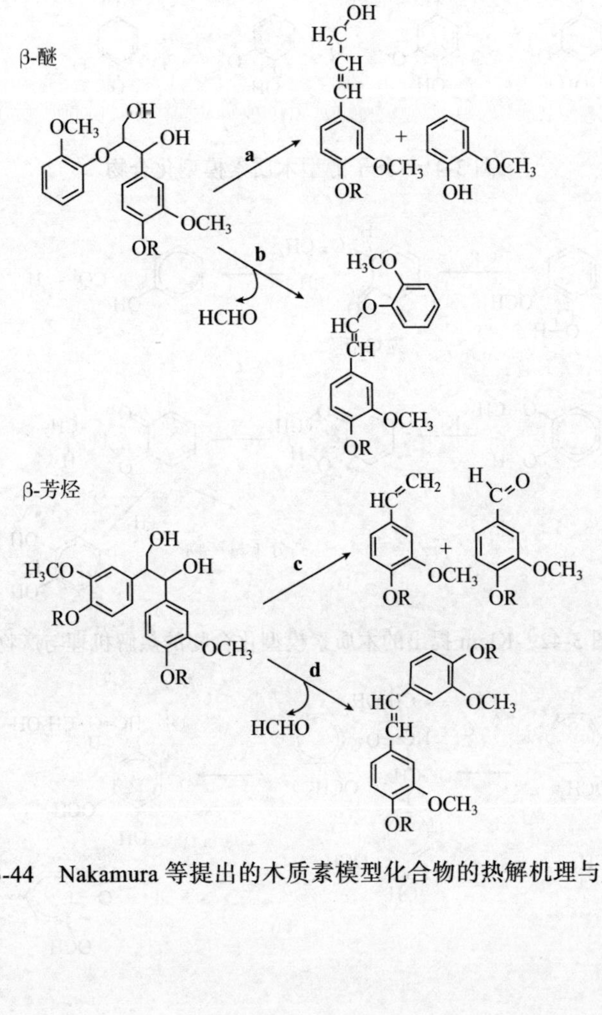

图 3-44　Nakamura 等提出的木质素模型化合物的热解机理与产物

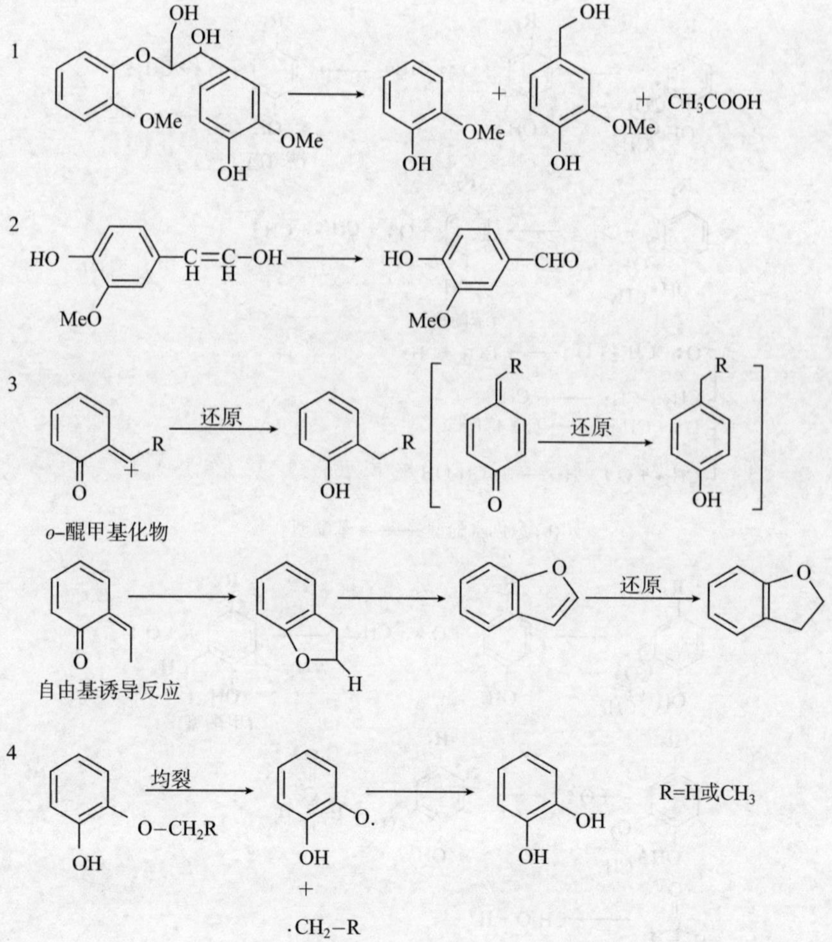

图 3-45　Lou 等提出的木质素模型化合物的热解机理与产物

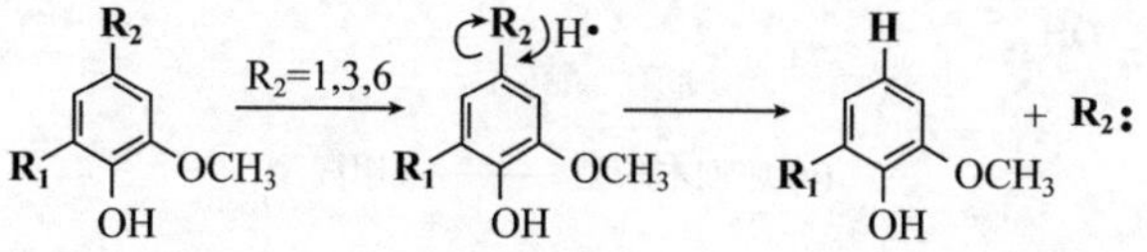

(a) 愈创木酚型

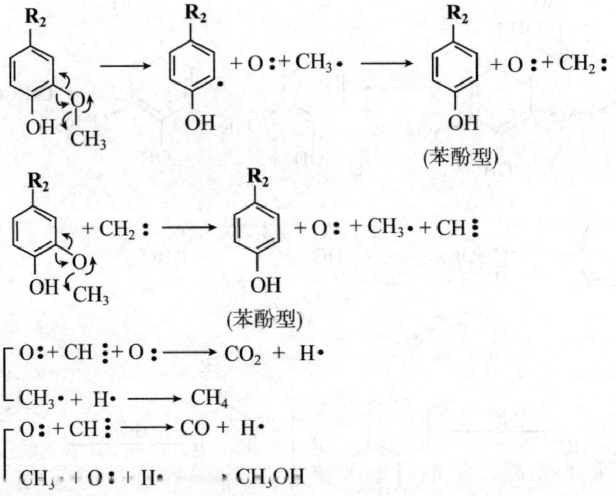

(b) 愈创木酚型 ⟶ 苯酚型

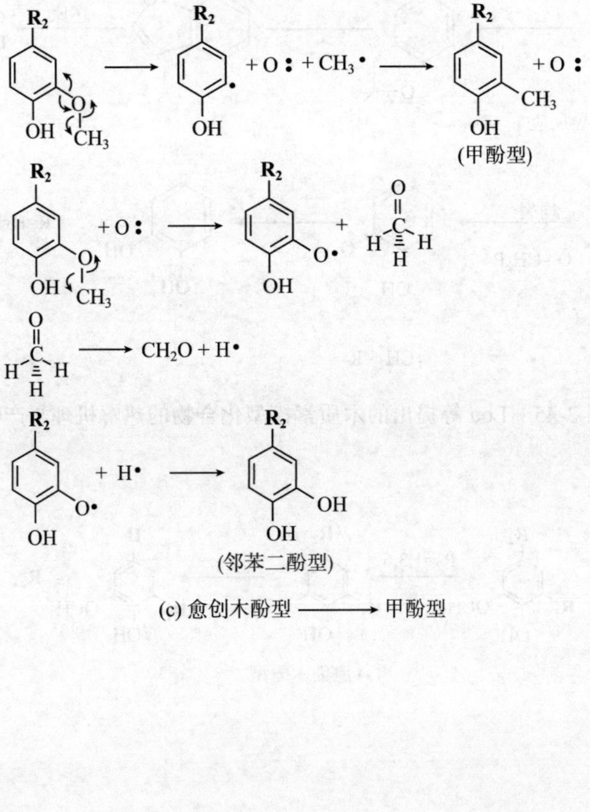

(c) 愈创木酚型 ⟶ 甲酚型

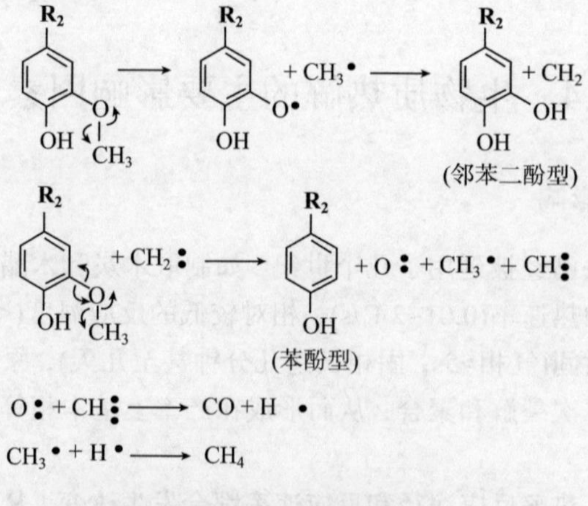

(d) 愈创木酚型 ⟶ 邻苯二酚型

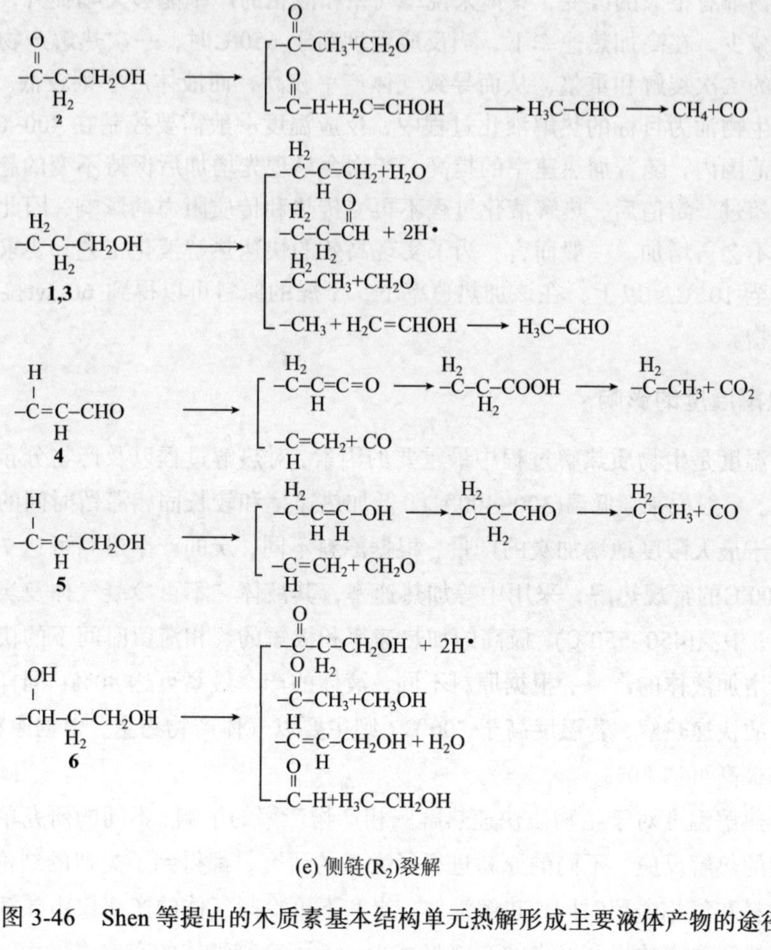

(e) 侧链(R_2)裂解

图 3-46　Shen 等提出的木质素基本结构单元热解形成主要液体产物的途径

3.4　生物质热解的主要影响因素

3.4.1　加热速率的影响

传统的热解方法已经被延用了几个世纪，如制取木炭和木醋液等。传统热解的特征通常是很慢的加热速率(0.01~2℃/s)、相对较低的反应温度(<500℃)和相对较长的固相和气相滞留时间(气相>5s，固相长达几分钟甚至几天)，原料在这样的条件下经历慢速降解以及二次裂解和聚合，从而形成在产率上基本相等的炭、液体和气体三种产物。

提高加热速率，热解反应途径和反应速率都会发生改变，从而导致固相、液相和气相产物都有很大的改变，具体来说，气相和液相的产率能够大幅提升，而炭的产率则会减少。在高加热速率下，当反应温度高于 650℃时，一次热解产物会发生较为严重的二次裂解和重整，从而导致气体产率较高，而液体产率则较低。因此，在以液体生物油为目标的热解液化过程中，反应温度一般需要控制在 400~600℃。在该温度范围内，随着加热速率的提高，产物会呈现先增加后保持不变的趋势，当升温速率超过一定值后，热解液化过程不再受传热和传质阻力的影响，因此液体产物的产率不会再增加。一般而言，为了实现高效的快速热解液化工艺，要求加热速率一般高至 10^3℃/s 以上，在该加热速率下，干燥的原料可以得到 60 wt%~80wt%的液体产物。

3.4.2　热解温度的影响

热解温度是生物质热解过程中最重要的因素，对热解过程以及产物分布有着显著的影响。一般说来，低温(300~400℃)、低加热速率和较长固相滞留时间的慢速热解主要用于最大限度地增加炭的产量，根据原料不同，炭的产率最高可达 70%；温度小于 600℃的常规热解，采用中等加热速率，其液体、不可冷凝气体及炭的产率基本相同；中温(450~550℃)、极高的加热速率和极短的气相滞留时间下的快速热解主要用来增加液体的产量，根据原料不同，液体的产率最高可达 80%；同样是极高加热速率的快速热解，若温度高于 700℃，则主要以气体产物为主，根据原料不同，气体产率最高可达 80%。

关于热解温度对于生物质快速热解三相产物产率的影响，不同的研究单位采用不同类型的热解反应、不同的原料进行了大量的研究，都得到了类似的结论：对于给定的物料和气相滞留时间，热解液体、炭和不可冷凝气体的产率仅由热解温度决定，随着热解温度的提高，炭的产率将减少、不可冷凝气体的产率将增大，而生物油的产率则有一个明显的极值点，当热解温度为 500℃左右时，生物油的产率达到最大。图 3-47 给出了中国科学技术大学生物质洁净能源实验室采用快速流化床反应器对四种生物质原料进行的实验结果[73]。可以看出，不论采用哪种物料，生物油的产率随温度变化都有一个明显的极值点，且不同原料获得最大生物油产率的最佳温度均在 450~550℃。

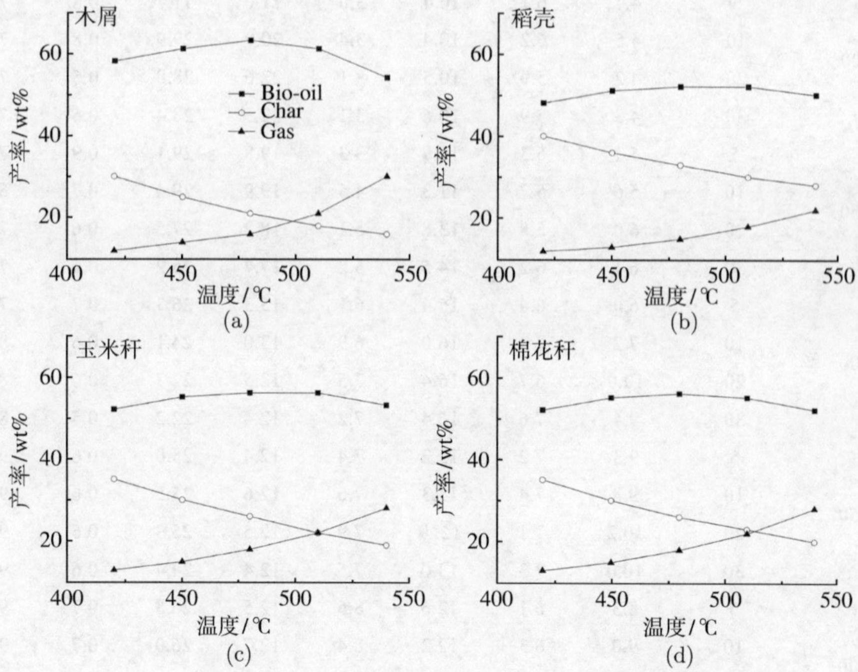

图 3-47　四种典型生物质原料的热解产物产率与热解温度的关系

除产率外，对于生物油的应用更为重要的是生物油的品质，而这是由生物油的化学组成所决定的。近年来，已有不少学者从生物油具体的化学组成角度出发，揭示热解温度的影响效果。总的来说，热解温度对于生物油的物质种类没有太大的影响，但对于各物质的含量具有很大的影响，而这也直接决定了生物油的品位。表 3-3 给出了通过 Py-GC/MS(热解–气质联用分析仪)技术对杨木在不同的热解温度下的 8 类液体产物含量的影响：脱水糖、呋喃类、小分子醛(链状物质)、小分子酮、小分子酸、酚类、烃类和其他(醇类，脂类和环戊酮)。从表中可以看出，酸类和脱水糖类物质的最高含量分别出现在低温和中温热解段，小分子酮类和烃类物质的最高含量则出现在高温热解段，而呋喃类、小分子醛和酚类物质的相对含量受温度的影响不大。

表 3-3　不同热解条件下的热解产物成分(相对峰面积含量)

温度/℃	时间/s	脱水糖	呋喃类	醛类	酮类	酸类	酚类	烃类	其他
350	5	2.9	6.9	14.4	2.0	18.0	29.3	1.3	3.0
	10	3.5	6.4	12.9	2.5	17.3	31.6	1.2	3.2
	20	3.6	7.4	12.6	2.9	17.6	31.3	1.2	3.2
	30	3.2	8.6	11.7	2.8	20.6	28.1	1.3	3.2
400	5	4.1	6.1	10.4	3.0	21.0	31.7	0.8	7.1
	10	4.5	6.2	10.4	3.4	20.9	29.9	0.8	7.6
	20	4.2	5.9	10.5	3.1	22.6	28.8	0.5	7.5
	30	4.3	5.9	10.6	3.1	22.5	28.4	0.5	7.7
450	5	5.1	6.3	11.9	3.3	19.8	29.1	0.9	7.4
	10	5.6	5.7	11.3	4.5	19.9	29.4	0.7	6.5
	20	6.0	5.8	13.8	5.1	18.2	27.5	0.6	7.1
	30	6.1	6.2	14.5	5.2	17.7	25.2	0.6	7.4
500	5	6.0	6.4	15.4	6.1	15.3	26.3	0.7	7.9
	10	7.2	7.4	16.0	6.9	13.0	24.1	0.6	8.9
	20	10.0	6.7	16.4	7.5	12.5	22.7	0.6	8.6
	30	9.4	7.6	16.4	7.2	12.4	22.2	0.5	8.8
550	5	9.3	7.2	13.2	7.4	12.4	25.0	0.6	9.6
	10	9.8	7.4	13.3	7.6	12.6	25.5	0.6	9.4
	20	10.2	7.1	12. 9	7.9	12.5	25.3	0.6	9.3
	30	10.0	7.3	13.0	7.5	12.4	24.4	0.6	9.2
600	5	8.3	6.1	12.6	8.5	12.5	26.8	0.7	9.1
	10	9.0	6.3	12.2	8.4	12.7	26.0	0.7	9.5
	20	9.8	6.3	12.5	8.8	12.9	26.3	0.8	8.9
	30	9.1	6.9	12.8	8.5	13.1	25.7	0.9	9.1
700	5	9.4	5.9	13.0	9.8	12.6	26.3	1.2	8.8
	10	8.7	6.0	13.0	9.7	13.9	25.6	1.2	8.6
	20	8.5	6.2	13.8	10.8	13.4	26.9	1.2	9.1
800	5	8.9	5.6	15.4	10.4	13.1	24.9	1.8	8.2
	10	8.8	5.8	15.2	10.1	13.9	24.2	1.9	8.4
	20	8.0	4.9	14.4	11.8	13.4	26.7	2.2	8.6
900	5	7.6	5.2	16.1	11.1	12.9	24.3	3.3	8.4
	10	7.2	5.3	15.7	10.7	14.0	24.6	3.6	8.5
	20	6.7	4.8	14.9	12.3	14.0	25.5	3.7	8.7
1000	5	7.4	5.0	16.3	10.9	12.9	25.0	4.3	8.2
	10	7.0	5.3	15.5	10.8	13.3	24.6	5.0	8.7
	20	6.3	4.6	15.0	12.1	13.9	25.8	4.8	7.5

对于表 3-3 中所述的杨木热解所形成的酚类物质，可进一步分为六类：愈创木酚类、紫丁香酚类、酚类、甲酚类、邻苯二酚类以及其他酚类物质，结果如表 3-4 所示。可以看出，随着热解温度的升高，愈创木酚类和紫丁香酚类逐渐减少，而另外三类酚类逐渐增加，这是由于高温能够促进脱甲氧基反应、脱甲基反应和烷基化反应[74]。此外，随着温度的升高，所有酚类物质中侧链上含有羰基或羧基的物质大幅减少，这说明高温还能促进脱羰基反应和脱羧基反应[75]。

表 3-4　不同热解条件下酚类化合物的成分(相对含量)

温度/℃	时间/s	愈创木酚类	紫丁香酚类	酚类	甲酚类	邻苯二酚类	其他
350	5	26.0	32.3	14.4	1.8	5.5	20.0
	10	27.8	29.0	15.0	1.9	5.5	20.8
	20	28.7	27.0	16.1	2.1	5.6	20.5
	30	27.7	25.9	15.7	2.7	6.1	21.9
400	5	26.6	27.6	18.5	2.0	3.0	22.3
	10	26.2	28.2	18.7	1.9	3.0	22.0
	20	25.8	28.7	15.4	3.4	2.8	23.9
	30	24.8	29.8	15.7	3.7	3.0	23.0
450	5	24.9	30.6	13.7	4.2	2.7	23.9
	10	23.8	32.9	14.6	4.0	2.5	22.2
	20	23.6	33.0	13.1	5.2	2.8	22.3
	30	23.6	32.8	12.5	5.2	2.9	23.0
500	5	23.7	33.2	11.4	5.5	3.8	22.4
	10	23.0	32.4	12.5	6.9	4.9	20.3
	20	22.4	32.5	11.5	7.9	5.7	20.0
	30	22.7	32.4	11.1	8.3	5.5	20.0
550	5	24.1	33.0	11.1	6.2	5.5	20.1
	10	24.0	31.3	12.0	7.0	5.9	19.8
	20	23.9	31.2	11.6	7.9	6.3	19.1
	30	24.0	31.5	11.3	8.1	6.6	18.5
600	5	23.9	32.6	11.4	6.8	6.1	19.2
	10	23.3	31.4	12.1	7.3	7.6	18.3
	20	23.5	31.5	12.2	7.4	7.7	17.7
	30	24.5	30.4	12.4	7.9	7.9	16.9
700	5	24.6	28.9	13.1	7.7	7.9	17.8
	10	24.1	27.0	14.4	8.7	9.1	16.7
	20	23.1	24.5	15.1	9.1	13.0	15.2

续表

温度/℃	时间/s	愈创木酚类	紫丁香酚类	酚类	甲酚类	邻苯二酚类	其他
	5	20.9	21.1	18.5	8.8	15.4	15.3
800	10	20.5	19.6	19.9	9.6	16.8	13.6
	20	18.6	18.0	20.3	10.4	20.4	12.3
	5	16.9	16.5	23.6	10.2	18.2	14.6
900	10	14.7	14.4	27.3	11.2	19.2	13.2
	20	13.3	12.7	27.5	11.4	23.0	12.1
	5	15.9	15.3	24.4	11.3	19.4	13.7
100	10	13.6	13.1	28.4	12.3	20.4	12.2
	20	11.9	10.7	29.9	12.5	24.1	10.9

3.4.3 热解时间的影响

在生物质快速热解过程中，会先后发生众多系列化的反应，如固体颗粒的逐级热解、一次热解挥发分的二次裂解等，反应时间对热解反应的程度有着很大的影响。为使热解生物油的产率达到最大，热解过程中产生的挥发分和固体焦炭都应迅速离开反应器，以阻止可冷凝气体裂解反应的发生，尤其是挥发分在反应器内的滞留时间越短越好。根据不同单位的研究结果，虽然气相滞留时间的长短对生物质快速热解产物尤其是生物油的产率有很大影响，但只要气相滞留时间能够控制在 2s 以内，其影响程度不足以作为热解液化装置设计的首要评价指标，即不应过分追求短的气相滞留时间而不考虑热解反应器的制作难度。需要说明的是，虽然气相滞留时间必须很短，但固体的生物质物料由于导热性能较差，为使其转化率较高，固相的滞留时间必须得到有效保证，且必须超过气相滞留时间[76]，具体的固相滞留时间取决于颗粒粒径等参数。不同的热解时间对于生物油各类物质含量影响的典型结果，详见表 3-3 和表 3-4。

3.4.4 原料种类的影响

不同生物质原料的化学组成和组分含量不同，因此快速热解反应特性、产物组成和含量也存在差异。常规的木质纤维素类生物质原料，其中的硬木、软木和禾本科生物质，在半纤维素和木质素组成结构方面差别很大，对于生物油的化学组成，具有显著的影响。例如，硬木木质素以愈创木基和紫丁香基基本结构单位为主，另有少量的对羟苯基；而软木木质素只以愈创木基为主，另有少量的对羟苯基。因此，硬木热解形成的生物油中，同时含有大量的愈创木酚与紫丁香酚，而软木热解形成的生物油中，仅以愈创木酚为主[77]。此外，硬木热解形成的生物油中的乙酸含量一般都高于软木所形成的生物油，这是由于硬木的半纤维素中含有大量的乙酰基取代基[78]。由此可知，为了获得高产优质的生物油，选择合适的生物质或对生物质进行一定改性后再热解是一项重要的工作[79]。

除了常规的木质纤维素类生物质原料，近年来，各种非木质纤维素类生物质原料被广泛用于热解液化，如藻类原料、污泥原料等，所形成的生物油的化学组成与常规生物油有着显著的差别。如对藻类原料进行热解液化时，由于其含有较多的脂类、可溶性多糖和蛋白质，故而快速热解获得的生物油含氧量低、热值高，其高位热值平均可达 33MJ/kg，是源于农作物秸秆的生物油的 1.6 倍[80]。

3.4.5　原料性质的影响

一般而言，生物质具有多孔状非均相结构，沿着不同的纹理方向，渗透性有较大的差别。生物质热解时挥发分应该是沿纹理方向释放的，渗透性差会增加一次热解气体的滞留时间，使得二次热解如聚合和分裂的反应发生的可能性增大，从而增加大了炭和不可冷凝的气体的产率。Lee 等[81]在对木材进行热解实验时，都证实了颗粒内部不同方向的压力梯度和传质阻力存在着较大的差别，而这个差别就是由于颗粒不同方向渗透性的差别造成的。

颗粒大小是影响生物质热解产物分布的一个重要因素。生物质是一种不良热导体(沿着纹理方向的导热系数约为 0.1W/mK，而垂直于纹理方向仅为 0.05W/mK)，而快速热解要求颗粒在反应过程中迅速升温，因此颗粒粒径越小，越有利于颗粒的快速升温而获得液体产物[82, 83]。此外，生物质颗粒表面受热后首先生成炭，炭的存在会阻碍热量向颗粒内部传递，这是使用小颗粒原料的另一好处。需要说明的是，在实际热解过程中，如果粒径过小，可能极易被吹走而发生热解不完全现象。不同热解反应器对原料粒径的要求有较大的差别，鼓泡流化床反应器、循环流化床反应器和旋转锥反应器对原料粒径的要求分别为 2~3mm、1~2mm 和 2~3mm，而烧蚀式反应器和真空热解反应器适用的原料粒径可达 2cm 和 2~5cm。

除了颗粒大小外，颗粒形状会影响颗粒的升温速率并进而影响热解过程。Saastamoinen 等[84]采用平直状、圆柱状和球状的三种比表面积相同的原料进行试验；发现平直状的原料质量损失最快，而球状颗粒最慢，这是因为平直状颗粒的传热速率最快。此外，Roy 等[85]也研究了颗粒形状对热解三相产物的影响，如表 3-5 所示，采用粉状颗粒的热解液体产率最高，块状颗粒的热解炭和气体产率最高，其原因是粉状颗粒的传热传质阻力最小。

需要说明的是，反应器的几何形状决定了可以使用的颗粒形状。例如，片状(长宽高之比为 5:1:1)颗粒在很多自由流化反应器中并不能使用，他们容易架桥很难流化，如果原料中有太多这样形状的颗粒，就会导致很大的压力损失。

表 3-5　颗粒形状对真空热解产物的影响(白杨木，450℃)

产物产率(wt%，无灰干燥基)	1cm 块状	1cm 片状	粉状
液体	50.7	56.7	60.8
水分	16.3	13.9	12.8
炭	20.4	18.1	15.8
气体	12.6	11.1	10.6

3.4.6　其他因素的影响

1. 压力的影响

压力也会影响生物质的热解，尤其是二次热解反应，此外原料和高温反应器壁面之间的接触压力也会影响热解过程。以纤维素热解为例，在一个大气压下，炭和焦油的产率分别为 34.2%和 19.1%，而在 200Pa 下分别为 17.8%和 55.8%，这说明压力越低越有利于液体产物的生成，其原因是压力的大小能够影响气相滞留时间以及挥发分的析出。如在较高压力作用下，挥发分析出固体颗粒的难度增加，因而在颗粒内部发生二次裂解的几率加大；反之，在较低压力作用下，挥发分可以迅速从颗粒表面离开，从而限制了二次裂解的发生，使得生物油产率得以提高，炭产率降低。接触加压式热解反应(如烧蚀式热解)，可以得到很高产率的生物油和气体，因为接触压力越高，一次热解气体就能越快逸出固体颗粒，如果被迅速地移出并冷凝，就可以获得高产率的生物油。

2. 原料水分含量的影响

生物质原料中一般都含有一定量的水分，由于水分的汽化潜热较大(2.3MJ/kg)，对生物质颗粒的升温速率有很大的影响，因此水分含量越少，越有利于颗粒的快速升温。水分受热蒸发，最后随着热解气被冷凝到生物油中，由于大量的水分会对生物油的品位造成很多负面影响，为了控制生物油的水分含量并考虑到原料的干燥成本，一般要求热解原料水分含量为 5%~10%(可利用自热式热解过程中副产物燃烧的尾气来干燥)。

Kelbon 等[86, 87]研究了含水率等因素对热解的影响，结果发现含水率增大使得热解反应开始发生的时间延后，最多可延后 150s，从而影响了颗粒的温度变化规律，并且使颗粒在较低的温度下发生热解反应。其他学者的研究也证实了水分的存在推迟了热解反应的发生[6]。

3. 气相氛围

气相氛围就是反应器内的气体环境，在流化床反应器中也就是流化载气，可以是氮气、水蒸气、氢气、氦气、热解气体(主要是 CO、H_2O、CO_2 和 CH_4)或者 CH_4，目前大部分热解研究都是在氮气或者热解气体本身的气相氛围下进行的。不同的气相氛围能够影响热解产物的组成与分布，但目前的研究大都集中在气相氛围对气体产物的影响，而少有针对液体产物的研究。

4. 灰分

生物质中或多或少都会有一定的灰分，灰分会以催化剂的形式影响热解反应途径，从而改变热解产物分布。由于不同生物质原料的灰分含量及组成有着巨大的差别，其对于生物油的影响不能一概而论。

参 考 文 献

[1] Bridgwater A V,Peacocke G V C. Fast pyrolysis processes for biomass. Renewable & Sustainable Energy Reviews, 2000, 4 (1): 1-73

[2] Bridgwater A V, Meier D, Radlein D. An overview of fast pyrolysis of biomass. Organic Geochemistry, 1999, 30 (12): 1479-1493

[3] Mohan D, Pittman C U, Steele P H. Pyrolysis of wood/biomass for bio-oil: A critical review. Energy & Fuels, 2006, 20 (3): 848-889

[4] Shafizadeh F. Introduction to pyrolysis of biomass. Journal of Analytical and Applied Pyrolysis, 1982, 3 (4): 283-305

[5] Shafizadeh, E. Pyrolytic Reactions and Products of Biomass. Fundamentals of Thermochemical Biomass Conversion, 1985, 183-218

[6] Evans R J,Milne T A. Molecular characterization of the pyrolysis of biomass. 1. fundamentals. Energy & Fuels, 1987, 1: 123-137

[7] Soltes E J, et al. Biomass pyrolysis-towards an understanding of its versatibility and potentials. Biotech & Bioengineering symposium, 1981, 11: 125-136

[8] 刘倩等. 纤维素热解过程中活性纤维素的生成研究. 工程热物理学报, 2007, 28 (5): 897-899

[9] Shen D K,Gu S. The mechanism for thermal decomposition of cellulose and its main products. Bioresource Technology, 2009, 100 (24): 6496-6504

[10] Lu Q, et al. Influence of pyrolysis temperature and time on the cellulose fast pyrolysis products: Analytical Py-GC/MS study. Journal of Analytical and Applied Pyrolysis, 2011, 92: 430-438

[11] Piskorz J, et al. On the mechanism of the rapid pyrolysis of cellulose. Journal of Analytical and Applied Pyrolysis, 1986, 9 (12): 121-137

[12] Richards G N. Glycolaldehyde from pyrolysis of cellulose. Journal of Analytical and Applied Pyrolysis, 1987, 10 (3): 251-255

[13] Radlein D, et al. Fast pyrolysis of natural polysaccharides as a potential industrial process. Journal of Analytical and Applied Pyrolysis, 1991, 19: 41-63

[14] 王树荣等. 纤维素快速热裂解机理试验研究 II. 机理分析. 燃料化学学报, 2003, 31 (4): 317-321

[15] Fabbri D, et al. Effect of zeolites and nanopowder metal oxides on the distribution of chiral anhydrosugars evolved from pyrolysis of cellulose: An analytical study. Journal of Analytical and Applied Pyrolysis, 2007, 80 (1): 24-29

[16] Pakhomov A M. Free-radical mechanism of the thermodegradation of cellulose and formation of levoglucosan. Russ Chem Bull,1957, 6, 1525-1527
[17] Golova O P. Chemical effects of heat on cellulose. Russian Chernical Reviews, 1975, 44(8):687-697
[18] Kislitsyn A N, et al. Study of thermal decomposition of monophenylether of ethylene glycol. Zh. Prikl. Khim.(Leningrad), 1971, 44:2587
[19] Kilzer F J, Broido A. In thermal uses and properties of carbohydrates and lignins. Pyrodynamics, 1965, 2: 151-163
[20] Gardiner D. The pyrolysis of some hexoses and derived di-, tri- and poly-saccharides.J. Chem. Soc. 1966: 1473-1476
[21] Byrne G A, et al. The pyrolysis of cellulose and the action of flame-retardants. J. Appl. Chem.1966, 16:81-88
[22] Shafizadeh F, et al. Role of inorganic additives in the smoldering combustion of cotton cellulose. Ind. Eng. Chem. Prod. Res. Dev., 1982, 21 (1): 97–101
[23] Richards G N. Glycolaldehyde from pyrolysis of cellulose Journal of Analytical and Applied pyrolysis,1987,10:251-255
[24] Ponder G R, et al. Influence of linkage position and orientation in pyrolysis of polysaccharides. A study of several glucans. Journal of Analytical and AppliedPyrolysis, 1992 (22): 217–229
[25] Mayes H B, Broadbelt L J. Unraveling the teactions that unravel cellulose. The Journal of Physical Chemistry A, 2012, 116, 7098-7106
[26] Mamleev V, et al. The facts and hypotheses relating to the phenomenological model of cellulose pyrolysis interdependence of the steps. Journal of Analytical and Applied Pyrolysis, 2009, 84:1-17
[27] Choi S S, et al. Influence of silica on formation of levoglucosan from carbohydrates by pyrolysis. Journal of Analytical and Applied Pyrolysis, 2011, 90: 56-62
[28] 黄金保等. 纤维素热解形成左旋葡聚糖机理的理论研究. 燃料化学学报,2011, 39(8):590-594
[29] Zhang X, et al. Formation mechanism of levoglucosan and formaldehyde during cellulose pyrolysis. Energy & Fuels, 2011, 25(8): 3739-3746
[30] Patwardhan P R, et al. Product distribution from fast pyrolysis of glucose-based carbohydrates. Journal of Analytical and Applied Pyrolysis, 2009, 86 (2): 323-330
[31] 吴逸民等. 生物质主要组分低温热解研究. 燃料化学学报, 2009, 37 (4): 427-432
[32] 许洁等. 生物质裂解机理和模型(I)—生物质裂解机理和工艺模式. 化学与生物工程, 2007, 24 (12): 1-4
[33] Ohnishi A, et al. Curie-point pyrolysis of cellulose. Polymer Journal, 1975, 7 (4): 431-437
[34] Furneaux R H, et al. A novel hydroxylactone from the Lewis acid catalyzed pyrolysis of cellulose. Journal of the Chemical Society, Perkin Transactions 1, 1988, (1): 49-51
[35] Shafizadeh F,Fu Y L. Pyrolysis of cellulose. Carbohydrate Research, 1973, 29 (1): 113-122
[36] Shafizadeh F, et al. Acid-catalyzed pyrolytic synthesis and decomposition of 1, 4: 3, 6-dianhydro-α-d-glucopyranose. Carbohydrate Research, 1978, 61 (1): 519-528
[37] Shafizadeh F, McGinnis G D, Philpot C W. Thermal degradation of xylan and related model compounds. Carbohydrate Research, 1972, 25 (1): 23-33
[38] Paine J B, Pithawalla Y B, Naworal J D. Carbohydrate pyrolysis mechanisms from isotopic

labeling Part 4. The pyrolysis Of D-glucose: The formation of furans. Journal of Analytical and Applied Pyrolysis, 2008, 83 (1): 37-63

[39] Shafizadeh F,Lai Y Z. Thermal degradation of 1,6-anhydro-β-D-glucopyranose. Journal of Organic Chemistry, 1972, 37, 278-284

[40] Shin E J, et al. Kinetic analysis of the gas-phase pyrolysis of carbohydrates. Fuel, 2001, 80 (12): 1697-1709

[41] Paine J B, et al. Carbohydrate pyrolysis mechanisms from isotopic labeling. Part 2. The pyrolysis of D-glucose: General disconnective analysis and the formation of C-1 and C-2 carbonyl compounds by electrocyclic fragmentation mechanisms. Journal of Analytical and Applied Pyrolysis, 2008, 82 (1): 10-41

[42] Piskorz J, et al. On the mechanism of the rapid pyrolysis of cellulose. Journal of Analytical and Applied Pyrolysis, 1986, 9(12): 121-137

[43] Richards G N. Glycolaldehyde from pyrolysis of cellulose. Journal of Analytical and Applied Pyrolysis, 1987, 10(3):251-255

[44] 廖艳芬等. 纤维素快速热裂解试验研究及分析，浙江大学学报 2003, 37(5):582-587

[45] Paine J B, et al. Carbohydrate pyrolysis mechanisms from isotopic labeling: Part 2. The pyrolysis of d-glucose: General disconnective analysis and the formation of C1 and C2 carbonyl compounds by electrocyclic fragmentation mechanisms. Journal of Analytical and Applied Pyrolysis, 2008, 82(1): 10-41

[46] Pouwels A D, et al. Curie-point pyrolysis-capillary gas chromatography-high-resolution mass spectrometry of microcrystalline cellulose. Journal of Analytical and Applied Pyrolysis, 1989, (14): 237-280

[47] Shafizadeh F, Lai Y Z. Thermal degradation of 1, 6-anhydro-. beta.-D-glucopyranose. Journal of Organic Chemistry, 1972, 37(2):278-284

[48] Paine J B, et al. Carbohydrate pyrolysis mechanisms from isotopic labeling. Part 3. The Pyrolysis of D-glucose: Formation of C-3 and C-4 carbonyl compounds and a cyclopentenedione isomer by electrocyclic fragmentation mechanisms. Journal of Analytical and Applied Pyrolysis, 2008, 82 (1): 42-69

[49] Lin Y C, et al. Kinetics and mechanism of cellulose pyrolysis. J. Phys. Chem., 2009, 113: 20097-21007

[50] Dong C, et al. Characteristics and mechanism study of analytical fast pyrolysis of poplar wood. Energy Conversion and Management, 2012, 57: 49-59

[51] Ponder G R, Richards G N. Thermal synthesis and pyrolysis of a xylan. Carbohydrate Research, 1991, 218: 143-155

[52] Garcia-Perez M, et al. Effects of temperature on the formation of lignin-derived oligomers during the fast pyrolysis of Mallee woody biomass. Energy & Fuels, 2008, 22 (3): 2022-2032

[53] Shen D K, et al. Study on the pyrolytic behaviour of xylan-based hemicellulose using TG-FTIR and Py-GC-FTIR. Journal of Analytical and Applied Pyrolysis, 2010, 87 (2): 199-206

[54] Shen D K, et al. Study on the pyrolytic behaviour of xylan-based hemicellulose using TG-FTIR and Py-GC-FTIR. 2010

[55] Pouwels A D, et al. Characterisation of beech wood and its holocellulose and xylan fractions by pyrolysis-gas chromatography-mass spectrometry. Journal of Analytical and Applied Pyrolysis,

1987, 11: 417-436
[56] Helleur R J. Characterization of the saccharide composition of heteropolysaccharides by pyrolysis-capillary gas chromatography-mass spectrometry. Journal of Analytical and Applied Pyrolysis, 1987, 11: 297-311
[57] Pouwels A D,Boon J J. Analysis of beech wood samples, its milled wood lignin and polysaccharide fractions by curie-point and platinum filament pyrolysis-mass spectrometry. Journal of Analytical and Applied Pyrolysis, 1990, 17: 97-126
[58] AntalM J, et al. Mechanism of formation of 2-furaldehyde from D-xylose. Carbohydrate Research, 1991, 217: 71-85
[59] Patwardhan P R, et al. Product distribution from the fast pyrolysis of hemicellulose. ChemSusChem, 2011, 4: 636-643
[60] Oasmaa A, et al. Fast pyrolysis of forestry residue. 1. Effect of extractives on phase separation of pyrolysis liquids. Energy & Fuels, 2003, 17 (1): 1-12
[61] Sipila K, et al. Characterization of biomass-based flash pyrolysis oils. Biomass & Bioenergy, 1998, 14 (2): 103-113
[62] Garcia-Perze M, et al. Characterization of bio-oil in chemical families. Biomass & Bioenergy, 2007, 31 (4): 222-242
[63] Scholze B, et al. Characterization of the water-insoluble fraction from fast pyrolysis liquids (pyrolytic lignin) Part II. GPC, carbonyl goups, and C-13-NMR. Journal of Analytical and Applied Pyrolysis, 2001, 58: 387-400
[64] Bayerbach R,Meier D. Characterization of the water-insoluble fraction from fast pyrolysis liquids (pyrolytic lignin). Part IV: Structure elucidation of oligomeric molecules. Journal of Analytical and Applied Pyrolysis, 2009, 85: 98-107
[65] Scholze B,Meier D. Characterization of the water-insoluble fraction from pyrolysis oil (pyrolytic lignin). Part I, PY-GC/MS, FTIR, and functional groups. Journal of Analytical and Applied Pyrolysis, 2001, 60 (1): 41-54
[66] Bayerbach R, et al. Characterization of the water-insoluble fraction from fast pyrolysis liqiuds (pyrolytic lignin)-Part III. Molar mass characteristics by SEC, MALDI-TOF-MS, LDI-TOF-MS, and PyFIMS. Journal of Analytical and Applied Pyrolysis, 2006, 77 (2): 95-101
[67] Joseph Z, et al. The catalytic valorization of lignin for the production of renewable chemical . Chem. Rew., 2010, 110: 3552-3599
[68] Klein M T. Lignin thermolysis pathways. Thesis, Department of Chemical Engineering, Massachussetts Institute of Technology, 1981
[69] Evans R J, et al. Direct mass-spectrometric studies of the pyrolysis of carbonaceous fuels. III. Primary pyrolysis of lignin. J. Anal. Appl. Pyrol., 1986, 9: 207-236
[70] Nakamura T, et al. Pyrolysis behavior of Japanese cedar wood lignin studied with various model dimers. J. Anal. Appl. Pyrol., 2008, 81: 173-182
[71] Luo R, et al. Fast pyrolysis of enzymatic/mild acidolysis lignin from moso bamboo. Bioresources, 2010, 5(2): 827-837
[72] Shen D K, et al. The pyrolytic degration of wood-derived lignin from pulping process. Bioresource Technology, 2010, 101: 6136-6146
[73] 朱锡锋等. 生物质热解液化装置研制与试验研究. 中国工程科学, 2006, 8(10): 89-93

[74] Jiang G Z, et al. Effect of the temperature on the composition of lignin pyrolysis products. Energy & Fuels, 2010, 24: 4470-4475
[75] Hosoya T, et al. Secondary reactions of lignin-derived primary tar components. Journal of Analytical and Applied Pyrolysis, 2008, 83 (1): 78-87
[76] Scott DS, et al. A second look at fast pyrolysis of biomass—the rti process. Journal of Analytical and Applied Pyrolysis 1999, 51: 23–37
[77] Elliott D C. Comparative analysis of gasification/pyrolysis condensates. the 1985 biomass thermochemical conversion contractors meeting, 1985, 361-381
[78] Evans R, Milne T A. Molecular characterization of the pyrolysis of biomass Ⅰ: Fundamentals. Energy and Fuels, 1987, 1: 123-137
[79] 王树荣等. 几种农林废弃物热裂解制取生物油的研究. 农业工程学报, 2004, 20 (2): 246-249
[80] Miao X. et al. Fast pyrolysis of microalgate to produce renewable fuels. Journal of Analytical and Applied Pyrolysis, 2004,71(2):855-863
[81] Lee C, et al. Charring pyrolysis of Wood in Fires by Laser Simulation. 16th Symposium (International) on Combustion, Combustion Institute, 1976, 16: 1459-1470
[82] Beis S H, et al. Fixed-bed pyrolysis of safflower seed: influence of pyrolysis parameters on product yields and compositions. Renewable Energy 2002; 26: 21–32
[83] Beaumont S. Influence of physical and chemical parameters on wood pyrolysis. Ind. Eng. Chem. Prod. Res. Dev., 1984, 23: 637-641
[84] Saastamoinen J,Aho M. The simultaneous drying and pyrolysis of single wood particles and pellets of peat. 1984 International Symposium on alternative fuels and hazardous wastes, 1984
[85] Roy C, et al. The pyrolysis under vacuum of aspen poplar. Fundamentals of Thermochemical Biomass Conversion, 1985:237-256
[86] Kelbon M, et al. Conditions that favor tar production from pyrolysis of large moist wood particles. Pyrolysis Oils from Biomass ,1988, 376: 41-54
[87] Kelbon M. Modelling and experimental verification of physical and chemical processes during pyrolysis of a large biomass particle. University of Washington, 1983

第 4 章　生物质的热解炭化

4.1　概　述

生物质热解炭化是最为古老的生物质热解技术，在我国已有两千多年的悠久应用历史。根据在热解过程中是否引入氧气，生物质热解炭化可以分为烧炭(有限供氧)和干馏(无氧)两类技术。生物质在不同的热解条件下，或多或少都会生成一定量的炭产物，而要想获得高产率的生物质炭，一般需要较低的反应温度(300~400℃)、缓慢的加热速率(0.01~2℃/s)以及较长的固相滞留时间(气相>5s，固相长达几分钟甚至几天)。在常规的生物质热解炭化过程中，除了生物质炭这一主产物之外，还有三种副产物，分别是可燃气、醋液和焦油。

生物质热解炭化的各产物均具有广泛的用途。生物质炭与生物质原料相比，稳定、无毒，燃烧不会产生大量的烟气，在自然界中不易降解，方便运输、保存和使用；可作为固体燃料替代煤进行使用，也可以用于金属冶炼、制造活性炭、渗碳剂、二硫化碳、黑火药、固体润滑剂、电极炭、饲料添加剂、工艺品等；还可以作为土壤改良剂提高土壤肥力[1-9]，调节土壤 pH，提高农作物产量。此外，醋液可用于制备醋酸、醋酸盐等化学品，在农业、养殖业、护肤美容、医疗保健等领域都有一定的用途；而焦油则可用于加工获得杂酚油、黏结剂等产品，应用于合成橡胶、化工、医药等行业。

近年来，单纯以生物质炭为目标产物的热解炭化研究越来越少，为了提高热解系统的经济性，现有的生物质热解炭化技术一般以炭气联产或者炭液气联产为目标，在制备生物质炭的同时，联产高品位的燃气或者高附加值的液体副产物。

4.2　生物质热解炭化原理

生物质在缓慢加热过程中的热解炭化，一般可以分为三个阶段：

(1)干燥阶段(小于 150℃)。生物质原料在炭化反应器内吸收热量，水分蒸发逸出，生物质内部化学组成几乎没有变化。

(2)挥发热解阶段(150~300℃)。出现明显的热分解反应，生物质大分子化学键发生断裂与重排，形成并释放出有机挥发分，包括水、二氧化碳、一氧化碳、乙酸等；在有氧气存在的情况下，还会发生少量的静态渗透式扩散燃烧，燃烧释放的热量可提供生物质大分子分解所需热量。

(3)全面炭化阶段(大于 300℃)。物料在该阶段发生剧烈的分解反应，产生较多的焦油、乙酸等液体产物以及甲烷、乙烯等可燃气体，随着大部分挥发分的分离析出，最终剩下的固体产物就是由碳和灰分所组成的生物质炭。

根据国家标准(GB/T17664-1999)规定，炭中固定碳含量越高且灰分含量越低，其品质越高，可见生物质炭工业分析结果是衡量炭品质的重要指标；而生物质炭的工业分析结果主要取决于原料组成以及热解反应条件。例如，木材类生物质的灰分含量一般低于 1%，远小于农作物秸秆的灰分含量，因此木炭比秸秆炭在灰分这一性能指标方面一般都更为优越。木质素的固定碳含量高达 38.81%(见第 2 章附表 2-6)，而纤维素的固定碳含量仅为 5.3%，因此木质素含量越高的生物质原料，其热解获得的生物质炭产率也越高。

一般而言，生物质炭的产率随着炭化温度升高而下降，随着气氛中含氧量的增加而下降；无论炭化气氛是否含有氧气，随着炭化温度的升高，生物质炭中的碳含量都升高，而氢、氧含量都减少[10]。表 4-1 给出了 6 年生杉木间伐材锯屑原料在不同热解温度下的炭产率与性质。由表可知，随着炭化温度的升高，生物质炭的产率降低，固定碳含量、pH 以及比表面积都增加；保持相同的炭化终温，降低升温速率，有利于增加生物质炭的比表面积。

表 4-1　不同炭化条件下生物质炭的性质

升温速率/(℃/min)	炭化温度/℃	炭产率/%	固定碳/%	pH	比表面积/(m^2·g)
5	400	48.87	62.15	5.91	—
	500	31.73	64.64	7.17	—
	600	27.71	74.05	8.30	426
	700	26.54	76.05	8.58	431
	800	24.89	77.13	8.88	506
	900	23.11	77.73	9.08	581
10	400	50.21	63.26	5.12	—
	500	31.87	66.93	7.74	173
	600	26.40	73.68	8.09	349
	700	25.58	76.12	8.19	428
	800	24.49	78.33	8.82	484
	900	23.47	78.46	9.02	526

生物质大分子含有大量的含氧官能团，如羟基、羧基、羰基等，这些高活性的含氧官能团稳定性较差，使生物质在低温下就容易热解且生成大量的水、含氧

气体(CO_2和 CO)或液体有机物(乙酸、甲醛、甲醇等)，因此生物质原料与炭的有机官能团分布具有很大的差别[11]。图 4-1 为不同热解终温下棕榈壳炭的 FTIR 光谱[12]。从图中可以看出，与原料相比，热解温度升到 400℃，生物质炭中的羟基吸收峰消失，这可以归结为生物质热解过程中羟基以水的形式脱除。此外，热解温度升至 500℃时，生物质炭的羰基吸收峰已经非常微弱，而当热解温度升至 600℃时，羰基吸收峰完全消失，这可以归结为羰基在热解过程中发生脱落而形成 CO_2；与此同时，当热解温度为 300℃时，生物质炭的 C＝C(1690cm^{-1})、C—H(1439cm^{-1}，813cm^{-1})、C—O(1196cm^{-1})等官能团的吸收强度大大增加，然而随着热解温度的提高，C＝C、C—H 键也会发生断裂，其吸收峰也逐渐降低；当热解温度达到 800℃时，几乎没有 C＝C 吸收峰。根据上述 FTIR 谱图可知，生物质热解主要集中在 300~700℃。

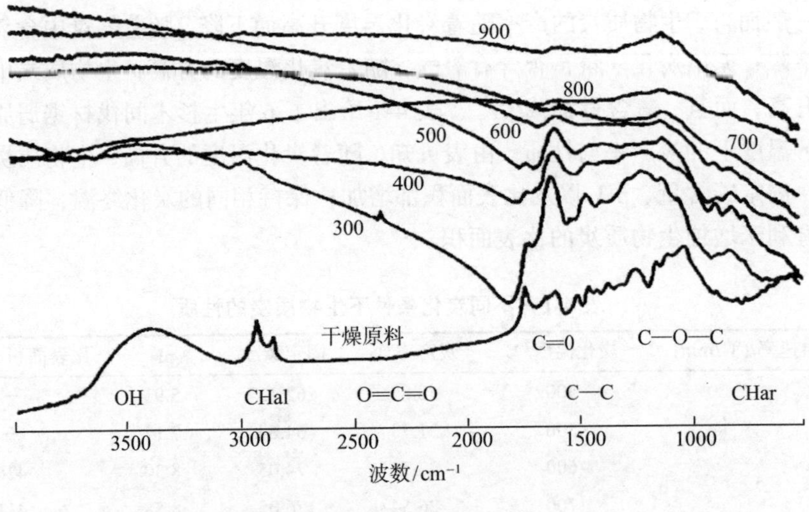

图 4-1　不同热解终温生物质炭的 FTIR 谱图

4.3　生物质热解炭化装置

生物质热解炭化技术发展至今，已有多种不同类型的热解炭化装置。与热解气化和液化等技术相比，生物质热解炭化的工艺条件相对容易实现，对反应器要求也较低，因此生物质热解炭化装置种类繁多，结构各异，包括炭窑、移动式炭化炉、果壳炭化炉、螺旋炉、流态化炉、车辆式干馏釜等各种传统的热解炭化装置[13,14]，以及各种新型的装置。

4.3.1　传统生物质热解炭化装置

1. 大尺寸生物质原料的热解烧炭装置

适用于大尺寸生物质原料(木块、竹材、果壳等)的热解炭烧装置，主要包括炭窑、移动式炭化炉、斯列普炉、果壳炭化炉、回转炉等。

炭窑是最古老的生物质热解烧炭装置，我国的炭窑一般用于木材和竹材的烧炭。炭窑的形式和构造很多，如浙江窑、鲤鱼窑、木瓢窑、湖南炭窑和四川炭窑等，其工作原理均是通过燃料的燃烧加热炭化室，从而达到炭化的目的。图 4-2 所示为浙江炭窑的结构示意图。炭窑修筑前首先挑选合适的窑址，一般要求窑址土壤坚实、附近生物质资源丰富、原料和产品运输比较方便。筑窑时挖出炭化室、烟道腔和排烟孔。炭窑装料时，从Ⅰ区到Ⅲ区依次摆放上等、中等和次等原料，原料摆放完毕筑窑盖，之后开始烘窑并烧炭。待炭化完成后，通过闷窑熄火的方式(窑内熄火法)所得到的炭称为“黑炭”；趁热从窑内扒出，然后用湿沙熄火的方法(窑外熄火法)所得到的炭称为“白炭”。后者是由于高温炭与空气接触过程中，炭的外部被氧化，生成白色灰附在炭上，故称为“白炭”。炭窑烧炭作为一种古老的炭化技术，具有前期投入少，技术成熟等优点，但是产炭率相对低，而且浪费资源，对环境有严重的污染，目前已逐步被淘汰。

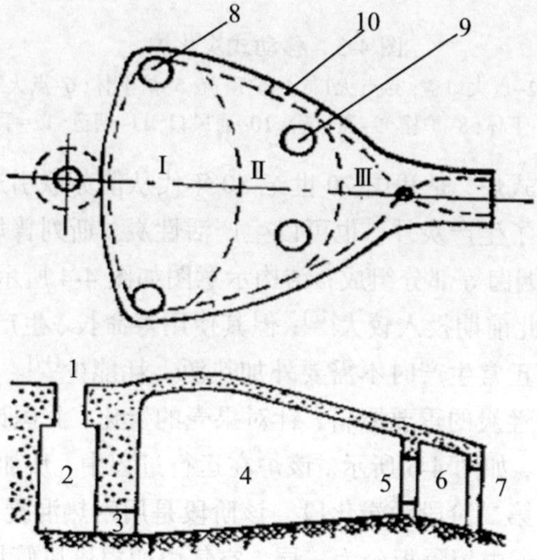

图 4-2　浙江炭窑

1–烟道口; 2–烟道腔; 3–排烟孔; 4–炭化室; 5–进火口; 6–燃烧室; 7–引火口; 8–后烟孔; 9–前烟孔; 10–出炭门

移动式炭化炉的结构示意图如图 4-3 所示，该炉由炉下体、炉上体、炉顶盖、炉栅、点火通风架等组成。该炉子是为克服筑窑烧炭劳动力强度大、受季节影响、得率低等缺点而研制的，所适用的原料、装料方法以及炭化方法均与炭窑相似。很多移动式炭化炉底部加带轮子，移动非常方便，适合原料分散地区，而且加工制造简单，成本低。

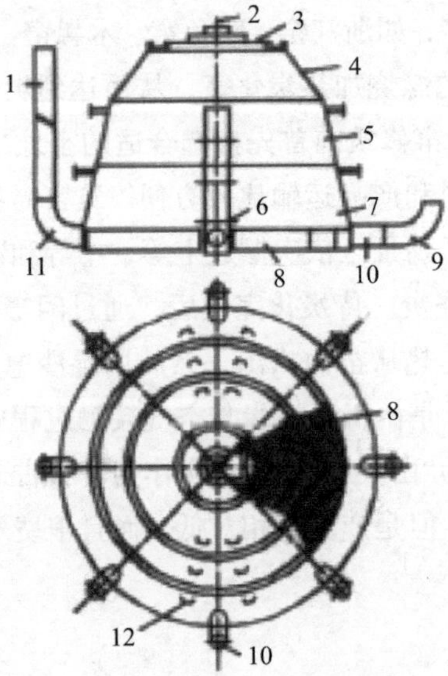

图 4-3　移动式炭化炉

1–烟囱; 2–点火口盖; 3–点火口; 4–炉顶盖; 5–炉上体; 6–点火通风架;
7–炉下体; 8–炉栅; 9–通风管; 10–通风口; 11–烟道; 12–手柄

斯列普炉又名鞍式炉，是我国 20 世纪 50 年代从前苏联引进的一种炭化炉，在我国使用广泛[15]，除了生产炭外，也可以生产活性炭。斯列普炉主要由炉体、蓄热室、水封、出料器和烟囱等部分组成，结构示意图如图 4-4 所示。该炉的炉体庞大，炉内部结构复杂，因此前期投入较大[16]；但其使用寿命长、生产能力大、温度稳定，所得炭产品质量好，正常生产时不需要外加热源，耗能少[17]。

果壳炭是生产活性炭的重要原料，针对果壳的炭化，我国设计出的一种典型果壳炭化炉结构示意图，如图 4-5 所示。该炉在运行过程中，从加料开始分三个阶段，第一阶段为预热段；第二阶段为炭化段，该阶段是用耐热混凝土预制块砌筑成槽，炭化槽外为烟道，烟道内用隔板分为三层，空气由四根进风管均匀进入炭化炉的旁烟道，由于耐热混凝土预制块上有许多栅孔，空气通过栅孔进入炭化槽，炭化后的混合气体也通过栅孔进入主烟道，最后排入烟囱；第三阶段为冷却段，炭在此自然冷却后通过出料器进入炭储槽。

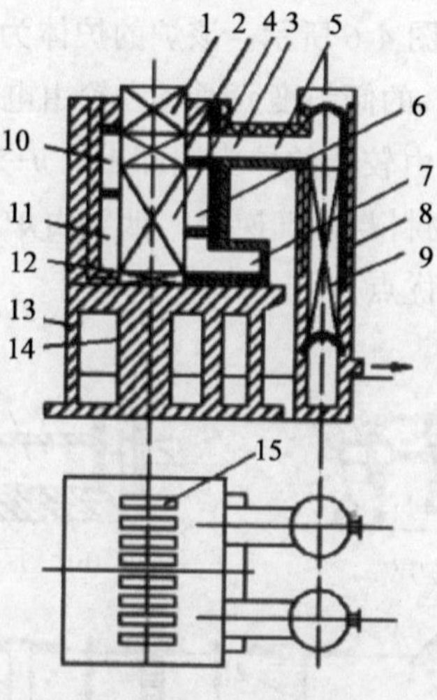

图 4-4　斯列普炉

1–预热段; 2–补充炭化段; 3–上近烟道; 4–活化段; 5–上连烟道; 6–中部烟道; 7–下连烟道(燃烧室); 8–蓄热室; 9–格子砖层; 10–上远烟道; 11–下远烟道; 12–冷却段; 13–支承及基础; 14–下料口; 15–回料槽

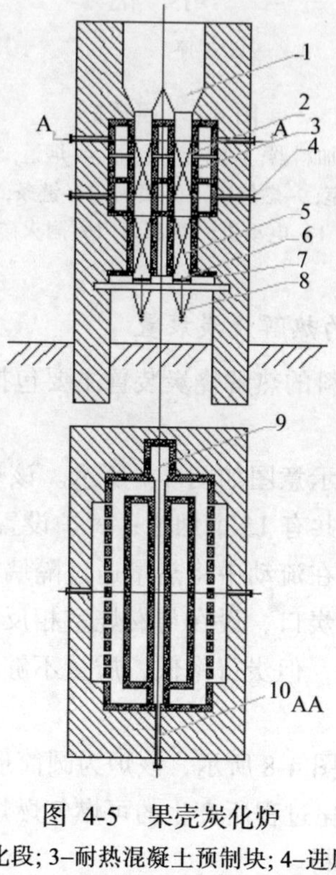

图 4-5　果壳炭化炉

1–预热段; 2–炭化段; 3–耐热混凝土预制块; 4–进风管; 5–冷却段; 6–出料器; 7–钢支架; 8–卸料斗; 9–烟道; 10–测温口

回转炉的结构示意图如图 4-6 所示。该炉的炉体为一长钢质圆筒，内衬为耐火材料，炉体一般具有 3%~6%的倾斜度，通过齿轮由电动机带动缓慢旋转。物料由较高的炉尾加入炉膛，产物由较低的炉头端卸出，炉头端喷入燃料(煤粉、重油或气体燃料)，在炉内燃烧，物料与烟气逆流，烟气由炉尾排出。回转炉具有结构简单、运行稳定、操作容易等优点。

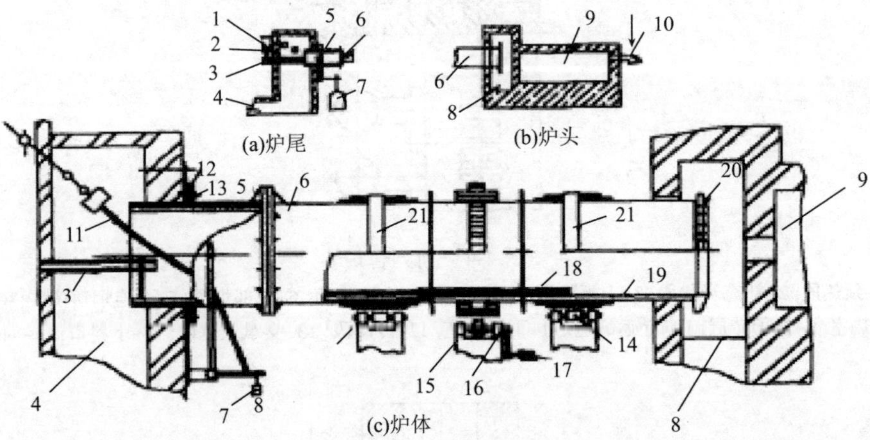

图 4-6　回转炉

1–料斗; 2–圆盘加料器; 3–螺旋进料器; 4–烟道; 5–套管; 6–炉体;
7–平衡锤; 8–出料室; 9–燃烧室; 10–喷嘴; 11–链条; 12–填料; 13–压圈;
14–托轮; 15–齿轮; 16–变速箱; 17–电动机; 18–刮刀; 19–耐火砖; 20–炉头异形耐火砖; 21–导轮

2. 粉末状生物质原料的热解烧炭装置

适用于粉末状生物质原料的热解烧炭装置主要包括立式多槽炭化炉、螺旋炉、流态化炉、多层炭化炉等。

立式多槽炭化炉的结构示意图如图 4-7 所示。该炉内设有 14 个立式炭化槽，每个炭化槽的两侧为烟道，共有 15 个烟道；每炉设置 5 个燃烧室，每一个燃烧室与 3 个烟道相通，高温烟气在流动中将热量通过隔墙间接地传给生物质原料实现炭化；每个炭槽均有一个卸炭口，设在与燃烧室相反的一面。这种炭化炉结构简单、容易砌造、操作易掌握，但炭得率低，质量不够均匀，且高温操作劳动强度较大。

螺旋炉的结构示意图如图 4-8 所示，该炉为圆筒形，中间有螺旋输送器，可以连续加料和出料，热源是炭化过程所产生的可燃气燃烧所释放的热量，燃烧加热室排出的废烟气可用来干燥原料。

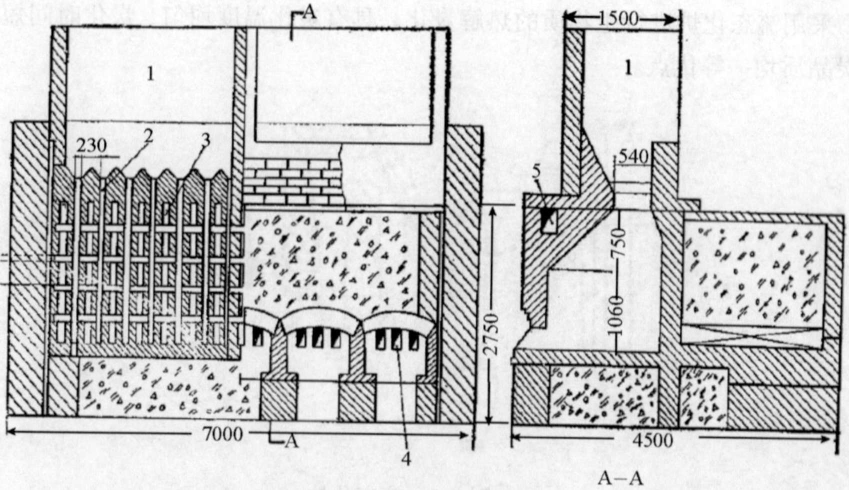

图 4-7　立式多槽炭化炉

1–加料室; 2–炭化槽; 3–烟道; 4–出炭口; 5–水平烟道

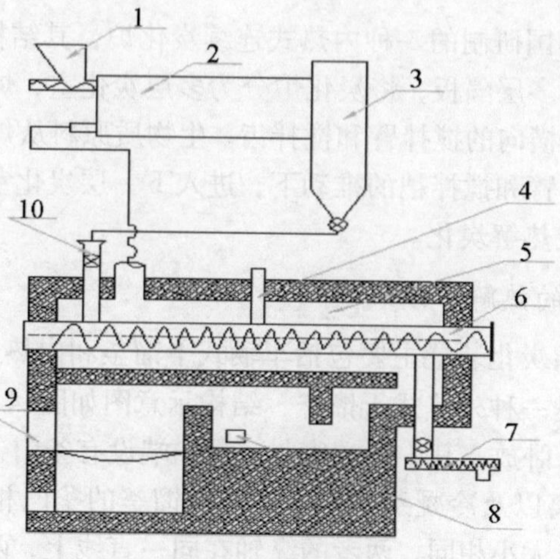

图 4-8　螺旋炉

1–加料斗; 2–滚筒干燥器; 3–排烟管; 4–干馏气体排出口; 5–加热室; 6–螺旋炭化器; 7–卸炭器; 8–二次空气进口; 9–炉门; 10–干原料进口

流态化炉的结构示意图如图 4-9 所示，该炉是立式圆筒形或圆锥形的炉子。生物质原料通过设置于炉子下部的螺旋加料器送入炉内，空气通过炉子底部的布风板进入炉内并作为流化载气，使生物质流态化炭化。在生物质原料进料前，需要首先用外部燃料将炉膛加热到 500~600℃，而后开始进料，并停止外部燃料，炭化温度由炭化过程所生成的部分可燃气燃烧释放的热量进行维持，通过旋风分离器对气固产物进行分离后收集生物质炭，同时生成的废气可作为低品位的热源干燥生物质原料。采用流态化炉进行生物质的热解炭化，具有炭化温度均匀、炭化时间短、生物质炭品质均一等优点。

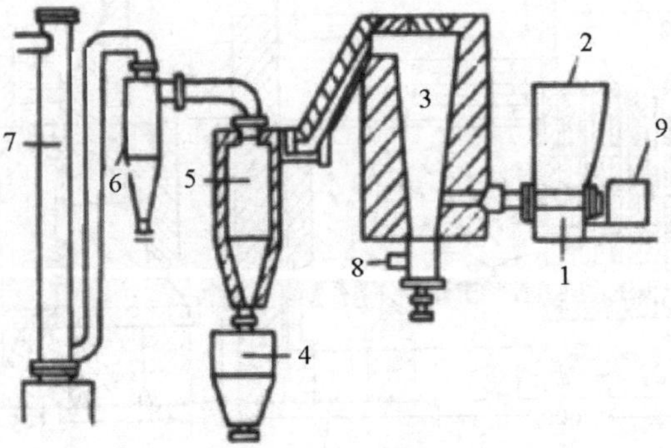

图 4-9　流态化炉

1–螺旋进料器; 2–料仓; 3–流态化炉; 4–木炭受器; 5–第一旋风分离器; 6–第二旋风分离器; 7–气体洗涤器; 8–空气入口; 9–减速箱

多层炭化炉是美国研制的一种内热式连续炭化炉，其结构示意图如图 4-10 所示。圆柱形炉内设有多层隔板，将炭化炉分为多层炭化室，炉内设有上下贯穿的转动轴体，轴体上设有横向的搅拌臂和搅拌齿。生物质原料从炉子顶部进入第一层炭化室后，在横向搅拌臂和搅拌耙的推动下，进入下一层炭化室，在多层炭化室之间移动的过程中，完成热解炭化。

3. 生物质原料的热解干馏装置

生物质原料干馏炭化装置主要包括车辆式干馏釜和内热立式干馏釜。

车辆式干馏釜是一种外热式干馏釜，结构示意图如图 4-11 所示。干馏釜是用厚钢板焊成的圆筒，卧放，其中一端密封，另一端设有釜门，供装料与卸炭用，上部通过导气管与分离以及冷凝系统相连，与干馏釜的釜门相对处有生物质炭冷却器，冷却器与干馏釜大小相同，两者的纵轴在同一直线上，两者之间设有料车以及连通的轨道。工作时，首先将已装好生物质原料的料车推入干馏釜中，即可开始干馏；干馏结束时，迅速将料车拉入炭冷凝器中并关闭冷凝器，通过在炭冷凝器外表面洒水的方式进行冷却。当干馏釜卸出料车后，可迅速将下一车装有生物质原料的料车趁热送入干馏釜中，减少热损失，从而缩短生产周期，提高生产能力。生物质在干馏釜中热解所需的热量由设置在干馏釜后的燃烧炉提供。生物质干馏所产生的热解气相产物，首先进入旋风分离器，分离出一部分高沸点油雾滴，而后进入塔板式焦油分离器，分离获得醋液和焦油。在工作过程中，虽然干馏釜以及其后的燃烧炉一直保持较高的温度，热利用效率较高，但整体燃料消耗较大，且干馏釜的容积利用率也不是很高。

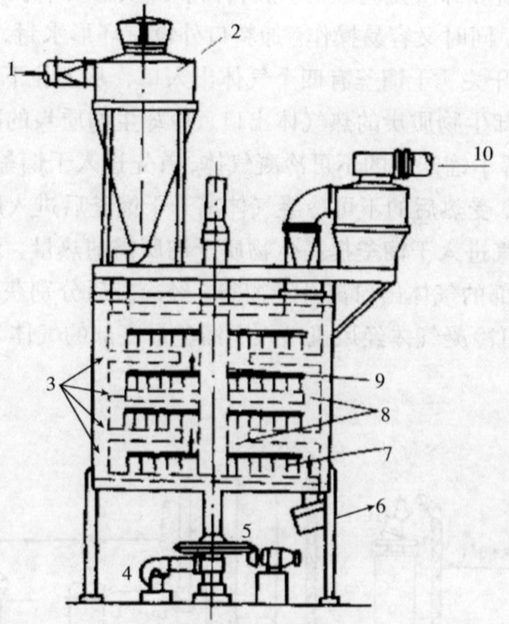

图 4-10　多层炭化炉

1–原料进口; 2–旋风分离器; 3–炉床; 4–风机; 5–扇形齿轮;
6–螺旋卸料器; 7–搅拌耙; 8–料孔; 9–中心转轴; 10–干馏气体出口

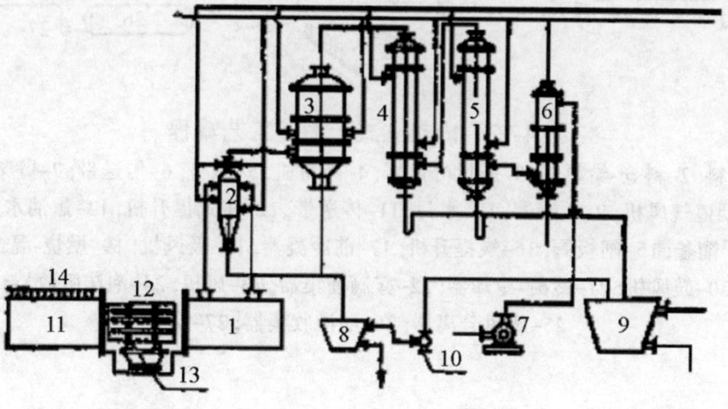

图 4-11　车辆式干馏釜

1–干馏釜; 2–旋风分离器; 3–塔板式焦油分离器; 4,5–列管冷凝器; 6–气体洗涤器; 7–排风机;
8–焦油贮槽; 9–醋液贮槽; 10–耐酸泵; 11–炭冷却器; 12–料车; 13–横行车; 14–喷水管

内热立式干馏釜，根据所用热载体的不同，有不同的形式。利用燃烧炉烟气作为热载体的内热立式干馏釜是其中应用最广泛的一种，其结构示意图如图 4-12 所示。干馏釜是一个钢板制成的圆筒，釜顶有加料装置，釜底有卸炭装置，其干馏过程是连续的，而加料和卸炭是间歇的。加料器和卸炭器要求在卸炭和加料时保证釜内的气体不向外逸，同时又容易操作。加料口外设有环形水封，卸料器有三个阀门，在卸料的时候依次开关。干馏釜有四个气体出入口，从上往下依次是热解气出口、热载体气入口、冷却生物质炭的热气体出口、冷却生物质炭的冷气体入口。工作过程中，将生物质热解干馏产生的不可冷凝气体，首先送入干馏釜最底部的气体入口，用于冷却生物质炭，受热后的不可冷凝气体离开干馏釜后进入燃烧炉燃烧获得高温烟气，作为热载体气进入干馏釜提高生物质干馏所需的热量，最后随同生物质干馏的气相产物从最上部的气体出口离开干馏釜，经冷凝后分别获得醋液、焦油以及不可冷凝气体，而不可冷凝气体经风机送入干馏釜最底部的气体入口，冷却生物质炭，从而循环使用。

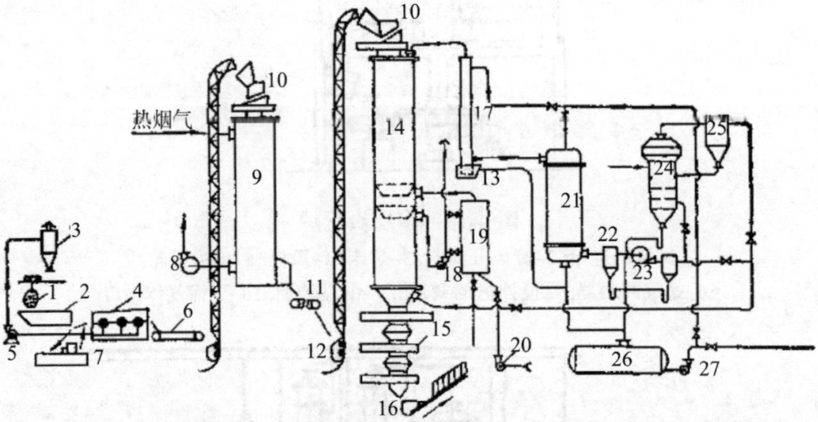

图 4-12　内热立式干馏釜工艺流程

1–原料; 2–料仓-给料器; 3–旋风分离器; 4–断材机; 5–风机; 6–传送带; 7–劈柴斧; 8–烟道气风机; 9–干燥器; 10–水封; 11–传送带; 12–斗式提升机; 13–焦油水封; 14–干馏釜; 15–闸板阀; 16–炭提升机; 17–前冷凝器; 18–吸风机; 19–燃烧-混合室; 20–鼓风机; 21–冷凝-冷却器; 22–雾滴捕集器; 23–风机; 24–泡沫吸收器; 25–旋风分离器; 26–醋液收集器; 27–泵

4.3.2　新型生物质热解炭化装置

除了传统的生物质热解炭化装置，近年来，我国已经研制出了多种不同类型的新型生物质热解炭化装置，下面对一些典型装置进行简单的介绍。

武汉凯迪科技发展研究院有限公司研发的生物质热解炭化装置，其结构示意图如图 4-13 所示[18]。运行时，首先将一定含水率(15%~20%)的生物质原料切割成小颗粒，送入干燥器，在 120~160℃下干燥 600~1200s，水蒸气从水蒸气出口排出，深度干燥后原料颗粒进入炭化反应器，在搅拌桨搅拌下实现炭化，炭化温度为300~500℃，物料在炭化反应器内的停留时间为200~1000s。利用该装置，可分别获得生物质炭和可燃气两种产物。该装置启动简单，主要依靠外热源依次连续为炭化反应器和干燥器中的原料提供热量，热源利用率高，原料深度脱水析出的水分不会进入炭化反应系统，炭化产物中热解气的热值较高，生物质炭的产量也较高。该装置的炭化器中还设置了弧面形燃烧板，板上设置有气态助剂喷嘴，根据炭化器的温度状况输入不同的气态助剂，可以方便地调节和控制炭化器的温度。

华南农业大学研发的生物质热解炭化装置，其结构示意图如图 4-14 所示[19]。该装置运行时，首先启动燃烧炉，获得高温烟气作为生物质热解炭化的外加热源，对不锈钢的热解管表面进行加热，达到一定温度之后，启动电机使热解管上的柔性螺旋弹簧开始转动，在柔性螺旋弹簧的作用下，粉末状的生物质颗粒原料沿着热解管轴线连续移动，在此过程中，依次经历干燥、预炭化、炭化、煅烧等阶段完成炭化过程。该装置利用具有柔性的整体钢制柔性螺旋弹簧推送物料，不需设定固定的中心轴，易于长距离输送，即使在跨度大、间隙小和长期高温工作环境下，输送绞

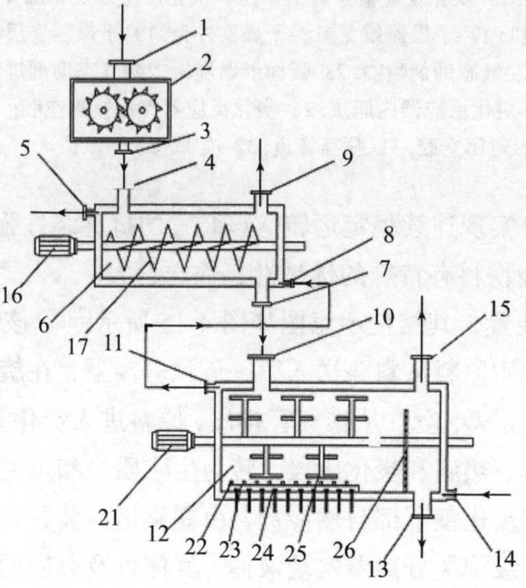

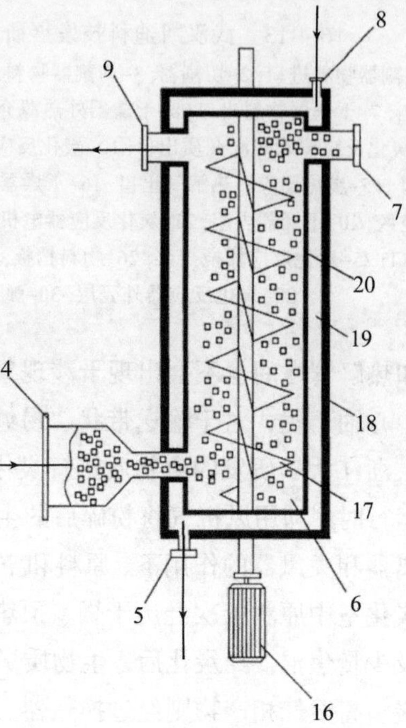

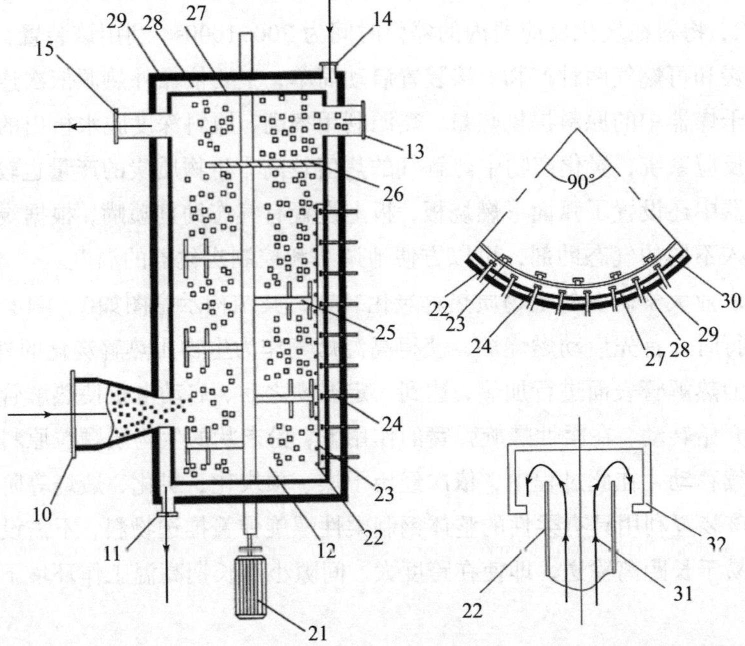

图 4-13　武汉凯迪科技发展研究院有限公司研发的生物质热解炭化装置

1–切割器物料进口; 2–切割器; 3–切割器物料出口; 4–干燥器物料进口; 5–干燥器外热源介质出口; 6–干燥器; 7–干燥器物料出口; 8–干燥器外热源介质进口; 9–干燥器水蒸气出口; 10–炭化反应器物料进口; 11–炭化反应器外热源介质出口; 12–炭化反应器; 13–炭化反应器焦炭出口; 14–炭化反应器外热源介质进口; 15–炭化反应器热解气出口; 16–干燥器电机; 17–干燥器绞龙; 18–干燥器外壳; 19–干燥器夹层换热空腔; 20–干燥器内胆; 21–炭化反应器电机; 22–气态助剂喷嘴; 23–弧面形燃烧板; 24–气态助剂进管口; 25–炭化反应器搅拌桨; 26–物料挡板; 27–炭化反应器内胆层; 28–炭化反应器夹层换热空腔; 29–炭化反应器外壳层; 30–弧面形封闭空腔; 31–喷嘴管道; 32–喷嘴泡罩

龙和热解管之间也不会出现干涉现象，实现连续稳定运转。该装置的抗缠绕性强，无中心轴干扰，对于输送带状、易缠绕物料有特殊的优越性，输送量大。

浙江大学研发的生物质热解炭化装置，其结构示意图如图 4-15 所示[20]。该装置运行时，利用风机气将粉碎后的生物质原料从料斗送入第一旋风分离器，在旋风分离器和关风器的作用下，原料和空气分离，空气从排气管排出，原料进入炭化室。在炭化室中原料依次经历干燥、预热解、热解和炭化阶段，转为生物质炭和可燃气以及少量焦油。经炭化后，生物质炭在炭化室下部自然冷却，由螺旋出料装置自动出炭。高温气相产物则经过换热器、多级旋风分离器实现液体、气体以及杂质的分离。本装置的炭化室内设置头部圆锥状的风室、具有喷风口的进风管，炉内温度可调，物料炭化均匀；此外还设置了三级冷却和净化过程，将高温的可燃气通过冷却、净化、过滤后变成洁净的可燃气，热交换后的热水可用于温室甲鱼等特种水产养殖，尾气排放符合环保要求。

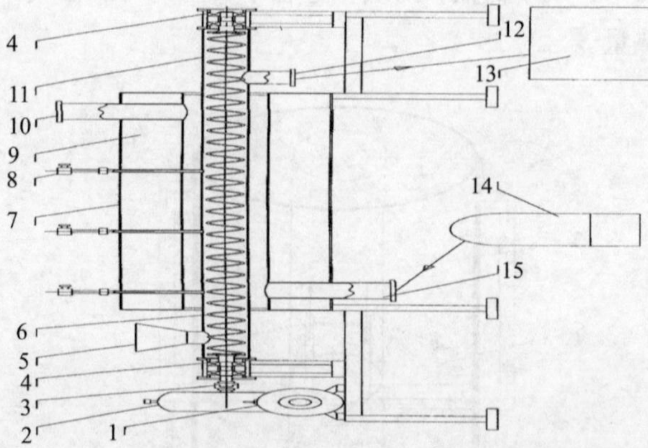

图 4-14　华南农业大学研发的生物质热解炭化装置

1–电机; 2–减速器; 3–联轴器; 4–轴承; 5–进料口; 6–柔性螺旋弹簧; 7–加热炉; 8–热解气输出装置 9–保温层; 10–加热气体出口; 11–热解管; 12–出炭口; 13–炭贮藏室; 14–燃烧炉; 15–加热气体进口

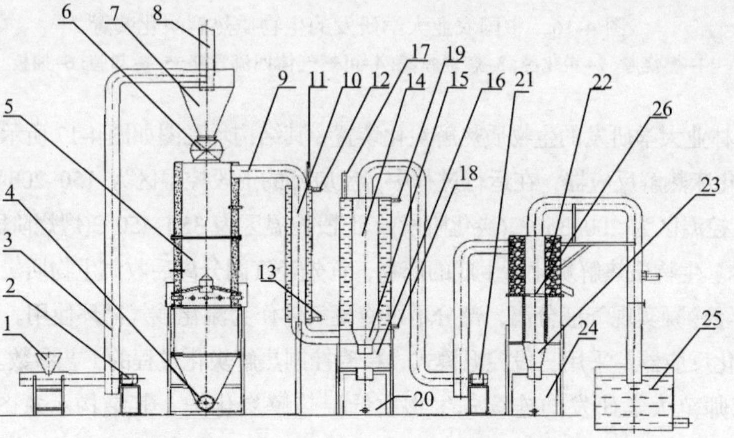

图 4-15　浙江大学研发的生物质热解炭化装置

1–料斗; 2–风机; 3–输料管; 4–螺旋出料装置; 5–炭化室; 6–关风器; 7–第一旋风分离器; 8–排气管; 9–输气管; 10–换热器; 11–水蒸气出口; 12–出水口; 13–进水口; 14–净化器; 15–第二旋风分离器; 16–第三旋风分离器; 17–出气口; 18–出水口; 19–进水口; 20–第一集油箱; 21–引风机; 22–炭过滤器; 23–第四旋风分离器; 24–第二集油箱; 25–水封阻火器; 26–不锈钢网板

中国农业大学研发的生物质热解炭化装置，其结构示意图如图 4-16 所示[21]。该装置运行时，首先在炭化膛内填装生物质原料，而后在燃烧膛内通过燃烧生物质和可燃气体产生热量，热量通过内壁传导的方式进入炭化膛实现生物质的热解炭化。炭化过程中产生的可燃气通过可燃气体回流管路导入燃烧膛进行燃烧，提供炭化膛所需的热量。炭化完成后，将高温生物质炭直接落入冷却膛，在无氧条件下冷却。本装置设计简单、成本低廉，对炭化过程中产生的可燃性气体进行回收利用，提供炭化所需的热量。

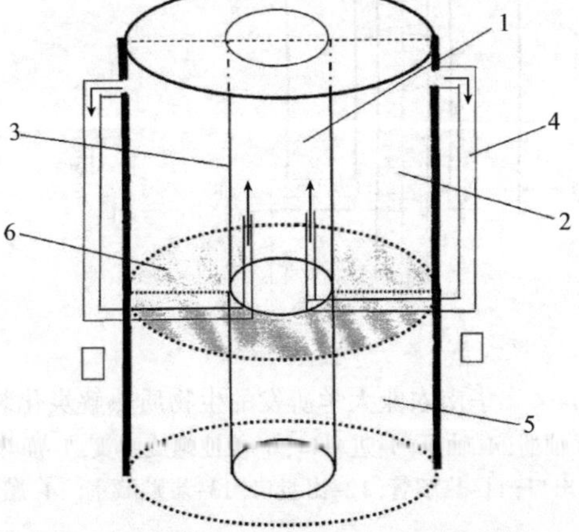

图 4-16　中国农业大学研发的生物质热解炭化装置
1–燃烧膛; 2–炭化膛; 3–燃烧膛壁; 4–可燃气体回流管路; 5–冷却膛; 6–抽板

北京林业大学研发的生物质热解炭化装置，其结构示意图如图 4-17 所示[22]。该装置采用了流化床热解反应器，在运行过程中，反应器的下段控温区为 150~200℃(预炭化阶段)，中段控温区为 200~350℃(炭化阶段)，上段控温区为 350~450℃(煅烧阶段)，反应时间为 3~5 s。生物质热解炭化所生成的产物，首先经气固分离后收集生物质炭，气相产物则进一步经冷凝实现气液分离，部分不可冷凝气体作为流化载气循环使用。本装置中的流化床炭化反应器，采用三段控温模式，精确控制热解炭化过程的工艺参数。

南京师范大学研发的连续式生物质低温热解炭化炉，其结构示意图如图 4-18 所示[23]。该装置运行时，首先将生物质原料送入干燥装置，在外加热筒的间接加热下完成生物质的干燥；干燥后的原料进入炭化反应器，逐步完成低温热解炭化过程，产生热解气、焦油和生物质炭。热解气和焦油经过分段收集后直接送入燃烧室，与部分补燃燃料一起燃烧，燃烧产生的高温烟气通过管道直接送入热解炭化装置的外套筒内，通过间接加热方式将热量传递给生物质，换热后的烟气再进入干燥区的外套筒内，最终完成对生物质的热解炭化和干燥过程。所有外套筒内均设置迷宫式换热装置，以提高换热效率，充分换热后的烟气经净化后排空。该装置采用热解气燃烧装置、迷宫式套筒结构和分区换热等技术，充分利用了热解气能源和烟气余热，基本实现了生物质热解炭化过程的能量自给。此外，装置中水平螺旋推进的输送方式，不仅可以根据要求合理控制生物质在炭化炉内停留时间，而且强化了炭化炉内部物料的混合，提高了生物质炭化产品质量和炭化效率。

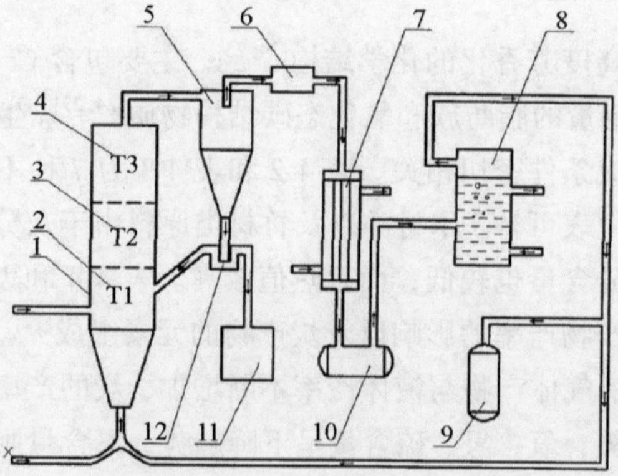

图 4-17　北京林业大学研发的生物质热解炭化装置

1–热解反应器; 2–流化床下段控温区; 3–流化床中段控温区; 4–流化床上段控温区; 5–气固分离器; 6–过滤器; 7–冷凝器; 8–水洗除焦器; 9–储气罐; 10–储油罐; 11–集炭箱; 12–灰分返料器

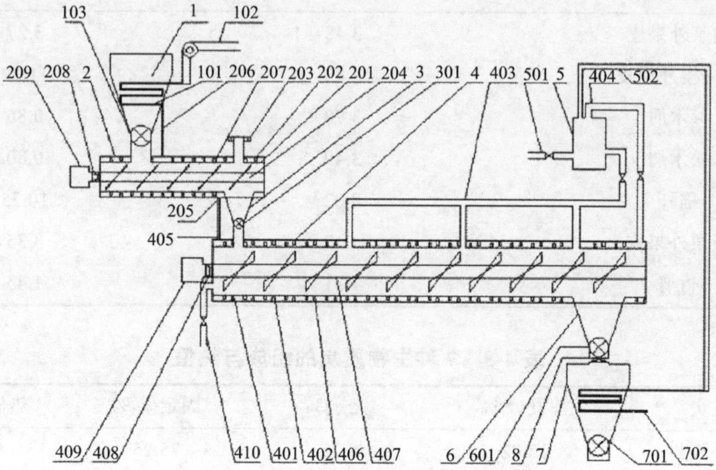

图 4-18　连续式生物质低温热解炭化炉

1–加料仓(101–换热管, 102–风机, 103–星形加料器); 2–干燥装置(201–内加热筒, 202–外加热筒, 203–水蒸气出口, 204–输料螺杆, 205–烟气进口, 206–烟气出口, 207–迷宫式导流隔板, 208–联轴机, 209–电机); 3–出料口(301–星形加料器); 4–炉体(401–内加热筒, 402–外加热筒, 403–热解气出口, 404–高温烟气进口, 405–高温烟气出口, 406–迷宫式导流隔板, 407–输料螺杆, 408–联轴器, 409–电机, 410– N2 输入口); 5–燃烧室(501–补充燃料进口, 502–助燃气体进口); 6–出料口(601–星形加料器); 7–卸料仓(701–星形加料器, 702–冷却装置); 8–锁气阀

4.4 生物质炭的性质与应用

4.4.1 生物质炭的组成

生物质炭具有高度芳香化的化学结构[24, 25]，主要包含 C═C，C═H 等芳香化官能团[26]，以及一定量的脂肪族和氧化态碳结构物质[24, 27]。生物质炭的元素组成与其原料以及热解反应条件密切相关。表 4-2 和表 4-3 为 7 种不同的生物质原料及其热解炭的性质[28]。由表可知，木材类以及竹材类原料由于灰分含量比较低，所制备的木炭或竹炭的灰分含量也较低，而且热值较高。表 4-4 和表 4-5 为热解温度对棕榈壳热解炭化三相产物产率的影响以及炭产物的元素组成[12]。由表可知，随着热解终温不断升高，热解气体产物与液体产率不断增加，炭的产率不断下降，而炭中的碳含量则呈上升趋势，氧、氢、硫含量呈下降趋势，氮含量则变化较小，当热解温度达到 1000℃时，炭中的氢与硫含量几乎为零。

表 4-2　7 种生物质原料分析

原料名称	含水率/%	灰分/%
油茶外果皮	3.48	3.27
山核桃外果皮	2.43	11.19
杉木屑	3.70	0.86
松木屑	3.49	0.80
稻秆	8.02	10.35
板栗外果皮	3.17	3.35
竹屑	1.81	1.45

表 4-3　7 种生物质炭的组成与热值

生物质炭	挥发分/%	灰分/%	固定碳/%	热值/(MJ/kg)
油茶外果皮炭	15.02	9.73	75.25	28.50
山核桃外果皮炭	20.13	21.48	58.39	20.41
杉木屑炭	16.38	3.63	80.00	30.31
松木屑炭	12.46	3.27	84.27	30.76
稻秆炭	14.17	34.16	51.67	17.68
板栗外果皮炭	14.85	9.66	75.49	16.13
竹炭	11.92	5.22	82.86	29.14

表 4-4　棕榈壳在不同温度下热解产物产率　(单位：%)

温度/℃	热解产物		
	炭	气体	液体
300	36.70	10.07	53.23
400	32.54	11.19	56.27
500	29.96	12.73	57.31
600	28.57	13.77	57.66
700	28.23	14.88	56.89
800	28.50	15.23	56.27
900	27.25	15.63	57.12
1000	27.10	16.32	56.58

表 4-5　不同热解温度下所得棕榈炭的元素分析

元素组成/d，%	热解终温/℃							
	300	400	500	600	700	800	900	1000
[C]	67.38	75.63	75.09	76.81	76.91	77.34	78.39	79.08
[H]	3.63	2.96	2.01	1.46	0.88	0.67	0.44	0.30
[N]	1.97	2.43	2.63	2.32	2.25	2.14	2.05	1.99
[S]	0.48	0.43	0.34	0.22	0.13	0.10	0.05	0.03
[O]	26.56	18.55	19.94	19.21	19.84	19.76	19.08	18.60

注：[O]由差减法计算; d：干燥基

4.4.2　生物质炭的性质

1. 生物质炭的碱性与表面性质

生物质炭一般呈碱性[29-31]，对生物质炭的 XRD(X 射线衍射)分析表明，其碱性主要是由于其中有碳酸盐晶体[30]；另外，对生物质炭的 FTIR 分析发现，其表面含有大量—COOH、—OH 等含氧活性基团[24, 32-36]，这些基团在 pH 较高时以阴离子状态存在，可吸收 H^+，表现为碱性。

生物质炭表面丰富的含氧基团，使其表面呈现出疏水性和对酸碱的缓冲能力。—COOH 和—OH 等基团使得生物质炭表面具有负电荷，这些负电荷具有较高的阳离子交换能力(CEC)；zeta 电位(胶体滑动面上的电位，数值的大小和正负符号反映了胶体的表面电荷状况)的测定结果表明，随着体系 pH 升高，生物质炭的 zeta 电位数值变得更负，说明—COOH 和—OH 的离解增加了生物质炭表面的负电荷数量。随着热解炭化温度的升高，生物质炭表面的—COOH 和—OH 含量减少，使得生物质炭表面所带的负电荷减少[37,38]。用 Boehm 滴定对生物质炭表面含氧官能团进行定量分析，结果表明生物质炭表面的—OH 的数量多于—COOH，两者均随热解炭化温度的升高而降低[39]。

2. 生物质炭的微观结构

生物质炭含有大量复杂的孔隙结构，大小不一，如图 4-19 所示。不同生物质原料所制备的炭，其形貌有着较大的差别，如图 4-20 和图 4-21 所示。

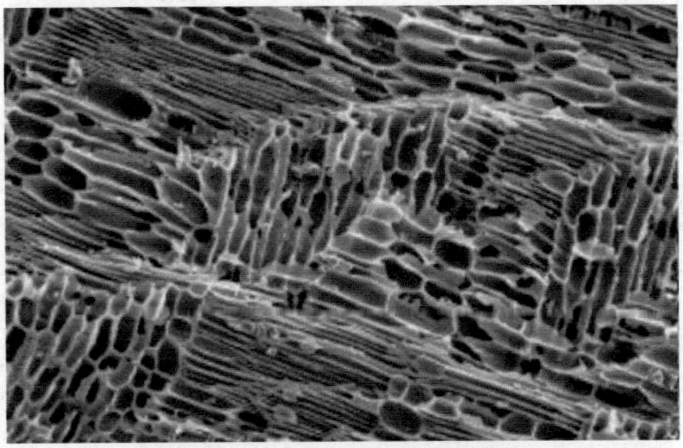

图 4-19　生物质炭的微观结构[40]

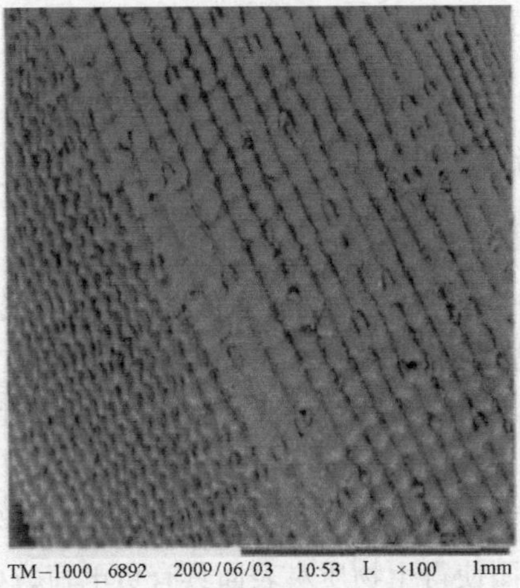

图 4-20　稻壳炭的 SEM[40]

3. 生物质炭的稳定性

生物质炭具有很好的稳定性，在土壤和沉积物中可以存在数千年之久。这是由于生物质炭具有高度芳香化的化学结构[25, 42]，可以有效对抗化学分解，而且生物质炭在土壤中常以团聚体形势存在，受到矿物的物理保护。通过 ^{14}C 年代分析，热带雨林中炭的存在时间有七百多年[43]，欧洲中部全新世黑钙土中的炭已经存在了数千年[44]，而在缺氧的湖泊、海洋环境中甚至检测到了上万年前的生物质炭[45]。

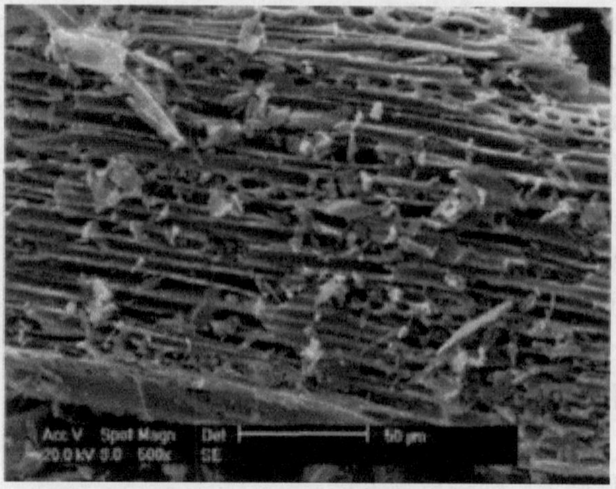

图 4-21　桑枝炭的 SEM[41]

4.4.3　生物质炭的应用

1. 在农业领域中的应用

生物质炭可作为一种土壤改良剂施加入土壤中，改善土壤的性质，提高土壤的肥力，增加营养物质的植物可利用性，进而提高农作物的产量[46-50]。早在 2500 年前，亚马孙流域的印第安土著居民就在土壤中施加黑炭，提高其肥力。该土壤呈黑色，其含碳量可高达 9%，约是周边其他土壤的 20 倍，N 和 P 含量是其他土壤的 3 倍，农作物产量可提高一倍[9, 51]。

阳离子交换能力(CEC)是衡量土壤质量的一个重要指标，高 CEC 的土壤淋溶性低，对养分的固定能力强，对植物生长有利。生物质炭表面存在的大量含氧有机官能团以及负电荷，使其具有较高的 CEC，具体的 CEC 值，与生物质炭的氧碳原子比值(O/C)相关，O/C 值越高，CEC 值越大，这是由于 O/C 值取决于生物质炭表面的羟基、羧基和羰基数量[52]。因此，向土壤中施加生物质炭可以提高土壤的 CEC 值[53-56]，而且生物质炭在土壤中的保存过程中，其表面某些官能团会发生氧化导致含氧官能团的数量增加，CEC 值也随之增加[47, 57,58]。

生物质炭一般呈碱性，世界约 30%的土地为酸性，不利于植物生长，因此向土壤中施加生物质炭，可以提高土壤的 pH[37]。

生物质炭含有大量大小不一的孔隙，其中的大孔隙可以增加土壤的透气性和持水率，同时也为微生物提供生存和繁殖的场所；小孔隙则可以起到对一些分子的吸附和转移作用[59]。当将生物质炭施加入土壤后，其丰富的孔隙结构会改变土壤中水分渗滤路径和速度，显著提高土壤的田间持水率，从而改善土壤对养分的固定能力。

生物质炭还可以吸附土壤中的农药[4]，其对杀虫剂的吸附能力约是土壤本身的2000倍，而且生物质炭还可增强土壤中微生物的活性，进一步增加对污染物的降解能力[9]。因此，在土壤中施入少量的生物质炭，可有效降低有机污染物对植物的毒害作用，减少在植物中的累积[60]；而且，选择合适的生物质炭施入受污染的土壤中，吸附有毒物质，也可以进行土壤修复。例如，在土壤中施入生物质炭，可以使土壤中的多环芳烃(PAH)浓度降低约 50%[61]。

表 4-6 给出了几种不同的生物质炭施用对作物产量的影响。可以看出，施加生物质炭后(或与无机肥料混合施用)可明显促进作物的生长，提高作物产量。生物质对于土壤的改良作用，可以总结如下。

(1)直接原因：生物质炭中含有一定量的 C、N、P 以及一些有机的营养成分，可以直接提高土壤肥力，促进植物生长。

(2)间接原因：① 延长营养物质的保留时间，减少养分流失；②提高土壤 pH 至中性，利于作物生长[62]；③提高土壤含水率和孔隙率[63]，增加土壤的透气性，促进土壤中有机成分的分解和微生物的生长；④ 增加阳离子交换能力，固定某些植物所必须的金属元素[37]；⑤增加和优选土壤中微生物的种类和活性[37, 64]。还有学者认为生物质炭具有快速且稳定的磷释放能力，具有替代磷肥的潜力；而且，土壤中施入生物质炭后，因其较大的孔隙率使得土壤表层容重减小，有利于植物根系生长。

表 4-6　施加生物质炭后作物产量的变化[65]

生物质炭种类	施加量/(t/hm^2)	作物种类	效果
树枝炭	0.5	大豆	单位面积生物量提高 51%
次生森林木炭	11	大米	与无机肥料一起施用产率提高 880%
米壳炭	10	玉米、大豆	产率增加 10%～40%
造纸厂污泥炭	10	小麦	在酸性土壤中小麦产量提高 30%～40%

影响生物质炭作为土壤改良剂质量的因素包括：表面电荷、pH、比表面积、孔隙率、阴阳离子交换能力以及营养成分等。此外，生物质炭对土壤的改良也受到土壤环境的影响，如生物质炭的阳离子交换能力随环境 pH 的升高而线性增加。因此，可以根据生物质炭的性质和土壤性质来选择合适的生物质炭作为土壤改良剂，从而达到促进植物生长，增加农作物产量的目的。

2. 在环境领域中的应用

(1) 对有毒有害物质的吸附作用

生物质炭具有非常复杂的微孔结构，比表面积较大，稳定性较高，且表面含有很多活性基团，非常适合作为一种低成本的高效吸附剂，用于吸收多种污染物质。生物质炭对各种污染物的吸附去除机理主要包括：①生物质炭具有丰富的孔隙结构，可以固定污染物；②生物质炭具有较大的比表面积，可以有效地吸附污染物质；③高温条件下制备的生物质炭极性较强，对有机物质的亲和能力强，因此能更有效地去除有机污染物。现阶段，针对不同的污染物，已经研制了多种不同的生物质炭，用于其高效吸附去除[66-72]。

活性炭是最常用的吸附材料，虽然生物质炭的吸附容量不如活性炭，但是生物质炭的生产成本低，而且其表面含有较多活性基团，除了吸附作用，还可以利用静电作用和化学沉淀作用将多种污染物同时去除。例如，生物质炭对 Pb 的吸附去除效果优于活性炭，这是由于生物质炭表面含有大量的含氧基团，可通过结合沉淀将 Pb 以 $Pb_5(PO_4)_3(OH)$的形式去除，同时又可利用微孔结构将阿特拉津等有机物吸附，且二者并不存在竞争关系[71]；而活性炭则对二者均依靠表面吸附作用去处，总容量有限。实际环境中经常同时存在多种污染成分，因此生物质炭作为吸附剂优点是非常明显的。

(2) 对温室气体的减排作用

碳固定是指将碳捕获后转变成一种固定态的形式，避免其回到大气中。环境中的碳循环是指大气中的 CO_2 被植物通过光合作用吸收，固定于生物质内，生物质经过分解或燃烧再转变成 CO_2 重新释放到大气环境中。生物质经热解炭化转变为生物质炭后，其中的碳以苯环等较复杂的形式存在，非常稳定，这就使得环境中的碳循环被分离出来一部分，称为“碳负”过程。生物质炭这种固碳方式，比其他固碳方式(如植树造林)，能更长时间地对碳进行了固定[29]。

众所周知，耕地和牧场是温室气体的重要产生源，如何减少其温室气体的排放是人们所迫切关注的。研究表明，将生物质炭施加于土壤中，可以减少 CO_2、CH_4 等温室气体的排放[73]，也可以大幅减少 N_2O 等的排放。例如，在稻田中施加生物质炭可以使 N_2O 溢出量减少 40%～50%[74]；以 20g/kg 的标准将生物质炭添加入牧草地和大豆地中，两种土壤中 N_2O 的溢出量分别减少了 80%和 50%，同时 CH_4 的产生也受到明显的抑制[75]。关于生物质炭施入土壤中降低温室气体排放的机理，目前还不清晰，其原因可能是施入生物质炭之后土壤的孔隙率增大，透气性增强，CH_4 被氧化的量增多，而 CH_4 的排放量是产生量和氧化量的共同结果，所以净排放减少。同样，由于 N_2O 的产生是与土壤环境密切相关的，加入生物质炭后可以提高土壤 pH，同时因为透气性增强，使得反硝化菌的活性受到抑制，所以 N_2O 的溢出量会大量减少。由于 N_2O 和 CH_4 的温室效应分别是 CO_2 的 290 倍和 25 倍，因此，在耕地和牧场中施入生物质炭，降低温室效应的成果是较为显著的。

3. *在冶金工业中的应用*

自古生物质炭(主要是木炭)就用于冶炼铁矿石，木炭与焦炭熔炼的生铁，即使化学组成相同，其结构与机械性质仍不相同。在多数采用焦炭作为还原剂的高炉中，温度与鼓风压力都较高，而木炭对氧化铁的还原过程可在较低的温度下进行，因此，木炭冶炼的生铁一般具有细粒结构、铸件紧密、没有裂纹、杂质少等优点，适合于生产优质钢。

生物质炭也可作为表面助溶剂用于有色金属的生产。当有色金属熔融时，表面助溶剂在熔融金属表面形成保护层，使金属与气体介质分开，即可减少熔融金属的飞溅损失，又可降低熔融物中气体的饱和度。低灰分含量的生物质炭，主要是木炭，还可用于结晶硅的生产，工业结晶硅的杂质含量应不超过 1%~4.5%，因此，为了保证产品的纯度，对还原剂具有较高的要求。木炭在纯度、孔隙度、反应能力与介电性等方面，都比其他碳素材料更为优越。此外，生物质炭还广泛用于硅钙合金、锆铁合金、钼铁合金等的生产。

4. *在复合材料方面的应用*

生物质炭可以作为载体制备多种催化剂，例如利用生物质炭制备的固体酸催化剂[76]，具有价格低廉、稳定性好、活性高，易回收、重复性好等优点，可用于催化废油脂中高级脂肪酸与甲醇的反应。竹炭可作为电磁波屏蔽材料、食品除臭剂、保鲜材料、建筑物和家居的保温、调湿和空气清新剂等的原材料[77]。

4.5 醋液与焦油的性质与应用

生物质热解炭化过程中生成的液体产物，经静置分层后，分为两层，上层为澄清醋液，下层为沉淀焦油。将澄清醋液进一步加工可得到醋酸(或醋酸盐)、丙酸、丁酸、甲醇和有机溶剂等产品，沉淀焦油经加工后可以得到杂酚油、抗聚剂、抗氧化剂等产品[78]。

4.5.1 醋液的组成与性质

醋液的化学组成极为复杂[79]，其具体的组分种类与含量，随生物质原料种类、热解工艺、液体采集工艺、存放时间等因素而变。醋液中大多数物质的含量都很低，主要成分是水，其次是有机酸、酚类、醇类和酮类等物质。酸类物质是醋液中最具特征的成分，在醋液中的含量也高，往往占有机物的 50%以上。采用 GC/MS

对竹醋液进行分析，其主要组成为：水 93.97%，乙酸 2.87%，丙酸 0.41%，1-羟基-2-丁酮 0.84%，2-乙氧基丙烷 0.08%，糠醛 0.69%，2-环戊烯-1-酮 0.09%，3-甲基吡啶 0.05%，丁内酯 0.77%，3-甲基-2-丁酮 0.07%，其他 0.16%[80]。此外，典型的苹果木醋液[81]、梨木醋液[82]、棉秆醋液和杂木醋液[83]的主要组成成分见表 4-7~表 4-9。

表 4-7　苹果木醋液的组成[81]

组分	质量分数/%
乙酸	39.84
1-羟基-2-丙酮	11.59
3-羟基-2-丁酮	1.22
丙酸	0.85
1-羟基-2-丁酮	3.40
1-甲氧基-2-丙醇	0.65
2-环戊烯-1-酮	1.11
糠醇	2.66
乙酸丙酮醇酯	1.59
2,4-戊二酮	0.70
γ-丁内酯	0.93
2-(5H)-呋喃酮	1.22
3-甲基-2-环戊烯-1-酮	0.78
3-甲基-2-羟基-2-环戊烯-1-酮	3.27
4-甲基-环己酮	0.30
2-甲基苯酚	1.03
愈创木酚	0.82
丙酰胺	1.71
3-乙基-2-羟基-2-环戊烯-1-酮	0.50
4-甲基愈创木酚	0.76
2-丁基噻吩	0.57
7-十三酮	0.81
4-乙基愈创木酚	1.22
异山梨醇	2.57
2,6-二甲氧基苯酚	8.76
3-氟邻苯二酚	0.97
4-羟基-3-甲氧基苯甲酸	5.33
3-(三甲基硅氧基)-苯酚	1.88

表 4-8　梨木醋液的组成[82]

化合物	含量/%
羟基乙醛	1.64
乙酸	49.23
1-羟基-2-丙酮	4.58
三甘醇	0.93
丙酸	1.85
1-羟基-2-丁酮	3.26
1,3-丁二醇	0.36
1,2-丁二醇	0.31
原甲酸三乙酯	0.84
糠醛	6.33
糠醇	2.72
2,3-丁二酮	2.18
1,3 环氧-4-甲基-正戊烷	0.38
2-甲基-2-环戊烯-1-酮	1.92
2-乙酰基呋喃	1.24
3-羟基环己酮	0.56
2-氨基丁烷	0.46
3-甲基-2-环戊烯-1-酮	1.07
2,3,5-三甲基呋喃	0.74
苯酚	1.46
3-甲基-2-羟基-2-环戊烯-1-酮	1.66
2,3-二甲基-2-环戊烯-1-酮	0.44
2-甲基苯酚	0.70
对甲氧基苯酚	0.36
呋喃甲醛缩二乙醇	0.40
3-甲基苯酚	0.85
愈创木酚	3.13
4-甲基愈创木酚	1.47
4-乙基愈创木酚	0.70
4-乙烯基愈创木酚	0.36
2,6-二甲氧基苯酚	3.46
香草酸	2.01
3-(三甲基硅氧基)苯酚	0.56

表 4-9 棉木醋液的组成[83]

类别	化合物	棉秆	杂木
酸类	乙酸	16.88	27.78
	甲酸	—	1.64
	丙酸	3.25	—
酯类	乙酸甲酯	0.98	1.03
	丙酮醇乙酸酯	—	0.68
	丁内酯	—	1.63
	邻苯二甲酸二异丁酯	—	0.07
	3-甲基-2-羟基-2-盐酸环戊醇乙胺酯	—	0.23
酮类	1-戊烯-3-酮	2.8	—
	2-乙酰呋喃	2.62	0.86
	2-甲基环戊酮	1.57	—
	1-(4-羟基-3-甲氧基苯基)乙酮	0.27	—
	4-羟基-3-甲氧基苯丙酮	0.58	—
	3,4-二甲基-2-环戊烯-1-酮	0.67	—
	丙酮	—	3.19
	丁酮	—	2.13
	羟基-2-丁酮	—	1.07
	环戊酮	—	1.13
	1-过氧化乙酰丙酮	—	2.03
	甲基环戊烯醇酮	—	2.04
	2,5-已二酮	—	0.3
	3-甲基-2-羟基-2-环戊烯-1-酮	—	2.56
	2，3-丁二酮	—	0.99
	3,5-二甲基环戊烯酮	—	0.35
	乙基环戊烯醇酮	—	0.23
醇类	呋喃甲醇	12.03	0.51
醇类	四氢糠醇	7.93	—
	烯丙醇	—	0.36
	4-戊烯-2-醇	—	2.78
	6-甲基-5-庚烯-2-醇	—	0.45
	3-庚烯-2-醇	—	0.46
醛类	5-甲基糠醛	1.84	3.69
	乙醛		2.04
	丁二醛	—	0.98
	糠醛	—	11.82
酚类	苯酚	5.41	0.44
	2-甲氧基苯酚愈创木酚	7.34	3.75
	2-甲基苯酚	3.5	1.24
	4-甲基苯酚	5.11	3.77
	4-甲基愈创木酚	5.68	3.01
	3,5-二甲酚	0.89	—
	4-乙基愈创木酚	2.51	—
	焦性儿茶酚-1，3-二甲醚	2.64	—
	4,5-二甲氧基-2-甲基苯酚	0.45	—
	4-丙氧基苯酚	0.49	—
	甲基-1,4-苯二酚	0.58	—
	3-甲氧基邻苯二酚	0.49	—
其他	6-甲基-2-乙基-吡嗪	0.48	—
	吡啶	1.22	—
	2-乙基咪唑；2-乙基-1H-咪唑	5.19	—
	4，6-二甲基嘧啶	0.8	—
	2-呋喃基甲基酮		0.86

4.5.2　醋液的应用

在石油资源大规模开发利用之前，醋液曾是获取醋酸、丙酮、甲醇等化工产品的主要渠道。近年来，醋液在农业、医药、保健品、饮料添加剂等方面，都有应用报导[84]；特别是在绿色农牧产品的生产领域，具有较多的应用，可望缓解大量无节制使用化肥和农药导致的严重环境污染、农牧产品有害物质残留等问题。

1. 醋液在农业上的应用

(1) 促进作物生长

醋液能够影响植物的发根力，其中不同的有机物对不同植物生长的促进作用不尽相同，大部分醇类物质能够促进蔬菜生长，而大部分酚类物质则对蔬菜生长有抑制作用。一般而言，醋液对大白菜、萝卜、水萝卜和黄瓜等蔬菜根茎的生长有良好的促进作用[85]，这是由于醋液培养液可以明显增加蔬菜种苗的侧根数，这会加强种苗从土壤吸取养分的能力，促进作物生长。醋液原液去除醛、酮类物质的余液(主要含酚类、酸类及其衍生物)，对水稻发芽与幼苗期生长的促进作用最为明显。醋液还能促进食用菌的生长，不同浓度的醋液加入食用菌的培养基(锯屑)中，均会促进食用菌菌丝体、子实体的生长。醋液与氮素肥料混合施用，可促进水稻对氮素的利用效率，提高作物产量，减少肥料用量。

在使用醋液的过程中，应注意生物活性与浓度的关系，若醋液的浓度过高，对植物的生长就会显示抑制作用[86]。

(2) 对微生物的作用

醋液对病原菌(金黄色葡萄球菌、嗜水气单胞菌)等微生物具有杀菌、抑制的功效，对真菌、细菌、病毒有较强的杀灭能力。将醋液喷洒在土壤中，可以预防种子的立枯病，也可以用作土壤的消毒剂。土壤中施用醋液能有效抑制有碍植物生长的微生物类的繁殖，并能杀死根瘤线虫等害虫。对药材用醋液作防腐剂[87]，可以减少中药材在储存过程中的霉菌污染。利用醋液容易挥发的特性，将盛有稀释的醋液瓶悬挂在大棚中，可以防治大棚蔬菜病虫害。

将加入醋液的有机肥施入土壤中，随着醋液施入量的不同对土壤中的微生物具有不同的影响。研究结果表明[88]：在1kg有机肥中加入10g醋液，施入30kg土壤中，土壤微生物量(特别是细菌数量)增加幅度最大，土壤微生物10d内被有效激活；而在1kg有机肥中醋液的添加量高达50 g时，对土壤微生物会有一定的抑制作用。

醋液副作用小，易降解无残留，对人畜无害，因此可以消毒除臭、防腐保鲜。加入醋液能提高虫害防治效果60%~70%，减少农药用量40%[89]，可降低或避免农副产品中有害物质的残留问题，是农用化学品的理想替代物，在无公害蔬菜生产中可以大面积推广应用。

2. 醋液在林业上的应用

醋液对林业各种苗木的生长都有明显的促进作用[90]，可以有效防止苗木立枯病与其他病害的发生，增强苗木的抗病、抗逆能力。醋液可以使苗木嫩枝木质化程度加快，有增强苗木耐早霜、抗寒、耐旱、耐贫瘠、耐涝的功效。

3. 醋液在养殖业上的应用

醋液作为饲料添加剂[91]，可以改善家畜、养殖鱼类的肉质，改善鱼蛋等的品质并提高营养，显著提高鸡的产蛋率，增加鸡蛋产量，并且对蛋壳强度的增加，对鸡蛋保质期的延长，都有较好的提升作用。

4. 醋液制备环保型融雪剂

以醋液为原料，可制得低成本的醋酸钙镁盐(CMA)类融雪剂[92]，这种融雪剂具有融雪温度低、融雪效率高、可生物降解、对公路基础设施中的混凝土与金属的腐蚀性小、基本上对土壤和水源不造成污染等优点，性能优于氯化钠等氯盐融雪剂，是一种低成本环保型融雪剂。

5. 醋液在生活中的应用

(1) 护肤美容。醋液中主要成分醋酸，具有软化皮肤并去除角质的功效，醇具有清洁皮肤和杀菌、消毒等作用，另外醛具有渗透性，可将化妆品的营养成分渗透到皮肤深部，提高护肤效果。用醋液制成的木醋皂、木醋沐浴乳、木醋洗发乳等，具有润肤、美容、抗菌等功效。

(2) 医疗保健。醋液中的醋酸、酚系化合物及醇等成分，具有清洁皮肤和杀菌、消毒、消炎等功效，可用于皮肤炎、脚气、瘙痒性疾病的治疗，止痒消炎效果显著[84]。

(3) 除臭消毒。醋液可以对恶臭源中的氨、硫磺化合物等恶臭成分进行中和作用与包裹作用，吸收并消除恶臭。将醋液喷洒在卫生间等有恶臭的地方，能消除臭味，保持空气清新。夏天还可作为香水消除身上汗臭等气味，并使人感到凉爽[86]。

(4) 饮料添加剂。醋液原液经过精制处理，除去甲醇、甲醛等有害物质，可作为健康饮料添加剂。醋液中除了主成分醋酸外，还含有钙钾钠等矿物质，以及维持身体平衡的必须微量元素，经医学经验及临床证明可以强化肠胃，活化细胞机能，除去体脂肪，防治老化等[86]。

4.5.3　焦油的组成与性质

焦油的化学组成也极为复杂，主要是芳香族化合物[93]，还有少量的脂肪族物质，具有较高的氧含量[94]，典型的化学成分如表 4-10 所示。表 4-11 给出了典型焦油及其馏分的燃料性质[94]，其中 0 号为焦油原样，1-6 号为焦油的馏分(110℃以下馏分的上层液记为试样 1，下层液记为试样 2，110~150℃的馏分上层液记为试样 3，下层液记为试样 4，150~210℃馏分记为试样 5，210℃之后的记为试样 6)。另外，表 4-12 所示为典型焦油的工业分析结果[94]，从表中可以看出，焦油挥发分和水分含量较高，灰分含量极低。

表 4-10　焦油的化学组成

保留时间/min	化合物	保留时间/min	化合物
2.227	1-羟基-2-丙酮	7.910	2-乙基苯酚
2.319	乙酸酐	8.259	2,6-二甲基苯酚
2.447	苯	8.790	4-乙基苯酚
2.484	2-戊酮	9.047	萘
2.777	甲苯	9.139	2-甲氧基-4-甲基苯酚
3.327	乙基苯	9.780	4,7-二甲基苯并呋喃
3.400	对二甲苯	10.550	4-乙基-3-甲基苯酚
3.620	间二甲苯	11.284	2-乙基-4-甲基苯酚
3.804	2-乙酰呋喃	11.449	4-乙基-2-甲氧基苯酚
4.262	丙基苯	11.779	2,3-二氢-1H-茚-1-酮
4.354	1-乙基-4-甲基苯	11.852	十二碳烷
4.390	1-乙基-2-甲基苯	12.072	1-亚乙基-1H-茚
4.464	1,2,3-三甲基苯	13.667	2,6-二甲氧基苯酚
4.610	1-乙基-3-甲基苯	15.611	1,5-二甲基萘
4.849	苯酚	16.417	1,2,3-三甲氧基苯
4.959	苯并呋喃	17.756	十五烷
5.564	2,3-二氢茚	20.414	9H-芴
5.765	1-丙炔基苯	25.841	菲
6.077	邻-甲酚	26.043	二十二烷
6.609	间-甲酚	26.134	蒽
6.994	3-苯基-2-丙烯醛	29.288	十六烷酸甲酯
7.085	2-甲基苯并呋喃	33.248	(Z,Z)-9,12-十八碳二烯酸
7.159	4-乙基-2-甲基苯酚	33.560	(Z)-9-十八碳烯酸甲酯
7.764	1-甲基-2-苯基环丙烷	34.018	十八酸甲酯

表 4-11　生物质焦油及馏分的液体燃料性质

试样	相对密度(15℃)/(g/cm^3)	恩氏黏度(15℃)/°E	闪点/℃	凝点/℃	pH	高位发热量/(kJ·kg)
0	1.13	17.82	无	−5	5.7	28998.11
1	0.813	7.1	86	−7	6	20846.3
2	1.006	2.26	无	−3	3.8	—
3	0.826	8.31	94	−7	5.8	24926.1
4	1.012	5.87	无	−4	4.5	—
5	0.878	9.85	98	−8	6.1	28639.2
6	0.933	20.06	108	−10	6.3	35930.9
0 号柴油	0.808~0.832	3-8	79	0	6.5	42427(低位)

表 4-12　生物质焦油的工业分析(收到基)

试样	水分/%	挥发分/%	灰分/%	固定碳/%
焦油	32.7	59.02	0.91	7.37

4.5.4　焦油的应用

焦油中含有大量的芳香族组分，针对特定的焦油，通过精馏等方法，可以获得富含特定组分的馏分，如 4-甲基愈创木酚和 4-乙基愈创木酚等[95]，利用 4-甲基愈创木酚可进一步氧化合成香兰素[96]。

焦油可用于制备抗聚剂，一般是选取焦油 200℃以上的馏分，先用 Na_2CO_3 溶液中和，洗涤数次，除去酸类物质，使油层的 pH 达到 6.5 左右；除去水层以后，将油层再进行减压精馏，从而可得到生物质焦油抗聚剂，用于合成橡胶工业[97]。为了获得高质量与高产率的焦油抗聚剂，需要注意焦油加工工艺的真空度、蒸馏温度、蒸馏速度、蒸馏时间、焦油含水率、沥青的釜内结焦等因素[98]。

焦油也可以用于制备酚盐和杂酚。一般是选取焦油 190~230℃的馏分，用 Na_2CO_3 溶液中和除去其中的酸类物质，分离酸盐溶液后，再用水洗涤并去除水层，然后加入 NaOH(KOH)溶液，使其中的酚类转变成能溶于水的酚钠(钾)盐类；中性油不溶于酚盐溶液，大部分可通过静置后除去，剩余部分可通过直接蒸汽吹蒸或苯萃取方法去除[99]，从而得到酚盐。酚盐在一般有机溶剂中表现出一定的溶解性，又具有共价化合物的一些特征，是多种有机化合物的合成原料，如药品、农药、相转移催化剂、燃料等。苯酚钾盐及其对位取代衍生物是很好的电荷给体，能与很多有机化合物形成电荷转移络合物(CTC)；通过对 CTC 的研究，可以测定这些有机物的受电子能力等性质，因此被广泛用于生物化学、光学材料及重金属离子分析等领域[100]。酚盐经硫酸、CO_2 等分解后成为杂酚，杂酚是凝油状液体，成薄层时为深红色，有苯酚的气味。利用杂酚配置的保护液，可用作防腐剂，喷涂于木材、混凝土、石、钢、铝等材料表面，有长期保护效果[101]。此外，杂酚也可用于提取化学品，如愈创木酚[102]、4-甲基愈创木酚等，作为有机合成原料。

焦油中含有高极性的芳香基官能团，可用作抗氧化剂，一般是选取焦油 200℃以上的馏分，冷水多次洗涤，使酸值达到指标为止。此外，焦油也可以部分替代苯酚用于合成酚醛树脂，改良传统的酚醛树脂胶黏剂的合成工艺，制得的酚醛胶的性能符合 GB/T 14074-2006 的要求，胶合强度更是高达 3.08MPa[78]。

参考文献

[1] 匡崇婷. 生物质炭对红壤水稻土有机碳分解和重金属形态的影响. 南京农业大学, 2011
[2] 郭伟等. 华北高产农田施用生物质炭对耕层土壤总氮和碱解氮含量的影响. 生态环境学报, 2011, 20(3): 425-428
[3] 蒋田雨等. 稻草生物质炭对3种可变电荷土壤吸附Cd(Ⅱ)的影响. 农业环境科学学报, 2012, (06): 1111-1117
[4] 王廷廷等. 生物质炭施用对土壤中氯虫苯甲酰胺吸附及消解行为的影响. 环境科学, 2012, 33(004): 1339-1345
[5] 张斌等. 施用生物质炭后稻田土壤性质, 水稻产量和痕量温室气体排放的变化. 中国农业科学, 2012, 45(23): 4844-4853
[6] 王典等. 生物质炭改良土壤及对作物效应的研究进展. 中国生态农业学报, 2012, (08): 963-967
[7] 花莉等. 秸秆生物质炭土地利用的环境效益研究. 生态环境学报, 2010, (10): 2489-2492
[8] 张文玲等. 生物质炭对土壤性状和作物产量的影响. 中国农学通报, 2009, (17): 153-157
[9] 袁金华, 徐仁扣. 生物质炭的性质及其对土壤环境功能影响的研究进展. 生态环境学报, 2011, (04): 779-785
[10] 黄彪, 高尚愚. 木材炭化机理的研究——炭化方法和炭化条件对杉木间伐材炭化物物性的影响. 林产化学与工业, 2005, (S1): 95-98
[11] Demirbaş A. Mechanisms of liquefaction and pyrolysis reactions of biomass. Energy Conversion and Management, 2000, 41(6): 633-646
[12] 杨海平等. 温度对生物质固定床热解影响的研究. 太阳能学报, 2007, 28(10): 1152-1157
[13] 黄律先. 木材热解工艺学. 南京: 中国林业出版社, 1995
[14] 刘自力. 林产化工产品生产技术. 南宁: 江西科学技术出版社, 2005
[15] 胡凤山, 朱殿堂. 影响斯列普活化炉寿命的主要因素及对策. 煤炭加工与综合利用, 2000, (2): 33-34
[16] 项缙农. 改良斯列普活化炉. 煤炭加工与综合利用, 1989, 1: 52-53
[17] 杨东. 斯列普活化炉生产过程控制系统的应用研究. 东北大学硕士学位论文, 2008
[18] 金沙杨等. 生物质深度脱水炭化连续处理工艺及其设备. 2007
[19] 蒋恩臣等. 带有柔性螺旋输送装置的生物质连续热解炭化装置. 2009
[20] 蒋恩臣等. 用于还田的生物质炭制取及燃气余热回收利用装置. 2009
[21] 李贵桐等. 自燃式生物质焦生产炉. 2010
[22] 常建民等. 一种多功能流化床式生物质热解转化装置. 2011
[23] 常烜宇等. 连续式生物质低温热解炭化方法及其炭化炉. 2011
[24] Schmidt M W, Noack A G. Black carbon in soils and sediments: analysis, distribution, implications, and current challenges. Global biogeochemical cycles, 2000, 14(3): 777-793
[25] Pessenda L, et al. Holocene palaeoenvironmental reconstruction in norteastern Brazi inferred from polen, charcoal and carboon isotope records. The Holocene, 2005, 15(6): 812-820
[26] Wu W, et al. Chemical characterization of rice straw-derived biochar for soil amendment. Biomass and bioenergy, 2012, 47:268-276
[27] Cheng C H, et al. Oxidation of black carbon by biotic and abiotic processes. Organic

geochemistry, 2006, 37(11): 1477-1488
[28] 庄晓伟等. 7 种生物质炭燃烧特性的分析. 林产化学与工业, 2009, S1: 169-173, 178
[29] 王怀臣等. 废物资源化制备生物质炭及其应用的研究进展. 化工进展, 2012, 04:907-914
[30] Yuan J H, et al. The forms of alkalis in the biochar produced from crop residues at different temperatures. Bioresource Technol, 2011, 102(3): 3488-3497
[31] Inyang M, et al. Biochar from anaerobically digested sugarcane bagasse. Bioresource Technol, 2010, 101(22): 8868-8872
[32] Fuertes A, et al. Chemical and structural properties of carbonaceous products obtained by pyrolysis and hydrothermal carbonisation of corn stover. Soil Research, 2010, 48(7): 618-626
[33] 陈学榕等. 杉木间伐材炭化过程的 FTIR 光谱比较分析. 化工进展, 2008, 27(3): 429-439
[34] Chen X, et al. Study on the charring process of Chinese fir thinning wood under different conditions by comparisons of FTIR. Chemical Industry and Engineering Progress, 2008, 27(3): 429
[35] Preston C, Schmidt M. Black (pyrogenic) carbon: a synthesis of current knowledge and uncertainties with special consideration of boreal regions. Biogeosciences, 2006, 3(4): 397-420
[36] Krull E S, et al., Characteristics of biochar: organo-chemical properties. In Biochar for environmental management. Earthscan Publications Ltd. ISBN: 9781844076581, 2009: 53-65
[37] Silber A, et al. pH-dependent mineral release and surface properties of cornstraw biochar: agronomic implications. Environ Sci Technol, 2010, 44(24): 9318-9323
[38] Lehmann, J. Bio-energy in the black. Frontiers in Ecology and the Environment, 2007, 5(7): 381-387
[39] 郝蓉等. 不同温度对黑碳表面官能团的影响. 生态环境学报, 2010, 19(3): 528-531
[40] Sohi S, et al. Biochar, climate change and soil: A review to guide future research. CSIRO Land and Water Science Report, 2009, 5(09): 17-31
[41] 张璟慧. 生物质炭的制备及对水中污染物的去除研究. 浙江大学硕士学位论文, 2011
[42] Glaser B, et al. Black carbon in soils: the use of benzenecarboxylic acids as specific markers. Organic geochemistry, 1998, 29(4): 811-819
[43] Gavin D G, et al. Holocene fire history of a coastal temperate rain forest based on soil charcoal radiocarbon dates. Ecology, 2003, 84(1): 186-201
[44] Schmidt M W, et al. Carbon isotope geochemistry and nanomorphology of soil black carbon: Black chernozemic soils in central Europe originate from ancient biomass burning. Global biogeochemical cycles, 2002, 16(4): 1123
[45] Masiello C, Druffel E. Black carbon in deep-sea sediments. Science, 1998, 280(5371): 1911-1913
[46] Lehmann J, et al. Nutrient availability and leaching in an archaeological Anthrosol and a Ferralsol of the Central Amazon basin: fertilizer, manure and charcoal amendments. Plant and soil, 2003, 249(2): 343-357
[47] Glaser B, et al. Ameliorating physical and chemical properties of highly weathered soils in the tropics with charcoal–a review. Biology and fertility of soils, 2002, 35(4): 219-230
[48] Bar-Yosef B. Advances in Fertigation. In Advances in Agronomy, Donald, L. S., Ed. Academic Press: 1999, 65: 1-77
[49] Chan K, et al. Using poultry litter biochars as soil amendments. Soil Research, 2008, 46(5):

437-444
[50] Graber E R, et al. Biochar impact on development and productivity of pepper and tomato grown in fertigated soilless media. Plant and soil, 2010, 337(1-2): 481-496
[51] Marris E. Putting the carbon back: black is the new green. Nature, 2006, 442(7103): 624-626
[52] Lee J W, et al. Characterization of biochars produced from cornstovers for soil amendment. Environ Sci Technol, 2010, 44(20): 7970-7974
[53] Yuan J H, Xu R K. The amelioration effects of low temperature biochar generated from nine crop residues on an acidic Ultisol. Soil Use and Management, 2011, 27(1): 110-115
[54] Singh B, et al. Characterisation and evaluation of biochars for their application as a soil amendment. Soil Research, 2010, 48(7): 516-525
[55] Novak J M, et al. Impact of biochar amendment on fertility of a southeastern Coastal Plain soil. Soil Science, 2009, 174(2): 105-112
[56] Van Zwieten L, et al. Effects of biochar from slow pyrolysis of papermill waste on agronomic performance and soil fertility. Plant and soil, 2010, 327(1-2): 235-246
[57] Atkinson C J, et al. Potential mechanisms for achieving agricultural benefits from biochar application to temperate soils: a review. Plant and soil, 2010, 337(1-2): 1-18
[58] Clough T J, Condron L M. Biochar and the nitrogen cycle: Introduction. Journal of environmental quality, 2010, 39(4): 1218-1223
[59] Kuzyakov Y, et al. Black carbon decomposition and incorporation into soil microbial biomass estimated by ^{14}C labeling. Soil Biology and Biochemistry, 2009, 41(2): 210-219
[60] Kookana R S. The role of biochar in modifying the environmental fate, bioavailability, and efficacy of pesticides in soils: a review. Aust J Soil Res, 2010, 48(6-7): 627-637
[61] Beesley L, et al. Effects of biochar and greenwaste compost amendments on mobility, bioavailability and toxicity of inorganic and organic contaminants in a multi-element polluted soil. Environ Pollut, 2010, 158(6): 2282-2287
[62] Rondon M A, et al. Biological nitrogen fixation by common beans (Phaseolus vulgaris L.) increases with bio-char additions. Biology and fertility of soils, 2007, 43(6): 699-708
[63] Karhu K, et al. Biochar addition to agricultural soil increased CH_4uptake and water holding capacity–Results from a short-term pilot field study. Agriculture, ecosystems & environment, 2011, 140(1): 309-313
[64] Pietikäinen J, et al. Charcoal as a habitat for microbes and its effect on the microbial community of the underlying humus. Oikos, 2000, 89(2): 231-242
[65] Duku M H, et al. Biochar production potential in Ghana-A review. Renew Sust Energ Rev, 2011, 15(8): 3539-3551
[66] 刘莹莹等. 不同作物原料热裂解生物质炭对溶液中 Cd^{2+}和 Pb^{2+}的吸附特性. 生态环境学报, 2012, (01): 146-152
[67] Chen B, Chen Z. Sorption of naphthalene and 1-naphthol by biochars of orange peels with different pyrolytic temperatures. Chemosphere, 2009, 76(1): 127-133
[68] Qiu Y, et al. Effectiveness and mechanisms of dye adsorption on a straw-based biochar. Bioresource Technol, 2009, 100(21): 5348-5351
[69] Kasozi G N, et al. Catechol and Humic Acid Sorption onto a Range of Laboratory-Produced Black Carbons (Biochars). Environ Sci Technol, 2010, 44(16): 6189-6195

[70] Cao X D, et al. Simultaneous Immobilization of Lead and Atrazine in Contaminated Soils Using Dairy-Manure Biochar. Environ Sci Technol, 2011, 45(11): 4884-4889
[71] Cao X D, et al. Dairy-Manure Derived Biochar Effectively Sorbs Lead and Atrazine. Environ Sci Technol, 2009, 43(9): 3285-3291
[72] Chen B, et al. A novel magnetic biochar efficiently sorbs organic pollutants and phosphate. Bioresource Technol, 2011, 102(2): 716-723
[73] Karhu K, et al. Biochar addition to agricultural soil increased CH4 uptake and water holding capacity - Results from a short-term pilot field study. Agr Ecosyst Environ, 2011, 140(1-2): 309-313
[74] Zhang A, et al. Effect of biochar amendment on yield and methane and nitrous oxide emissions from a rice paddy from Tai Lake plain, China. Agriculture, ecosystems & environment, 2010, 139(4): 469-475
[75] 陈温福等. 生物炭应用技术研究. 中国工程科学, 2011, 13(002): 83-89
[76] 乌日娜. 生物质炭基固体酸催化剂的制备及催化性能研究. 大连理工大学硕士学位论文, 2009
[77] 庄晓伟等. 生物质炭复合材料结构与性能的研究进展. 生物质化学工程, 2008, (02): 45-49
[78] 李林, 张鹏远. 木焦油部分替代苯酚合成酚醛树脂胶粘剂的研究. 粘接, 2009, 30(12): 59-63
[79] 王海英. 木醋液对植物生长调节机理研究. 东北林业大学博士学位论文, 2005
[80] 张文标等. 高纯度竹醋液生产和加工工艺的研究. 林产化学与工业, 2003, 23(1): 46-50
[81] 石起增等. 苹果木木醋液的有机成分分析. 分析实验室, 2008, 27(10): 70-72
[82] 雷军锋等. 梨木木醋液的有机成分分析. 林业科学, 2008, 44(8): 155-157
[83] 周岭等. 棉秆与杂木木醋液成分比较分析. 华南农业大学学报, 2009, 30(2): 22-25
[84] 朴哲等. 木醋液的精制及有机成分研究. 林产化学与工业, 2003, 23(2): 17-20
[85] 杨华. 木醋液对蔬菜种子发芽及其芽苗根茎生长作用的效果研究. 辽宁城乡环境科技, 1997, 17(3): 78-80
[86] 吴昊, 韩晓颖. 木醋液的性质及应用研究进展. 2010 中国环境科学学会学术年会论文集（第四卷), 2010: 4132-4134
[87] 张丽萍等. 木醋液防治穿地龙霉菌的试验. 黑龙江生态工程职业学院学报, 2006, 5(3): 19-20
[88] 李太元等. 木醋液抑菌效果的观查. 延边大学农学学报, 2005, 27(1): 17-20
[89] 孙剑华等. 辣椒卷叶灵加竹醋液防治辣椒病毒病药效试验. 农业装备技术, 2006, 32(1): 35
[90] 于学军等. 木醋液在林业育苗上的应用研究. 防护林科技, 2005, 1(1): 38-34,70
[91] 王贵林, 瀛文风. 木醋液作为鸡饲料添加剂的应用试验. 贵州环保科技, 1998, 4(1): 29-33
[92] 许英梅等. 一种低成本环保型融雪剂的制备与性能研究. 辽宁化工, 2007, 36(1): 10-11+15
[93] 钱华等. 竹焦油化学组成的 GC/MS 法分析. 竹子研究汇刊, 2006, 25(3):24-27
[94] 李继红. 生物质焦油及其馏分的热动力学研究. 河南农业大学硕士学位论文, 2005
[95] 朱昌朋. 从杂酚油中提取 4-甲基愈创木酚,4-乙基愈创木酚. CN95109550.1, 1997
[96] 黄筱雄等. 利用松树杂酚油提取物合成香兰素新工艺. 精细与专用化学品，2003，11(12): 14-15
[97] 边轶等. 生物质热解焦油的性质与化学利用研究现状. 生物质化学工程, 2011, 45(2): 51-55
[98] 孙忠玺. 影响木焦油加工的主要因素. 吉林林业科技, 1989, (6): 45-46
[99] 张全国等. 生物质气化副产物（焦油）的能源特性实验研究. 太阳能学报，2002，23(3): 392-397

[100] 叶明等. 碱金属醇盐和碱金属酚盐的合成及其在橡胶中的应用. 合成橡胶工业, 2002, 25(3): 182-185
[101] 张德珠. 木材防护系列新配方. 农村新技术, 1994, 12: 31
[102] 郭幼庭等. 从杂酚油馏份中提取愈创木酚的研究. 东北林学院学报, 1983, (2): 169-172

第5章 生物质的热解气化

5.1 概 述

生物质气化是指在无氧或缺氧的高温环境下，使生物质固体原料发生热分解或不完全燃烧而转化为气体燃料和化工原料气(合成气)等气态物质的热化学转化过程[1]。

生物质气化与沼气是两个完全不同的技术。生物质气化是一种热化学转化过程，适宜的原料主要是固体生物质(如各种农林废弃物等)，且产物中的可燃气体成分主要是 CO 和 H_2 等。而沼气则是一些有机物质在厌氧条件下经微生物发酵作用而生成的一种混合气体，该生物转化过程适宜的原料主要是畜禽粪便、有机易腐物和有机废液等，且产物中的可燃气体成分主要是 CH_4。

生物质气化基本原理早在 18 世纪就为人们所知，有记载的商业应用可以上溯到 18 世纪 30 年代。到了 19 世纪 50 年代，英国伦敦大部分城区都用上了以“民用气化炉”产生的“发生气”为燃料的“气灯”，并形成了生产“民用气化炉”的行业，这种“民用气化炉”所用的气化原料为木炭和煤。大约在 1881 年，这种“发生气”首次被应用于固定式的内燃机(如排灌机械等)，并由此诞生了“动力气化炉”。到了 19 世纪 20 年代，这种生物质动力气化系统的应用已由固定式的内燃机拓展到移动式的内燃机(如汽车、拖拉机等)，应用范围也由英国伦敦扩展到欧洲全境和世界其他一些地区。

第二次世界大战期间，由于当时几乎所有的石油燃料都被用于战争，民用燃料匮乏，从而导致生物质气化技术得到迅猛发展，除非洲外的世界各大洲都出现了生物质动力气化系统的应用，仅欧洲一地(尤其是德国)就用车载气化炉先后装备了一百多万部交通运载工具，并形成了与此相配套的一整套技术。那时，以固定床气化为主的生物质气化技术已达到相当完善的程度，但所用气化原料主要是木炭和优质硬木。

然而战争结束后，这些在战争应急机制下装载的大量车载气化炉又都迅速遭到废弃，人们又转而使用更为便捷和低廉的石油燃料。尤其是随着中东地区廉价石油的大量开采，世界几乎所有国家的能源结构都转向了以石油等化石燃料为主，生物质气化技术在较长时期内陷入了停顿。1973 年秋季发生的石油危机，深刻影响和冲击了世界政治经济格局，西方各主要工业国家都认识到常规能源的不可再生性和地域分布的不均匀性。出于对能源、环境和生态的战略考虑，发达国家纷纷投入大量人力和物力进行可再生能源研究。作为一种重要的新能源技术，生物质气化的研究重新活跃起来，多学科的交叉和渗透使这一技术得到新的发展，气化器除过去的固定床气化器外，还发展了流化床气化器和循环流化床气化器等；适用原料也由木炭和优质硬木扩大到几乎所有的干生物质；产生的可燃气不仅用于燃料，还用于发电等。

我国在能源困难的 20 世纪 50 年代，曾利用沼气作为燃料驱动汽车和农村排灌设备等，而生物质气化技术在 20 世纪 80 年代以后才得到较快发展。80 年代初期，我国研制出由固定床气化器和内燃机组成的气化发电机组，形成了 200kW 稻壳气化发电机组的产品并得到推广；同期，中国农业机械化科学研究院、中国林业科学研究院研制了用固定床气化器进行木材烘干的技术，并得到一定程度的推广应用。20 世纪 90 年代中期，中国科学院广州能源研究所进行了流化床气化炉和循环流化床气化炉的研制，并与内燃机结合组成了生物质气化发电系统，使用木屑或稻壳等原料的兆瓦级生物质气化发电系统已经投入商业运行。山东省科学院能源研究所在“七五”和“八五”期间成功研制出秸秆气化机和集中供气系统中的关键设备和成套技术，并于“九五”和“十五”期间率先在国内多个农村地区得到推广和应用[2]。

从生物质气化技术应用现状来看，由于欧美一些发达国家农业生产以农场为主，生物质资源相对集中，生物质气化一般规模较大，以发电和供热为主，技术也比较先进，主要有生物质气化燃气–蒸汽联合循环发电(IGCC)、热电联产(CHP)等，自动化程度高、工艺较复杂，发电效率和综合热效率都较高。而中国主要以家庭为单位进行农业生产，生物质资源相对分散、收集比较困难，故生物质气化一般较小，目前应用最广泛的领域是农村村镇集中供气和中小型气化发电，也用于锅炉燃烧供热。农村村镇集中供气工程虽能在一定程度上解决农作物秸秆的焚烧和炊事用能问题，但经济效益不是很好；生物质气化发电主要针对具有大量生物质废弃物的木材加工厂、碾米厂等企业，有一定的经济效益，但真正以农作物秸秆为气化原料的应用还不多。

生物质气化技术现存的问题主要是焦油。焦油是生物质气化过程中不可避免的副产物，气化燃气中含有焦油的不利影响主要在于：①焦油约占秸秆气化可燃气总能量的 5%~10%，因而降低了气化效率和燃气热值；②焦油在低温下冷凝成黏稠状液体，容易和水、炭粒、灰分等杂质粘结在一起，堵塞输气管道，卡死阀门、风机转子，对金属材质的设备具有较强的腐蚀作用，对 PE 等塑料材质的输气管网具有较强的老化作用；③焦油难以完全燃烧，并产生炭黑等颗粒，对燃气利用设备(如内燃机、燃气轮机等)损害相当严重；④焦油及其燃烧后产生的气味，如吸入过多将影响人体的健康。目前大多数中小型气化装置均采用水洗方法去除焦油，但洗焦废水的生化处理工艺尚不成熟，且成本也不低。因此，最好的方法还是采用改进气化工艺和增添催化裂解等手段，使整个气化系统少产焦油，然后再采用电捕焦等手段对焦油净化处理。如何解决生物质气化的焦油问题也是目前国内外在该领域比较活跃的研究方向之一[3]。

5.2　生物质气化技术分类

生物质气化技术有多种形式，不同的分类方式对应有不同的气化种类。目前主要存在五种气化技术分类方式，详见表 5-1。

表 5-1　气化技术分类[4]

分类条件	气化种类
气化压力	常压气化(−0.1~0.1MPa)、加压气化(0.5~2.5MPa)
气化温度	低温气化(700℃以下)、高温气化(700℃以上)
气化剂	干馏气化(不使用气化剂)、非干馏气化(使用气化剂)
加热方式	直接气化(氧化部分原料提供热量)、间接气化(外部加热提供热量)
气化炉结构	固定床气化、流化床气化、循环流化床气化、携带床气化等

5.2.1　按气化压力进行分类

生物质气化按气化反应压力的大小可以分为常压气化和加压气化两种。常压气化时气化反应器内的压力实为微负压或微正压，其压力范围一般为−0.1~0.1MPa；加压气化时气化反应器内的压力范围多数为 0.5~2.5MPa，少数情况下可达 5MPa 或更高。

加压气化的原理与常压气化相同，但加压气化装置的构造、操作、维护等都比常压气化复杂得多，硬件加工制造的难度也大许多，且加压气化得到的气体组成也并不比常压气化的气体组成有明显优异。但加压气化可以使得气化炉的设计小型化，因为气化炉设计准则之一是要保证生成气体在气化炉内有足够的滞留时间(一般至少为 5~6s)，同时我们也知道，在温度保持不变的情况下，气体的体积与其压力成反比，如在 1.0MPa 下加压气化，生成气的体积将是常压气化的 1/10，故而在保证相同滞留时间的情况下可以实现气化炉相当大比例的小型化。

生物质气化通常采用的都是常压气化，其原因主要是固体生物质物料实施加压密封供料的难度较大。但在某些应用场合采用加压气化的优点是显著的，如气化合成甲醇时的合成压力为 8~10MPa，合成气体的相对密度也比较轻，为 0.5 ~0.7kg/m^3，所以一次性以压力比 80~100 的加压非常困难，效率也很低，若气化以 0.5MPa 进行，压力罐的压力比为 16~20，则工艺条件可以温和很多。

5.2.2 按气化温度进行分类

生物质气化按气化温度的高低可以分为低温气化和高温气化两种。低温气化时气化反应器内的温度一般不超过 700℃，而高温气化时气化反应器内的温度将会超过 700℃，甚至达到灰分熔点以上，导致灰分在气化炉内高温区域呈熔融态。

气化反应温度与气化炉内部温度场的形成方式密切相关。一般而言，间接气化大多属于低温气化，而直接气化则多半都属于高温气化。

5.2.3 按气化剂进行分类

生物质气化按是否使用气化剂可以分为使用气化剂和不使用气化剂两种。如图 5-1 所示，不使用气化剂的气化只有干馏气化一种，而使用气化剂的气化又可以分为空气气化、氧气气化、水蒸气气化和复合式气化等几种常见形式。其实，使用气化剂的气化还有氢气气化和二氧化碳气化等，但由于使用氧气、氢气和二氧化碳作为气化剂时的反应条件相当苛刻，工程实践中很少应用，故本书就不再对其作详细介绍。

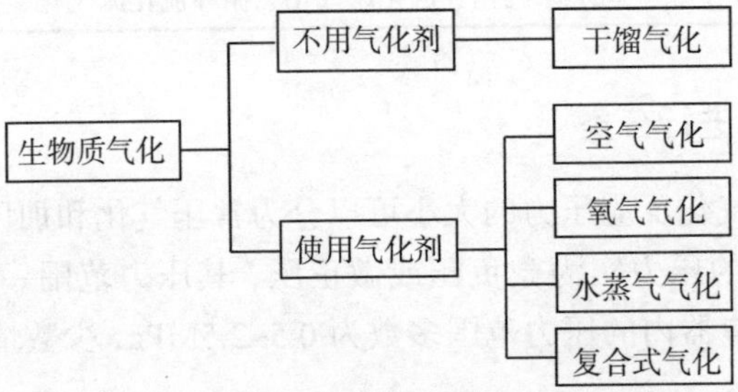

图 5-1 生物质气化按气化剂使用情况分类

干馏气化是生物质气化的一种特例，它是在完全无氧或只提供极有限氧(实为空气中的氧)的情况下进行的生物质气化。其原理是，生物质在一定温度作用下析出挥发分并生成固体炭、焦油、醋液和生成气。各产物的质量产率大致为：固体炭 25%~30%、焦油 5%~10%、醋液 30%~35%和生成气 25%~30%。干馏气化按温度高低可分为低温干馏气化(300~500℃)和高温干馏气化(500~700℃)两种，但不论哪种干馏气化，都应提供外部热源以使干馏反应得以连续进行。干馏气化生成气的热值约为 12~15MJ/m^3，属于中热值气体，既可用作气体燃料，也可用作化工合成气的原料。

空气气化是以空气为气化剂的气化过程。空气中的氧与生物质中的可燃组分发生不完全氧化反应，放出热量为气化反应提供所需的热量。由于空气可以任意取得，空气气化又能够做到自供热而不需要外部热源，故空气气化是所有气化过程中最简单、最经济，也是最容易实现的一种气化，但由于空气中含有 79%的 N_2，它基本不参加气化反应，但却降低了气化器中的反应温度和稀释了生成气中可燃组分的含量，使生成气中的氮气含量高达 50%左右，因而气体热值较低，大约只有 $5MJ/m^3$，属于低热值气体，作为燃气使用时输送效率较低，作为化工合成气原料使用时需要再作处理。

氧气气化是以氧气为气化剂的气化过程，其过程原理与空气气化相同，但没有惰性气体 N_2 稀释气化剂，在与空气气化相同的氧气当量比下，反应温度提高，反应速率加快，反应器容积减小，热效率提高。氧气气化生成气中的主要成分为一氧化碳、氢气和甲烷等，热值与城市煤气相当，为 $12\sim15MJ/m^3$，属于中热值气体，既可用作燃气，也可用作化工合成气的原料。

水蒸气气化是指水蒸气在高温下与生物质发生反应，它不仅包括水蒸气和碳的还原反应，也包含 CO 与水蒸气的变换反应和甲烷化反应等。水蒸气气化一般不单独使用，而是与氧气(或富氧空气)气化联合采用，否则仅由水蒸气本身提供的热量难以为气化反应提供足够的热源。典型水蒸气气化生成气的组分为：H_2—20%~26%、CO—28%~42%、CO_2—16%~23%、CH_4—10%~20%、C_2H_2—2%~4%、C_2H_6—1%、C_nH_m—2%~3%。由于氢气和烷烃含量较高，故生成气的热值可以达到 $11\sim19MJ/m^3$，属于中热值气体，既可用作燃气，也可用作化工合成气的原料。

复合式气化是指同时或交替使用两种或两种以上气化剂对生物质进行气化，如富氧空气-水蒸气气化和氧气-水蒸气气化等。从理论上分析，氧气-水蒸气气化比单用空气或单用水蒸气气化都优越：一方面，它是自供热系统，不需要复杂昂贵的外供热源；另一方面，气化所需要的一部分氧气可由水蒸气裂解来提供，减少了外供氧气的消耗量，并生成更多的氢气及碳氢化合物，特别是在有催化剂作用的条件下，一氧化碳可以与氢气反应生成甲烷，降低了气体中的一氧化碳含量，使得该气体燃料更适于用作城乡居民的生活燃气。在水蒸气(800℃)与生物质比为 0.95、氧气当量比为 0.2、无甲烷化催化剂的情况下，氧气-水蒸气气化的气体的典型组分为：H_2—32%、CO_2—30%、CO—28%、CH_4—7.5%、C_nH_m—2.5%。气体的热值约为 $11\sim12MJ/m^3$，属于中热值气体，既可用作燃气，也可用作化工合成气的原料[5]。

5.2.4　按加热方式进行分类

生物质气化按加热方式的不同，可以分为直接气化和间接气化两种。直接气化采用的加热方式是向气化炉限量供应空气或氧气，使部分生物质原料发生氧化反应，用其所产生的热量直接为余下的生物质原料提供气化所需的反应热量；间接气化是采用外部加热的方式向气化炉内的生物质原料提供气化所需的反应热量。

5.2.5　按气化炉结构进行分类

生物质气化按气化炉结构的不同可以分为固定床气化、流化床气化和携带床气化三种主要形式，具体如图 5-2 所示。

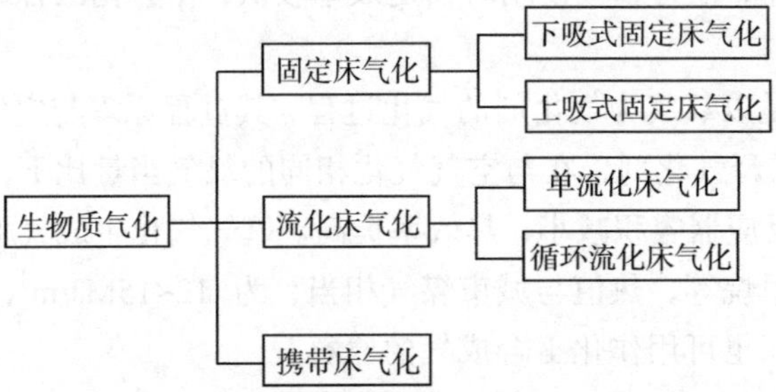

图 5-2　生物质气化按气化炉结构分类

1. 固定床气化

固定床气化炉的最大优点是制造简便、成本低、运动部件少、热效率高和操作简单等，缺点主要是气化过程难于控制、物料在炉内容易搭桥并形成空腔，且气化强度和单机最大气化能力相对较低，分别约为 200kg/(m^2·h)和 400kg/h。

固定床式气化炉进一步又可分为下吸式固定床和上吸式固定床等多炉型种。图 5-3 是下吸式固定床气化炉和上吸式固定床气化炉的结构示意图。表 5-2 为这两种固定床气化炉对气化原料的要求。

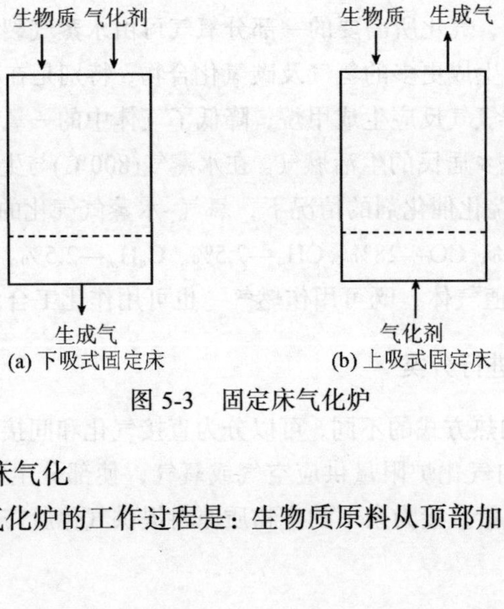

图 5-3　固定床气化炉

1) 下吸式固定床气化

下吸式固定床气化炉的工作过程是：生物质原料从顶部加入，然后依靠重力逐渐由顶部移动到底部；空气从上部进入，向下经过各反应层，燃气由反应层下部吸出；灰渣从底部排出。由于原料移动方向与气体流动方向相同，所以也叫顺流式气化。刚进入气化炉的原料遇到下方上升的热气流，首先脱除水分；下移过程中当温度升高到 200~250℃时发生热解并析出挥发分；挥发分随之与空气一起向下流动，当进入氧化区时，挥发分和一部分生物质焦炭与空气中的氧气发生不完全氧化反应，并使炉内局部温度迅速升至 1000℃以上；在氧气耗尽后的还原区，剩余焦炭与气体中的二氧化碳和水蒸气发生还原反应而生成一氧化碳、氢气和甲烷等可燃气体；最后，这些混合气体由气化炉下部引出炉外。

2) 上吸式固定床气化

上吸式固定床气化炉的工作过程是：生物质原料从顶部加入，然后依靠重力逐渐由顶部移动到底部；空气从下部进入，向上经过各反应层，燃气从上部排出；灰渣从底部排出。由于原料移动方向与气体流动方向相反，所以也叫逆流式气化。刚进入气化炉的原料遇到下方上升的热气流，首先脱除水分；当温度升高到 200~250℃左右时发生热解反应，析出挥发分；挥发分和一部分生物质焦炭与空气中的氧气发生不完全氧化反应，使炉内局部温度迅速升至 1000℃以上；剩余高温炽热的焦炭再与气体中的二氧化碳和水蒸气发生还原反应而生成一氧化碳、氢气和甲烷等可燃气体；最后，这些气体与热解层析出的挥发分混合，由气化炉上部引出炉外。

表 5-2　两种固定床气化炉对气化原料的要求

气化炉类型	原料种类	原料尺寸/mm	原料湿度/ %	原料灰分/(干基，wt %)
下吸式固定床	废木、秸秆	5~100	< 30	< 40
上吸式固定床	废木、秸秆	5~100	< 25	< 20

2. 流化床气化

在流化床气化炉中，一般采用砂子作为流化介质和热载体(也可不用)，向上流动的气流使砂子像液体沸腾一样漂浮起来。所以，流化床有时也称作沸腾床。除砂子外，石灰或催化剂等其他非惰性材料也可作为流化介质。流化床气化炉具有传热传质效率高的优点，气化强度约为固定床气化炉的 2~3 倍，反应温度一般在 750~900℃，其气化反应和焦油裂解均在床内进行，原料适应性广，可大规模应用。

根据结构不同，流化床气化炉进一步又可分为单流化床和循环流化床等多种炉型。

1) 单流化床气化

单流化床气化炉是最基本也是最简单的一种流化床气化炉。如图 5-4 所示，单流化床气化炉只有一个流化床反应器，反应器一般可分为上下两段，下部为气固密相段，上部为气固稀相段。气化剂从底部经由气体分布板进入流化床反应器，生物质原料从分布板上方进入流化床反应器。生物质原料与气化剂一边向上做混合运动，一边发生干燥、热解、氧化和还原等反应，这些反应主要发生在密相段，反应温度一般控制在 800℃左右。稀相段的作用主要是降低气体流速，使没有转化完全的生物质焦炭不致被气流迅速带出反应器而是继续留在稀相段发生气化反应。

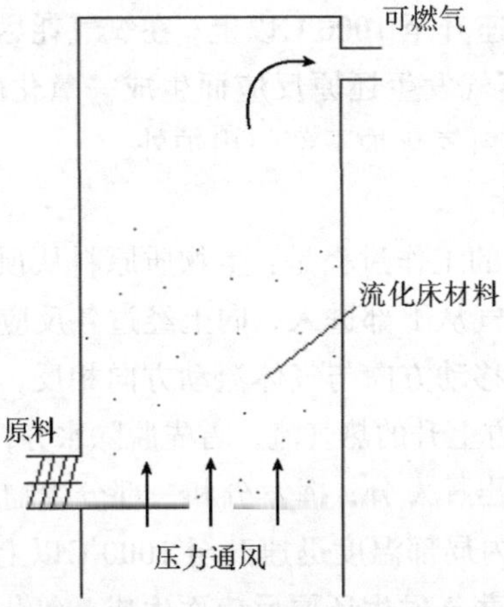

图 5-4　单流化床气化炉

与固定床气化相比，流化床气化的优点主要有：①由于生物质物料粒度较细和剧烈的气固混合流动，床层内传热传质效果较好，因而气化效率和气化强度都比较高；②由于流态化的操作范围较宽，故流化床气化能力可在较大范围内进行调节，而气化效果和气化效率不会明显降低；③由于床层温度不是很高且比较均匀，因而灰分熔融结渣的可能性大大减弱。

与固定床气化相比，流化床气化的缺点主要有：①由于气体出口温度较高，故产出气体的显热损失较大；②由于流化速度较高、物料颗粒又细，故产出气体中的固体带出物较多；③流化床要求床内物料、压降和温度等分布均匀，故而启动和控制较为复杂；④对于鼓泡床气化，最好在床层内添加一些热容量比较大的惰性热载体，否则气化效率和气化强度都难以令人满意。

2) 循环流化床气化

图 5-5 为循环流化床气化炉的工作原理图。它与单流化床气化炉的主要区别是生成气中的固体颗粒在经过旋风分离器或滤袋分离器后，通过料脚再返回到流化床，继续进行气化反应。循环流化床气化炉以空气为气化剂时的操作特性见表 5-3。

与单流化床气化相比，循环流化床气化的优点主要有：①由于操作气速可以明显提高而不必担心碳的转化率，故气化效率尤其是气化强度可以得到进一步提高；②可以适用更小的物料粒径，在大部分情况下可以不加流化热载体，运行较为简单。

其缺点主要是回流系统控制较难，料脚容易发生下料困难，且在炭回流较少的情况下容易变成低速携带床。

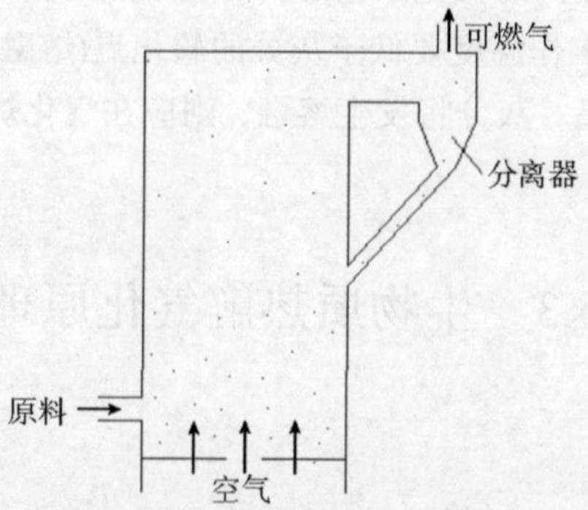

图 5-5　循环流化床气化炉

表 5-4 为循环流化床与单流化床的特性比较。由表 5-4 可见，循环流化床的运行速度不仅大于临界流化速度 u_{mf}，还大于自由沉降速度 u_t，而单流化床的运行速度却在临界流化速度和自由沉降速度之间，以免固体颗粒被带出。

表 5-3　循环流化床气化炉以空气为气化剂时的操作特性

颗粒直径/μm	运行速度	当量比	反应温度/℃	固相滞留时间/ min	气相滞留时间/ s
150~360	$3\sim5u_t$	0.18~0.25	700~900	5~8	2~4

表 5-4　循环流化床与单流化床的特性比较

炉型	原料	颗粒平均直径 d_{mp} / mm	临界流化速度 u_{mf} / (m/s)	运行速度 V_o /(m/s)	自由沉降速度 u_t /(m/s)	$\frac{V_0}{u_{mf}}$	$\frac{V_0}{u_t}$
单流化床	稻壳	0.47	0.37	0.74	0.85	2.0	0.9
循环流化床	木粉	0.33	0.12	1.40	0.40	11.7	3.5

3. 携带床气化

携带床是流化床的一种特例，该气化炉要求将生物质原料破碎成粉体状颗粒，且不使用惰性床料，而是由气化剂直接将粉体生物质原料载入后进行燃烧和气化，运行温度高达 1100~1300℃，气化速度非常快，气体在炉内的滞留时间只需 1~2s 即可，生成气中的焦油及可冷凝物含量很低，碳转化率可达 100%。

由于携带床气化属于高温气化，炉壁需要采用耐火材料隔热，以便能够保证气化炉的上部区域处于高温状态。此外，设计携带床气化炉时还要考虑灰熔点，当炉内温度高于灰熔点时，灰分附着在炉壁上，所以有必要采用烟灰吹除机之类的装置间歇地将其清除。

生物质灰分的熔点随生物质种类不同而不同，在 800~1500℃的较大范围内变动，在设计包括气流床在内的气化工艺时，对灰熔点的测定十分重要。一般情况下的设计是，气化炉内的工作温度要低于灰分的软化点(熔融开始的温度)。若灰分熔点较低时，气化温度升高，灰分将发生熔融，则应在气化炉的炉底设计专门的排渣机构。

5.3 生物质热解气化原理

5.3.1 气化基本原理

生物质气化原理可以下吸式固定床常压气化炉中的气化过程来表示。如图 5-6 所示，生物质从顶部加入，气化剂(如空气)由顶部吸入，气化炉自上而下可以分成干燥、热解、氧化和还原四个区域，各个区域的气化过程如下。

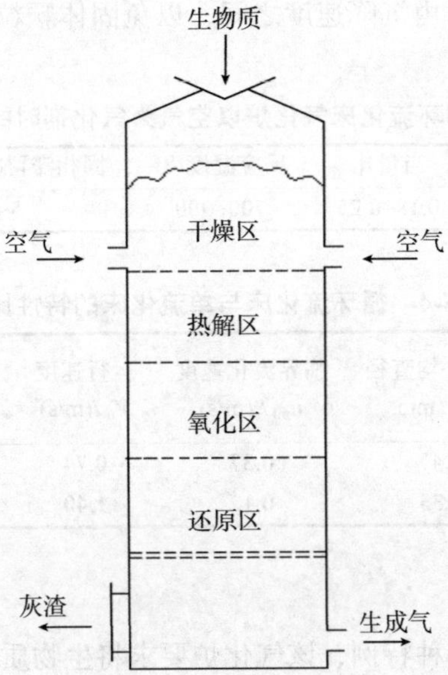

图 5-6 下吸式固定床常压气化炉的气化原理

1. 物料干燥

生物质物料和气化剂(空气)由顶部进入气化炉，气化炉的最上层为干燥区，含有水分的物料在这里同下面的热源进行热交换，使原料中的水分蒸发出去。首先是原料中外在水的蒸发，然后是内在水的蒸发。若原料块状体积较大时，其内在水分可能会有部分残留。

干燥区的温度大约为 50~150℃。干燥区的产物为干物料和水蒸气，干物料主要在重力作用下往下移动，水蒸气在气力抽吸下克服热浮力也往下移动。

2. 热解反应

来自干燥区的干物料、水蒸气和气化剂进入热解区后继续获得氧化区传递过来的热量，当温度达到或超过某一温度(最低约为 160℃)时，生物质将会发生热解反应而析出挥发分。此时的热分解总体上为放热反应，反应产物较为复杂，主要为炭、氢气、水蒸气、一氧化碳、二氧化碳、甲烷、焦油和其他烃类物质等，可用化学反应方程式来近似表示

$$CH_xO_y = n_1C + n_2H_2 + n_3H_2O + n_4CO + n_5CO_2 + n_6CH_4 \tag{5-1}$$

式中，CH_xO_y 为生物质的特征分子式；$n_1 \sim n_6$ 为气化时由具体情况待定的平衡常数。

3. 氧化反应

生物质热解产物连同水蒸气和气化剂在气化炉内继续下移，温度也会继续升高。当温度达到热解气体的最低着火点(约为 250~300℃)时，可燃挥发分气体首先被点燃和燃烧，来自热解区的焦炭随后发生不完全燃烧，生成一氧化碳、二氧化碳和水蒸气，同时也放出大量热量。氧化区的最高温度可达 1000~1200℃，正是这个区域产生的反应热为干燥、热解和还原提供了热源。

氧化区发生的化学反应主要有

$$C + O_2 \longrightarrow CO_2 + 393.51\ \text{kJ} \tag{5-2}$$

$$2C + O_2 \longrightarrow 2CO + 221.34\ \text{kJ} \tag{5-3}$$

$$2CO + O_2 \longrightarrow 2CO_2 + 565.94\ \text{kJ} \tag{5-4}$$

$$2H_2 + O_2 \longrightarrow 2H_2O + 483.68\ \text{kJ} \tag{5-5}$$

$$CH_4 + 2O_2 \longrightarrow CO_2 + 2H_2O + 890.36\ \text{kJ} \tag{5-6}$$

4. 还原反应

还原区已没有氧气存在，二氧化碳和高温水蒸气在这里与未完全氧化的炽热的炭发生还原反应，生成一氧化碳和氢气等。由于还原反应是吸热反应，还原区的温度也相应降低，约为 600~900℃。

还原区发生的化学反应主要有

$$C + CO_2 \longrightarrow 2CO - 172.43\ \text{kJ} \tag{5-7}$$

$$H_2O + C \longrightarrow CO + H_2 - 131.72\ kJ \tag{5-8}$$

$$2H_2O + C \longrightarrow CO_2 + 2H_2 - 90.17\ kJ \tag{5-9}$$

$$H_2O + CO \longrightarrow CO_2 + H_2 - 41.13\ kJ \tag{5-10}$$

$$3H_2 + CO \longrightarrow CH_4 + H_2O + 250.16\ kJ \tag{5-11}$$

需要说明的是，将气化炉截然分为几个工作区与实际情况并不完全相符，仅仅是为了便于分析而这样做的。事实上，一个区域可以局部地渗入另一个区域，由于这个缘故，所以上述过程有一部分是互相交错进行的。

5.3.2　气化反应动力学

生物质气化动力学是研究气化的理论基础，内容主要包括热解过程机理及动力学表达式、燃烧及还原过程中主要化学反应及过程速率等。

1. 热解过程

热解是指固体生物质在非燃烧状态下受热分解成气体、焦油和炭的过程。温度和加热速率是影响热解效果的最主要参数。该过程包含许多复杂的反应，低温时的反应产物主要是 CO_2、CO、H_2O 和焦炭；温度升高至 400℃以上时，又发生另一些反应，主要产物是 CO_2、CO、H_2、H_2O、CH_4、焦炭、焦油等；温度继续升高至 700℃以上并有足够的停留时间时，将出现二次反应即焦油裂解等，产物也发生相应改变，氢气和不饱和烃类气体得到增加。图 5-7 是典型的温度对热解产物分布的影响。一般而言，随着温度升高，气体产率增加，焦油及炭的产率下降，且气体中氢气及碳氢化合物的产量增加，二氧化碳含量减少，气体热值提高。因此，提高反应温度，有利于以产气为主要目的气化过程的进行。

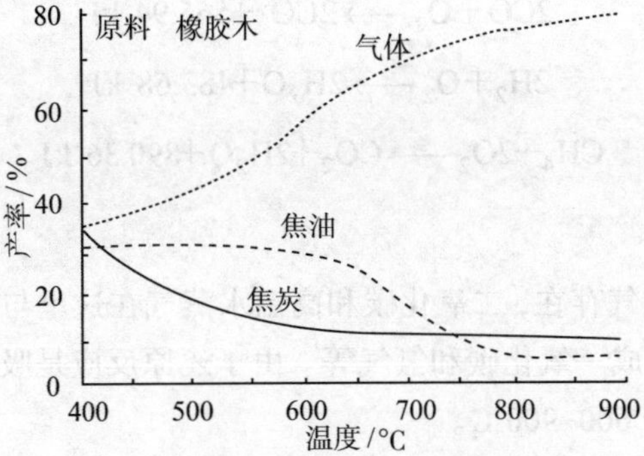

图 5-7　温度对热解产物分布的影响

进一步的研究表明，热解经历两步独立的反应过程[6]：第一步是固相反应，即高分子聚合脱水反应，其反应速率非常快；第二步反应是气相反应，或气相与炭的反应，包括裂解(cracking)、重整(reforming)和变换(shifting)等。裂解是气相挥发分中重碳氢化合物(如焦油)裂解成低分子化合物的过程，在此吸热反应过程中，C—C、C—H、C—O 键、环分子链断裂，形成氢氧化物、碳氧化物、甲烷和不饱和碳氢化合物等；重整是碳氢化合物与水蒸气的吸热反应，生成碳氧化物及氢基；变换是水蒸气与一氧化碳的反应，生成二氧化碳和氢气。裂解和重整反应在热解的气相反应中占有相当重要的地位。

温度与滞留时间是决定气相反应程度的主要因素。热解过程中的初始挥发分在 700℃下的滞留时间与不可凝气体产量之间的关系，如图 5-8 所示。由图可见，滞留时间对气相反应的影响很大，尤其是在短的滞留时间情况下延长滞留时间的效果尤为明显，但滞留时间大于 9s，若再继续增加滞留时间，效果就不明显了。

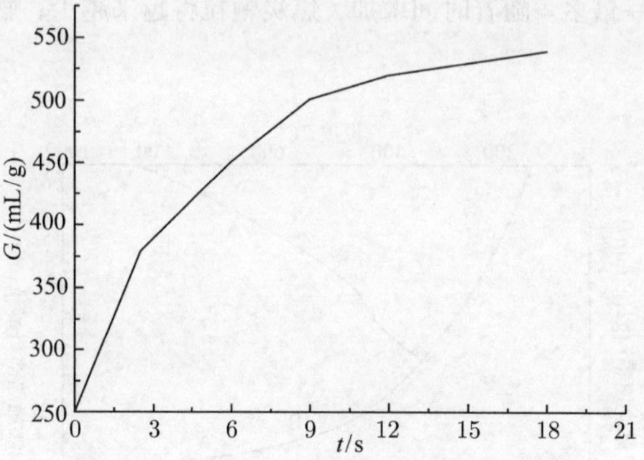

图 5-8　气体产量与气相滞留时间的关系

由图 5-8 进一步可以发现，气体产量与气相滞留时间呈近似指数关系，即

$$G = 260 + 270(1 - e^{-0.2927t}) \tag{5-12}$$

式中，G 为气体产量，mL/g；t 为气相滞留时间，s。

计算固体生物质气化动力学的表达式

$$\frac{da}{dt} = Ae^{-E/RT}(1-a)^n \tag{5-13}$$

式中，a 为反应程度；n 为反应级数；E 为活化能，J/mol；A 为指前因子，1/s；T 为反应温度，K。

一些生物质在不同温度下的热解动力学参数值见表 5-5。

表 5-5　一些生物质在不同温度下的动力学参数[7]

样品	T/K	a	A/s^{-1}	n	E	R
白松	710	0.293~0.95	9865.9	0.6354	17.8523	0.9998
白松	810	0.335~0.96	122.11	0.5944	11.994	0.9997
白松	900	0.148~0.959	40.83	0.6756	8.5559	0.9994
橡胶木	600	0.429~0.847	2.657E+09	0.5829	39.7991	0.9998
橡胶木	700	0.311~0.922	230570.2	0.681	24.7075	0.9984
橡胶木	800	0.358~0.946	5846.01	0.7501	18.2681	0.9989
橡胶木	900	0.137~0.969	200.62	0.776	13.2696	0.9997

2. 氧化过程

焦炭的燃烧速率受燃烧温度和燃烧时间控制。如图 5-9 所示，焦炭的燃烧速率随温度增加而增大，且近似呈直线关系(曲线 A)，当温度从 350℃增加至 900℃时，燃烧速率增加了一倍多。随着时间增加，焦炭颗粒将越来越少，燃烧速率按对数曲线速减(曲线 B)。

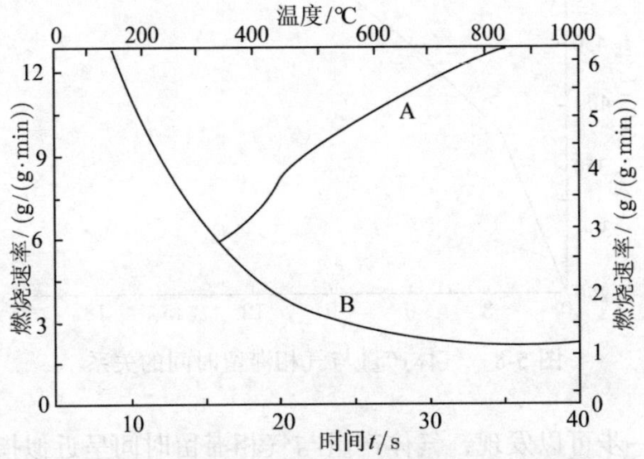

图 5-9　焦炭的燃烧速率

A—不同温度下的燃烧速率曲线；B—不同时间下的燃烧速率曲线

焦炭的燃烧速率又受氧通过包裹在炭黑外面灰层的扩散速率控制，细颗粒的燃烧速率比大颗粒快得多，见表 5-6。

表 5-6　900℃下颗粒尺寸对燃烧速率的影响

颗粒尺寸/mm	燃烧速率/[g/(g · min)]
6.25	0.648
0.833	5.04
0.074	55.9

3. 还原过程

还原过程中的化学反应主要是碳与二氧化碳、水蒸气和一氧化碳之间发生的反应，这些反应都是可逆的，增加温度与减少压力均有利于反应向右进行。

水蒸气与炽热碳的反应虽然有几种可能的形式，但都是吸热反应，增加温度均有利于水蒸气还原反应的进行，但生成 CO 或 CO_2 的化学反应平衡常数是不同的：温度低于 700℃时，反应有利于 CO_2 的生成；反之，温度越高，越有利于 CO 的生成，同时也有利于 H_2 的生成。另外，温度低于 700℃时，水蒸气与碳的反应速率极为缓慢，在 400℃时，几乎没有反应生成，只有从 800℃开始，反应速率才有明显增加。

碳与水蒸气的反应速率与反应温度之间的关系式可用数学方法拟合得到，即

$$r = A_1 e^{BT} \tag{5-14}$$

$$A_1 = 2.695\times10^{-4}\ s^{-1},\quad B = 7.234\times10^{-3}\ K^{-1}$$

式中，r 为碳与水蒸气的反应速率，s^{-1}；T 为反应温度，K。

表 5-7 是上述三个过程即热解过程、燃烧过程和还原过程的反应速度及其比较(注：以碳与水蒸气的反应速度为基准)。

表 5-7　生物质气化三个过程反应速度与速率比

温度/℃	反应速度与速率比	热分解	炭的燃烧	炭–水蒸气气化
700	反应速度/[mg/(s•cm^2)]	3.170	0.937	0.039
	速率比	81.3	24.0	1.0
800	反应速度/[mg/(s•cm^2)]	4.117	1.063	0.103
	速率比	40.0	10.3	1.0
900	反应速度/[mg/(s•cm^2)]	5.893	1.141	0.194
	速率比	30.4	5.9	1.0

5.3.3　气化反应平衡分析

生物质气化反应如同其他大多数化学反应一样，在原始物料之间进行正反应的同时，反应生成物之间根据反应条件而存在不同程度的逆反应。可以正逆两方向进行的反应称为可逆反应。

假设如下反应是一个可逆反应

$$\underset{c_1}{A} + \underset{c_2}{B} \rightleftharpoons \underset{c_3}{C} + \underset{c_4}{D} \tag{5-15}$$

式中，c_1、c_2、c_3、c_4 相应为 A 、B 、C 和 D 的浓度。

设正反应(A + B →)的速度为 v_1，逆反应(C + D →)的速度为 v_2，根据质量作用定律可知，化学反应速度与各反应物浓度的乘积成正比。因此，反应速度 v_1 和 v_2 可分别如下

$$v_1 = k_1 c_1 c_2 \tag{5-16}$$

$$v_2 = k_2 c_3 c_4 \tag{5-17}$$

式中，k_1 和 k_2 为反应速度常数。

由此，可写出化学反应方程式(5-15)的可逆反应速度为

$$v = v_1 - v_2 \tag{5-18}$$

如果 $v = 0$，说明该反应系统达到动态平衡，此时则有

$$k_1 c_1 c_2 = k_2 c_3 c_4 \tag{5-19}$$

$$\frac{k_1}{k_2} = \frac{c_3 c_4}{c_1 c_2} = K \tag{5-20}$$

式中，K 为化学反应平衡常数，它是反应温度和反应压力的函数。

根据化学反应平衡常数，可以确定在平衡条件下生成物的极限产率。对生物质气化而言，可以据此了解最佳气化反应状态和主动改变某些平衡条件以调节生成气的某些气体组分。

燃烧和气化过程中各种化学反应平衡常数的计算式列于表 5-8，其中反应温度以热力学温标来度量。

气化过程中几个主要化学反应的平衡状态随温度变化的趋势可以讨论如下。

(1) 反应 $C + CO_2 \longrightarrow 2CO$

这是生物质气化过程中最重要的反应之一。当反应温度小于 850℃时，其逆反应速度很快，因此二氧化碳很难还原为一氧化碳；当反应温度高于 850℃时，则还原反应生成的一氧化碳迅速增加；当温度升高到 1200℃以上时，相比之下逆反应速度极为缓慢，二氧化碳则可基本上全部还原为一氧化碳。因此，提高反应温度是增加一氧化碳含量的主要措施之一。

(2) 反应 $CO + H_2O \longrightarrow CO_2 + H_2$

这是制取以氢为主要成分的气体燃料的重要反应，也是提供气化过程中甲烷化反应所需氢源的基本反应。当温度高于 850℃时，此反应的正反应速度高于逆反应速度，故有利于生成氢气。为有利于此反应的进行，通常要求反应温度高于 900℃。

(3) 反应 $C + 2H_2 \longrightarrow CH_4$

这是制取高热值气体燃料的重要反应。随着温度的上升，逆反应速度加快，不利于甲烷的生成。常压气化时，此反应的适宜温度一般认为 800℃左右。

表 5-8　燃烧和气化化学反应平衡常数计算式

反应	平衡常数 K_r	平衡常数计算式
$C+O_2 \rightleftharpoons CO_2$	$\frac{CO_2}{O_2}$	$\lg K_r=\frac{20\,582.8}{T}-0.302\lg T+0.021\,43T-0.0724T^2+0.622$
$2C+O_2 \rightleftharpoons 2CO$	$\frac{(CO)^2}{O_2}$	$\lg K_r=\frac{11635.1}{T}+2.165\lg T-0.0894T+0.088\,76T^2+3.394$
$2CO+O_2 \rightleftharpoons 2CO_2$	$\frac{(CO_2)^2}{(O_2)(CO)^2}$	$\lg K_r=\frac{29\,530.5}{T}-2.769\lg T+0.001\,225T-0.061\,356T^2-2.15$
$2H_2+O_2 \rightleftharpoons 2H_2O$	$\frac{(H_2O)^2}{(O_2)(H_2)^2}$	$\lg K_r=\frac{25\,116.1}{T}-0.9466\lg T-0.087\,216T+0.081\,618T^2-1.714$
$C+CO_2 \rightleftharpoons 2CO$	$\frac{(CO)^2}{CO_2}$	$\lg K_r=\frac{8947.7}{T}+2.467\,5\lg T-0.001\,0824T+0.061\,16T^2+2.772$
$C+H_2O \rightleftharpoons CO+H_2$	$\frac{(CO)(H_2)}{H_2O}$	$\lg K_r=\frac{6740.5}{T}+1.556\,1\lg T-0.081\,092T-0.063\,71T^2+2.554$
$C+2H_2O \rightleftharpoons CO_2+2H_2$	$\frac{(CO)(H_2)^2}{(H_2O)^2}$	$\lg K_r=\frac{4533.3}{T}+0.644\,6\lg T+0.083\,646T-0.081\,858T^2+2.336$
$CO+H_2O \rightleftharpoons CO_2+H_2$	$\frac{(CO)(H_2O)}{(H_2)(CO_2)}$	$\lg K_r=\frac{2207.2}{T}+0.911\,5\lg T-0.097\,38T+0.081\,487T^2+0.098$
$C+2H_2 \rightleftharpoons CH_4$	$\frac{CH_4}{(H_2)^2}$	$\lg K_r=\frac{3348}{T}-5.957\lg T+0.001\,867T-0.061\,059T^2+11.79$

(4) 反应 $2CO+2H_2 \longrightarrow CH_4+CO_2$

此反应既是气化过程中生成甲烷的一个主要反应，也是气化后对生成气进行甲烷化以增加甲烷含量的重要反应。与反应(3)不同，反应(4)属于均相反应。随着温度的上升，甲烷含量要比反应(3)下降得缓慢，但温度升高毕竟对正反应还是不利，故应控制甲烷化的反应温度。

5.3.4　气化主要影响因素

生物质气化影响因素有很多，如生物质种类及其预处理、生物质进料与气化剂供给速率、反应器内温度和压力等。在以空气为气化剂的自供热气化系统中，当量比 *ER* 是最重要的一个影响因素，它不仅直接决定了生物质进料速率与气化剂供给速率之间的匹配关系，而且还间接决定了气化反应器内的温度和压力，以及气化气体的热值和气体组分等。

当量比 *ER* 是指气化实际供给空气量与生物质完全燃烧理论所需空气量之比，即

$$ER = \frac{AR}{SR} \tag{5-21}$$

式中，*AR* 为气化时实际供给的空气量与生物质量之比(kg/kg)，简称实际空燃比，其值取决于运行参数；*SR* 为所供生物质完全燃烧最低所需要的空气量与生物质量之比(kg/kg)，简称化学当量比，其值取决于生物质的燃料特性。

由式(5-21)可以发现，气化当量比是由生物质的燃料特性所决定的一个参数，气化当量比 *ER* 越大，燃烧反应进行的就越多，反应器内的温度也就越高，因而越有利于气化反应的进行；但另一方面，气化气体中的 N_2 和 CO_2 含量也会随之增加，从而使气化气体中的可燃成分得到稀释，气化气体的热值随之也降低。所以，气化时应综合考虑各种因素(包括生物质原料的含水率和气化方式等)来确定具体的气化当量比 *ER*。由于原料与气化方式的不同，实际运行中将生物质气化最佳当量比控制在 0.2~0.4 较为适宜[8]。

图 5-10~图 5-17 给出了某下吸式固定床气化反应器以木屑为原料时，气化当量比 *ER* 的变化对六种主要气体成分、热值和气化产率的影响。从中可见，通过改变 *ER* 的大小可以调节生成气中各个气体组分的含量，且生成气的热值与 *ER* 存在一个最佳匹配，以木屑为例，最佳 *ER* 为 0.3~0.4。

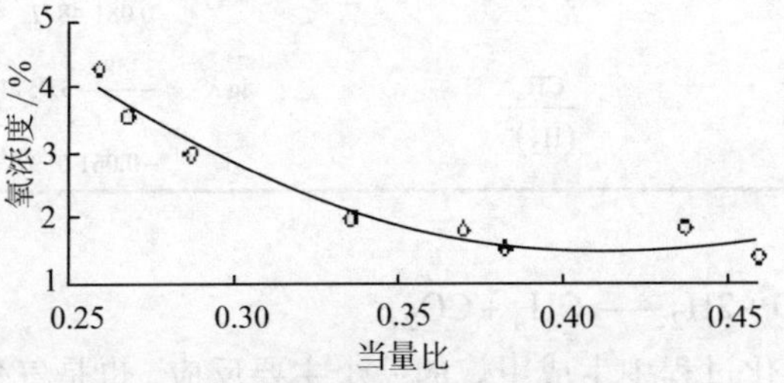

图 5-10　当量比对氧气组分的影响

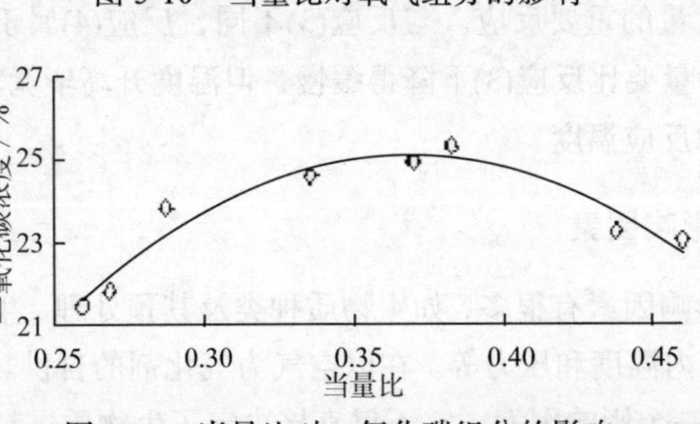

图 5-11　当量比对一氧化碳组分的影响

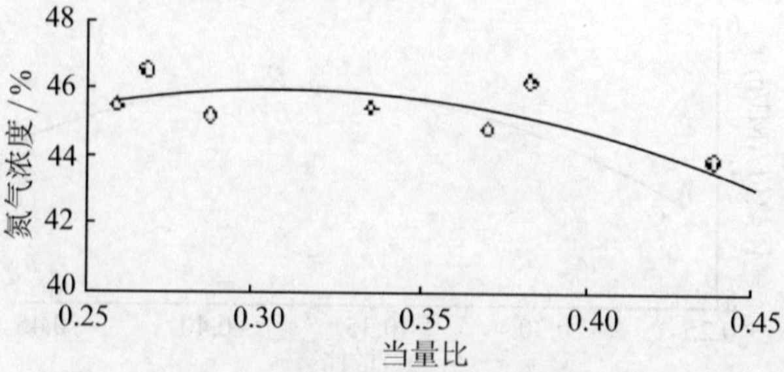

图 5-12　当量比对氮气组分的影响

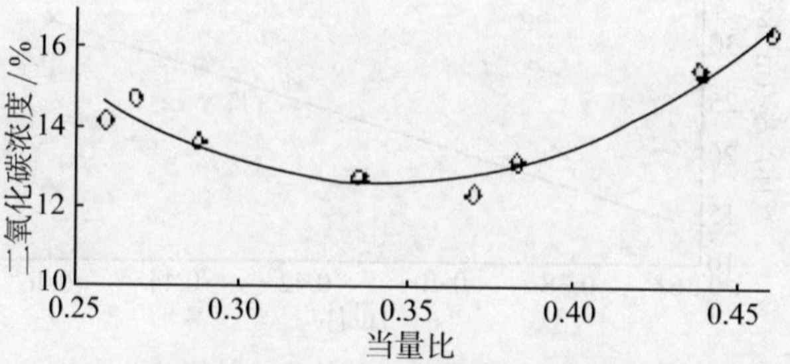

图 5-13　当量比对二氧化碳组分的影响

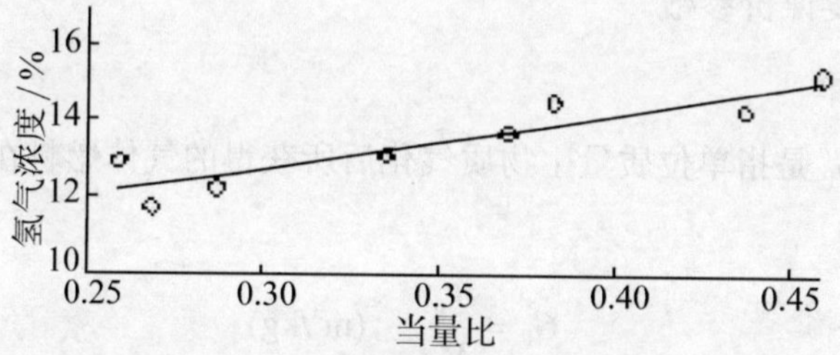

图 5-14　当量比对氢气组分的影响

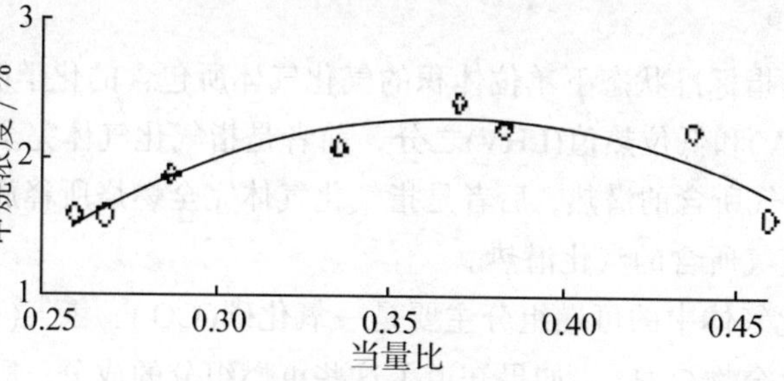

图 5-15　当量比对甲烷组分的影响

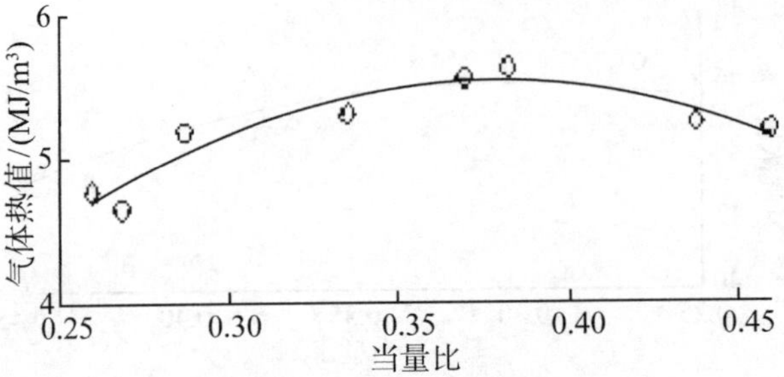

图 5-16　当量比对气体热值的影响

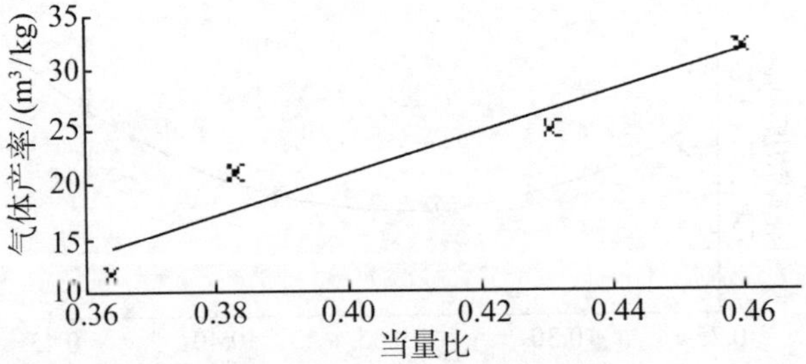

图 5-17　当量比对气体产率的影响

5.3.5　气化主要评价参数

1. 气体产率

气体产率 G_P 是指单位质量生物质气化后所获得的气体燃料在标准状态下的体积，即

$$G_P = \frac{V_g}{M_b} \quad (m^3/kg) \tag{5-22}$$

式中，V_g 为气化气体在标准状态下的体积(m^3)；M_b 为气化生物质的质量(kg)。

2. 气体热值

气体热值是指标准状态下单位体积的气化气体所包含的化学能。一般而言，它有高位热值(HHV)和低位热值(LHV)之分，前者是指气化气体完全燃烧所释放的总能量，包括水蒸气所含的潜热；后者是指气化气体完全燃烧所释放的可供利用的能量，不包括水蒸气所含的汽化潜热。

生物质气化气体中的可燃组分主要是一氧化碳(CO)、氢气(H_2)、甲烷(CH_4)和不饱和碳氢化合物 C_nH_m。如果知道了这些可燃组分的成分，则气化气体的低位热值 Q_g 除了实验测试外，还可以按下述公式进行计算

$$Q_{\mathrm{g}}=126C_{\mathrm{CO}}+108C_{\mathrm{H_2}}+359C_{\mathrm{CH_4}}+665C_{\mathrm{C}_n\mathrm{H}_m}\quad(\mathrm{kJ/Nm^3})\tag{5-23}$$

式中，C_{CO}、C_{H_2}、C_{CH_4}、$C_{C_nH_m}$ 分别代表 CO、H_2、CH_4 和 C_nH_m 在气化气体所占的体积百分比(%)。

国家农业部生物质气化集中供气站建设标准(NYJ/T09-2005)规定，标准状态下的燃气低位热值应大于 4600kJ/m^3；一氧化碳和氧含量应分别小于 20%和 1%。

3. 气化效率

气化效率 η 定义为单位质量的生物质气化后，气化气体所包含的化学能与气化原料所包含的化学能之比，即

$$\eta=\frac{Q_{\mathrm{g}}\cdot G_{\mathrm{P}}}{Q_{\mathrm{b}}}\times100\%\tag{5-24}$$

式中，Q_b 是指生物质原料的热值(kJ/kg)；Q_g 是指气化气体的热值(kJ/Nm^3)；G_p 是指气化气体的产率(Nm^3/kg)。

国家农业部生物质气化集中供气站建设标准(NYJ/T09-2005)规定，生物质气化率应大于 70%。

4. 碳转化率

碳转化率 η_C 为单位质量的生物质气化后，气化气体所含的碳与原料中所含的碳之比。采用空气为气化剂时，假设生物质气化气体由 CO、CO_2、H_2、CH_4、C_nH_m、N_2 以及少量的 O_2 组成，则 η_C 可按下式进行计算

$$\eta_{\mathrm{C}}=\frac{C_{\mathrm{CO}}+12C_{\mathrm{CO_2}}+C_{\mathrm{CH_4}}+2.5C_{\mathrm{C}_n\mathrm{H}_m}}{12/W_{\mathrm{CH}_X\mathrm{O}_Y}}\cdot G_{\mathrm{P}}\tag{5-25}$$

式中，C_{CO}、C_{CO_2}、C_{CH_4}、$C_{C_nH_m}$ 分别代表相应的气体在气化气体中所占的体积百分比；$W_{CH_XO_Y}$ 是指生物质特征分子式的分子量。

5. 气化强度

气化强度 P 是指单位横截面积的气化反应器在单位时间内气化生物质原料的能力，其值等于生物质进料速率除以气化炉横截面积，即

$$P=\frac{W_{\mathrm{b}}}{A}\quad(\mathrm{kg/m^2/h})\tag{5-26}$$

式中，W_b 为生物质进料速率(kg/h)；A 气化炉横截面积(m^2)。

6. 气体组分

生物质气化生成气可以分成两大部分：一部分是可燃气体，它们是CO、H_2、CH_4和C_nH_m；另一部分是不可燃气体，它们是CO_2、N_2和O_2。可燃气体所占的比例越大，气化气体的热值就越高，但可燃气体中的一氧化碳含量又不能随意增加，因为一氧化碳气体具有毒性。此外，为了保证燃气储存和输送安全，生物质气化生成气中的氧气含量也应有限制。

国家农业部生物质气化集中供气站建设标准(NYJ/T09-2005)规定，生物质气化生成气中的一氧化碳和氧含量应分别小于 20%和 1%。

7. 焦油含量

焦油是生物质气化的一种必然产物，但其副作用是多方面的，如对气化设备的正常运行和使用寿命带来不利影响，如果处理措施不当可能还会造成一定的二次污染。国家农业部生物质气化集中供气站建设标准(NYJ/T09-2005)规定，经水洗净化后的生物质燃气，在标准化状态下，其焦油和灰尘的含量应小于 30mg/m³，且水洗净化产生的污水应采取相应的处理措施，处理后的污水必须达到国家允许的排放标准。

5.4　典型气化炉及其设计举例

5.4.1　生物质气化装置的构成

由于生物质原料预处理用的破碎和烘干设备有定型产品可以购买，且许多原料如稻壳和玉米芯等，气化时不需要进行预处理，故生物质气化装置一般是由气化炉、气固分离、冷却净化和燃气输送等设备构成的，且在我国现已推广应用的生物质气化装置采用最多的炉型是下吸式固定床和上吸式固定床气化炉。图 5-18 为编者于 1999 年研制的下吸式固定床生物质气化试验装置。

图 5-18　下吸式固定床生物质气化试验装置

5.4.2　下吸式固定床气化炉

下吸式固定床气化炉的工作过程如图 5-19 所示：生物质原料从顶部加入，然后依靠重力逐渐由顶部移动到底部，空气从上部进入，向下经过各反应层，燃气由反应层下部吸出，灰渣从底部排出。由于原料移动方向与气体流动方向相同，所以也叫顺流式气化。刚进入气化炉的原料遇到下方上升的热气流，首先脱除水分；下移过程中当温度提高到 250℃左右时发生热解并析出挥发分；挥发分随之与空气一起向下流动，当进入氧化区时，挥发分和一部分生物质焦炭与空气中的氧气发生不完全氧化反应，并使炉内局部温度迅速升至 1000℃以上；在氧气耗尽后的还原区，剩余焦炭与气体中的二氧化碳和水蒸气发生还原反应而生成一氧化碳、氢气和甲烷等可燃气体；最后，这些混合气体由气化炉下部引出炉外。

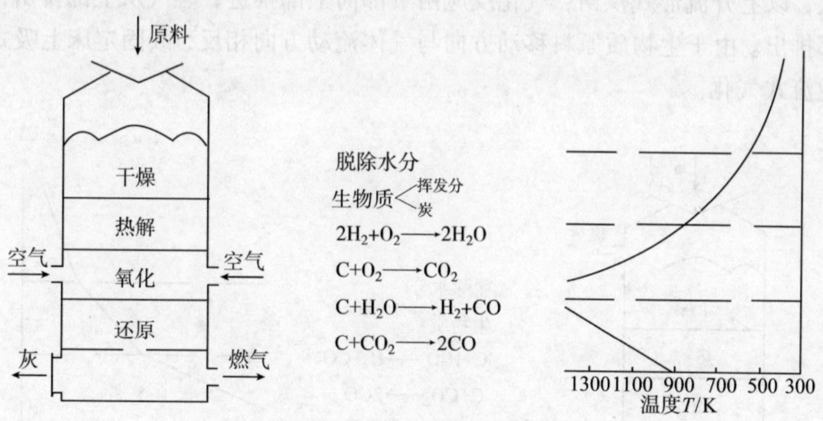

图 5-19　下吸式固定床气化炉

下吸式固定床气化的最大优点是气化气体中的焦油含量比上吸式固定床气化低许多，因为挥发分中的焦油在氧化层和还原层得到了一定程度的氧化和裂解，因此，这种气化技术比较适宜应用于需要使用洁净燃气的场合。下吸式固定床气化一般均采用安装在气化机组下游的罗茨风机或真空泵将空气吸进气化炉，气化炉内的工作环境为微负压，这样做的好处是加料口不需要严格的密封即可实现连续进料。这对于秸秆一类的生物质非常重要，因为这类生物质的堆积密度很小，因此要设计一个能容纳一定时间料量的炉膛相当困难，即便能够做到，也很难保证气化能够稳定运行。但微负压工作环境同样也会导致炉膛下部连续出灰的困难，若不增加专门的连续出灰装置，则只能将炉膛底部做得足够大来存放灰渣，运行时每隔一段时间停机清除一次灰渣。下吸式固定床气化的最大缺点是炉排处于高温区，容易粘连熔融的灰渣，寿命难保证。

保证下吸式固定床气化炉的稳定运行，对于木炭和木材等优质原料并不太难，但对于秸秆和草类等物理性质较差的低品质原料相对就难了许多，因为秸秆等物料在挥发分大量析出后，其体积会迅速缩小，从而使得秸秆半焦依靠自身重力向下移动的能力变得很差，因此，热解层和氧化层极易发生局部穿透。为了及时填充穿透空间并阻止气流短路，合理设计加料机构和炉腔形状，并辅以合理的拨火方式都是必须的。

5.4.3　上吸式固定床气化炉

上吸式固定床气化炉的工作过程，如图 5-20 所示。它一般以大小为 2.5~5cm 的木块或硬质秸秆为原料，在上部供料口投入，在炉内形成堆积层，然后依靠重力逐渐由顶部移动到底部；气化剂(空气、氧气、水蒸气或这些气体的混合气体)从底部进入，以上升流形式供给，气化反应由下部向上部推进；燃气从上部排出，灰渣从底部排出。由于生物质原料移动方向与气体流动方向相反，故固定床上吸式气化也叫逆流式气化。

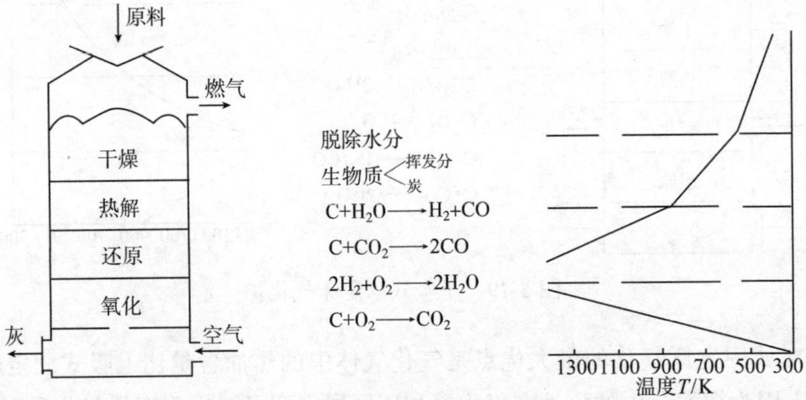

图 5-20　上吸式固定床气化炉

刚进入气化炉的原料遇到下方上升的热气流，首先脱除水分；当温度提高到 200~250℃时发生热解反应，析出挥发分；挥发分和一部分生物质焦炭与气化剂中的氧发生不完全氧化反应，使炉内局部温度迅速升至 1000℃以上；剩余高温炽热的焦炭再与气体中的二氧化碳和水蒸气发生还原反应而生成一氧化碳、氢气和甲烷等可燃气体；最后，这些气体与热解层析出的挥发分混合，由气化炉上部引出炉外。

上吸式固定床气化炉从下部到上部，以灰分层、焦炭层、挥发热分解层、未反应材料层的顺序，伴随着原料的气化过程而形成各个层次。然而，随着热气体上升造成的温度下降，会产生相当量的焦油。

上吸式固定床气化炉补给气化剂的方式有两种：一种是采用安装在气化机组上游的风机将气化剂吹进气化炉，气化炉内的工作环境为微正压；另一种是采用安装在气化机组下游的罗茨风机或真空泵将气化剂吸进气化炉，气化炉内的工作环境为微负压。这两种方式都可以通过改变进风量的大小来控制气化炉的供氧量，但为防止燃气由生物质加料口向外泄漏，必须要采取专门的加料措施才可实现连续加料，或将炉膛上部做得较大，能储存一段时间的用料(如 2h 的用料量)，运行时将加料口密闭，待炉内原料用完后再停炉加料。两种方式的不同之处在于炉膛下部的出灰，前者需要增加专门的装置才可连续出灰，而后者则不要专门装置即可连续出灰。

上吸式固定床气化的优点主要有：①气化效率较高，主要是因为热解层和干燥层充分利用了还原反应后的气体余热；②燃气热值较高，主要是因为气化气直接混入了具有较高热值的挥发分；③炉排受到进风的冷却，不易损坏。

上吸式固定床气化的最大缺点是，由于气化生成气直接混入了挥发分中的焦油而使气体中的焦油含量较高，故一般应用在粗燃气不需冷却和净化就可以直接使用的场合，如气化气体直接作为锅炉等热力设备的燃料气等。在必须使用清洁燃气的场合，就只能用硬木或木炭作为气化原料。

5.4.4 气化炉设计计算举例

图 5-21 为编者于 2001 年为安徽某秸秆气化集中供气站设计的下吸式固定床气化炉结构示意图。现以此为例来叙述下吸式固定床生物质气化炉的设计计算。

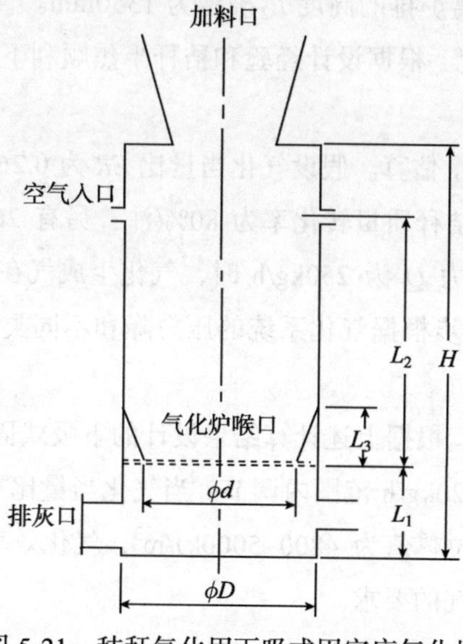

图 5-21 秸秆气化用下吸式固定床气化炉

(1) 设计目的。由于农村社会发展和农民生活水平的提高，秸秆直接作为炊事燃料使用所占的比例越来越低，越来越多的富余秸秆被废弃在田间地头，既浪费资源，又影响环境。因此，以农村镇村为单位建设秸秆气化集中供气系统，将富余秸秆转换成可燃气，然后通过管网输送到农村居民家中用作炊事燃料，势必是我国新农村建设的重要举措之一。

(2) 气化炉的气化能力。根据当时供气户数的要求，并考虑到为将来发展留有一定的余力，确定气化炉以秸秆为原料时的气化能力 Q 为 250kg/h。

(3) 气化炉的气化强度。考虑到秸秆和烟茎的堆密度较低，采用下吸式固定床气化炉作为设计炉型，并确定气化炉的气化强度 P 为 300 kg/(m$^2\cdot$h)。

(4) 气化炉本体内径。根据上述气化能力和气化强度进行计算，气化炉本体内径 D 确定为 800mm。

(5) 气化炉喉口底部直径。考虑到秸秆堆密度较低，气化炉在炉排上部采用喉口式结构。根据经验，其喉口底部直径 d 确定为 600mm。

(6) 气化炉筒体高度。根据设计经验和上述计算获得的气化炉筒体内部直径，气化炉本体总高度 H 确定为 2000mm。

(7) 气化炉灰室高度。根据烟茎灰分和排灰时间间隔最大为 10h 的要求，气化炉灰室高度 L_1 确定为 400mm。

(8) 气化炉进气口高度。根据设计经验和炉内热解层、氧化层和还原层厚度的需要，气化炉进气口距离炉排的高度 L_2 确定为 1350mm。

(9) 气化炉喉口高度。根据设计经验和秸秆半焦顺利下滑的要求，气化炉喉口高度 L_3 确定为 300mm。

(10) 气化生成气流量估算。假设气化当量比 ER 为 0.26，每公斤秸秆完全燃烧需要 5m^3 空气，气化时秸秆质量转化率为 80%(注：另有 20%假设转化为水蒸气、焦油和灰分)，则气化能力 Q 为 250kg/h 时，气化生成气在标准状态下的流量约为 500m^3/h。据此，可进一步根据气化系统的压力降和不同类型风机的特性曲线选配合适的风机。

(11) 实际运行效果。根据上述计算结果设计的下吸式固定床气化炉，实际使用时其气化能力可在 80~120kg/h 范围内调节，当气化当量比控制在 0.25~0.28 时，标准状态下气化气体的低位热值为 4800~5000kJ/m^3，气化效率为 72%~75%，完全可以满足秸秆气化集中供气的要求。

5.5　生物质气化气体的净化

直接从气化炉产出的燃气中除了气体组分以外，还含有焦油、灰分和水分，需要对燃气进一步净化后才能使用。

在固定床气化炉中，大部分灰分由炉栅落入灰室；在流化床式气化炉中，夹带在气体中的灰分首先由旋风分离器进行分离。经过自由降落或者旋风分离的燃气中一般还含有一部分小颗粒的灰分，这部分灰分可以通过旋风分离器或袋式分离器进行进一步分离，余下的细小灰尘可在处理焦油的过程中被除掉。

水分的去除方法一般是在一个特制的容器中装有多个叶片，形成曲折的流道(气水分离器)，燃气流经过程中多次冲击叶片，形成水滴，沿板壁流下。有的气化站在燃气流道中安装高速旋转的风机，用离心力将水分分离出来。在干式过滤焦油和灰尘时，干燥的过滤材料也会吸收一些燃气中的水分。

应该说，对水分和灰分的处理是比较容易的，生物质气化应用技术中一最大的难题就是对燃气中焦油的处理，下面将重点介绍这方面内容。

5.5.1　燃气中焦油的特点及其危害[9]

焦油的成分十分复杂，大部分是苯的衍生物。可以分析出的成分有 200 多种，主要成分不少于 20 种，其中含量大于 5%的有 7 种，它们是：苯、萘、甲苯、二甲苯、苯乙烯、酚和茚。焦油的含量随反应温度升高而减少。生物质气化产生的焦油的数量与反应温度、加热速率和气化过程的滞留期长短有关，通常反应温度在 500 ℃时焦油产量最高，滞留期延长，焦油因裂解充分，其数量也随之减少。图 5-22 所示为在不同反应温度下燃气中焦油含量(质量分数)的变化情况。

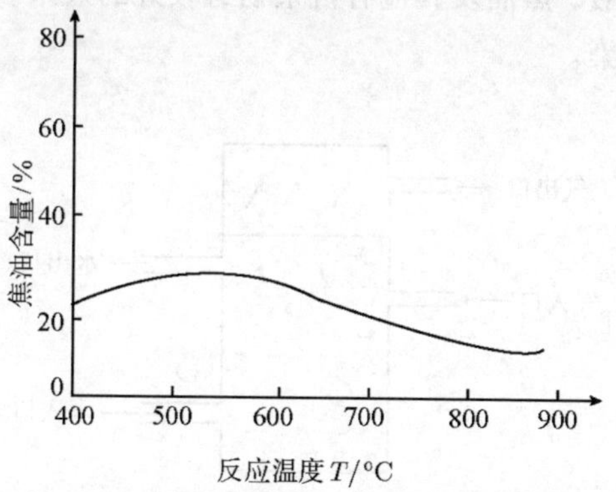

图 5-22　不同反应温度下燃气中焦油的含量

5.5.2　传统的焦油去除方法

由于焦油具有相当大的危害性，在使用燃气前，必须尽量将其清除干净。常用的焦油处理方法有：喷淋法、鼓泡水浴法、干式过滤法以及几种方法适当的组合。

1. 喷淋法除焦油和灰尘

图 5-23 所示是利用喷淋方法去除燃气中焦油和灰尘。为了提高去除效果，有的气化站在容器中装入玉米芯填充物，它能起到过滤的效果。玉米芯应定期更换，并将其晒干，加入气化炉的原料中燃掉；同时也要防止处理水的二次污染。有的研制单位将喷淋装置作了改进，燃气由颈管一侧吹入，雾化下流形成水滴，气、水充分混合，提高了清除焦油和灰尘的效果。

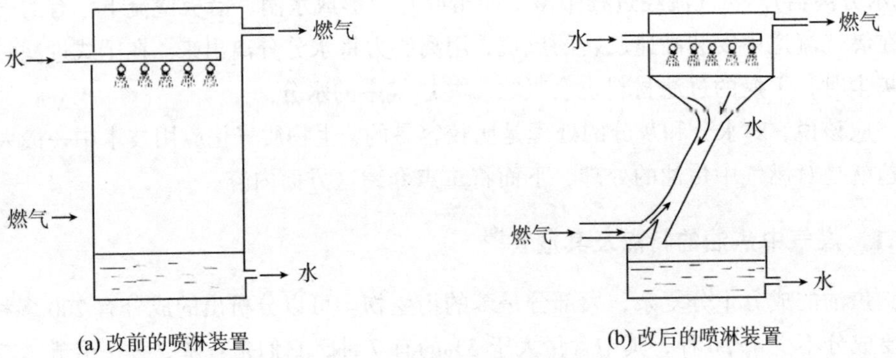

图 5-23　喷淋法示意图

2. 鼓泡水浴法除焦油和灰尘

这种方法如图 5-24 所示。实践表明，水中加一定量的 NaOH 成为稀碱溶液，对去除燃气中的有机酸、焦油及其他有机杂物有较好的效果。这种去杂的方法也要防止处理水的二次污染。

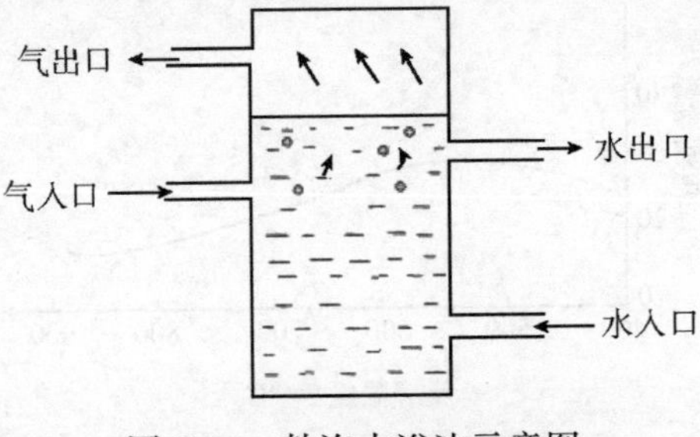

图 5-24　鼓泡水浴法示意图

3. 干式过滤法去除焦油和灰尘

用干式过滤去除燃气中的焦油与灰尘的方式较多。例如，在容器内填放粉碎的玉米芯、木屑、谷壳或炭粒，让燃气从中穿过；或让燃气通过陶瓷过滤芯；内燃机用燃气作燃料时，燃气在进入汽缸前，让它通过汽车发动机用的纸质空气滤清器芯等。有的气化站在居民室内安装小型高效的过滤器，内装有吸附性很强的活性炭，进一步清除灶前的燃气中的焦油，收到了一定的效果，但是成本较高。这里还要强调指出，用过的过滤材料一定要烧掉(可作气化原料)，防止污染环境。

5.5.3　催化裂解去除焦油方法

用催化裂解法减少燃气中焦油的含量，是最有效、最先进的方法，在中、大型气化炉中逐渐被采用。

1. 焦油催化裂解的基本原理

催化裂解是在高温或者存在催化剂的条件下，将大分子的焦油裂解成为各种小分子气体(如 H_2、CO、CO_2、CH_4 等)，焦油裂解后产物与燃气成分相似，可直接燃用。在不使用催化剂的条件下要实现焦油的完全裂解，需要很高的反应温度(如 1000~1200℃)，如果在裂解过程中引入催化剂，裂解温度就可以大大降低(如 750~900℃)。

水蒸气在焦油裂解过程中也有重要作用，它和焦油中某些成分反应生成 CO、H_2 及 CH_4 等，既可减少形成炭黑，又可提高燃气质量。如在裂解过程中萘与水蒸气可发生下列反应

$$C_{10}H_8 + 10H_2O \longrightarrow 10CO + 14H_2$$

$$C_{10}H_8 + 20H_2O \longrightarrow 10CO_2 + 24H_2$$

$$C_{10}H_8 + 10H_2O \longrightarrow 2CO + 4CO_2 + 6H_2 + 4CH_4$$

2. 催化剂的选择

很多材料(特别是一些稀有金属的氧化物)，对焦油裂解都有催化作用，有前景的典型材料有 3 种：白云石、木炭和镍基催化剂，其有关参数如表 5-9 所示。镍基催化剂的催化效果最好，在 750℃时就有很高的裂解率，但昂贵，成本高，一般仅在气体需精制或合成工艺中使用；木炭在裂解过程中会同时参加反应，耗量大；白云石的催化效率较高，成本低，有良好的使用价值，但各产地的白云石成分略有不同，一般当 $CaCO_3$ 和 $MgCO_3$ 的含量比为 1~1.5 时，催化裂解效果较好。

如图 5-25 所示，生物质在 700℃反应条件下产出的燃气，经白云石在 800~900℃温度下对焦油裂解后，其焦油含量随裂解温度变化的情况。图中设未用白云石裂解

前的焦油含量为100%。

表 5-9　典型焦油裂解催化剂的有关参数

名称	反应温度/℃	接触时间/s	转化效率/%
镍基催化剂	750	1.0	97
木炭	800	0.5	91
	900	0.5	99.5
白云石	800	0.5	95
	900	0.5	99.5

注：白云石的主要成分为 $CaCO_3$ 和 $MgCO_3$，不同地方出产的白云石成分略有不同

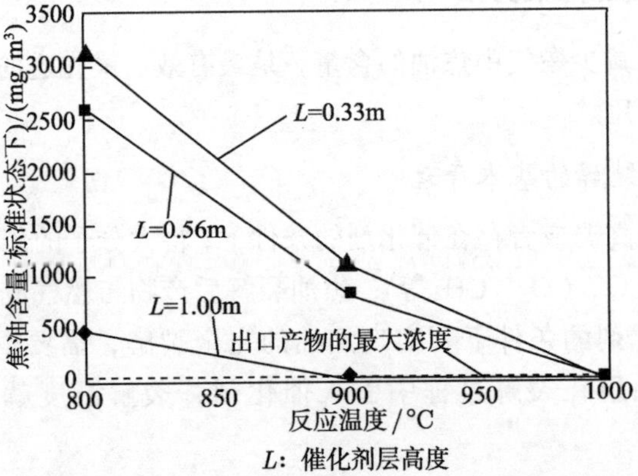

图 5-25　白云石在不同温度下对焦油的裂解作用

3. 焦油催化裂解工艺条件

(1) 裂解温度。采用白云石对焦油进行裂解，在 800℃以上就有一定的裂解效率，而在900℃就可以达到理想的裂解效果。

(2) 催化剂粒径和催化裂解滞留时间。除了裂解温度以外，焦油催化裂解的程度还受到催化剂粒径和裂解滞留时间的影响，催化剂粒径越小，滞留时间越长，裂解效果就越好。采用白云石为催化剂时，在800℃的反应条件下，当 $d = 5mm$，$t = 0.5s$ 或 $d = 1.5mm$，$t = 0.1 \sim 0.25s$ 时，即可获得较高的裂解效率。进一步降低催化剂的颗粒，对固定床来说，会导致气流阻力增大；对流化床来说，会导致飞灰损失严重。常用的催化剂粒径 d 为 2~7mm，催化滞留时间 t 为 0.2~0.5s。

4. 焦油催化裂解脱除的工艺路线

完成焦油催化裂解的工艺路线主要有两条：一是焦油催化裂解和生物质气化在气化炉内同时完成；二是在气化炉后设置一个专门的焦油催化裂解反应器，气化和焦油裂解过程分开进行。在第一种方法中，催化剂直接和生物质混合送入气化炉内，催化条件和气化条件相同，工艺较为简单，但是这种工艺存在着两大主

要问题：①催化剂回收困难，因此一般只能使用廉价的白云石等催化剂；②焦油脱除不彻底，气化炉内焦油浓度最高的地方是加料口附近，然而实际气化过程中很难保证此处的温度和催化剂浓度，导致焦油脱除不彻底。

将生物质气化和焦油催化裂解分开进行，可以在不同于气化条件下进行催化操作，达到更高的焦油脱除效率。这种工艺需要解决的最大问题是热源的提供：燃气离开气化炉后温度已经降到 600℃左右，经过气固分离装置后，温度会进一步下降，而催化裂解需要高于 800℃的反应温度，这就需要源源不断地向裂解反应器提供热量，以维持裂解所需的温度。

下面分别对三种焦油催化裂解脱除的工业应用工艺进行介绍。

(1) 大型循环流化床式生物质气化系统可采用如图 5-26 所示的焦油脱除工艺。焦油催化裂解也采用循环流化床工艺，在工作过程中白云石磨损严重，需要不断地补充。该工艺的优点是生产效率高，焦油裂解效率高；缺点是设备结构复杂，主要在于复杂的除尘循环系统，以及连续白云石补充装置，整套装置初始投资大，而且操作管理需要较高的技术水平。

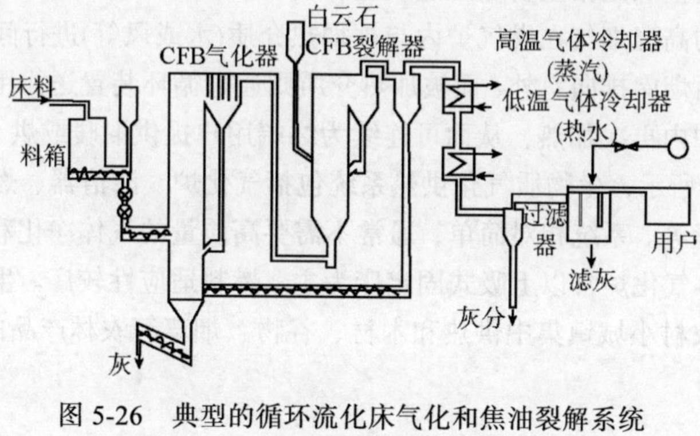

图 5-26　典型的循环流化床气化和焦油裂解系统

(2) 中小型固定床生物质气化装置可采用如图 5-27 所示的焦油脱除工艺。焦油裂解反应器采用绝热的填充床，填充床中间为煅烧后的白云石，上、下两端充满惰性铝土矿。首先，将反应床预热到理想温度，然后将从气化炉出来的含焦油的燃气通入反应器。每隔一段时间将燃气流向切换一次。由于反应器内发生的吸热反应，消耗部分热量，所以应通过少量空气与部分燃气燃烧放热。通过控制空气流量，保证床温。该工艺的优点是装置结构简单，裂解温度可达 1000℃，燃气出口温度较低；缺点是生产效率偏低，换向阀容易损坏。

(3) 对燃气洁净要求很高的场合，可采用两步净化系统。首先将气化燃气输入以白云石为催化剂的固定床焦油裂解器，经过初步脱除焦油后，再将燃气输入装有镍基催化剂的催化裂解器，彻底清除焦油。

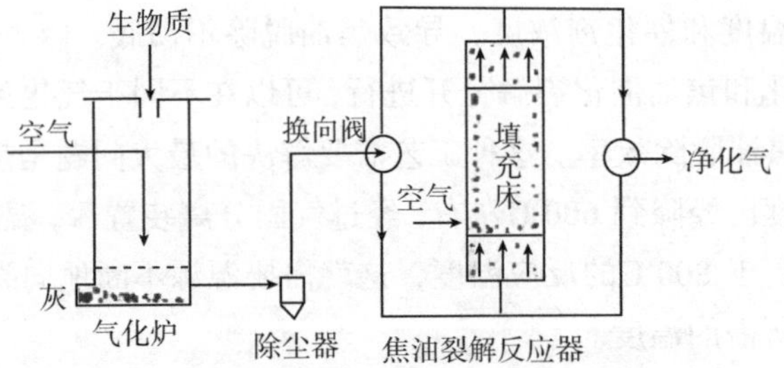

图 5-27　具有双向操作焦油裂解反应器的气化系统

5.6　生物质气化技术的应用

5.6.1　生物质气化供热

生物质气化供热是指生物质经过气化炉气化后，生成的燃气送入下一级燃烧器中燃烧，产生的高温烟气在燃气炉内与被加热介质(水或风等)进行间接热交换，烟气通过引风机由烟囱排向室外，而被加热介质则通过循环装置送往用热系统释放热量后回到燃气炉内再次加热，从而可连续为终端用户提供取暖或烘干用的热能。

如图 5-28 所示，生物质气化供热系统包括气化炉、滤清器、燃烧器、换热器及其他终端装置等。系统相对简单，通常不需要高质量的气体净化和冷却系统，但热利用率较高。气化炉常以上吸式固定床为主，燃料适应性较广。生物质气化供热技术可应用于农村小城镇集中供热和木材、谷物、烟草等农林产品的烘干等。

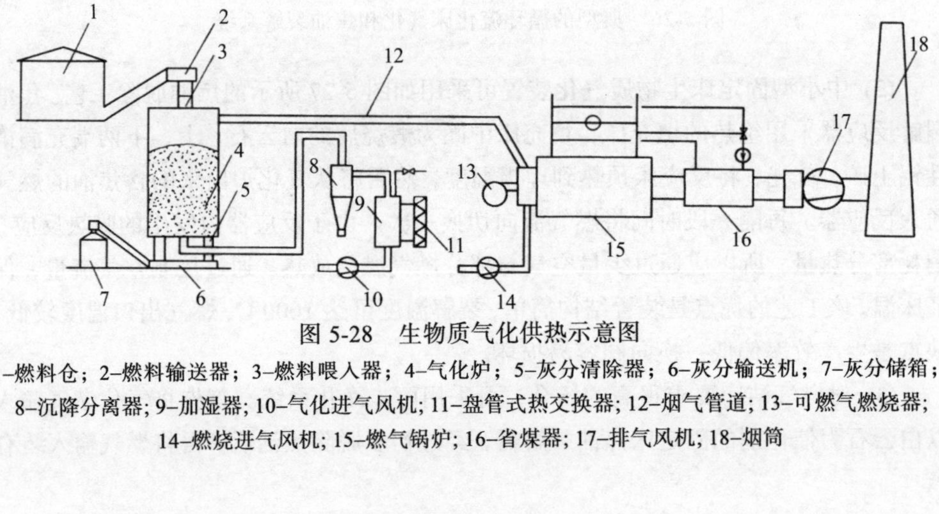

图 5-28　生物质气化供热示意图

1–燃料仓；2–燃料输送器；3–燃料喂入器；4–气化炉；5–灰分清除器；6–灰分输送机；7–灰分储箱；8–沉降分离器；9–加湿器；10–气化进气风机；11–盘管式热交换器；12–烟气管道；13–可燃气燃烧器；14–燃烧进气风机；15–燃气锅炉；16–省煤器；17–排气风机；18–烟筒

5.6.2　生物质气化集中供气

生物质气化集中供气是我国于 20 世纪 90 年代发展起来的一项生物质气化应用技术，它是以自然村为单位的小型燃气发生和供应系统，该系统将以各种秸秆为主的生物质原料气化转换成可燃气，然后通过管网输送农村居民家中用作炊事燃料。整个系统由燃气发生、燃气输配和燃气使用三个系统组成，如图 5-29 所示。

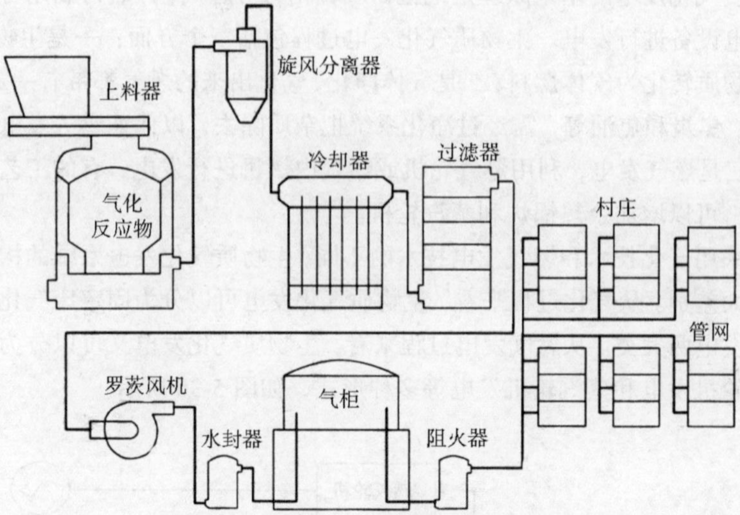

图 5-29　生物质气化集中供气示意图

燃气发生系统的作用是将固体生物质原料转变成可燃气。该系统包括气化器、燃气净化器和燃气输送设备以及必要的原料预处理设备(如铡草机等)，其中气化器、燃气净化器和燃气输送设备组成了生物质气化机组，是整个系统的核心部分。

燃气输配系统包括储气柜、输气管网和必要的管路附属设备(如阻火器和集水器等)。储气柜的作用是以恒定压力储存一定量的燃气，当外界燃气负荷发生变化时仍能保持稳定供气，从而使得用户燃气灶具能够稳定燃烧。

用户燃气系统包括室内燃气管道、阀门、燃气计量表和燃气灶。用户打开阀门，将燃气引入燃气灶并点燃，就可以方便地获得炊事能源。燃气灶的燃烧将燃气的化学能转换成热能，最终完成对生物质能的转换和利用。

生物质气化集中供气具有以下显著优点：

(1) 能源转换效率高。下吸式固定床气化器的气化效率在 70%以上，每公斤秸秆原料大致能产 $2m^3$ 燃气。四口之家的农户每天炊事用气只需 $5\sim6m^3$ 即可，能源利用率较传统的直接燃用秸秆提高了一倍以上。

(2) 原料适应性好。几乎所有的固体生物质都可用作气化原料，既包括木质生物质(如薪柴、木块、树枝和木屑等)，也包括各类农作物秸秆和农产品加工残余物(如稻草、麦秸、玉米秸、玉米芯、甘蔗渣、稻壳等)。

(3) 燃气用途广泛。既可以用作炊事燃料，也可用作发电和供暖用燃料等。

5.6.3 生物质气化发电

生物质气化发电的基本原理是把生物质转化为可燃气，然后再利用可燃气来推动燃气发电设备进行发电。生物质气化发电过程包括三个方面：一是生物质气化，把固体生物质转化为气体燃料；二是气体净化，气化出来的燃气都带有一定的杂质，包括灰分、焦炭和焦油等，需经过净化系统把杂质除去，以保证燃气发电设备的正常运行；三是燃气发电，利用燃气轮机或燃气内燃机进行发电，有的工艺为了提高发电效率，可以增加余热锅炉和蒸汽轮机。

根据采用气化技术和燃气发电技术的不同，生物质气化发电系统的构成和工艺过程有很大差别。从气化过程来看，生物质气化发电可以分为固定床气化发电和流化床气化发电两大类。从燃气发电过程来看，生物质气化发电又可以分为内燃机发电、燃气轮机发电和蒸汽轮机发电等多种形式，如图 5-30 所示。

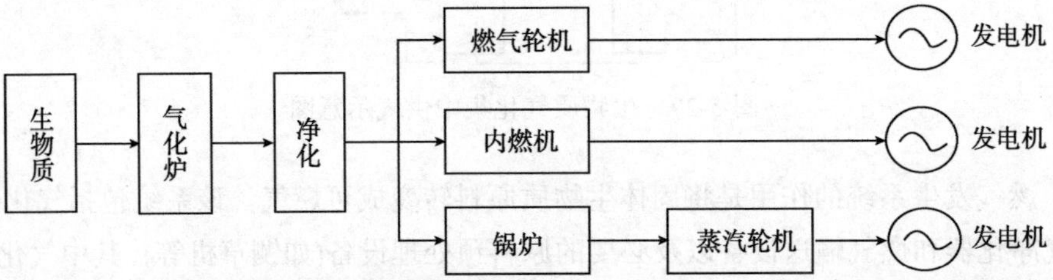

图 5-30　生物质气化发电

生物质气化发电按照发电规模又可分为小型、中型和大型三种。小型发电系统的发电功率不大于 200kW，简单灵活，特别适宜缺电地区作为分布式电站使用，或作为中小企业的自备发电机组；中型发电系统的发电功率一般在 500~3000kW，适用性强，是当前生物质气化发电的主要方式，可作为大中型企业的自备电站或小型上网电站；大型发电系统的发电功率一般在 5000kW 以上，虽然与常规能源相比仍显得非常小，但在能源与环保双重压力的作用下，将是今后替代化石燃料发电的主要方式之一。

各种类型生物质气化发电的技术特点，见表 5-10。总而言之，生物质气化发电是所有可再生能源技术中最经济的一种发电技术，综合发电成本已接近小型常规能源的发电水平，是一种很有前途的现代生物质能利用技术。

表 5-10　生物质气化发电技术特点及应用

规模	气化设备	发电设备	主要应用
小型系统 功率≤200kW	固定床气化 流化床气化	内燃机	分布式用电 中小企业用电
中型系统 功率 500~3000kW	常压流化床气化 循环流化床气化	内燃机组 微型燃气轮机	大中企业自备电站 小型上网电站
大型系统 功率≥5000kW	循环流化床气化 高压流化床气化 双流化床气化	燃气轮机 蒸汽轮机 燃气轮机＋蒸汽轮机	大型企业自备电站 上网电站 独立能源系统

5.6.4　生物质气化制氢

氢是一种理想的洁净能源，也是优良的能源载体，具有可存储的特性，氢能的开发和利用对于社会发展有着深远的意义。目前氢大部分都来自于化石燃料，因此开发生物质制氢技术对于未来氢能源的生产有着非常重要的意义。

生物质气化制氢工艺流程如图 5-31 所示。为了获得富氢燃气，生物质气化可以采用空气或富氧空气与水蒸气一起作为气化剂，生成气主要是 H_2、CO 和少量 CO_2。气化剂不同，生成气的组成及焦油含量也不同，当使用空气为气化剂时，由于空气中含有大量的 N_2，会大大增加 H_2 分离的难度。

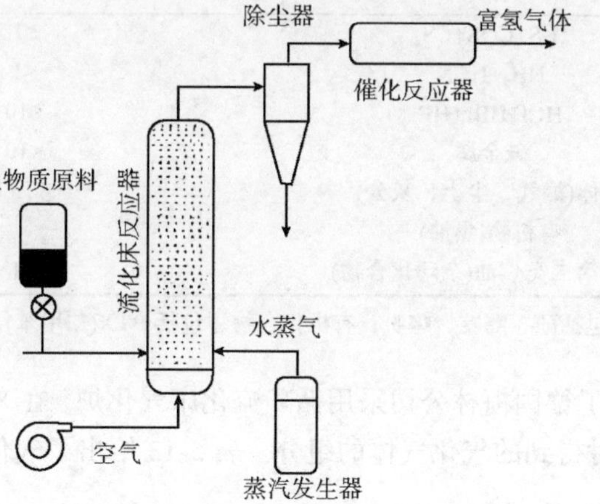

图 5-31　生物质气化制氢工艺流程

现阶段，氢能还被认为是一种相对昂贵的能源，然而作为一种优质的燃料，氢能的需求将会越来越大。各种经济分析都表明，在各种制氢工艺中，生物质气化制氢的成本较低，在价格上可与其他液体燃料制氢相竞争。

5.6.5　生物质气化合成液体燃料

中低热值的生物质气化燃气并不具备如天然气那样的管道输送质量，如果不开发专门的应用技术，它们的潜在市场将只限于当地工业和农业用途。仿照煤气化制备合成气再经过费托合成(Fisher-Tropsch synthesis)制备甲醇、柴油和二甲醚等液体燃料的间接液化工艺路线，生物质气化如果能够获得合适的以 CO 和 H_2 为主的合成气体，就可以采用成熟的费托合成工艺合成各种液体燃料，其一般工艺流程如图 5-32 所示。因此，由生物质气化合成液体燃料的关键技术在于合成气的制备。

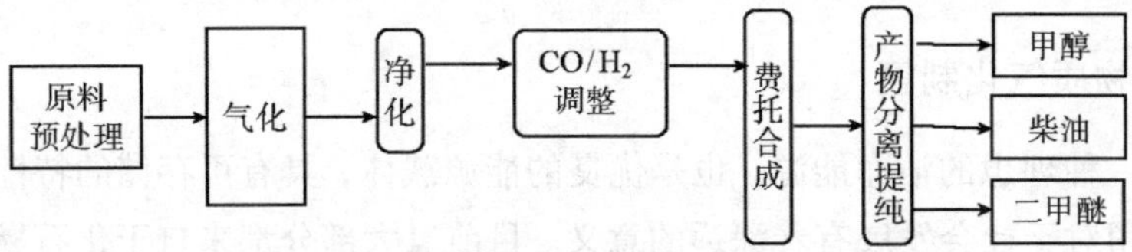

图 5-32　生物质气化合成液体燃料的一般工艺流程

1. 合成气的制备及净化

合成气的质量直接影响到合成反应速率、转化率和合成产物质量等技术经济指标，费托合成对合成气的杂质水平要求如表 5-11 所示。

表 5-11　费托合成气的杂质水平要求

杂质	去除水平
$H_2S+COS+CS_2$	$<1\times10^{-6}$(体积分数)
NH_3+HCN	$<1\times10^{-6}$(体积分数)
HCl+HBr+HF	$<10\times10^{-9}$(体积分数)
碱金属	$<10\times10^{-9}$(体积分数)
固体(烟气，尘土，灰分)	基本完全去除
有机物(焦油)	低于露点
其中第二类焦油(杂环化合物)	$<1\times10^{-6}$(体积分数)

注：第二类焦油包括酚、嘧啶、噻吩；有机化合物还包括 BTX(二甲苯)

表 5-12 给出了德国柯林公司采用循环流化床气化炉，在 850℃，以湿度为 15%的空气为气化剂时得到的气化气体的组分。表 5-13 给出了气化气体中的杂质组分。

表 5-12　德国柯林公司生产的气化气体组分

主要组分	干基体积/%	低位热值/%	备注
CO	18	27.8	有用组分
H_2	16	21.6	
CO_2	16	—	有稀释作用
N_2	42	—	

续表

主要组分	干基体积/%	低位热值/%	备注
CH_4	5.5	24.1	
C_2H_4	1.7	12.4	
C_2H_6	0.1	0.8	无用组分
BTX(二甲苯)	0.53	10.5	
焦油	0.12	2.8	
总计	100	100	

表 5-13　德国柯林公司生产的气化气体中的杂质

杂质	含量(标准状态下)/(mg/m^3)	备注
NH_3	2200	引起催化剂中毒
HCl	130	
H_2S	150	
COS, CS_2, HCN, HBr	<25	
烟尘、余灰	2000	

很显然，生物质气化气体并不能直接用于合成液体燃料，必须对气体进行净化并对其组分进行调整。改善气化气体品质的工艺主要有：

(1) 采用携带床反应器在高温(1300℃)下进行生物质气化，高温气化得到的气体中有用组分增多，焦油等组分的含量则大幅降低。然而高温气化对生物质的原料要求较高，首先携带床反应器必须使用极细的生物质颗粒，其次生物质必须经过脱灰预处理，因为如果不经过脱灰处理，灰分就会在反应器内熔融。

(2) 气体净化，包括去除焦油、灰粒、CO_2、N_2、CH_4 和其他烃类气体、含氮化合物。

(3) 合成气比例调整，经过净化后的气体中 CO 和 H_2 的比例一般都不能满足费托合成的要求，主要是因为 H_2 的含量较低，需要经过 CO 和水蒸气的变换反应(WGS)来生成 H_2，从而提高 H_2/CO 的比例。

2. 费托合成的基本原理及工艺

1) 费托合成反应

费托合成反应十分灵活，可以通过控制反应条件和 H_2/CO 比，在高选择性催化剂作用下，调整反应产物的分布。其基本反应是 CO 加氢生成脂肪烃

$$nCO + 2nH_2 \longrightarrow C_nH_{2n} + nH_2O - Q \tag{5-27}$$

$$nCO + (2n+1)H_2 \longrightarrow C_nH_{2n+2} + nH_2O - Q \tag{5-28}$$

与此同时，在合成反应器中，生成的水蒸气与未反应的 CO 在催化剂的作用下会进行如下 CO 转换反应：

$$H_2O + CO \longrightarrow CO_2 + H_2 - Q \tag{5-29}$$

这样会使反应器中 CO_2 和 H_2 过剩，而 CO 不足，由于此反应是不可逆的，所以在实际工艺中会有 CO_2 产生，且不是严格按照反应方程(5-27)和(5-28)的比例生成产物。一般还有

$$CO + 2H_2 \longrightarrow (-CH_2-) + H_2O - Q \tag{5-30}$$

$$2CO + H_2 \longrightarrow (-CH_2-) + CO_2 - Q \tag{5-31}$$

$$3CO + H_2O \longrightarrow (-CH_2-) + 2CO_2 - Q \tag{5-32}$$

$$CO_2 + 3H_2 \longrightarrow (-CH_2-) + 2H_2O - Q \tag{5-33}$$

由以上反应可以看到，由于 H_2/CO 的不同，FT 合成可以发生不同的反应，产生不同的结果。在大多数情况下，其主要产物是烷烃和烯烃。根据实际工艺中链消失和链增长的相对速度差异，生成不同链长的分子，其范围较广，但一般遵循下述规则，即

$$W_n / n = (1-\alpha)^2 \alpha^{n-1} \tag{5-34}$$

式中，n 为产物中所含的链原子数；W_n 为碳原子数为 n 的产物在总产物中的质量分数；α 是链增长几率。

费托合成的烃类产物一般为 C_3 及其以上烃类，甲烷等低烃是高温时出现的产物。此外，费托合成还可以控制含氧化合物即合成副产物的生成，如醇、醛、酮及少量的酸和酯等。

2) 费托合成基本工艺

费托合成工艺的关键在于合成反应器内的反应过程，从上面的介绍中可以看出，在不同的条件下，费托合成法可以获得多种产物。而费托合成的主要问题恰恰就是合成产品太复杂，选择性差。为了提高费托合成技术的经济性，并改进产品的性质，出现了复合型催化剂的应用和改进的费托法，即 MFT(Modified FT)，其基本原理流程如图 5-33 所示。

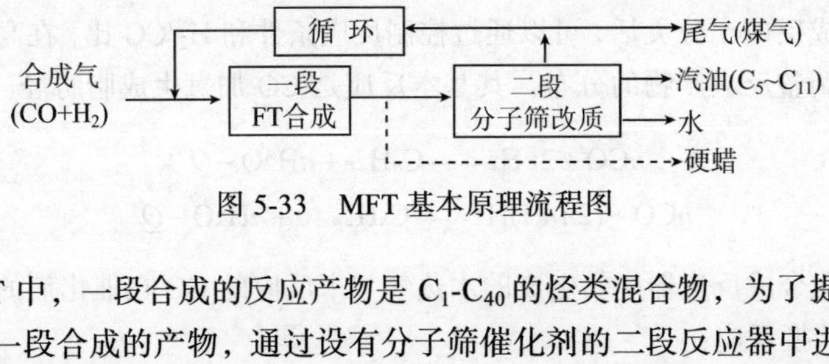

图 5-33　MFT 基本原理流程图

在 MFT 中，一段合成的反应产物是 C_1-C_{40} 的烃类混合物，为了提高汽油馏分的产率，将一段合成的产物，通过设有分子筛催化剂的二段反应器中进行反应，使

一段反应产物发生裂解、脱氢、环化、低分子烯烃聚合等反应，最终得到主要是 C_5-C_{10} 的汽油溜分，其与传统 FT 合成法的产物分布区别如图 5-34 所示。

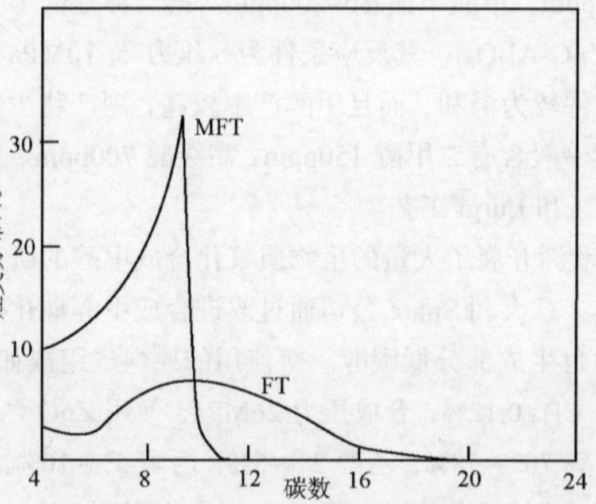

图 5-34 传统 FT 合成法与 MFT 合成法的产物分布

3) 合成甲醇

甲醇(CH_3OH)，又名木醇或木精，纯甲醇是无色透明、易流动、有刺激性气味、易挥发的可燃液体。常压下，甲醇沸点为 64.70℃，沸点下汽化热为 1105kJ/kg，低位热值为 19647kJ/kg，自燃点为 470℃，辛烷值 106。甲醇蒸汽在空气中可形成爆炸性混合物的上限为 36%(体积百分比)，下限为 6%。甲醇毒性很强，对人体的神经系统与血液系统影响很大，其蒸汽能损坏人的视力与呼吸道黏膜，人误饮 5~10mL 甲醇就会双目失明，大量饮用会导致死亡。

甲醇是一种重要的化工原料，可用于生产异戊橡胶、有机玻璃、甲醛、塑料、农药、染料等。近些年来，我国同其他许多国家如美国、法国、德国、瑞典、加拿大、荷兰、意大利、日本、巴西、新西兰等一样，都以解决液体燃料为目的，开始了甲醇生产及应用技术的研究。实践已经证明，甲醇是一种有前途的汽油代用燃料。

合成甲醇的基本反应如下：

$$CO+2H_2 \longrightarrow CH_3OH-Q \tag{5-35}$$

在合成气中如果有 CO_2 存在，则还会发生以下反应：

$$CO_2+3H_2 \longrightarrow CH_3OH+H_2O-Q \tag{5-36}$$

目前甲醇合成主要有两种工艺。第一种是高压甲醇合成工艺，采用锌铬催化剂(Cr_2O_3-Zn_2O_3)，其反应条件为：压力 25~35MPa，温度 320~400℃。经过多年的发展，该工艺已经比较成熟，但该工艺除了反应条件苛刻以外，还有甲醇产率低、副产物多等问题，如出塔甲醇含量3%~5%，粗甲醇中一般含有二甲醚5000~10000ppm，高级醇3000~6000ppm，甲酸甲酯80~200ppm。第二种是低压甲醇合成工艺，采用铜基催化剂($CuO-ZnO-Al_2O_3$)，其反应条件为：压力5~10MPa、温度230~270℃。该工艺不仅反应条件较为温和，而且甲醇产率较高，副产物少：出塔甲醇含量可达5%~7%，粗甲醇中一般含有二甲醚150ppm，高级醇700ppm。目前常用的低压甲醇合成工艺主要有ICI和Lurgi工艺。

近20年来，欧洲开展了大量的生物质气化合成甲醇的研究工作，并建成了多个示范工厂。例如，意大利Snare公司通过改进合成甲醇催化剂及生产工艺条件，使生成甲醇的同时也生成部分低碳醇。所使用的原料气组成如下：CO 41.3%、H_2 58.1%、N_2 0.38%、CH_4 0.12%，合成压力26MPa，使用$ZnO-Cr_2O_3-K_2O$催化剂，合成产物组成为：甲醇70%~78%，乙醇2%~5%，丙醇5%~10%，丁醇13%~15%。目前已建成年产4.6万吨的工业装置。德国已广泛使用添加1%~3%甲醇的混合汽油，内燃机结构无需作多大改动，其输出功率近似燃用纯汽油。

4) 合成汽油

将甲醇进行催化转化可以得到高辛烷值的汽油，这个转化过程称为MTG(Methanol to Gasoline)，其反应原理并不复杂，首先甲醇发生放热反应，生成二甲醚和水，然后二甲醚和水又转化为轻烯烃，然后至重烯烃。过程如下所示：

$$2CH_3OH \rightarrow CH_3OCH_3 + H_2O \longrightarrow \text{轻烯烃} \longrightarrow \text{重烯烃(大于 }C_5\text{)}$$

在催化剂选择作用下，烯烃可以重整得到脂肪烃、环烷烃和芳香烃，但一般所得烃的碳原子数不会超过10。

在Mobil公司开发的MTG工艺中，催化剂为沸石催化剂ZSM-5，转化反应发生在固定床反应器内，工艺采用两段反应器，一段为二甲醚反应器，另一段为转化反应器，反应器温度340~407℃，压力2.0MPa。其工艺原理如图5-35所示。

来自甲醇厂的原料甲醇首先被加热至300℃，进入二甲醚反应器，在沸石催化剂作用下得到二甲醚和水蒸气；离开二甲醚反应器后生成产物与循环气体混合进入二段转化反应器，生成烯烃、芳烃和脂肪烃；离开转化反应器的产品气经过换热冷却、水分离后得到粗汽油，此间分离出的气体作为循环气体重新进入反应器。

甲醇转化得到的汽油不含杂质原子，也不含有机氧化物，其沸点范围如同优质汽油，但含有较多的均四甲苯，为3%~6%，而在一般汽油中只有0.2%~0.3%，另外其辛烷值高。

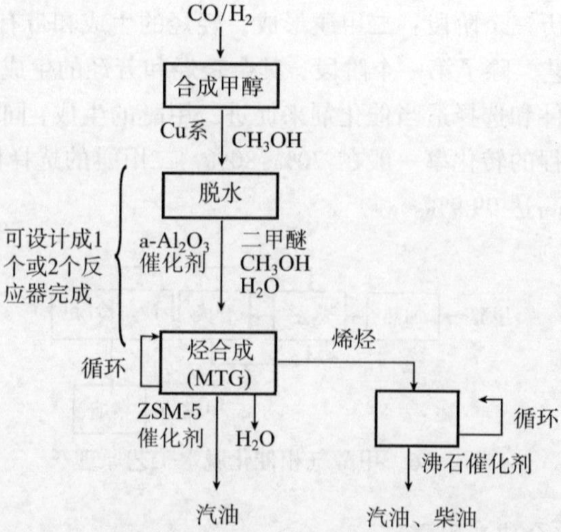

图 5-35　MTG 工艺原理示意图

5) 合成二甲醚

二甲醚(DME)，又称木醚，氧二甲，其分子式为 CH_3OCH_3。二甲醚因其特有的分子结构和理化性质，用途十分广泛。目前主要用途是作为气雾剂的抛射剂、合成硫酸二甲酯等的化工原料。近些年来由于其具有的无色、无毒以及良好的燃料性能，备受关注。

二甲醚是易燃燃料，燃烧无黑烟，几乎无污染，且具有较高的十六烷值和优良的压缩性，非常适合压燃式发动机，被认为是柴油发动机理想的替代燃料。据报道，使用二甲醚的发动机，尾气无需催化转化处理，其氮氧化物及颗粒物排放就能满足美国加利福尼亚燃料汽车超低排放尾气的要求，并可降低发动机噪声。研究同时表明，现有的汽车发动机只需略加改造就能使用二甲醚燃料。我国采用二甲醚代替柴油，进行了柴油发动机的试验研究，开发了改用二甲醚的柴油发动机汽车。但是采用二甲醚做燃料同样也存在着许多问题，由于其热值低且密度小、发动机所需空间较大，同时容易泄漏；更为重要的是其黏度小，因而设备润滑问题突出。

目前生产二甲醚的工艺路线很多，工业上应用的主要是甲醇气相催化脱水工艺和合成气直接合成二甲醚工艺。

1) 甲醇气相催化脱水工艺

甲醇气相催化脱水工艺原理十分简单。如图 5-36 所示，在反应温度为 250~330℃、催化剂的作用下，甲醇发生脱水反应，生成二甲醚和水，即

$$2CH_3OH \longrightarrow CH_3OCH_3 + H_2O \tag{5-37}$$

在目前的工艺中，催化剂一般选择为氧化铝或硅酸铝。研究表明，在甲醇脱水

过程中，一般要经历三个阶段：二甲醚形成，轻烃的生成和带有氢转移的芳构化。因此，对于实际工艺，除了第一个阶段，其余轻烃和芳烃的生成均属于副反应，应该通过控制反应条件和选择适当催化剂来促进二甲醚的生成，同时抑制副反应的发生。该工艺甲醇单程的转化率一般在 70%~80%，二甲醚的选择性高于 90%，制得的二甲醚的纯度可高达 99.9%。

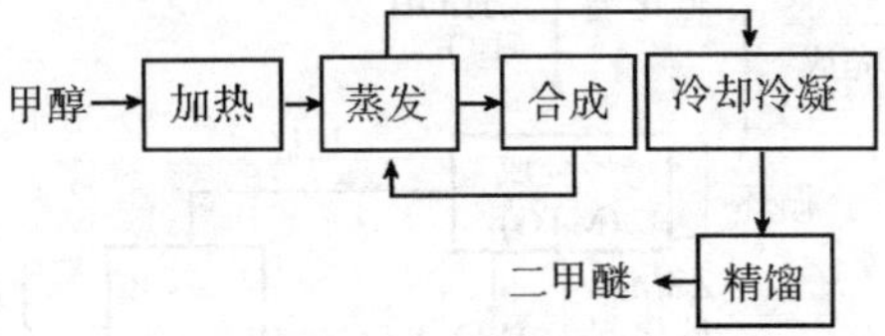

图 5-36　甲醇气相催化脱水工艺原理

2) 合成气直接合成二甲醚

在甲醇脱水工艺过程中，由于涉及过多中间环节，使得热效率降低，同时不利于大规模生产二甲醚，因此合成气一步法合成二甲醚工艺受到了广泛关注。其基本原理如图 5-37 所示。合成气经压缩、净化和加热后进入合成反应器内，从顶部出来的气体与合成器换热冷却后进入吸收塔内，通过精馏得到二甲醚。

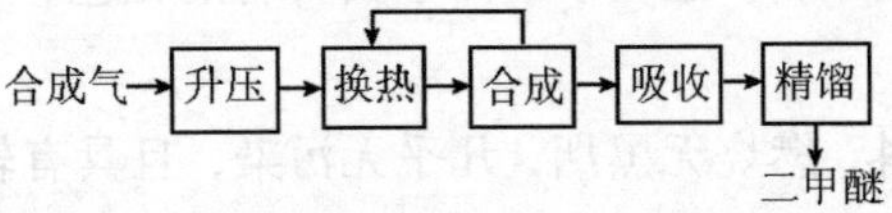

图 5-37 合成气一步法合成二甲醚流程

合成气一步法工艺实际上是把甲醇合成和甲醇脱水两步反应合在一个反应器内进行，避免了多步合成反应受平衡条件的影响，使得单程转化率得到提高。从化学反应角度来看，一步法工艺也包括与甲醇脱水类似的几个反应

$$CO_2 + 3H_2 \longrightarrow CH_3OH + H_2O$$

$$H_2O + CO \longrightarrow H_2 + CO_2$$

$$2CH_3OH \longrightarrow CH_3OCH_3 + H_2O$$

在甲醇生产中，希望通过催化剂选择性地促进前两个反应，而抑制副产物二甲醚的生成。而在合成气一步法中，则希望所选的催化剂能同时促进这三个反应，并使二甲醚的产率最高。

此外，美国 Air Product 公司成功开发了液相二甲醚合成新工艺 LPDME^{TM}，该工艺与同期液相甲醇合成工艺 LPMeOH^{TM} 是一对姊妹工艺。LPDME^{TM} 工艺的主要特点是放弃了传统的气相固定床反应器而使用了浆液鼓泡塔反应器。催化剂颗粒呈细粉状，用惰性矿物油与其形成浆液。高压合成气原料从塔底喷入、鼓泡，固体催化剂颗粒与气体进料达到充分混合。其典型的反应器操作参数为：压力 2.76~10.34MPa，温度为 200~350℃。目前工程示范结果令人满意。

参 考 文 献

[1] 日本能源学会. 生物质与生物能源的技术手册. 北京: 化学工业出版社,2007
[2] 马隆龙,吴创之. 生物质气化技术及其应用. 北京: 化学工业出版社,2003
[3] 张全国等. 生物质气化副产物(焦油)焦油的能源特性实验研究. 太阳能学报,2002,23(3): 392-397
[4] 朱锡锋. 生物质热解原理与技术. 合肥: 中国科学技术大学出版社,2006
[5] 吕鹏梅等. 生物质在流化床中的空气——水蒸气气化研究. 燃料化学学报,2003,31(4): 305-310
[6] 王智微,唐松涛. 流化床中生物质热解气化的模型研究. 燃料化学学报,2002,30(4): 342-346
[7] 陈冠益等. 生物质热解制煤气的动力学研究. 太阳能学报, 2003,24(3): 380-385
[8] 朱锡锋等. 燃料理论空燃比与高位热值之间的关系. 中国科技大学学报, 2004, 34 (1): 111-115
[9] 赖艳华等. 两段气化对降低生物质气化过程焦油生成量的影响.燃烧科学与技术,2002,8(5): 478-481

附录 5-1　生物质气化集中供气站建设标准

农业部工程建设标准 NYJ/T09-2005

前　言

本建设标准根据国家计委《关于制定工程项目建设标准的几点意见》(计标[1987]2323 号)、国家计委和建设部《关于工程项目建设标准编制工作暂行办法》[(90)建标字第 519 号]以及建设部《关于印发〈工程建设标准编写规定〉和〈工程建设标准出版印刷规定〉的通知》(建标[1996]626 号)的要求，结合农业行业工程建设发展的需要而编制。

本标准共分 10 章：总则、规范性引用文件、术语、建设规模与项目构成、选址与建设条件、工艺与设备、建筑与建设用地、配套工程、环境保护和主要技术经济指标。

本建设标准由农业部发展计划司负责管理，中国农村能源行业协会负责具体技术内容的解释。

在标准执行过程中如发现有需要修改和补充之处，请将意见和有关资料寄送农业部工程建设服务中心(地址：北京市海淀区学院南路 59 号，邮政编码：100081)，以供修订时参考。

本标准管理部门：中华人民共和国农业部发展计划司

本标准主持单位：农业部工程建设服务中心

本标准编制单位：中国农村能源行业协会

本标准参编单位：中国农业工程研究设计院、农业部农村能源技术开发中心、中国农业机械化研究院、北京公用事业研究所

本标准主要起草人：王孟杰、肖明松、张榕林、陆朝晖、封兰英。

1. 总则

(1) 为加强生物质气化集中供气站建设项目的决策和建设的科学管理，正确掌握建设规范，合理确定建设规模及水平，充分利用资源，提高投资效益，特制订本建设标准。

(2) 本建设标准是编制、评估和审批生物质气化集中供气站工程项目可行性研究报告的重要依据，也是有关部门审查工程项目初步设计和监督、检查项目整个建设过程的尺度。

(3) 本建设标准适用于供气能力为 500~5000m^3/d 的生物质气化集中供气站新建工程。改(扩)建工程可参照执行。

(4) 生物质气化集中供气站建设应遵循下列基本原则：

① 按本标准要求，根据各地差异确定建设水平，做到技术先进、经济合理、安全适用；

② 贯彻环境保护和节约能源、用水、用地等有关政策和法规。

(5) 生物质气化集中供气站工程建设除执行本建设标准外，尚应符合国家现行的有关强制标准、定额或指标的规定。

2. 规范性引用文件

下列文件中的条款通过本标准的引用而成为本标准的条款。凡是注日期的引用文件，其随后所有的修改单(不包括勘误的内容)或修订版均不适用于本标准，然而，鼓励根据本标准达成协议的各方研究是否可使用这些文件的最新版本。凡是不注日期的引用文件，其最新版本适用于本标准。

GBJ16-87 建筑设计防火规范

NY/T443 秸秆气化系统技术条件及验收规范

GB8978-1996 污水综合排放标准

3. 术语

(1) 生物质气化：将生物质固体燃料在缺氧条件下，热解产生以烃类、氢气和一氧化碳为主要成分的可燃气体的转化过程。

(2) 氧化气化：生物质在高温(生物质燃点以上)有氧的条件下受热分解，生成以一氧化碳、二氧化碳为主的混合可燃气的过程。

(3) 热解气化：生物质在无氧条件下进行热解，生成可燃气、焦油、木醋液及焦炭的过程。

(4) 供气能力：生物质气化集中供气站平均每日向用户提供燃气的能力。

(5) 生物质气化炉：为参与气化反应的生物质燃料、气化剂、催化剂等提供稳定反应条件的装置。

4. 建设规模与项目构成

(1) 生物质气化集中供气站建设规模按日供气能力划分：

一类　3001~5000m^3/d

二类　1001~3000 m^3/d

三类　500~1000 m^3/d

(2) 生物质气化集中供气站建设规模应根据当地资源情况，居民平均收入、用户发展潜力及社会、经济效益等条件综合分析确定。

(3) 生物质气化集中供气站工程项目构成包括生产设施、辅助生产设施、公用配套设施、管理和生活设施。

① 生产设施：生物质气化间、原料加工间、原料储藏间、燃气净化间、储气柜等。

② 辅助生产设施、公用配套设施：机修间、供配电室、给排水、燃气输送管网、污水处理等设施。

③ 管理和生活设施：办公室、休息室、浴室、门卫等。

(4) 新建生物质气化集中供气站应充分利用当地提供的道路交通、水电管线、排污等基础设施进行建设；改(扩)建项目应充分利用现有设施和社会公用设施。

5. 选址与建设条件

(1) 选址

① 生物质气化集中供气站

② 生物质气化集中供气站属于易燃、易爆、有毒的生产场所，与下列场所的距离应大于 100m：

a. 居民生活区、闹市区、文化娱乐场所；

b. 生产或储存易燃、易爆及其他危险物品的场所；

c. 生活用水、地下水供应场所。

(2) 建设条件

① 当地生物质资源丰富，居民有建站要求，基层领导重视，具有运行管理能力。

② 具备满足生产需要的水源和电源。

③ 交通、通讯方便。

6. 工艺与设备

(1) 气化工艺

① 生物质气化集中供气站工艺流程：

原料预处理→生物质气化→燃气净化→燃气输配→用户

② 500~1000m^3/d 规模的生物质气化集中供气站宜选用生物质固定床气化工艺，国内常用的有：上吸式、下吸式、平吸式气化方法。根据工艺要求可选定其中一种。

③ 1000~5000m^3/d 规模的生物质气化集中供气站宜选用流化床气化或干馏热解气化工艺。

④ 燃气净化可根据要求从旋风分离、沉降、洗涤、吸附、电捕等工艺中选择。

⑤ 寒冷地区应选择干式储气工艺，其他地区可选择干式或湿式储气工艺。

(2) 设备

① 生物质气化集中供气站气化机组的选择，应根据技术先进、运行安全可靠、性能稳定、操作检修方便的原则确定。

② 生物质气化集中供气站气化机组产气能力应选用高效、节能、性能稳定的国产产品。

③ 生物质气化集中供气站气化机组的产气能力应大于供气高峰时供气量的 1.2 倍，气化率或热能转换率应大于 70%，标准状态下的燃气低位热值应大于 4600kJ/m^3，一氧化碳和氧含量应分别小于 20%和 1%。

④ 燃气净化装置应根据气化机组单位时间最大产气量确定，并具有除尘、净化、冷却功能。

⑤ 净化后标准化状态下的燃气，其焦油和灰尘的含量应小于 30mg/m^3。

⑥ 配套的原料加工及上料机构，工作能力应大于 2 倍以上气化机组满负荷工作所需的原料消耗量。

⑦ 原料加工及上料机构应选择工作稳定，具有防卡涩、堵塞等保护措施的产品。

⑧ 储气柜容积应不小于集中供气站日供气量的 30%~50%，额定供气压力应能满足最远端用户灶前压力，但储气柜最大出口压力不得大于 4kPa。

⑨ 储气柜宜采用金属结构，冬季冰点以下地区应采取保温措施。

⑩ 储气柜应配有容积指示标尺和压力安全装置，进、出口均需设置安全水封装置。

⑪ 气化间应设防爆型排风设备。

⑫ 燃气输送管网应满足下列要求：

a. 地埋管路应选择耐腐蚀、抗老化的钢管和中高密度聚乙烯管；

b. 燃气管网承受压力应大于 30kPa;

c. 供气压力均匀，各用户灶前压力符合要求；

d. 北方高寒地区的地埋燃气输送管道应埋在冻层以下。

⑬ 燃气灶具的选配应满足下列要求：

a. 点火容易，燃烧稳定，方便操作及维修；

b. 在 3/4 额定压力下应能满足炊事要求，在 1.5 倍额定压力下不应产生黄焰。

⑭ 燃气排送机应选用有资质厂家生产的燃气专用罗茨鼓风机，并配备防爆电机。

⑮ 气化、净化、排送设备应配备必要的压力、温度、燃气流量等显示仪表。

7. 建筑与建设用地

(1) 建筑

① 生物质气化集中供气站耐火等级应符合《建筑设计防火规范》(GBJ16-87)的规定，气化间、原料加工间、储气柜属于乙类厂房，建筑耐火等级不应低于二级，原料储藏、净化、原料加工间的火灾危险性类别为甲类。

生物质气化集中供气站生产建筑层高应符合下列规定：

a. 气化间及原料储藏间层高宜为 4.8m;

b. 储气柜径高比宜采用 1:1~1:1.5。

② 生物质气化集中供气站主要生产、辅助生产用房结构形式：

a. 气化净化间、原料加工间、机修间、机房等，宜采用砖混结构；

b. 原料储藏间宜采用轻钢结构，以防风、防雨。

③ 储气柜的布置应符合《建筑设计防火规范》(GBJ16-87)中的有关规定，储气柜距气化炉和原料储存场所的直线距离应大于 30m。原料储存场所距其他建筑物的距离不应小于 25m。

④ 生物质气化集中供气站应有绿化设计。绿化覆盖率应符合国家有关规定及当地规划要求。

⑤ 生物质气化集中供气站应配有防火安全设施。

⑥ 储气柜防雷应符合《秸秆气化供气系统技术条件及验收规范》(NY/T443)

中 4.3.6 条的规定。

⑦ 建筑结构抗震能力应符合《秸秆气化供气系统技术条件及验收规范》(NY/T443)中 4.3.8.1 条的规定。

(2) 建设用地

① 生物质气化集中供气站生产设施建筑面积按附表 5-1 控制。

附表 5-1 生产设施建筑面积指标 (单位：m^3)

建设规模	一类	二类	三类
气化、净化间	324~540	108~324	72~108
原料加工间	216~360	90~216	54~90
原料储藏间	600~1000	200~600	100~200
储气柜	200~250	150~200	100~150
机房(含变配电间)	36	36	36
污水处理	36	36	36

注：表中指标按建设规模取值，每类中规模大的取上限，规模小的取下限

② 生物质气化集中供气站辅助生产、管理和生活设施建筑面积按附表 5-2 控制。

附表 5-2 辅助生产、管理和生活设施建筑面积指标 (单位：m^2)

建设规模	一类	二类	三类
机修间	72	72	72
办公、休息间	36	24	24
门房	24	16	12

③ 生物质气化集中供气站管理和生活设施，建筑标准不得超过当地同类建筑。

④ 生物质气化集中供气站建设用地，必须坚持科学、合理、节约用地的原则，尽量利用坡地、荒地，少占用耕地。

⑤ 站区总平面布置既要做到满足使用、环保、防火等要求，又要做到分区明确、流程合理、布局紧凑。

⑥ 生物质气化集中供气站建筑覆盖率应不小于占地面积的 50%。

⑦ 生物质气化集中供气站建设用地按附表 5-3 控制。

附表 5-3 生物质气化集中供气站建设用地指标 (单位：m^2)

一类	二类	三类
3100~4700	1500~3100	1000~1500

注：表中指标建设规模取值，每类中规模大的取上限，规模小的取下限

8. 配套工程

(1) 生物质气化集中供气站供电的电力负荷等级应符合下列规定：

① 一类和二类供气站电力负荷等级为二级；

② 三类供气站电力负荷等级为三级。

(2) 生物质气化集中供气站水源应能保证保证连续供应。

(3) 气化间、原料加工及储料间应采用防尘、防爆型灯具及电气设备。

(4) 生物质气化集中供气站应设置电话通信设施。

(5) 生物质气化集中供气站污水排放应符合《污水综合排放标准》(GB8978-1996)规定。

9. 环境保护

(1) 生物质气化集中供气站工程建设必须严格贯彻国家有关环境保护和职业安全卫生的规定，采取有效措施消除或减少污染和不安全因素。

(2) 生物质气化集中供气站生产过程的污水应根据污水成分采取相应的处理措施，处理后的污水必须达到国家允许的排放标准。

(3) 各车间内的噪声应控制在 80dB 以下，应选用低噪声设备，或采取隔声、消声等措施。

10. 主要技术经济指标

(1) 生物质气化集中供气站工程投资估算按附表 5-4 控制。

附表 5-4　不同气化形式的工程投资估算指标　(单位：元/m^2)

固定床生物质气化集中供气站	500~600
热解生物质气化集中供气站	600~800
流化床生物质气化集中供气站	800~1000

(2) 生物质气化集中供气站工程投资的比例按附表 5-5 控制。

附表 5-5　工程投资的比例　(单位：%)

工程项目	占总投资的比例
建筑安装工程	36
气化供气系统	18
燃气输配系统	37
其他	9

(3) 生物质气化集中供气站建设工期按附表 5-6 确定。

附表 5-6　生物质气化集中供气站建设工期定额　(单位：月)

一类	二类	三类
4~6	3~4	2~3

注：表中指标按建设规模取值，每类中规模大的取上限，规模小的取下限

(4) 生物质气化集中供气站劳动定员按附表 5-7 估算。

附表 5-7　生物质气化集中供气站劳动定员指标　(单位：人)

建设规模	固定床生物质气化集中供气站	热解生物质气化集中供气站	流化床生物质气化集中供气站
一类	8~12	12~14	12~14
二类	6~8	8~10	8~10
三类	4~6	6~8	6~8

注：人数按建设规模取值，每类中规模大的取上限，规模小的取下限

第 6 章　生物质的热解液化

6.1　概　　述

生物质热解液化技术，是指在缺氧状态和中温(500℃左右)条件下，生物质快速受热分解，热解气经快速冷凝后主要获得液体产物(生物油)，以及副产一部分固体产物(炭粉)和气体产物(燃气)的热化学转化过程。对于燃用气体产物为热解提供热源的自热式热解，以水分含量为 10%的农作物秸秆为热解原料时，生物油的产率和热值分别为 48%~53%和 15~16MJ/kg，炭粉的产率和热值分别为 28%~33%和 18~20MJ/kg；若以水分含量为 10%的林业废弃物为热解原料时，生物油的产率和热值分别为 60%~70%和 16~17MJ/kg，炭粉的产率和热值分别为 20%~25%和 20~22MJ/kg[1]。

影响生物质热解液化最主要的四个参数是：10^3~10^4℃/s 的加热速率、500℃左右的反应温度、不超过 2s 的气相滞留时间和生物油的快速冷凝与收集。气体产率随着温度和气相滞留时间的延长而增加；反之，较低的温度和较低的加热速率又会导致物料更易炭化，使固体生物质炭的产率增加。在三种热解产物中，生物油的价值最大，因为通过精制它可以成为汽油柴油的替代物，也可以作为化工原料使用从中分离提取出许多具有高附加值的化学化工品，如糠醛、左旋葡萄糖酮、愈创木酚和紫丁香酚等。

生物质热解液化技术具有悠久的历史，如古埃及人将热解得到的液体用作防腐剂，古希腊人和古罗马人则将这种液体用于填充和连接木船上的细缝和接口。在石油化学工业发展以前，木材热解是得到化学物质(如丙酮、乙酸和甲醇)的主要渠道，但随着大量廉价原油和天然气的开采，以及与之相应的工业发展，以木材为原料制备燃料和化学品这一方式迅速衰落。但明确以液体燃料制备为目标的生物质热解液化技术的研究最早始于 20 世纪 70 年代后期，迄今国内外众多研究机构和公司在该领域已开展了大量研究，开发出了不同种类的快速热解工艺和反应器，如荷兰 BTG、加拿大 Dynamotive Energy Systems 和中国科学技术大学等，几年前均已开始产业化示范，但迄今都没有真正进入市场推广阶段，原因是多方面的，如技术链和产业链需要完善、生物油应用市场需要开拓和培育等。

用于生物油制备的生物质热解液化机组一般应包括原料预处理、进料装置、热解反应器、热解产物气固分离、热解气冷却与生物油收集等系统。下面将分别介绍这些部分的工作过程和工艺特点。

6.2 生物质原料预处理

6.2.1 破碎预处理

1. 生物质颗粒及其等效直径

为了提高生物质热解时的升温速率和便于热解挥发分的迅速析出，一般均需要对生物质原料进行破碎预处理，使之成颗粒状，且颗粒粒径一般不大于 3mm。

实际上，经过破碎预处理后的生物质颗粒的形状可能是规则的几何体，也可能是不规则的几何体。球体是最简单的颗粒形状，其尺寸和外部形状可以用颗粒直径描述。对非球形颗粒，则需采用人为定义的等效直径等参数来描述其尺寸和外部形状。

颗粒等效直径也称当量直径，它有三种定义方式[2]。

(1) 等体积当量直径 d_v。假设一球形颗粒具有与被考察颗粒相同的体积，则该球形颗粒的直径即为被考察颗粒的等体积当量直径。其体积 V_p 和等体积当量直径 d_v 分别为

$$V_p = \frac{1}{6}\pi d_v^3,\quad d_v = \left(\frac{6V_p}{\pi}\right)^{\frac{1}{3}} \tag{6-1}$$

(2) 等表面积当量直径 d_s。假设一球形颗粒具有与被考察颗粒相同的表面积，则该球形颗粒的直径即为被考察颗粒的等表面积当量直径。其表面积 S_p 和等表面积当量直径 d_s 为

$$S_p = \pi d_s^2,\quad d_s = \left(\frac{S_p}{\pi}\right)^{\frac{1}{2}} \tag{6-2}$$

(3) 等比表面积当量直径 d_{sv}。假设一球形颗粒具有与被考察颗粒相同的比表面积，则该球形颗粒的直径即为被考察颗粒的等比表面积当量直径。其比表面积 S_p 和等比表面积当量直径 d_{sv} 分别为

$$S_p = \frac{\pi d_{sv}^2}{\frac{1}{6}\pi d_{sv}^3}\cdot V_p,\quad d_{sv} = \frac{6V_p}{S_p} \tag{6-3}$$

三个等效直径之间存在一定的关系。对于球形颗粒，三个当量直径是相等的；

对于非球形颗粒，则有

$$d_s \geqslant d_v \geqslant d_{sv}, \quad d_{sv} = \frac{d_v^3}{d_s^2} \tag{6-4}$$

此外，还有其他颗粒当量直径定义，如算术平均直径、几何平均直径、最小尺寸直径等。在考察筛分时，最小尺寸直径是颗粒能否通过筛网的关键参数。

具体选择哪一种当量直径则应取决于应用场合，如对生物质热解转化而言，建议用等比表面积当量直径 d_{sv}，因为热化学反应所关心的是表面积，传热和传质都是通过气固接触表面进行的。

2. 生物质颗粒系统的粒度分布

单一粒度的颗粒系统在实际中并不多见，如果一个颗粒系统由许多不同的颗粒所组成，则成为多组分颗粒系统。对这样的颗粒系统，往往必须测量其粒度分布。颗粒群的粒度分布常采用筛分法来测定，即将样品颗粒通过一系列不同筛孔的标准筛，各筛网按筛孔大的在上，小的在下，依次按顺序叠放，分离成若干个粒径段后分别称重，就可以得到以质量百分数表示的粒度分布。筛分法是一个古老而目前仍常用的方法，绝大部分情况为干式操作，适用于直径大于 38μm 以上的颗粒。以超声波为振源的湿式法也可以筛分到 10μm 左右的颗粒。

筛子的规格各国略有不同，我国以往大多沿用美国 Tyler 系列，其筛孔大小是按筛网上每英寸长度上的筛孔数表示，称为目。最细的 Tyler 筛子为 400 目，筛孔直径约为 38μm。目前国际标准组织(ISO)制定的标准基本沿用 Tyler 系列，具体规格见表 6-1。

表 6-1　ISO 标准筛系列与 Tyler 标准筛系列的比较

目数	Tyler 系列筛孔尺寸/ mm	ISO 系列筛孔尺寸/ mm	目数	Tyler 系列筛孔尺寸/ mm	ISO 系列筛孔尺寸/ mm
5	3.962	4.00	42	0.351	0.355
6	3.327		48	0.295	
7	2.794	2.80	60	0.246	0.250
8	2.362		65	0.208	
9	1.981	2.00	80	0.175	0.180
10	1.651		100	0.147	
12	1.397	1.40	115	0.124	0.125
14	1.168		150	0.104	
16	0.991	1.00	170	0.088	0.090
20	0.833		200	0.075	
24	0.701	0.71	250	0.061	0.063
28	0.589		270	0.053	
32	0.495	0.500	325	0.043	0.045
35	0.417		400	0.038	

当颗粒直径很小时，筛分法就不能准确地测定颗粒粒度了，必须要采用仪器分析。常用的仪器分析法包括电导法、重力沉降法、离心沉降法、显微镜法、摄影法和激光衍射法等，具体测量方法详见有关书籍。

若用于筛分的$n+1$个筛，其筛孔尺寸从大到小分别为d_1'，d_2'，…，d_i'，…，d_{n+1}'，则颗粒群某一粒度的组分的粒径d_i是指通过筛孔尺寸为d_i'，而留存于筛孔尺寸为d_{i+1}'的相邻两筛网间的粒子的平均粒径，取相邻两筛网孔径的平均值。最常用的是几何平均值

$$d_i = \sqrt{d_i' d_{i+1}'} \tag{6-5}$$

有时也用算术平均值：

$$d_i = (d_i' + d_{i+1}')/2 \tag{6-6}$$

式中，$i=1$，2，3，…，n。

描述颗粒群的粒度分布有不同的基准，如质量基准、体积基准、颗粒数基准等。质量基准是用颗粒群中各个粒度范围的颗粒质量在颗粒群总质量中所占的份额(质量百分数)来描述粒度分布的。相应地，颗粒数基准是用各个粒度范围的颗粒数在总颗粒数中所占的份额(颗粒数百分数)来描述粒度分布的。按一定基准测得的粒度分布数据有 3 种表示形式，即表格形式、图形形式和函数形式。表格形式最简单，图形形式较直观，函数形式更便于处理。其中图示颗粒分布有两种表达方式：一种是直接画出不同粒径区段的颗粒百分比，图形直接显示出粒度分布，如图 6-1(a)所示；另一种是以粒径为横坐标，以小于所在粒径的所有颗粒的累积百分比为纵坐标，图形给出的是累积的粒度分布，如图 6-1(b)所示。两者各有特点，可根据需要选用。

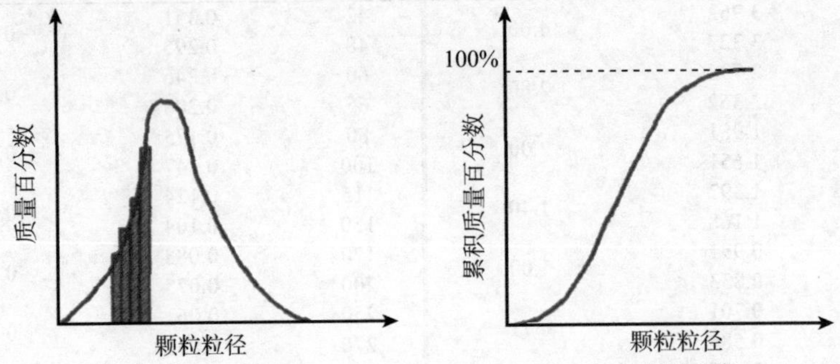

(a) 非累积分布　　(b) 累积分布

图 6-1　颗粒粒度的分布曲线

6.2.2 干燥预处理

1. 干燥机理

生物质干燥是复杂的传热传质过程。不同种类的生物质具有相似的干燥过程，其干燥曲线一般表现为“缓慢—快速—缓慢”下降。然而，在干燥机理的认识上，不同学者得出的结论却不尽相同，如对于干燥中后期失水速率下降的情况，文献[3]认为干燥速率逐渐变慢归因于内层向表面移动的水分小于表面的蒸发强度，而文献[4]指出物料外层先行干燥而形成硬壳板结会阻止内部水分继续外移。

一些研究者发现,干燥过程会出现升速和恒速干燥段，水分扩散成为研究的焦点。文献[5]指出，物料薄层不能提供一个恒定的水分供应是导致没有出现恒速干燥的原因，而在初期可能会有的升速段是由于试样温度升高表面水分蒸发所致。文献[6]同样发现，棉花秸秆干燥前期也会有短暂的升速段，而随后的恒速段是干燥的主要过程。可见，生物质干燥过程虽无明显差别，但不同物料却有其自身独特的干燥特性。

针对生物质低温干燥时干燥速率较小而高温干燥时干燥耗能增加的问题，一些学者提出干燥需要找出一个合适的温度点。Kallel 等[7]指出秸秆干燥温度不宜超过150℃；雷廷宙[8]通过热分析仪实验指出，初含湿量约 20%~50%小麦秸秆的较好干燥温度点在 90~110℃，玉米芯的最佳干燥温度为 90℃；周汝雁等[6]认为棉花秆干燥温度略低于沸点温度最为合理；胡建军等[9]建议初含湿量 25%、30%和 40%棉花秆的最佳干燥温度约为 100℃。

中国科学技术大学采用综合热分析仪研究生物质秸秆的等温干燥特性。干燥实验分为两组，第一组为在同一温度(90℃)下不同含湿量(20%、30%、40%)的干燥实验，第二组为在同一含湿量(25%)下不同温度(50℃、70℃、90℃、110℃)的干燥实验。实验结果见图 6-2 和图 6-3。

由图 6-2 和图 6-3 可知：①达到相同干燥程度时，含湿量越高，干燥温度越低，需要的干燥时间越长；②初含湿量越高，干燥速率最大值出现得越晚；③最终含湿量随初含湿量的增高而增加，随干燥温度的提高而降低；④同一干燥温度而增加等同的含湿量或者同一含湿量而升高等同的干燥温度，干燥曲线之间的间隔并不相等。

秸秆干燥均没有出现恒速干燥段，干燥趋势表现为先上升再快速下降最后缓慢下降并趋近于零。若以干燥速率最大值点(*B*)为分界点，则分为升速干燥段(*AB*)和降速干燥段(*BD*)，降速干燥段可分为第一降速(*BC*)和第二降速干燥段(*CD*)。生物质中的水分因结合方式的不同主要分为两大类，即附着于生物质颗粒表面和存在于直径大于 10^{-5}cm 毛细孔中的自由水与吸附或凝聚在生物质颗粒内部毛细孔中的结合水。

这两种水分与秸秆不同的结合力，致使秸秆出现不同的干燥段。在升速段，秸秆由室温逐渐升至干燥温度并稳定，表面水分不断蒸发，内部自由水很快向表面扩散以满足表面水分汽化的需要。水分以水蒸气的形式大量逸出，含水率迅速下降，干燥速率逐渐增大。大部分自由水分在这一阶段除去，当水分扩散速率和表面水分蒸发速度相当时，干燥速率达到最大值。随后自由水分不足，内部结合水参与扩散过程，干燥速率被由内部扩散到表面的水分扩散所主导，干燥过程进入降速干燥段，水分扩散速率大幅下降，干燥速率也快速降低。

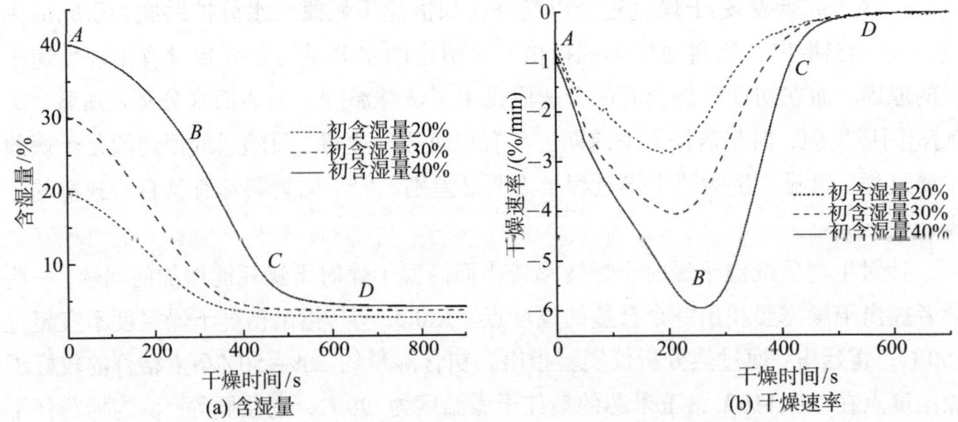

图 6-2　初含湿量对玉米秸秆干燥过程的影响

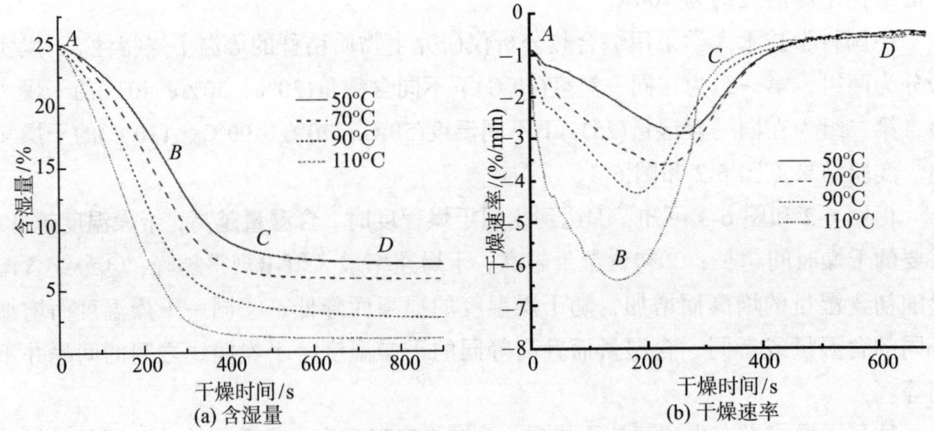

图 6-3　干燥温度对玉米秸秆干燥过程的影响

升速段和第一降速段主导干燥过程，而这两个阶段是在外部条件控制下的自由水与部分结合水不断汽化向外界扩散的过程，因此强化外界干燥条件，明确其在干燥主要过程中的作用大小，将有助于增加干燥速率，缩短干燥时间，也显著有利于改进干燥装置。当物料含湿量低于 5%时，干燥速率越来越小，最后趋近于零，这时物料已处于微含水状态，继续加热烘干对降低含湿量已无明显影响。

采用差示扫描分析仪(DSC)能准确监测试样的热效应情况[10]，通过对 DSC 热流曲线进行积分，可以确定试样在转化过程中所需或所放的热量。图 6-4 和图 6-5 为玉米秸秆在干燥过程中的 DSC 热流曲线以及需热量积分结果。

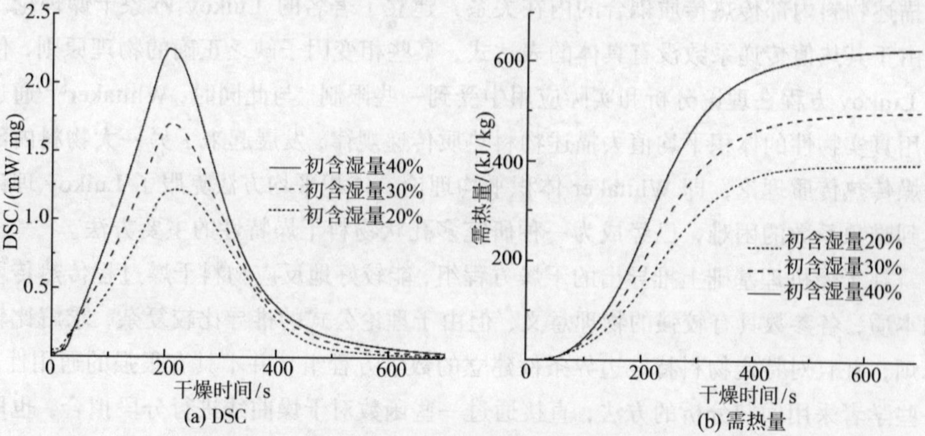

图 6-4 含湿量对干燥热流曲线和需热量的影响

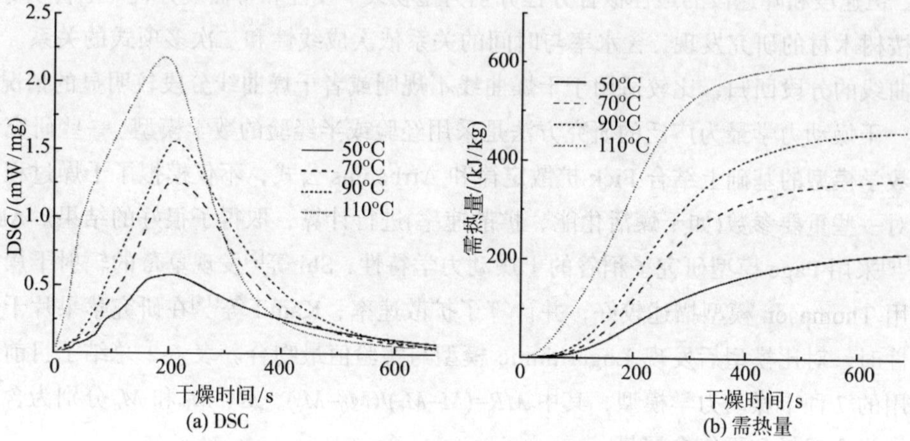

图 6-5 干燥温度对干燥热流曲线和需热量的影响

生物质干燥所吸收的热量主要用于水分的蒸发和生物质温度的提高。由图 6-4 和图 6-5 可见，玉米秸秆干燥需热量随着含湿量的增加而增加，而干燥需热量随着干燥温度的降低而减少。实验结果表明：1kg 含湿量 20%、30%和 40%的玉米秸秆，90℃干燥所需热量分别为 386 kJ、473 kJ 和 610 kJ；1kg 含湿量 25%的秸秆，50℃、70℃、90℃和 110℃干燥所需热量分别为 217 kJ、328 kJ、465 kJ 和 603 kJ。

2. 干燥动力学

干燥动力学研究可以深入了解干燥机理，预测干燥过程，并对工程应用具有指导意义。近年来，国内外学者在如下 3 个方面做了大量的工作：①数学公式的理论推导；②干燥曲线的回归分析；③经验和半经验的数学模型。

Luikov[11]运用守恒基本关系和热力学不可逆输运定律，定义一组偏微分方程组以描述物料内部传热传质耦合的内在关系，建立了著名的 Luikov 唯象干燥理论。但由于其热值传递系数没有具体的表达式，某些相变因子缺乏正确的物理原则，使得 Luikov 方程在理论分析和实际应用中受到一些限制。与此同时，Whitaker[12]通过采用真实物性的体积平均值去描述物料热质传递规律，发展起来了另一大物料内部干燥传热传质理论，即 Whitaker 体积平均理论。体积平均方法克服了 Luikov 理论得到唯象系数的困难，已经成为一种研究多孔状物料干燥特性的主要方法。

在干燥机理基础上推导出的干燥方程组，能较好地反应物料干燥过程传热传质的本质，各参数具有较强的物理意义，但由于理论公式的推导比较复杂，求解比较麻烦，并且对特定物料特定边界条件建立的数学方程组，并不具有很强的通用性。一些学者采用回归分析的方法，直接通过一些函数对干燥曲线进行分段拟合，也取得了较好的效果。胡建军等[9]对含湿量 35%的棉花秆进行了研究，结果表明，预热段、恒速段和降速段的最佳拟合方程分别为抛物线、线性和幂曲线方程。王喜明等[3]对桉树木材的研究发现，含水率与时间的关系依次成线性和二次多项式的关系。干燥曲线的分段回归，比较适用于干燥曲线不规则或者干燥曲线分段较明显的情况。

干燥动力学最为广泛的研究方法是采用经验或半经验的数学模型。一些研究者在数学模型的基础上结合 Fick 扩散定律和 Arrhenius 公式，不仅模拟了干燥过程，并对一些重要参数(如干燥活化能、扩散速率)进行计算，取得了很好的结果。Akal 等[13]采用 Page 模型研究了稻谷的干燥动力学特性；Shi 等[5]发现草莓的辐射干燥过程用 Thompson 模型描述较好，并计算了扩散速率；Kamil 等[14]在研究苹果片干燥特性时，对比模型后发现 Logarithmic 模型与实验值最吻合。表 6-2 总结了目前最常用的 7 种干燥动力学模型，其中 $MR=(M-M_e)/(M_0-M_e)$，M、M_0 和 M_e 分别为含湿量、初含湿量和平衡含湿量。

表 6-2　一些常用的等温干燥动力学模型

序号	模型名称	模型等式	模型参数
1	Page	$MR=\exp(-kt^n)$	k n
2	Newton	$MR=\exp(-kt)$	k
3	Midilli et al.	$MR=a\exp(-kt^n)+bt$	a k n b

续表

序号	模型名称	模型等式	模型参数
4	Logarithmic	$MR = a + b\exp(-kt)$	$a\ k\ b$
5	Wang and Singh	$MR = at^2 + bt + 1$	$a\ b$
6	Modified Page	$MR = \exp[-(kt)^n]$	$k\ n$
7	Henderson	$MR = a\exp(-kt)$	$a\ k$

选择合适的参数对评价动力学模型的拟合效果是至关重要的。Giri 等[15]采用 R^2 评价干燥模型的拟合效果，结果显示 Modified Page 模型能最好地模拟蘑菇干燥过程，其 R^2 均大于 0.99。Kamil 等[16]采用 RMSE 判断拟合数据与实验数据的离散程度，结果表明 logarithmic 模型模拟苹果片的效果最好，其 RSME 值为 0.000 16。而 Ozkan 等[17]认为，有必要对拟合数据做出可靠性判断，他们采用 SEE 来评价模型拟合的优度，结果表明 Page 模型的 SEE 值均在 0.018 035 以下，此模型的拟合程度最好。

表 6-3 总结了一些最常用的评价参数，其中：$MR_{\text{pre},i}$ 为含湿比模拟值，$MR_{\exp,i}$ 为含湿比实验值，N 为实验值个数，n 为干燥常数个数。综合相关文献，R^2 和 χ^2 应用最为广泛。

表 6-3　一些常用的动力学模型评价参数

序号	名称	表达式
1	R^2	$1-\sum_{i=1}^{N}(MR_{\text{pre},i}-MR_{\exp,i})^2/\sum_{i=1}^{N}(MR_{\exp,i}-\overline{MR_{\exp,i}})^2$
2	χ^2	$\sum_{i=1}^{N}(MR_{\text{pre},i}-MR_{\exp,i})^2/(N-n)$
3	RMSE	$\left[\sum_{i=1}^{N}(MR_{\text{pre},i}-MR_{\exp,i})^2/N\right]^{1/2}$
4	SEE	$\left[\sum_{i=1}^{N}(MR_{\text{pre},i}-MR_{\exp,i})^2/(N-2)\right]^{1/2}$
5	P	$\dfrac{100}{N}\sum_{i=1}^{N}\dfrac{\lvert MR_{\text{pre},i}-MR_{\exp,i}\rvert}{MR_{\exp,i}}$
6	SD	$\left[\sum_{i=1}^{N}(MR_{\text{pre},i}-\overline{MR_{\exp,i}})/(N-1)\right]^{1/2}$

以初含湿量 20%的玉米秸秆干燥实验为例，各个模型拟合的结果列于表 6-4。由此表可知，Midilli et al.模型的 R^2 和 χ^2 值分别为 0.999 74 和 0.000 03，分别高于和低于其他模型，表明 Midilli et al.模型对实验值的模拟效果最好。对其他干燥实验的动力学研究表明，Midilli et al.模型的模拟效果也最好，其 R^2 均高于 0.999，χ^2 均低于 0.000 25。图 6-6 是 Midilli et al.模型所有实验的结果，可见该模型的模拟值与实验值非常吻合。

表 6-4　不同动力学模型的统计结果

序号	模型名称	R^2	χ^2
1	Page	0.999 58	0.000 05
2	Newton	0.929 35	0.007 59
3	Midilli et al.	0.999 74	0.000 03
4	Logarithmic	0.973 45	0.002 86
5	Wang and Singh	0.974 52	0.002 74
6	Modified Page	0.999 58	0.000 05
7	Henderson	0.962 51	0.004 03

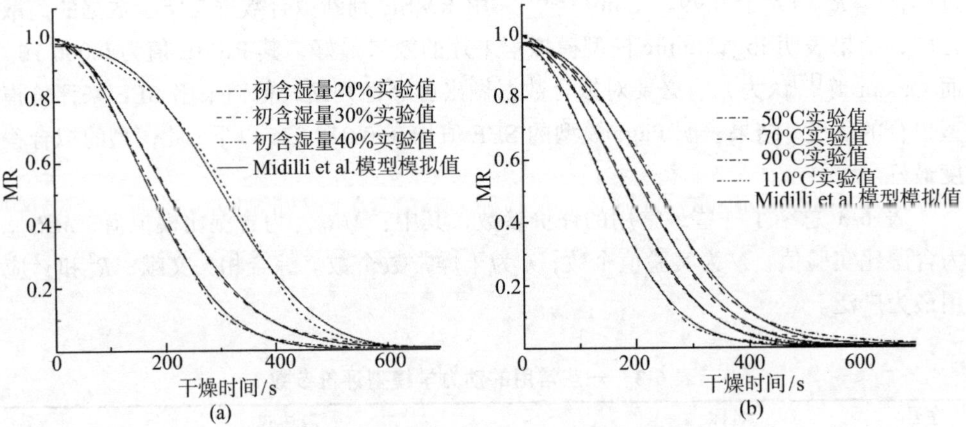

图 6-6　MR 实验值与 Midilli et al.模型模拟值

3. 干燥对热解的影响

以具有代表性的升温速率 20℃/min 为例，对干燥前后稻壳的热解曲线进行对比分析，如图 6-7 所示。稻壳的热解过程可分为干燥(*AB*)、过渡(*BC*)、热解(*CD*)和碳化阶段(*DE*)四个阶段。

未经干燥的稻壳在干燥阶段的失重率约为 9%，DTG 曲线出现一个明显的失水峰。超过 150℃后挥发分开始析出，因此稻壳最高干燥温度不应超过 150℃。过渡阶段的温度范围在 150~210℃，这一阶段是稻壳发生解聚及"玻璃化转变"现象的一个缓慢过程，稻壳发生微量失重(0.2%)，TG 和 DTG 曲线都趋于平坦。热解阶段主要发生在 210~500℃，挥发分大量析出，DTG 曲线出现两个不同的峰，以后的动力学分析主要针对此阶段进行。温度高于 500℃以后，是稻壳的碳化阶段，残留物缓慢分解，DTG 曲线趋于平坦。稻壳只有被加热到 210℃以后，挥发分才会大量析出，热解阶段结束时稻壳失重率约为 61%，在此期间挥发分析出约占整个温度区挥发分析出量的 85%~90%。失重最明显阶段温度范围在 250~450℃，由于生物质的热解过程是由各组分热解过程的叠加组成，而各组分对温度变化的反应程度不尽相同，半纤维素具有不定形的松散结构，热稳定性较差，在 290~330℃出现热解峰，纤维素由没有支链的葡萄糖分子聚合而成，热稳定性较半纤维素高，在 340~380℃时出现热解峰。木质素主要是由 3 种苯丙烷单体组成并含有丰富支链结构的聚合体，热解区域最广泛，固体残留物也最多。因此，DTG 曲线中有两个不同的峰，前一个肩状侧峰由半纤维素热解形成，后一个主峰由纤维素热解形成，进入碳化阶段后主要是木质素的热解。

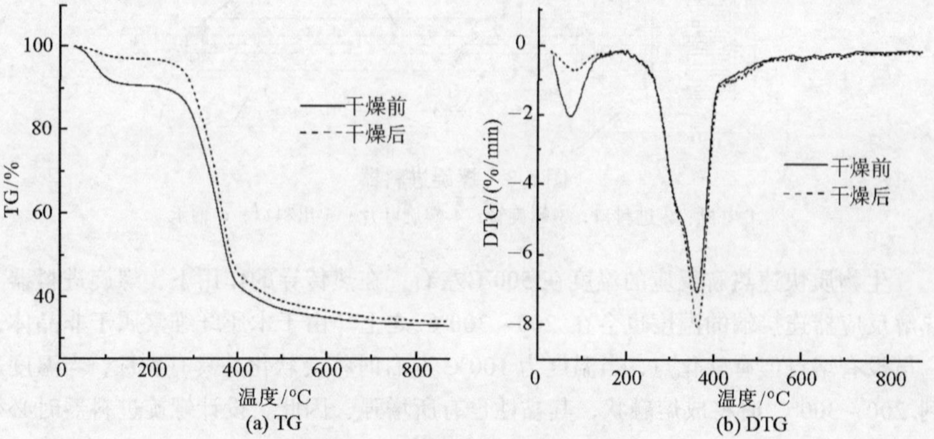

图 6-7　干燥前后稻壳热解曲线

由图 6-7 可见，干燥对稻壳热解曲线有一定的影响，未经干燥的稻壳在第一阶段失重较多，干燥峰也更明显一些，后面的 TG 曲线表现为整体向左移动。干燥对稻壳最终失重率影响较小，但是对挥发分(终温时失重率减去失水率)析出影响较大，干燥后稻壳的挥发分析出率为 63.2%，而未干燥稻壳的析出率为 57.8%。从 DTG 图也可以看出，干燥后稻壳最大热解速率比未经干燥的要高。因此，对稻壳干燥预处理有利于提高热解速率，也有利于得到最多的挥发分。

6.3　生物质进料系统

6.3.1　螺旋进料系统概述

螺旋进料系统用于将生物质颗粒物料连续稳定并定量地输送到热解反应器。

如图 6-8 所示，螺旋进料系统由料桶和螺旋进料器组成。料桶是储料装置，兼具料层密封功能。螺旋进料器是进料系统的核心部分，由螺旋管、螺旋轴、螺旋叶片、轴承和传动机构构成。其中，螺旋管是围在螺旋叶片外的机壳，用于将物料约束在螺旋叶片之间，以确保物料的正常输送；螺旋轴是螺旋叶片的固定和支撑轴，用于在送料过程中带动螺旋叶片做旋转运动；螺旋叶片通常为螺旋状的薄钢片，用于推动料槽中的物料做轴向运动；轴承起支撑作用；传动机构由变速电机和减速箱构成，用于提供动力并在一定范围内调节进料量。

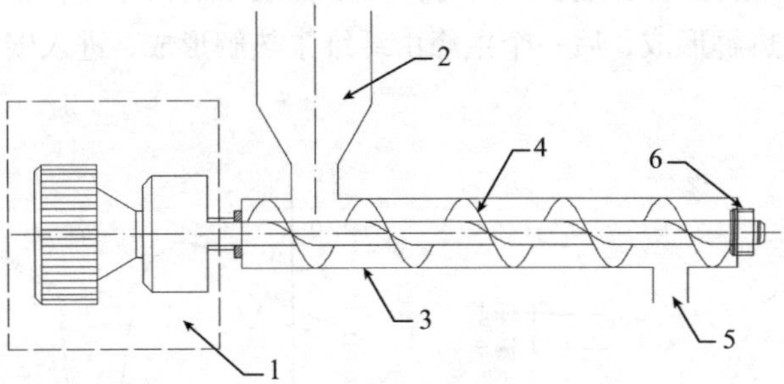

图 6-8　螺旋进料器

1-电机；2-进料口；3-螺旋管；4-螺旋叶片；5-出料口；6-轴承

生物质快速热解反应的温度在 500℃左右，在热传导的作用下，螺旋进料器与热解反应器连接端的温度也会在 200～300ºC 之上。由于木质纤维素属于非晶体，它虽没有熔点但有软化点，当温度为 100ºC 左右时将会软化并具有黏性，当温度达到 200～300ºC 时将成熔融状，其黏性也有所增强。因此，设计螺旋进料器时必须要考虑高温对顺畅进料的影响。采用单级螺旋进料器进料时，由于生物质密度小、流动摩擦力大而决定了螺旋进料器中的轴向进料速度不能太大，故而生物质颗粒物料在螺旋管内移动时有充分的时间受热升温而软化，甚至熔融而粘附于螺旋管的内壁和螺旋叶片上，导致进料不畅甚至完全堵塞。鉴于此，我们于 2004 年提出并采用两级螺旋进料器，成功地解决了单级螺旋进料器因温度影响而造成物料输送不畅的问题。

如图 6-9 所示，两级螺旋进料器呈串联状，第一级螺旋进料器的入口和出口分

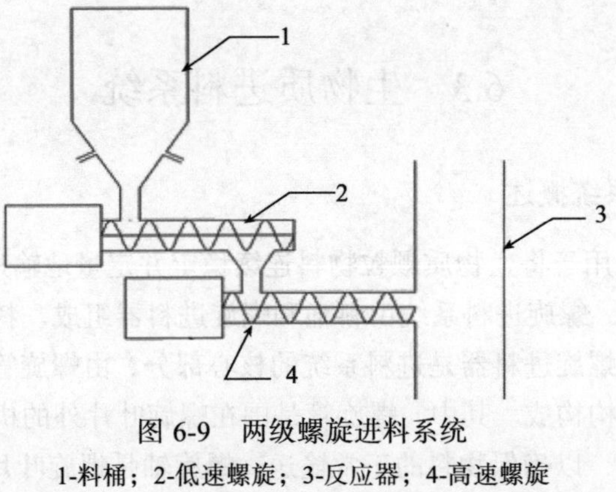

图 6-9　两级螺旋进料系统

1-料桶；2-低速螺旋；3-反应器；4-高速螺旋

别与料筒的出口和第二级螺旋进料器的入口相连，而第二级螺旋进料器的出口与高温热解反应器的进料口相连。两级螺旋进料器的结构可以一样，但运行参数有所差别：第一级螺旋进料器的工作转速较低，而第二级螺旋进料器的工作转速则较高。故前者又可称为低速级螺旋进料器，其功能主要是定量输送生物质颗粒物料；后者可称为高速级螺旋进料器，其功能主要是将第一级螺旋进料器送来的生物质颗粒物料在尚未显著升温的情况下快速送入高温热解反应器，从而避免了物料输送不畅问题的出现。

6.3.2　螺旋进料系统的动力学分析

实际螺旋进料器在进料过程中，物料的运动由于受到旋转螺旋的影响，其运动并非是单纯的沿轴向做直线运动，而是沿螺旋轴做空间复合运动。

设螺旋进料器的螺旋为标准的等螺距等直径、螺旋面升角为 α 的单头螺旋。当螺旋面的升角 α 在展开状态时，螺旋线可用一条直线来表示。将距离螺旋轴线 r 处的物料颗粒 M 作为研究对象，进行受力分析[18]。

如图 6-10 所示，旋转螺旋面在旋转过程中，一方面由于受到物料颗粒 M 的阻碍，所以会对物料 M 施加一个沿螺旋面法向的作用力 P_1；另一方面，由于螺旋面与物料颗粒之间存在相对运动，所以会对物料颗粒 M 施加一个沿螺旋面切线方向的摩擦力 P_2，所以螺旋面对物料颗粒 M 的合力 P 的方向会偏离了其法线方向 β 角。β 角的大小由物料对螺旋面的摩擦角 ρ 所决定，二者可以认为相等。P 力可分解为轴向分力 P_t 和圆周切向分力 P_e。物料颗粒 M 在 P 力的作用下，在料槽中进行着一个复合运动，既沿轴向移动，又沿切向旋转。

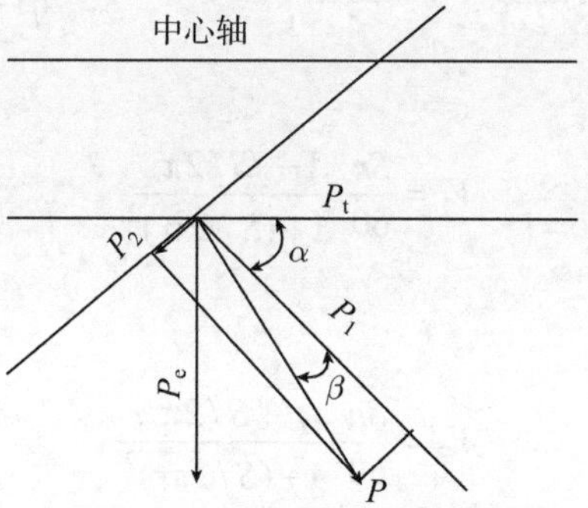

图 6-10　物料的受力分析

如图 6-11 所示，当螺旋轴以角速度 ω 绕轴回转时，距离螺旋轴线 r 处(O 点)的物料颗粒 M 的运动速度可由速度三角形求解。叶片上 O 点的线速度 V_O 就是物料颗粒 M 的牵引速度，可以用矢量 OA 表示，方向为沿 O 点回转的切向方向；物料

颗粒 M 相对于螺旋面的相对滑动速度，平行于经过 O 点的螺旋线切线方向，可以用矢量 AB 表示。若不考虑叶片摩擦，那么物料颗粒的绝对运动速度 V 方向应是螺旋面上 O 点的法线方向，可以用矢量 OB 表示。由于物料与叶片有摩擦，物料颗粒 M 自 O 点的运动速度 V 的方向应该偏离法线方向，偏离大小约为摩擦角 β。对 V 进行速度分解，可以得到颗粒自 O 点移动的轴向速度 V_1 和圆周速度 V_2。

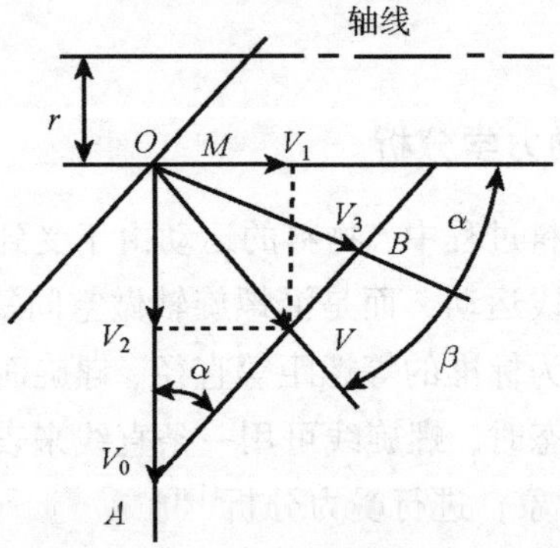

图 6-11　颗粒的速度分析

分析颗粒 M 的运动速度图可得

$$V_1=V\cos(\alpha+\beta)，且\ V_1=V_n/\cos\beta，V_n=V_0\sin\alpha$$

$$V_1=V_O\frac{\sin\alpha}{\cos\beta}\cos(\alpha+\beta) \tag{6-7}$$

而 $V_O=\omega\cdot r=\dfrac{2\pi n}{60}\cdot\dfrac{S}{2\pi\tan\alpha}=\dfrac{nS}{60\tan\alpha}$，由于 $\cos\alpha=\dfrac{1}{\sqrt{1+(S/2\pi\ r)^2}}$，所以式(6-7)可写成

$$V_1=\frac{Sn}{60}\cdot\frac{1-fS/2\pi\ r}{1+(S/2\pi r)^2} \tag{6-8}$$

同理可得

$$V_2=\frac{Sn}{60}\cdot\frac{f+S/2\pi\ r}{1+(S/2\pi r)^2} \tag{6-9}$$

式中，S 为螺距(m)；n 为转速(r/min)；f 为物料与螺旋叶片的摩擦系数 $f=\tan\beta$，β 为叶片与物料的摩擦角(°)，α 为螺旋面升角(°)。

由式(4-8)可知，当 $1-fS/2\pi\ r\leqslant 0$ 时，$V_1\leqslant 0$，物料将不能进行轴向运动。故螺旋进料器的螺旋角应该满足以下条件

$$\tan\alpha \leqslant \frac{1}{\tan\beta} \text{即} \alpha \leqslant 90-\beta \tag{6-10}$$

由于螺旋进料器螺旋叶片内径处的螺旋角最大，故设计时应按此条件对螺旋叶片的螺旋角进行校核。

对物料的轴向速度和圆周运动进行分析可知，物料的速度会随着其距离螺旋轴线的距离而变化，这种变化会产生一个附加的物料流。当螺旋轴的转速较小时，这种附加的物料流对物料运动的影响并不显著。但转速超过一定值时，物料就会产生垂直于进料方向的跳跃的翻滚，起搅拌而不起轴向的推进作用。这不仅会降低物料的进料效率，加速设备构件的磨损，而且还会增加螺旋功率的消耗。因此，设计螺旋进料器时应控制其转速，以避免这种现象的发生。

6.3.3　螺旋进料器的设计

螺旋进料系统的设计参数主要有输送量、螺旋叶片的直径和螺距、螺旋轴的直径和转速等。

1. 输送量的设计

输送量是指单位时间内螺旋进料器输送生物质颗粒物料的质量，一般由设计要求给定，其计算式如下

$$Q = 3600\rho \cdot A \cdot u \tag{6-11}$$

式中，Q 为螺旋进料器输送量(kg/h)；ρ 为物料的单位容积质量(kg/m^3)；A 为料槽内物料层的横截面积(m^2)：$A=\varphi\pi(D^2-d^2)/4$，φ 为填充系数，D 为螺旋叶片的直径(m)，d 为螺旋轴的直径(m)；u 为物料的轴向移动速度(m/s)：对于单头螺旋，$u = nS/60$，n 为转轴转速(r/min)，S 为螺旋叶片的螺距(m)。

将 A 和 u 的表达式代入式(6-11)，则其可改写为

$$Q = 15\pi\rho\varphi(D^2 - d^2)\cdot n \cdot S \tag{6-12}$$

从式(6-12)可以看出，螺旋进料器的物料输送量与螺旋轴转速和螺旋叶片的螺距表面上成正比关系，即螺旋轴转速越快、输送量越大，转速越慢、输送量越小；螺旋叶片螺距越大、输送量越大，螺距越小、输送量越小。但实际情况没有这么简单。由于生物质颗粒物料的密度比较低，当螺旋轴转速较快或螺旋叶片螺距较大而导致物料轴向移动速度过快时，从料筒落下的物料有可能来不及充满整个料槽，而且转速越快，这种现象也会愈加明显。因此，在设计计算以生物质颗粒为输送对象的螺旋进料器时，应当根据螺旋轴转速的高低和螺旋叶片螺距的大小而引入一个合适的填充系数。不过，根据我们多年的设计经验，当螺旋轴的转速不是太高和螺旋

叶片的螺距不是太大，且螺旋进料器又是水平布置时，则可以近似地将填充系数的值取为 1.0。

2. 螺旋叶片的设计

通过分析可知，物料轴向运动主要是由于螺旋叶片的轴向分力作用，所以螺旋叶片在整个设计工作中非常重要。由式(6-12)可得螺旋直径的计算公式

$$D=\sqrt{\frac{Q}{15\pi\rho\varphi\ nS}+d^2} \tag{6-13}$$

式中，输送量 Q 是由实际工作需要的给定值(kg/h)；S 是螺距(m)，可设 $S=k_1D$，k_1 为螺距与螺旋直径的比值，通常取 0.5~1.0，也可以根据需要适当取小或取大一些；n 为转速(r/min)。

由式(6-13)可知，转速越小，计算所得的螺旋直径越大，为了节省材料以及控制螺旋进料器的体积，转速可以按最大转速计算。但通过分析可知，当转速过大时，物料会因为离心力的作用而外抛，导致无法输运。

3. 螺旋轴的设计

设计螺旋轴时，主要是要考虑螺旋轴的轴径、螺距和轴长等。螺旋轴的轴径与螺距相关，可采用下式进行计算[19]

$$d=(1/3\sim1/2)D \tag{6-14}$$

由于螺旋角必须满足式(6-10)即$\alpha\leqslant 90-\beta$，若取 $S=D$，$d=D/3$，则出现在螺旋叶片内径处的最大螺旋角约为 43.7°。可以看出，计算出的螺旋角虽然能够满足式(6-10)的要求，但在输送物料的过程中，较大的螺旋角可能会加速螺旋叶片的磨损而导致摩擦角增大，有可能使得螺旋角不再能够满足式(6-10)的要求，从而无法正常输送物料。

螺旋轴长可以根据实际情况设计，既要能够保证螺旋轴长长于物料达到稳定输运的距离，又要防止螺旋轴长过长导致螺旋轴弯曲，而最终导致无法正常输送物料。

4. 螺旋管的设计

螺旋管的设计必须要与螺旋叶片配合，为了便于拆装和检修，螺旋管壳可以用 2~3mm 的无缝钢管加工而成，螺旋管的内径应略大于螺旋叶片的外径，二者之间的单边间歇不易过小，也不易过大。若间歇过小，则对螺旋管、螺旋轴和螺旋叶片的材料强度和刚度、加工精度和安装精度等的要求就会提高，从而抬高了设备制作成本；若过小，则一旦螺旋管、螺旋轴和螺旋叶片中的任何一个出现变形，就容易导致螺旋管和螺旋叶片在局部区域发生摩擦，轻则产生噪声和降低磨损寿命，重则

还有可能会导致无法正常输送物料。根据我们的经验，螺旋管与螺旋叶片之间的单边间歇以 2mm 左右为宜。

6.4 热解液化反应器

热解液化反应器是生物质热解液化机组的核心部件，经过 30 余年的发展，目前国际上已开发出了多种类型的生物质热解反应器，主要包括流化床(fluidized bed)、循环流化床(circulating fluidized bed)、喷动流化床(spout fluidized bed)、引流床(entrained flow bed)、涡流反应器(vortex reactor)、真空移动床(vacuum moving bed)和旋转锥(rotating cone reactor)等。

根据生物质颗粒与热载体受热方式的不同，可以将反应器分为机械接触式反应器、间接式反应器和混合式反应器；而根据生物质物料和热载体运动方式的不同，又可以将反应器分为流化床式反应器和非流化床式反应器。在流化床式反应器中，生物质颗粒和热载体主要依靠气体运动所产生的曳力进行碰撞和混合，以实现动量和热量的交换；而在非流化床式反应器中，生物质颗粒和热载体之间动量和热量的交换主要通过自身的位移运动来实现。流化床式反应器的优点主要是不含运动部件，结构较为简单，工作可靠性大，运行寿命长；缺点是流化气体的引入提高了系统的运行能耗，此外，流化气体稀释了不可冷凝的热解气，使其热值大为降低，为其利用带来了困难。非流化床式反应器正好与流化床式反应器相反，优点是极少或不需要外加气体，因而降低了系统的运行能耗，避免了可燃气体的稀释；但缺点是反应器含有运动部件，而运动部件一般又都需要在高温和高粉尘环境下做悬臂旋转，故而对材料和轴承的耐热性、耐磨性和密封性等有相当高的要求。

6.4.1 流化床式热解反应器

1. 单流化床热解反应器

图 6-12 所示为中国科学技术大学 2004 年研制的一种单流化床式生物质热解液化装置的工艺流程图。生物质经风干、磨碎、筛分预处理后成为粒径小于一定值(如 2mm)的颗粒物料，然后通过可调速的螺旋进料器送入液化反应器，物料喂入点一般要伸入反应床的内部。流化床反应器的床料兼热载体是砂子，流化介质为热解生成的气体(启闭阶段需要用氮气代替)，它由空气压缩机泵入可控的电加热器，经过预热后再均匀地吹入床内。流化介质进入床内时的温度不能过高，一般应控制在 600℃以内，否则部分生物质物料将会过热热解，不利于提高生物油的产率。但生物质热解过程又是一个不断吸热的过程，因此，仅靠电加热器预热后的流化介质的热焓，难以连续为进入床内的生物质提供热解所需要的全部热源，同时也为了避免床身壁

面温度梯度过大而导致可冷凝气体在反应床内壁凝结，所以，在流化床反应器的床身、联结管道和旋风分离器的外壁均需敷设一定功率的电加热元件。流化床动力学设计的关键是要将反应器中热解生成的炭吹走，而热载体砂子则要保留在反应床内，以减少反应床内的热量损失。这就需要仔细选择和匹配固体颗粒(砂子和生物质)的粒径、流化速度和床层结构参数。流化床内的反应温度由热电偶进行多点测量，并控制在最佳反应温度之内(如 450~550℃)，反应压力为微正压(如 1.0~5.0kPa)。反应产物流经旋风分离器首先分离掉炭，剩下的气体产物被送入冷凝器进行强制冷凝，其中可冷凝的气体被冷凝为生物油而储集在冷凝器的下部，至一定程度后用专门的容器进行收集和储藏，而不可冷凝的气体则通过过滤器过滤后，一部分送入循环气体压缩机中用于流化床反应器的流化介质，另一部分或用作生物质原料烘干用的气体燃料，或作其他用。

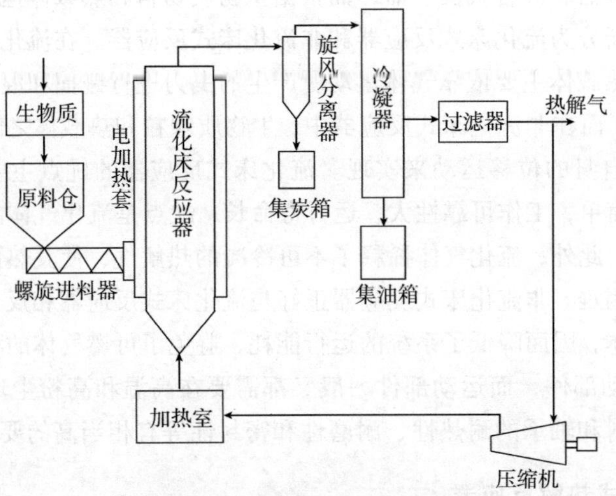

图 6-12　单流化床式热解液化装置

2. 循环流化床式热解反应器

图 6-13 为循环流化床式热解液化装置的工艺流程图。它与流化床式生物质热解液化装置的区别主要是，将热解液化获得的焦炭与热载体砂子一起送入流化床反应器底部的常规沸腾床，用焦炭燃烧释放的热量加热砂子，热砂返回流化床反应器提供热解所需要的热量，这就构成一个完整的循环过程，而部分高温烟气被用作流化介质。基于上述同样的道理，作为流化介质的高温烟气进入床内时的温度也不能过高，一般控制在 600℃以内，剩下的高温烟气则可以在特制的流化床反应器外壁空心夹套中流过，为热解反应补充提供所需要的热量。理论和经验证明，只要反应器各个部分设计得巧妙，利用副产物热解焦炭和热解气体的燃烧热，完全可以为热

解反应提供足够的热量。

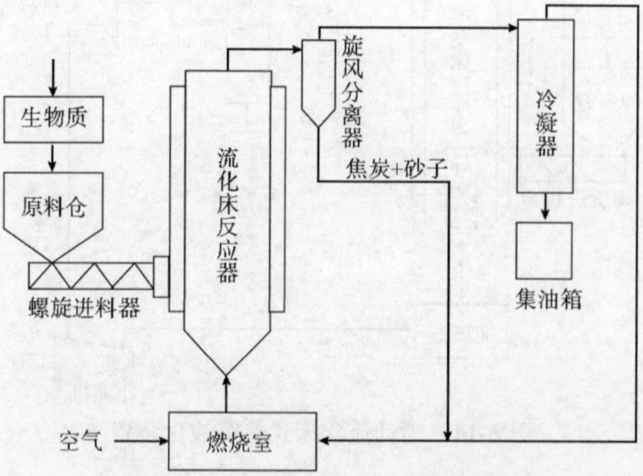

图 6-13　循环流化床式热解液化装置

循环流化床式生物质热解液化装置的最大特点是，将提供反应热量的燃烧室和发生热解反应的流化床反应器合为一体，充分利用了副产物热解焦炭和热解气，使生物质热解液化实现热量自给，从而有效降低了生物油的生产成本，提高了热解液化技术的市场竞争力。目前，国际上研究循环流化床热解反应器的单位主要有加拿大的 Ensyn、希腊的 GRES 和芬兰的 VTT 等，其中加拿大的 Ensyn 已建立了示范工厂，规模最大的是 2007 年在加拿大 Renfrew 建立的日处理 100t 生物质原料的循环流化床热解装置。

3. 喷动流化床式热解反应器

喷动流化床式热解液化装置的工艺流程如图 6-14 所示。由图可见，这种喷动流化床不同于传统的喷动床流化床，其结构特点是在传统喷动床的中央位置放了一根导向管，强制将中央喷动区和环形流化区分开，从而避免喷动区和流化区之间的气固错流，防止在气流减小或床层高度增加时导致喷泉不稳定甚至消失现象的出现。这种喷动流化床的显著优点是：气固滑移速度增大，从而增强了气固相间的混合强度和传热传质效果，并进而改善了生物质热解液化的效果；颗粒运动更有规律，从而容易控制固相滞留时间；未反应完全的生物质半焦将会在中央喷动区和环形流化区之间进行循环，从而提高了碳的转化率。

与流化床装置一样，喷动流化床也可以改造设计成循环喷动流化床，即在喷动流化床的下部设置一个燃烧室，利用焦炭燃烧获得的高温烟气作为流化介质，并为生物质热解提供所需的热量。

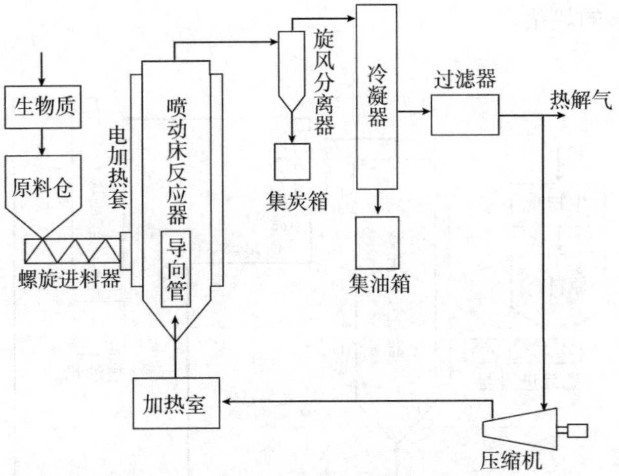

图 6-14　喷动流化床式热解液化装置

4. 引流床式热解反应器

引流床又叫携带床，其最大特点是不使用热载体砂子，热解所需全部热量由流化载气带入，仅通过载气与生物质颗粒之间的对流实现热量的传递，其工艺流程图如图 6-15 所示。生物质物料经干燥粉碎后由失重式喂料机通过一个旋转阀喂入反应器；反应器是一段直立的不锈钢管，喂入点位于反应管的下部；生物质物料被高温烟气流携带，并行向上流经反应管并发生热解，产生的混合物包括不可冷凝气体、水蒸气、热解油蒸气和炭。当混合物经过旋风分离器时，大部分的炭颗粒被除去，剩余的少量炭粉和气体产物进入水淋冷却管快速冷却，之后未被冷却的混合物进入一个空气冷凝器，在这里热解油蒸气和一些水蒸气将被冷凝下来。冷凝相通过油槽

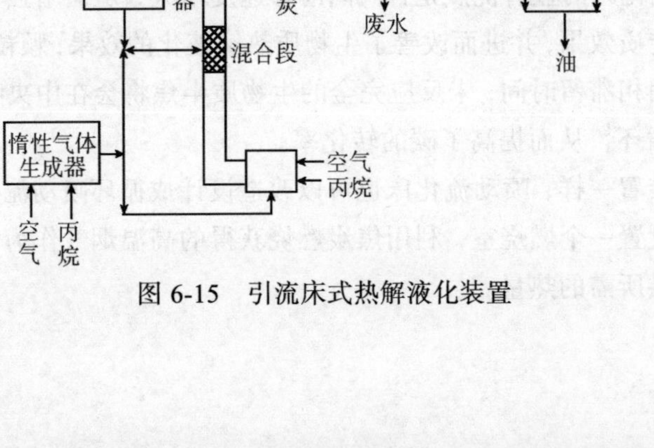

图 6-15　引流床式热解液化装置

和接收器流出，气相则通过二级去雾器排出。气相产物中的大部分悬浮微粒会在去雾器中被除掉。

6.4.2　非流化床式热解反应器

1. 涡流烧蚀式热解反应器

涡流烧蚀式热解反应器(涡流反应器)，是由美国国家能源部可再生能源实验室开发的，其工艺流程如图 6-16 所示。该反应器以 700℃氮气或水蒸气为载气，生物质颗粒在高速载气引射流作用下进入涡流反应器，然后在壁面上沿由螺旋筋构成的槽道做螺旋运动，经裂解反应后，未完全裂解的生物质颗粒沿切线方向离开反应器，通过循环管道和新加入的生物质物料混合，开始新一轮循环。典型的 2mm 大小的生物质颗粒完全裂解需要 1~2s 的停留时间，在此时间内物料颗粒需要循环约 30 次。

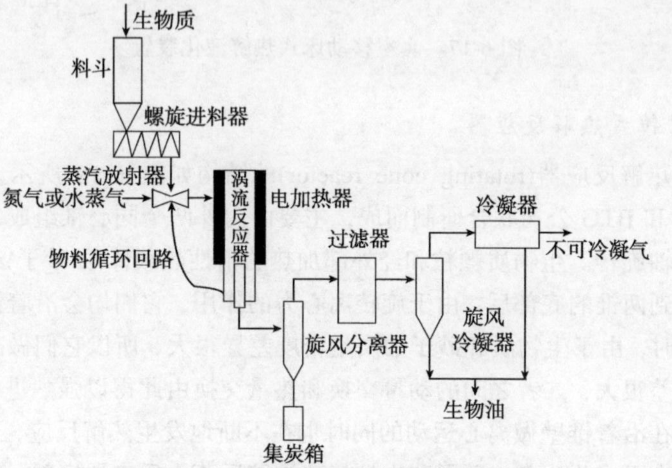

图 6-16　涡流烧蚀式热解液化装置

2. 真空移动床式热解反应器

真空移动床式热解反应器(vacuum moving bed)由加拿大 Pyrovac 大学和 Laval 大学开发，其工艺流程如图 6-17 所示。物料干燥和粉碎后在一定真空度下导入热解反应系统，反应系统由两个加热的水平夹板构成，水平板下面有含流动熔盐的加热管道对水平板进行加热，并采用电感应加热器对反应器的温度进行控制。试验研究表明：反应在 450℃左右和总压为 15kPa 的条件下进行，可以获得大量的生物油和具有良好表面活性的含碳固体产物。

真空移动床热解反应器的主要优点是生物质在低压环境下进行热解，一方面，压力的降低相应地降低了热解气体的沸点，有利于热解气体分子的蒸发；另一方面，压力的降低缩短了热解气在反应区的停留时间，减少了热解气的二次裂解。它的主要缺点是传热性能差，导致生物油产率较低(35%~50%)。此外，该设备所产生物油黏度大，使用困难。

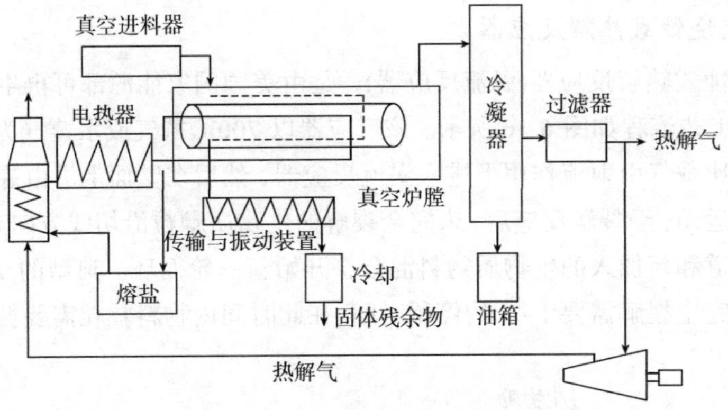

图 6-17　真空移动床式热解液化装置

3. 旋转锥式热解反应器

旋转锥热解反应器(rotating cone reactor)的结构如图 6-18 所示，它是由荷兰 Twente 大学和 BTG 公司联合研制而成，主要由内外两个同心锥组成，内锥固定不动，外锥绕轴旋转。生物质颗粒和经外部加热的惰性热载体(如砂子)经由内锥中部的孔道喂入到两锥的底部后，由于旋转离心力的作用，它们均会沿着锥壁做螺旋上升运动。同时，由于生物质和砂子的质量密度差异很大，所以它们做离心运动时的速度也会相差很大，二者之间的动量交换和热量交换由此得以强烈进行，从而使得生物质颗粒在沿着锥壁做离心运动的同时也在不断地发生热解反应，当到达锥顶时刚好反应结束而成为炭粒，砂子和炭粒旋离锥壁后落入反应器底部，热解气由导管引入旋风分离器，炭粉被分离后，混合气经淬冷而获得生物油。

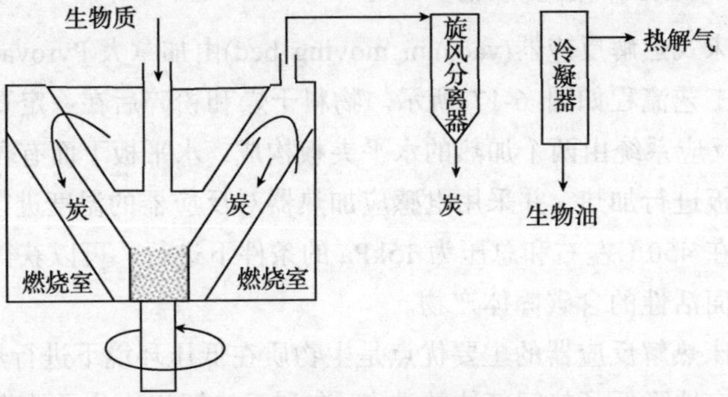

图 6-18　旋转锥式热解液化装置

旋转锥式解反应器结构紧凑，因为它不需要惰性流化载体气，避免了由于载体气对热解气体的稀释，从而有效降低了工艺能耗和液化成本。此外，旋转锥热解反应器便于操作，通过调节燃料量和配风比，可以控制床温；通过调节旋转锥的旋转速度，可以控制传热速率；通过调节内外锥体之间的空隙，可以控制热解气的停留时间。但是，由于旋转锥必须通过一悬臂的外伸轴支撑做旋转运动，而支持外伸轴的轴承又在高温和高粉尘工况下工作，且砂子等惰性热载体不停地在两锥壁面之间做螺旋运动，故存在轴承和外锥壁面等器件容易磨损的缺点。

旋转锥式热解反应器也可以设计成自热式的，方法是将反应器底部的炭粒和砂子及时引出后导入一个流化床式的燃烧装置，砂子加热到所需要的温度后进行气固分离，然后再喂入到旋转锥反应器，从而构成热量循环。

6.4.3　典型热解反应器的设计计算

1. 流化床热解反应器的设计计算

在设定进料量、加热温度和流化风量的前提下，流化床热解反应器的设计参数主要有热解反应器直径、床层高度和分离高度。

1) 流化床热解反应器直径 D

流化床直径是流化床设计中最重要的工艺尺寸，其计算式如下

$$D=\sqrt{\frac{4Q}{\pi u}} \tag{6-15}$$

式中，Q 为反应器内总的流量(m^3/s)，它等于流化风量、播料流量与热解气流量之和；u 为流态化操作速度(m/s)，它介于临界流态化速度 u_{mf} 和自由沉降速度 u_t 之间，常选取临界流化速度的若干倍为操作速度。

通常将床层从固定状态转变到流化状态时按布风板面积计算的空气流速称为临界流态化速度 u_{mf}，其计算式由式(6-16)给出

$$u_{mf}=\frac{\mathrm{Re}_{mf}\,\upsilon_f}{d_p} \tag{6-16}$$

式中，υ_f 为气体的运动黏度(m^2/s)；d_p 为物料的粒径(m)；Re_{mf} 为临界雷诺数，可由下式计算得到

$$Re_{mf}=\sqrt{33.7^2+0.0408Ar}-33.7$$

其中，阿基米德数为

$$Ar=\frac{d_p^3\rho_f(\rho_p-\rho_f)g}{\mu_f^2}$$

式中，ρ_p 为物料的密度(kg/m^3)；ρ_f 为气体的密度(kg/m^3)；g 为重力加速度(m/s^2)；μ_f 为气体的动力黏度(Pa·s)。

固体颗粒在静止的空气中自由降落时，开始因粒子本身重力而加速下降，但是随着速度的增大，空气对粒子运动的阻力也增大了，直到阻力增大到与重力相等时，粒子就以等速下降，这个速度叫做自由沉降速度，简称沉降速度，对球形颗粒

$$u_t = \left(\frac{4}{3}\frac{gd_p(\rho_p - \rho_f)}{C_D\rho_f}\right)^{0.5} \tag{6-17}$$

式中，C_D 为曳力系数，它是终端雷诺数 Re_t 的函数$\left(Re_t = \dfrac{d_p u_t}{\upsilon_f}\right)$，当 $Re_t < 2$ 时，

$C_D = \dfrac{24}{Re_t}$；$2 < Re_t < 500$ 时，$C_D = \dfrac{18.5}{Re_t^{0.6}}$；$Re_t = 500\sim200\ 000$ 时，$C_D = 0.44$。

对非球形颗粒，最常用的计算方法是测出非球形颗粒的等比表面当量直径，用非球形颗粒的等比表面当量直径代入式(6-17)进行求解。

2) 床层高度 L

流化床的床层高度又叫密相段高度。密相段是气固两相进行反应的主要区域，其高度直接影响生物质热解的转化率，是流化床中又一重要的工艺尺寸。

当操作速度大于临界流化速度时，流化床床层开始膨胀，膨胀的程度由膨胀比 R 来表示，它等于流化床的床层体积 V 与流态化前床层的静止床层体积 V_0 之比，对于圆筒形流化床来说，体积比就等于高度比，则

$$R = \frac{L}{L_0} \tag{6-18}$$

式中，L 为流态化床层高度(m)；L_0 为静止床层高度(m)。

根据空隙率的定义，膨胀比与空隙率的关系为

$$R = \frac{1-\varepsilon_0}{1-\varepsilon} \tag{6-19}$$

式中，ε_0 为静止床层的空隙率；ε 为流化床层的空隙率。

静止床层空隙率可由床料的堆积密度 ρ_b 和真实密度 ρ_p 来计算

$$\varepsilon_0 = 1 - \frac{\rho_b}{\rho_p}$$

流化床层的空隙率 ε 可由下面的半经验公式来计算

$$\varepsilon = 1.39\left[\frac{\mu_N u}{d_p^2 \cdot (\rho_p - \rho_b)g}\right]^{0.12}$$

求得 ε_0 和 ε 后，联立式(6-18)和式(6-19)可以求出床层高度 L。

3) 分离高度 TDH

流化床的分离高度 TDH 是流化床密相段上界面到夹带量保持恒定段的最小距离，目前关于分离高度还没有普遍可靠的计算方法。有学者总结出经验公式(6-20)，但由它所得的结果在实际应用过程中只能作为参考。

$$\mathrm{TDH} = 10.4u^{0.5} D^{(0.47\text{-}0.42u)} - 2.4 \tag{6-20}$$

2. 旋转锥式热解反应器的设计计算

在综合考虑旋转锥的上口半径 R 和底部半径 R_0 以及固体颗粒滞留时间 τ 的前提下，旋转锥式热解反应器的设计参数主要有旋转锥半锥角 θ、转速 ω 和进料量 Q，下面分别进行讨论。

1) 半锥角 θ

对单个颗粒进行受力分析，如图 6-19 所示，设颗粒与转锥内表面的摩擦系数为 f，则锥式反应器工作时颗粒能够沿锥壁做上升运动的力学条件是

$$F_{\mathrm{c}} \geqslant F_{\mathrm{f}} + mg\cos\theta \tag{6-21}$$

式中，F_{c} 为使颗粒沿旋转锥做上升运动的主动力，由离心力产生，由式(6-22)计算；F_{f} 为阻碍颗粒运动的摩擦力，由式(6-23)计算；mg 为颗粒所受重力。

$$F_{\mathrm{c}} = mr\omega^2 \sin\theta \tag{6-22}$$

$$F_{\mathrm{f}} = Nf = (mr\omega^2 \cos\theta + mg\sin\theta)f \tag{6-23}$$

将式(6-22)、式(6-23)代入式(6-21)有

$$mr\omega^2 \sin\theta \geqslant (mr\omega^2 \cos\theta + mg\sin\theta)f + mg\cos\theta$$

实际工作中，由于 $mr\omega^2 >> mg$，故为了简化计算，忽略上式中含有 mg 的项，于是有

$$\sin\theta \geqslant f\cos\theta$$

解上式得

$$\theta \geqslant \tan^{-1} f \tag{6-24}$$

式(6-24)即旋转锥半锥角应满足的条件，但在实际设计时，为保证颗粒能够沿外锥内壁面顺利上升，转锥设计半锥角应该选取大于理论最小值 $\tan^{-1} f$ 的角度。

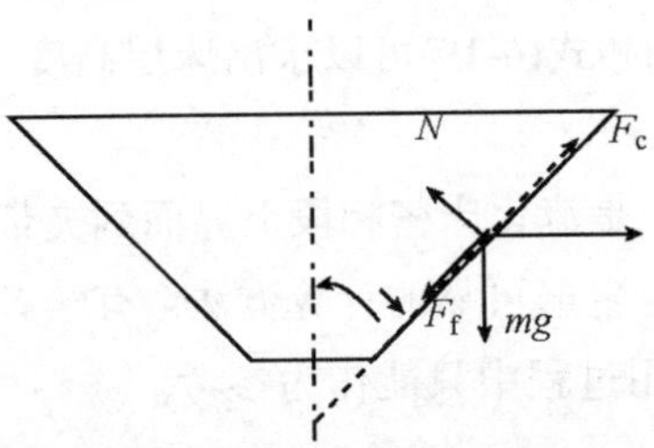

图 6-19　物料颗粒受力分析图

2) 转速 ω

由物料颗粒的受力分析图 6-19 可知，物料颗粒的动力学方程为

$$m\cdot a=m\cdot\frac{\mathrm{d}^2 r}{\mathrm{d}t^2}\cdot\frac{1}{\sin\theta}=mr\omega^2\sin\theta-mg\cos\theta-(mg\sin\theta+mr\omega^2\cos\theta)f \tag{6-25}$$

令 $y=\dfrac{\mathrm{d}^2 r}{\mathrm{d}t^2}$，整理式(4-25)得

$$y=(\sin\theta-f\cos\theta)r\omega^2\sin\theta-(\cos\theta+f\sin\theta)g\sin\theta \tag{6-26}$$

设

$$A=\sqrt{(\sin\theta-f\cos\theta)\sin\theta}$$

$$B=(\cos\theta+f\sin\theta)g\sin\theta$$

把 A、B 代入式(6-26)得

$$y=A^2\omega^2 r-B$$

两边对 t 求二阶导数得

$$\frac{1}{A^2\omega^2}\cdot\frac{\mathrm{d}^2 y}{\mathrm{d}t^2}-y=0$$

解得

$$y=C_1\mathrm{e}^{A\omega t}+C_2\mathrm{e}^{-A\omega t} \tag{6-27}$$

式中，C_1 和 C_2 为常数。

联立式(6-26)和式(6-27)得

$$C_1\mathrm{e}^{A\omega t}+C_2\mathrm{e}^{-A\omega t}=A^2\omega^2 r-B \tag{6-28}$$

由初始条件：$r|_{t=0}=R_0$，$r'|_{t=0}=0$，可得

$$C_1 = C_2 = C = \frac{A^2\omega^2 R_0 - B}{2} \tag{6-29}$$

将式(6-29)代入式(6-28)得

$$e^{A\omega t} + e^{-A\omega t} = \frac{2(r\omega^2 A^2 - B)}{R_0\omega^2 A^2 - B} \tag{6-30}$$

当 $t = \tau$ 时，颗粒运动到外锥出口，即 $r = R$，则式(4-30)为

$$e^{A\omega\tau} + e^{-A\omega\tau} = \frac{2(R\omega^2 A^2 - B)}{R_0\omega^2 A^2 - B} \tag{6-31}$$

从式(6-31)可以看出，当旋转锥底部半径 R_0 和半锥角 θ 一定，固体颗粒滞留时间 τ 设定时，上口半径 R 的值决定了旋转锥转速 ω 的大小。在实际设计过程中，考虑到旋转锥的几何尺寸受到空间和加工条件等的限制，一般通过规定 R 的值来计算转速 ω 的大小。

3) 进料量 Q

旋转锥式热解反应器的生产能力是以每小时通过转锥的物料质量来表示的。假如取物料的一微元质量为 dm，令 dm=1，并认为转锥工作时物料在锥面上是均匀分布的，即生产能力是与作用在单位质量上的离心力以及总的物质质量所具有的分离面积成正比[20]。

如图 6-20 所示，垂直于锥面的离心力的分力为

$$F_n = \mathrm{d}m\omega^2 x\cos\theta = \omega^2 x\cos\theta$$

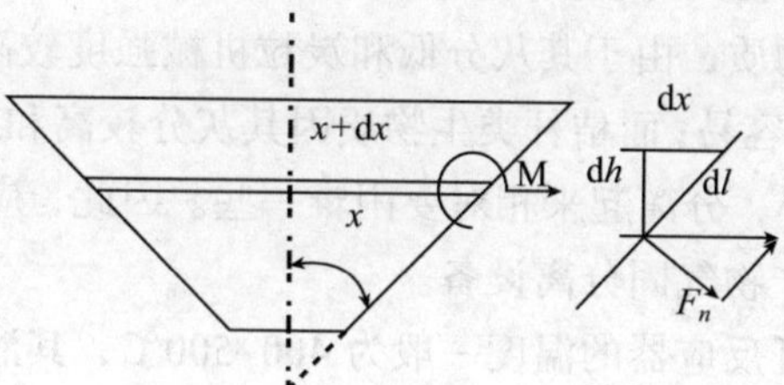

图 6-20　进料量计算方法说明图

若分离面积为 ds，则生产能力为

$$\mathrm{d}Q = kF_n\mathrm{d}s$$

即

$$\mathrm{d}Q = k\omega^2 x\cos\theta\mathrm{d}s$$

其中，k 为与被热解的生物质的性质等因素有关的系数。

位于 M 平面上半径为 x，高度为 $\mathrm{d}h$ 的环形物料层，其面积为

$$\mathrm{d}s = 2\pi x \mathrm{d}l = 2\pi x \frac{\mathrm{d}h}{\cos\theta} = 2\pi x \frac{\mathrm{d}x}{\cos\theta \tan\theta}$$

因此

$$\mathrm{d}Q = \frac{2\pi k\omega^2}{\tan\theta} x^2 \mathrm{d}x$$

对上式积分，得

$$Q = 2k\omega^2 \frac{\pi(R^3 - R_0^3)}{3\tan\theta} = 2k\omega^2 V \tag{6-32}$$

由式(6-32)可以看出，旋转锥式热解反应器的进料量与旋转锥的容积 V 和转速的平方 ω^2 成正比。系数 k 决定于所处理的物料的粒径和温度等，它的单位为 $1/(\mathrm{m}^2 \cdot \mathrm{h})$。

6.5 热解产物气固分离

6.5.1 概述

生物质在热解液化反应器中进行快速热解之后形成的热解产物主要包括生物质炭、可冷凝气体和不可冷凝气体。为减少生物油中炭粉含量，降低生物油的黏稠度，提高生物油品质，在热解气进入冷凝装置之前须进行气固分离，将炭粉颗粒除去。一般而言，生物质炭粉具有较强的吸附性，且由于原料不同，炭粉的性质也有所不同。对于林木类生物质，由于其灰分低和炭粒机械强度较高，因而颗粒较重、粒径较大，分离起来较为容易；而秸秆类生物质因其灰分较高和炭粒机械强度较低，因而颗粒较轻、粒径较小，分离起来相对要困难一些。因此，应根据原料特点有针地性地选择合适的热解产物气固分离设备。

生物质热解产物离开反应器的温度一般为400~500℃，其液体产物均呈蒸气状态。然而，热解气在管道输送和气固分离过程中，其温度将会下降，如果温度下降较多，或管壁和器壁温度梯度较大，有机蒸气就可能会在壁面冷凝，进而与固体颗粒粘附形成焦垢，严重时还会堵塞管道，同时也会降低生物油的产率。另外，由于热解气成分复杂，含有一定量的酸性气体，壁面冷凝也会腐蚀壁面。

因此，热解产物气固分离装置应根据生物质热解液化的特点符合一些特定的要求，主要有：①气固分离装置的材料要能够耐受400~500℃的高温，还要具有抗腐蚀性；②气固分离装置要具备较好的保温性能，以避免热解气在其中流过时因温度

下降过多或因壁面温度梯度过大而发生冷凝；③热解气在气固分离装置中的滞留时间不能太长，以避免热解气发生二次裂解而降低生物油的产率；④在频繁热胀冷缩的工况下，气固分离装置要具有良好的密封性能。

按照除尘方式的不同，气固分离方法可分为干式和湿式两大类。考虑到生物质热解液化的特点，热解气在通过气固分离装置时不能发生冷凝，因而只能选用干式除尘法对生物质热解产物进行气固分离。表 6-5 所列为几种常用的干式分离方法及其技术特征[21]。

表 6-5　几种常用的干式分离方法的技术特征

类别	机械方法			静电方法	过滤方法
设备	旋风分离器	惯性分离器	沉降分离器	电捕集器	过滤器
作用力	离心力	惯性力	重力	静电场力	阻力
分离界面	器壁	器壁	流动死区	沉降电极	滤料层
气体流速/(m/s)	20~30	15~20	1.5~2	1~1.5	0.01~0.3
压降/Pa	400~1300	100~500	50~150	100~200	800~2000
脱除粒径/μm	≥5~10	≥40	≥100	≥0.01	≥0.1
温度	不限，取决于器壁材料			敏感	取决于滤料
湿度	湿度高时有粘壁现象			敏感	敏感

目前，国内外应用于生物质热解产物气固分离设备常见的主要有两种，一是旋风分离器；二是过滤式除尘器。前者结构简单、工作可靠，在设计压力和气量条件下，对于≥10μm 的固体颗粒的分离效率可达 97%；后者是使含尘气体通过多孔滤料，把气体中尘粒截留下来，使气体得到净化的除尘装置。

6.5.2　旋风分离器

1. 结构和工作原理

图 6-21 所示为一种常用的标准切向式旋风分离器的结构和工作原理图[21]。如图所示，旋风分离器由筒体、锥体、进气管、排气管和排尘口等组成。其中筒体和锥体组合形成旋风分离器的分离空间，亦称旋风分离器本体，进气管截面一般为矩形，布置在筒体的切向位置。当含有热解炭粉和沙子等固体颗粒的热解气体由切向进入旋风分离器时，气流将由直线运动变为旋转运动。绝大部分的旋转气流沿器壁自圆筒体呈螺旋向下朝锥体流动，通常称之为外旋气流。在旋转过程中，密度较大的热解焦炭和沙子在离心力的作用下从气流中分离出来，甩向器壁。固体颗粒一旦与器壁接触，便失去径向惯性力而靠向下的动量和向下的重力沿壁面下落，进入集尘器。而脱除了固体颗粒的外旋气体到达锥体段时，圆锥体的收缩迫使其向分离器中心聚拢。根据旋转动量矩守恒原理，气流切向速度不断提高，尘粒所受离心力也

不断加强，当气流到达锥体下端的某一位置时，即以相同的旋转方向从旋风分离器中部由下反转向上，继续做螺旋流动，此时称之为内旋气流。最后，净化气体经上部的排气管排出后送入冷凝器进行冷凝，同时一部分未被捕集的固体颗粒也由此气流携带排出。

如图 6-21 所示，切向式旋风分离器的几何尺寸主要有：旋风分离器本体直径 D、旋风分离器总高 H、排气管直径 D_x、排气管插入深度 S、锥体段高度 H_c、排尘口直径 D_d 以及入口截面的高度 a 和宽度 b。这些尺寸均为内部尺寸，即与气流接触面的尺寸。在设计旋风分离器时，首先确定旋风分离器本体直径 D，而其他尺寸参数则依据各部件相对本体直径的比例来确定。表 6-6 所列为常用旋风分离器各部分间的比例。

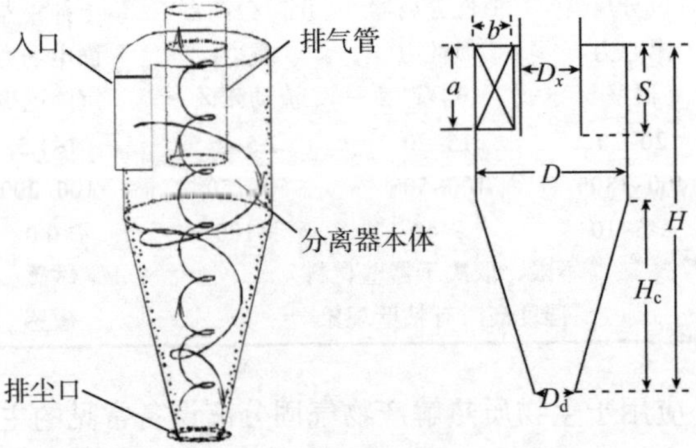

图 6-21　切向式旋风分离器结构和工作原理

表 6-6　常用旋风分离器各部分间的比例

项目	符号	常用旋风分离器比例	项目	符号	常用旋风分离器比例
本体直径	D	D	锥体段高度	H_c	$(2\sim2.5)D$
总高	H	$(3.5\sim4.5)D$	排尘口直径	D_d	$(0.15\sim0.4)D$
排气管直径	D_x	$(0.3\sim0.5)D$	入口高	a	$(0.4\sim0.5)D$
排气管深度	S	$(0.3\sim0.75)D$	入口宽	b	$(0.2\sim0.25)D$

假设颗粒与气流速度相同，对粉尘颗粒进行受力分析可知，由于外旋气流的径向向心运动，因而颗粒在旋风分离器内除受到向外离心力 F_C 作用外，还受到沿径向向内的斯托克斯阻力 F 作用，其中

$$F_C = \frac{\pi}{6} d_P^3 \rho_P \frac{u_r^2}{w_r} \tag{6-33}$$

$$F = 3\pi\mu d_P w_r \tag{6-34}$$

式中，F_C、F 分别为离心力和斯托克斯阻力(N)；d_P 为固体颗粒粒径(m)；ρ_P 为固体颗粒密度(kg/m^3)；u_r 为半径 r 处气流切向速度(m/s)；w_r 为半径 r 处气流径向速度

(m/s)；μ 为气体动力黏度(Pa·s)。

F_C 和 F 是在径向作用于同一粉尘颗粒上方向相反的两个力。当 $F_C > F$ 时，粉尘在离心力作用下向外壁面运动，从而从气流中分离出来；当 $F_C < F$ 时，粉尘在气流的推动下进入内旋流，随气流从排气管排出；当 $F_C=F$ 时，粉尘受力平衡，据统计，此时约有 50%的颗粒被收集，剩余 50%的颗粒进入内旋流。此时，粉尘分级效率为 50%，相应的粉尘粒径称之为分割粒径，以 d_{50} 表示。

在所有的除尘设备中，旋风分离器的结构最为简单，其自身没有运动部件，加工制造容易，便于运行管理、维护检修和保养，投入成本也比较低。旋风分离器可以处理常温常压下的含尘气体，也适用于高温、高压烟气净化，对于粉尘负荷的适应性强，对粉尘的物理性质没有特殊要求，尤其对于粉尘含量较大、尘粒密度大的颗粒具有很好的除尘效果。其不足之处是不能收集微小颗粒的粉尘，压力损失较大。

2. 主要影响因素

衡量旋风分离器性能的指标主要有两个，即分离效率和压降。分离效率表征旋风分离器捕集颗粒质量与进入颗粒质量的比值，压降则决定了分离系统的动力消耗量。

旋风分离器的压降是气流在进出口之间造成的压力损失，主要由旋风分离器的进口压降、分离空间的压降和排气管内的压降三部分组成，其中分离器内压降起主导作用。压降越大，就意味着风机的耗电量越大。

一般把分离器的压降 ΔP 表示为

$$\Delta P=\xi \frac{\rho_g {v_i}^2}{2} \tag{6-35}$$

式中，ξ 为阻力系数，大量的实验数据表明[22]

$$\xi=13\frac{ab}{D_x^2} \tag{6-36}$$

式中，a、b 分别为进口管的高和宽(m)；D 为旋风分离器圆筒直径(m)；D_x 为排气管直径(m)。

影响旋风分离器性能的因素很多，主要包括气流速度、结构尺寸、固体颗粒粒径和密度等。

1) 气流速度

由式(6-33)可知，旋风分离器气流速度越大，粉尘受到的离心力越大，旋风分离器的分割粒径 d_{50} 减小，分离效率提高。但是，气流速度过大，旋风分离器内炭粉的反弹、返混及炭粉碰撞被粉碎的现象反而影响分离效率继续提高。同时，由于气流压降与气流速度成平方关系(式 6-35)，气流速度增加使系统压降变大，增加了热解系统的动力消耗。因此，选定合适的入口速度时需充分考虑旋风分离器特点、热解产物特性等综合因素。一般来说，气流的入口速度取 15~25m/s 为宜，此时分离器的压降为 1000Pa 左右。

2) 结构尺寸

表 6-6 给出了常用旋风分离器各部分比例参数的建议值。旋风分离器筒体直径越小，在同样切线速度下，尘粒所受离心力越大，除尘效率越高。筒体高度的变化对除尘效率影响不明显，而适当加长锥体高度，有利于提高分离效率。当进口面积变大，排气管直径减小时，压力损失增加；但压力损失随着圆筒与锥体部分长度的增加而减小。对于矩形进口的旋风分离器，进口宽高比取 0.5~0.7。同时，将切向单入口改成对称切向双入口，在排气管处竖直出口改成螺旋出口，也有利于分离效率的提高[23]。

3) 粉尘粒径与密度

由于粉尘所受离心力与粒径的三次方成正比，而所受径向气体阻力仅与粒径的一次方成正比，因而大粒径颗粒比小粒径颗粒更易分离。一般而言，旋风分离器对于粒径在 10μm 以上的固体颗粒具有较好的分离性能。同时，分离效率也随着固体颗粒真密度的增加而提高。因此，在同等粒径的情况下，真密度大的颗粒更容易分离。

综合国内外研究成果，提高旋风分离器分离效率的措施还有多种，如扩大内筒与外筒的直径比、加大圆柱涡流的长度、改变入口倾角、偏置排气管等[24,25]。

6.5.3　过滤式除尘器

过滤式除尘器是借助于由多孔材料制成的滤袋、填料层、过滤层等将气流中的固体颗粒或气溶胶粒子分离出来的一种净化装置。通常情况下，粉尘粒径要比过滤介质的间隙小得多，因此通过筛滤效应净化气体的作用是非常有限的。粉尘之所以能从气流中分离出来，主要靠拦截、惯性碰撞和扩散效应，同时静电力、重力和热泳力也在气体净化中发挥重要作用，如图 6-22 所示。

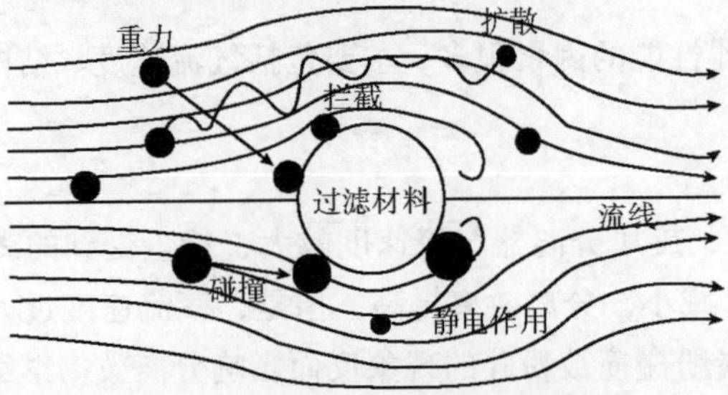

图 6-22　过滤式除尘器的过滤机理

根据除尘器所用多孔介质的不同，过滤式除尘器可以分为袋式除尘器、陶瓷过滤器以及颗粒层过滤除尘器等。

袋式除尘器是利用纤维性滤袋捕集粉尘的除尘设备，应用最为广泛。其滤袋一般由天然纤维、化学合成纤维、玻璃纤维、金属纤维等材料制造而成。袋式除尘器具有较高的除尘效率，可以有效地去除 PM10 甚至更小的 PM2.5 微细颗粒，效率可达 99.99%，处理后的气体粉尘排放浓度可以低于 30mg/(Nm^3)，且不易受风量及粉尘浓度波动的影响[26]；运行稳定，适用性强，可适用的烟尘浓度和烟气量范围广，也不易受粉尘性质的限制；改善滤袋材料，可以用于净化稍高温的气体，也可提高除尘效率。由异型纤维制成的滤料的过滤效率要大于圆形纤维，尤其是对于直径大于 1μm 的微粒更为突出[27]。但袋式除尘器对于耐热性使高温气体的处理仍受到限制，难以用于露点以下的场合以及吸湿性较强的粉尘；装置体积较高大，压力损失较高。

陶瓷过滤器是利用陶瓷材料的多孔性进行除尘的，按照结构形式不同可分为陶瓷纤维袋式过滤器、织状陶瓷过滤器、管状陶瓷过滤器、交叉流式陶瓷过滤器以及蜂房式过滤器等。与其他类型的除尘器相比，陶瓷过滤器的除尘效率高，可达 99%以上，能够去除 5μm 以上的尘粒，并且结构简单，最重要的是耐高温，工作温度可达 800℃以上，并且在氧化、还原等高温环境下具有良好地抗腐蚀性[28]。美国 Buell 公司、美国西屋公司以及美国电力研究所、美国 Acurex 公司分别对陶瓷纤维布袋式过滤器和陶瓷纤维毯过滤器进行了实验研究，过滤速度分别为 0.033m/s 和 0.1m/s，除尘效率分别为 99.7%和 99.9%；德国 BWF 公司、英国 Industrial Filter & Pump 公司、芬兰的 Foster Wheeler 公司都对试管过滤器做了研究，除尘效率都比较高[29]。荷兰 Delft 工业大学[30]在实验装置上安装了 3 个美国 Ceramen 公司生产的蜂窝式过滤元件，在 800℃下 25h 的运行结果表明，该过滤器的反吹性能好，没有出现粉尘阻塞通道的现象。德国 Schumacher 公司、美国西屋公司、日本的 Ascchi Glass 公司等开发出的管状陶瓷过滤器，可适用于高温(260~1093℃)、高压(1.0~3.0MPa)状况，除尘效率均达 99% 以上[31]。华中科技大学姬宏杰等利用孔隙率 85%的泡沫陶瓷片对高温焦炉煤气过滤技术进行实验研究，模拟气体(粉尘粒径小于 75μm)流量为 0.15~1.05L/h 时，分离效率均在 90%以上[32]。

颗粒层过滤除尘器是利用颗粒状物料(如石英砂、卵石、玻璃屑等)作为过滤介质来净化气体的一种过滤式除尘设备。它具有耐高温、耐腐蚀、耐磨损、不燃不爆、过滤能力不受粉尘比电阻影响、除尘效率高等优点，被认为是一种理想的空气净化设备。但是，其体积庞大，阻力大，清灰装置也比较复杂。该装置颗粒粒径一般为

2~4mm，粒度越均匀，孔隙率越大，除尘性能越好；颗粒层越厚，除尘效率越高，但阻力也相应增加。综合权衡分离效率和阻力，一般颗粒层厚度常取 100~ 200mm；为避免紊流流动现象，过滤风速常取为 0.3~0.8m/s。日本的采煤研究中心和川崎重工业公司联合开发了移动床颗粒层过滤器，并将其用于热煤气的除尘实验，飞灰质量浓度为 1~5g/m^3，实验测得的除尘效率达到 99.8%以上。美国 Combustion Power 公司和西屋公司联合开发的移动床颗粒层过滤器，在纽约大学增压循环流化床(PFBC)上进行了实验，运行温度为 870℃，除尘效率仍达到 99.1%[33]。我国国家电力公司国电热工研究院研究开发了无筛移动逆流式颗粒层过滤器，并在高温常压除尘过程中对其进行了结构和参数优化实验研究，从理论上提出了提高细微尘粒除尘效率的方法[34]。

在以上三种过滤式除尘器中，袋式除尘器的除尘效率较高，而且对微细颗粒也有非常好的收集效率；陶瓷过滤器在应用中会出现板件和管板密封不好、滤膜间隙被堵塞、陶瓷热疲劳等现象，这些都会影响到它的耐久性和工作可靠性；颗粒层过滤式除尘器对较细粉尘的捕集效率不高，大量过滤介质在床外循环耗能大、磨损大。三种过滤式除尘器共同之处是，当附着在过滤器上的粉尘较多时就必须及时清除过滤器表面上附着的粉尘，通常采用的措施是让压缩空气以脉冲的方式反吹到过滤管内，使积聚在过滤器表面的粉尘除掉，最终经排灰系统排出。而正是这一特点限制了过滤式除尘器在生物质热解技术中的应用，当利用外来脉冲气体对过滤式除尘器进行清理时，定会引起设备内温度的变化，热解气通过时会形成焦油或冷凝成生物油，使灰尘黏附在过滤层上，难以清除。

6.5.4 气固分离装置的发展趋势

综合大量国内外文献，目前生物质热解液化技术中的气固分离设备仍以旋风分离器为主。在生物质热解液化技术发展初期，其研究重点是提高生物油的产率而非生物油的品质，一级旋风分离即可满足当时的需要；后来，一级旋风分离器在应用过程中出现粉尘分离效率低、管道易结焦堵塞、生物油黏稠易老化等问题。为了提高生物油的品质，国内外学者通过实验和数值模拟相结合的方法对旋风分离器气固两相流进行了大量研究，通过不断优化分离器结构以及调整运行参数，使分离效率在一定程度上有了提高[35]。

但由于旋风分离器对分离细微颗粒具有很大的局限性，仅靠旋风分离器不可能完全除去炭粉颗粒。随着人们对热解气净化要求的提高，为了获得较为洁净的热解气，一些学者将旋风分离器串联或者与其他除尘设备联合使用，也取得了很好的效果。此外，将旋风分离器与小型静电除尘器结合也值得探索。

6.6　热解气冷凝与生物油收集

6.6.1　热解气的组成

生物质经过快速热解和气固分离之后的高温有机蒸气(热解气)主要由可冷凝气体、不可冷凝气体和少量难以收集的气溶胶颗粒所组成，其中可冷凝气经快速冷却后便可获得生物油。

1. 可冷凝气

可冷凝气由可挥发的有机物和不可挥发的低聚物组成，其中低聚物无法被 GC/MS 检测。陆强等[36]以杨木、杉木、棉花秆和稻壳为原料进行热解，用 GC/MS 在线分析其产物，根据热解产物所属的化学类别，将产物分为 12 类，分别为小分子醇(A)、醛(B)、酮(C)、酯(D)、酸(E)、呋喃类产物(F)、烃类产物(G)、环戊酮类产物(H)、吡喃酮类产物(I)、糖类产物(J)、苯并呋喃类产物(K)以及酚类产物(L)，结果如图 6-23 所示。

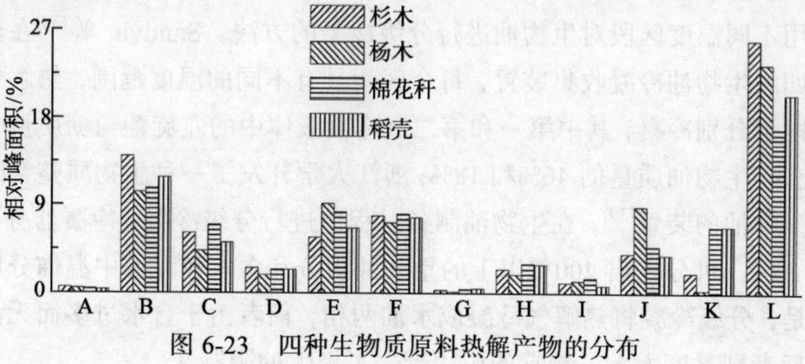

图 6-23　四种生物质原料热解产物的分布

2. 不可冷凝气

不可冷凝气主要由 CO_2、CO、H_2，以及少量 CH_4、C_2H_4、C_2H_6 等气体组成。陈冠益[37]等以稻秆、稻壳、木屑为原料在 800℃时进行热解，其典型产物的分布数据如表 6-7 所示。由该表可知，生物质在 800℃热解时，不可冷凝气的产气量为 0.28~0.37Nm^3/kg，热值为 14~15MJ/Nm^3。

6.6.2　热解气的冷却与冷凝

一般而言，高温有机蒸气的冷却与冷凝方式主要有间接传热式、直接接触式和混合联用式三种，而对于气溶胶颗粒则采用静电捕集的方式进行收集。

表 6-7　生物质热解液化的气体产物分布(800℃)

名称		稻秆	稻壳	木屑
产气量/(Nm^3/kg)		0.37	0.28	0.35
热解气成分/%	H_2	24	27	29
	CO	35	30	32
	CO_2	23.2	25.7	21
	CH_4	14.4	13.2	14
	C_2H_4	2.0	1.4	1.4
	C_2H_6	0.7	0.7	0.7
	N_2	0.7	1.9	1.6
热值/(MJ/Nm^3)		14.952	13.916	14.872

1. 间接传热式冷却与冷凝

间接传热式冷却与冷凝主要是利用管壳式换热器或板式换热器进行热交换来达到冷凝的目的。早期的生物质热解装置中的冷凝器多为管壳式换热器，但其存在以下一些问题，如①热解气在管内冷却容易发生堵塞；②生物油在收集过程中容易堵塞冷凝器下端阀门；③使用过程中易出现结垢和腐蚀穿孔；④冷凝效果差等。目前，分级冷凝技术是较为成熟的间接接触式冷凝技术，它是指在热解气冷却与冷凝过程中利用不同温度区段对生物油进行分级冷凝的方法。Sandvig 等[38]在热解系统中设计了四级生物油冷凝收集装置，每个区间具有不同的温度范围，热解气经过不同温度区段被分别冷凝，其中第一和第二级冷凝液体中的左旋葡萄糖质量分别为相应段冷凝获得生物油质量的 46%和 18%；浙江大学开发了一种生物质整合式热裂解分级制取生物油的装置[39]，在生物油制备过程中进行分级冷凝，冷凝器分高温、中温、低温 3 级，可分离出 200℃以上的重质油组分和含水较多的中温馏分以及低温馏分。但是，分级冷凝将热解气冷凝成水油两相，前者由于含水过多而无法作为燃料使用；后者则黏度太大，给它的应用带来了极大的限制。

2. 直接接触式冷却与冷凝

直接接触式冷却与冷凝是利用可以和生物油互溶的有机溶剂对生物质热解气进行冷凝，冷凝后的部分生物油与有机溶剂的混合物通过循环泵重复进入冷凝器中进行循环冷却。这类方式的优点是设备结构简单和易于维护，且冷凝液只需最初添加一次有机溶剂即可，后期通过不断冷凝获得的生物油来完成冷凝任务。直接接触式冷却与冷凝在应用过程中也存在一些问题。例如：由于生物油黏性大，并有一定的腐蚀性，故对油泵的抗腐蚀性和密封性要求较高；充当冷却剂使用的生物油在反复冷却和加热过程中容易发生老化，导致品质降低。

图 6-24 所示为目前常见的一种直接接触式冷却与冷凝装置。经旋风分离器分

离净化后的热解气从进气管进入冷凝器的上部，与雾化喷嘴喷出的冷却剂(生物油)直接接触后快速冷却，其中可冷凝气体冷凝成为生物油后依靠自身重力降落至冷凝器底部，不可冷凝气体则经出气管导出冷凝器。通过热交换器(图中未标出)冷却收集在冷凝器底部的生物油，冷却后的部分生物油再通过油泵输送至冷凝器上部，经喷嘴雾化后作为新的冷却剂。随着热解气冷却与冷凝的不断进行，当冷凝器底部的液位高于溢流口时，生物油则从溢流口流出，进入外部的生物油收集装置。

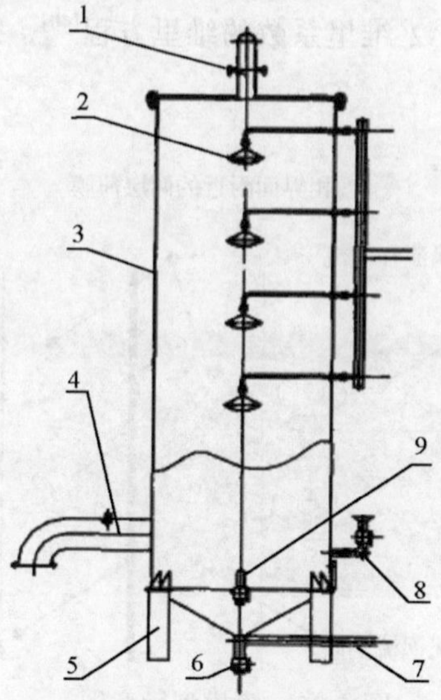

图 6-24　对喷式冷凝装置

1-不可冷凝气出口；2-雾化喷嘴；3-冷凝器；4-进气管；5-支撑座；6-排污口；7-回油管；8-进油管；9-溢流管

6.6.3　喷雾降膜冷凝的机理

喷雾降膜冷凝即首先以成品生物油作为冷却剂，使之雾化后直接喷洒到高温热解气中，微小的液滴直接与热解气接触，热解气被迅速降温从而抑制其聚合与缩聚等二次反应的发生；然后再采用降膜冷凝，一方面使高沸点组分冷凝形成的液膜降温，另一方面使低沸点的组分在液膜气液界面进一步发生冷凝。目前，这种冷凝方式在生物质快速热解过程中被广泛应用。

1. 喷雾冷凝机理

1) 膜模型

膜模型是气液相际传质中较为常用的模型，它的主要特点是：①主体流动为湍流，同时存在对流与涡流；②主体流体中无浓度梯度；③在近界面处，涡流消失，传递仅由扩散控制。膜模型中涡流消失的位置与界面的距离即为膜的厚度。膜模型示意图如图 6-25 所示。

喷雾混合冷凝过程中，相界面处于气液相平衡状态，液相是非理想性溶液，采用 NRTL 活度系数模型进行计算；气相为常压下的生物质高温热解气，可以作为理想气体考虑。传质过程中，气液相的传质阻力主要集中在液相侧的膜内。含水多组分体系气液相平衡较为复杂，强极性水的存在使得很多状态方程都很难有较高的精度，而准确的 β 界面参数对于预测整个模型具有重要的影响。进行气液相平衡计算时采用截取至第 2 维里系数的维里方程[40]，维里系数由传统的经验关联式估算。

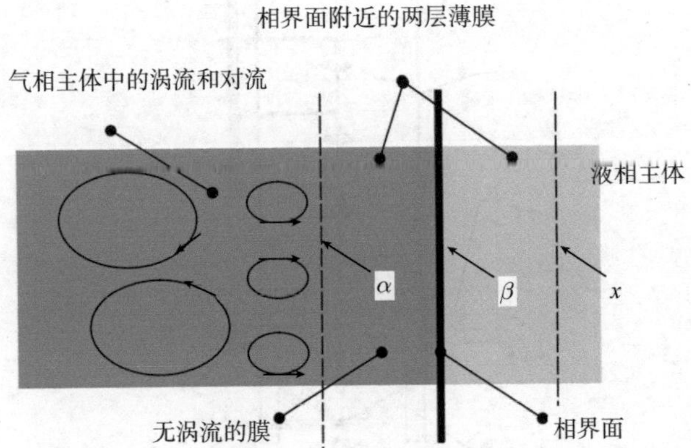

图 6-25　膜模型示意图

2) Maxwell-Stefan 方程及其附加关系[41]

Maxwell-Stefan 方程认为源于组分势梯度的驱动力与不同组分间速度差的摩擦力平衡。从分子间的相互作用力出发，对二元体系而言，促使组分 1 与组分 2 分子间产生相对运动的驱动力与正比于两种分子的速度差和组分 2 的摩尔分数的摩擦力相等，即

$$-\frac{1}{RT}\frac{\mathrm{d}\mu_1}{\mathrm{d}z}=\frac{x_2(u_1-u_2)}{D'_{12}}$$

应用于多组分体系时，上式扩展为

$$-\frac{1}{RT}\frac{\mathrm{d}\mu_i}{\mathrm{d}z}=\frac{\sum\limits_{i\neq j}x_i x_j(u_i-u_j)}{D'_{ij}}$$

式中，μ_i 为化学势；x_i 为摩尔分数；u_i 为扩散速度；D'_{ij} 为 Maxwell-Stefan 扩散系数；

z 为膜厚。将组分通量 $N_i = u_i c_i = u_i c x_i$ 代入 Maxwell-Stefan 方程可得其差分格式

$$-\overline{x}_i\left[\frac{\Delta\left(\gamma_i x_i\right)}{\overline{\gamma_i x_i}}\right]=\sum_{j\neq i}\frac{\overline{x_j}N_i-\overline{x_i}N_j}{k_{ij}\overline{c}} \tag{6-37}$$

式中，c 为混合物的总浓度；c_i 为组分 i 浓度；γ_i 为组分 i 活度系数；传质系数 $k_{ij}=D_{ij}^{'}\Delta z$；上标“—”表示液膜两侧平均值。

针对 n 组分的多元体系，上式共有 n–1 个独立方程，为求解 N_i，还需要添加传热方程作为附加关系。通过膜 α–β 的热量和各组分冷凝(蒸发)释放的热量应与通过膜 $\beta-\chi$ 的热量一致。

$$h_{\alpha-\beta}(T_\alpha-T_\beta)+\sum N_i\left[H_{i,\mathrm{g}}(T_\alpha)-H_{i,\mathrm{L}}(T_\beta)\right]=h_{\beta-\chi}(T_\beta-T_\chi) \tag{6-38}$$

式中，h 为传热系数；$H_i(T)$ 为对应温度下的焓值；下标 g、L 分别表示气态和液态。

3) 模拟计算[42]

生物油组分复杂，所含的有机物达数百种之多，几乎包括所有种类的含氧有机物，目前还没有明确的分析结果，直接用其进行模拟计算存在一定的困难，现阶段主要通过模型化合物进行计算。下面以乙酸甲酯、醋酸和水的混合物为例进行说明，三种物质的质量比为 1: 3.3: 5.7。

计算工况为：气液相分别从定容容器的上部进入，液体经喷嘴雾化后均匀分布于容器内；液滴初始温度为 293K，气相初始温度为 623K；喷雾后液滴初始直径 d_0 为 0.7mm；气液相无相对位移，初始流速 v =1m/s；气液质量流量比 η= 0. 25。

图 6-26 为气液相温度随高度的变化曲线。从图中可以看出，在一定高度范围内，传热传质沿高度方向持续进行，液滴吸热温度逐渐升高，气相的温度则迅速降

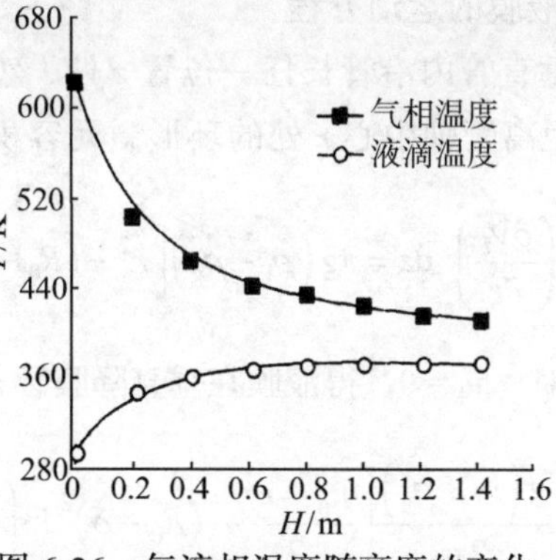

图 6-26　气液相温度随高度的变化

低，至 100℃左右时达到平衡。这是因为在初始阶段，冷凝速率大于蒸发速率，气相不断冷凝附着于液滴，使液滴直径逐渐变大，而当高度达到一定值后，液滴的蒸发将占据主导作用，气液相温度保持不变，此时液滴冷凝量达到最大值。定义液滴冷凝量达到最大值时的最低高度为临界高度。通过分析液滴初始速度 v、液滴初始直径 d_0 和气液质量流量比 η 对临界高度 H_c 的影响，得到如下的关系式

$$H_c = 2.039 - 10.065v + 13.214v^2 \tag{6-39a}$$

$$H_c = 0.208 + 0.620d_0 - 0.079d_0^2 \tag{6-39b}$$

$$H_c = 0.00847\eta^{-3.301} \tag{6-39c}$$

2. 降膜冷凝机理[43]

由于吸收气体冷凝过程中释放的大量热量，喷雾段冷凝得到的生物油温度过高，而过高的温度导致生物油的变性。此外，可冷凝气体中沸点较低的组分尚有一部分未被冷凝。因此，降膜段主要有两方面的作用，一是降低已得到生物油的温度，二是收集未被冷凝的的可冷凝气体。

1) 数学模型

由于降膜冷凝和冷却过程机理非常复杂，为了推导出既反映实际吸收过程，又便于分析的数学物理模型，作出如下假定：

(1) 液膜在吸收管内壁的流动是层流流动，并且液膜边界光滑；

(2) 蒸气在气液边界被吸收时，立即放出全部相变潜热；

(3) 气液界面无传质阻力；

(4) 蒸气在管道内部流动时，由于阻力作用产生的压力降可以忽略不计；

(5) 忽略液膜中液体对流运动传递的热量，液膜中液体温度沿液膜厚度方向呈线性分布。

2) 降膜吸收过程中液膜的运动方程

如图 6-27 所示，在垂直管内沿管长任一位置 z 处，忽略所研究微元控制体内气液之间的摩擦力，则由距离管轴中心 r 处的环形微元容积的受力平衡得

$$-2\pi r\mu\left(\frac{\partial v_l}{\partial r}\right)_z \mathrm{d}z = \pi g\left(\rho_l - \rho_g\right)\left[r^2 - \left(R_0 - \delta\right)^2\right]\mathrm{d}z \tag{6-40}$$

由边界条件：$r = R_0$ 时，$v_l = 0$，得液膜在垂直降膜管 z，半径 r 处的速度方程为

$$v_l = \frac{g\left(\rho_l - \rho_g\right)}{2\mu}\left[\frac{R_0^2 - r^2}{2} - \left(R_0 - \delta\right)^2 \ln\left(\frac{R_0}{r}\right)\right] \tag{6-41}$$

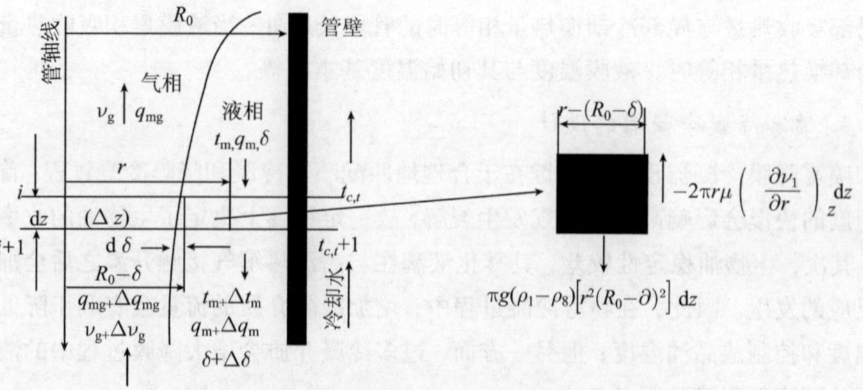

图 6-27　降膜过程的物理模型

v_g 为气体流速；q_{mg} 为气体质量流量；v_l 为液膜流速；t_m 为液膜主流温度

3) 降膜吸收过程中液膜的质量方程

在 z 处的溶液质量流量可以表示为 $q_m = 2\pi\rho_l\int_{R_0-\delta}^{R_0} v(r)r\mathrm{d}r$，与式(6-41)联立得

$$q_m = \frac{\pi g\rho_1\left(\rho_1-\rho_g\right)}{2\mu}\left[-R_0^3\delta+\frac{7}{2}R_0^2\delta^2-3R_0\delta^3+\frac{3}{4}\delta^4+\left(R_0-\delta\right)^4\ln\left(\frac{R_0}{R_0-\delta}\right)\right] \tag{6-42}$$

根据传质方程，气液两相界面上的传质是由某一组分的气相浓度 y 与液相界面饱和浓度 y_j 之差所形成的传质推动力引起的[44]，所以液膜的质量流量增量为

$$\mathrm{d}q_m = \frac{M}{R_m T_g}\cdot k_x p(y-y_i)\cdot 2\pi(R_0-\delta)\mathrm{d}z \tag{6-43}$$

式中，M 为被吸收气体的摩尔分子质量；R_m 为通用气体常数；T_g 为被吸收气体的热力学温度；k_x 为传质系数；p 为吸收压力。

4) 降膜吸收过程中液膜的能量方程

根据能量守恒，所研究控制体内 dz 段上的能量平衡方程可写为

$$c_p q_m \mathrm{d}t_m = h_a \mathrm{d}q_m + \left[q_m h_i - \left(q_m + dq_m\right)h_{i+1}\right] - \mathrm{d}Q_c \tag{6-44}$$

式中，h_i、h_{i+1} 分别为吸收溶液进出控制体时不同浓度下的比焓；h_a 为气体的相变潜热；t_m 为液膜的平均温度；c_p 为冷凝液的比定压热容，它是温度的函数；dQ_c 为由外管冷却水带走的热量，它的表达式为 $\mathrm{d}Q_c = k_c(t_m - t_c)\cdot 2\pi R\mathrm{d}z$，其中 R 为管外径，k_c 为传热系数。

5) 模拟结果

通过数值模拟得到如下结论：吸收液膜温度沿 z 先上升后下降，温度峰值出现

在局部吸收热量与局部冷却换热量相等时的管段长度处；当液膜累积吸收热量与累积冷却换热量相等时，液膜温度与其初始温度基本相等。

3. 喷雾降膜冷凝器的设计

喷雾降膜冷凝器设计的关键在于合理地匹配喷雾冷凝和降膜冷凝过程：首先冷凝速度的快慢会影响高温热解气发生裂解，故一定程度上决定了生物油的收率与品质；其次，生物油稳定性较差，其雾化液滴在与高温热解气接触升温之后会加速老化反应的发生。因此，在喷雾冷凝过程中，增加冷凝介质的流量会有利于降低热解气温度和控制成品油温度；但另一方面，过多冷凝介质会增大降膜过程中的液膜厚度，从而降低降膜冷凝的效果。

如图 6-28 所示，中国科学技术大学采用喷雾和降膜复合冷凝的方式对高温热解气进行快速冷凝，所用装置具有结构简单、操作安全、冷凝成本低廉等特点。结果表明，以木屑为原料时，该装置冷凝所得生物油的收率≥60%；以秸秆为原料时，由该装置冷凝所得生物油的产率≥50%，且生物油没有出现水油两相分离的现象。

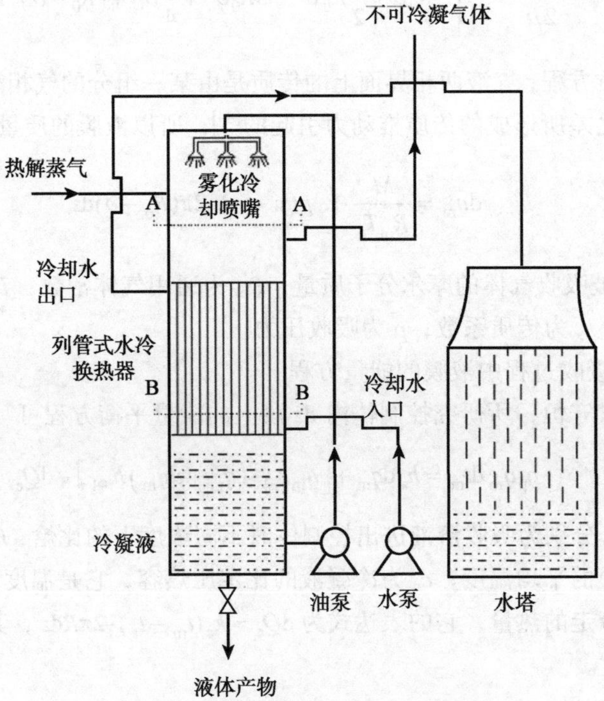

图 6-28 喷雾与降膜复合式冷凝装置

A 段为喷淋段；B 段为降膜段

参 考 文 献

[1] 朱锡锋等. 生物质热解油的性质.精制与利用.中国工程科学, 2005, 7(9): 83-88
[2] 朱锡锋. 生物油制备技术与应用. 北京: 化学工业出版社,2013
[3] 王喜明, 贺勤. 桉树木材干燥过程曲线的研究. 北京林业大学学报, 2005, 27: 13-17
[4] 冯谦等. 桑枝屑的干燥方法与干燥机理研究. 农业工程学报, 2008, 24(7): 264-268
[5] Shi J,et al. Drying and quality characteristics of fresh and sugar-infused blue berries dried with infrared radiation heating. Food Science and Technology, 2008, 41: 1962-1972
[6] 周汝雁等. 棉花秸秆干燥特性的高温综合热分析. 华中农业大学学报, 2006, 25(5): 571-574
[7] Kallel F,et al. Effects of moisture on temperature during drying of consolidated porous materials. Journal of Heat Transfer, 1993, 5: 727-733
[8] 雷廷宙.秸秆干燥过程的实验研究与理论分析. 大连理工大学博士学位论文, 2006
[9] 胡建军等.棉花秸秆等温干燥特性试验研究及回归分析.太阳能学报, 2008, 29(1): 100-104
[10] He F, et al. Investigation on caloric requirement of biomass pyrolysis using TG-DSC analyzer. Energy Conversion Management, 2006, 47: 2461-2469
[11] Luikov A V. Systems of differential equation of heat and mass transfer in capillary-porous bodies. Int J Heat Mass Transfer, 1975, 18(1): 1-14
[12] Whitaker S. Simultaneous heat, mass, and momentum transfer in porous media: A theory of drying. Advances in Heat Transfer, 1977, 13: 119-203
[13] Akal D, et al. Mathematical modeling of drying of rough rice in stacks. Food Science And Technology, 2007, 13(6): 437-445
[14] Kamil S, Elicin A K. The thin layer drying characteristics of organic apple slices. Journal of Food Engineering, 2006, 73: 281-289
[15] Giri S K, Suresh P. Drying kinetics and rehydration characteristics of microwave-vacuum and convective hot-air dried mushrooms. Journal of Food Engineering, 2007, 78: 512-521
[16] Kamil S, Elicin A K. The thin layer drying characteristics of organic apple slices. Journal of Food Engineering, 2006, 73: 281-289
[17] Ozkan I A, et al. Microwave drying characteristics of spinach. Journal of Food Engineering, 2007, 78: 577-583
[18] 闫学勤等. 管式螺旋输送机的设计与应用. 中国建材设备, 1994,4:8-10
[19] 王晓燕等. 生物质热裂解制取生物油装置的螺旋给料机设计. 吉林农业大学学报, 2005, 27(5):582-585
[20] 王述洋. 生物质热解动力学建模及锥式闪速热解装置设计理论研究. 东北林业大学博士学位论文, 2002
[21] 张殿印, 王纯. 除尘工程设计手册.北京: 化学工业出版社, 2010
[22] Azadi M, Azadi M. An analytical study of the effect of inlet velocity on the cyclone performance using mathematical models. Powder Technology, 2012, 217: 121-127
[23] 张定坤, 李军. 排气管偏置式旋风分离器的工作特性研究.锅炉技术, 2005,36(5):28-31
[24] 李双权等. 排气管偏置对 PV 型旋风分离器性能影响的研究.石油炼制与化工, 2006,

37(5):45-48
[25] 王晶，李振东．工厂消烟除尘手册．北京：科学普及出版社, 1992
[26] 新井纪男．热解生成物的发生与抑制技术.赵黛青等译.北京:科学出版社, 2001:481-492
[27] 李刚等．聚苯硫醚纤维的研究及发展．合成技术及应用, 2005,20(3):30-33
[28] 田贵山．新型动力循环陶瓷过滤原件除尘技术研究．西安交通大学博士学位论文, 1998
[29] Kanaoka J, et al. Observation of the process of dust accumulation on a rigid ceramic filter surface and the mechanism of cleaning dust from the filter surface. Adv Power Technology, 1999, 10(4): 417-426
[30] Andries J. Closed loop controlled integrated hot gas clean up. Summary Report, EN3F-NL. Delft: Delft University of Technology, 1992
[31] 田贵山，徐廷相．高温高压煤(烟)气的除尘技术分析．洁净煤技术, 1998, 4(4):45-47
[32] 姬宏杰等．泡沫陶瓷过滤煤气技术研究．环境污染治理技术与设备, 2003, 4(12): 73-75
[33] Dahlin R S. Plans for Hot Gas Clean Testing at the Power Systems Development Facility. Proceeding of the 13th International Conference on FBC, NewYork: ASME, 1995: 449-459.
[34] 许世森．移动颗粒层过滤高温除尘性能研究．热力发电, 2000, (4): 29-33
[35] 李美莲等．生物质热解气中固体颗粒的分离方法综述．生物质化学工程，2012，46(3): 49-55
[36] 陆强等．生物质快速热解产物在线催化提质研究．科学通报, 2009,54(8):1139-1146
[37] 陈冠益等．生物质固定床热解特性的试验研究与分析.太阳能学报, 1999,20(02):122-129
[38] Sandvig E, et al. The prospects for integrating fast pyrolysis into biomass power systems. International Journal of Power & Energy Systems, 2004, 24(3): 228-238
[39] 骆仲泱，等.生物质整合式热裂解分级制取液体燃料装置, 2003
[40] 王良恩，赵素英．醋酸甲酯-甲醇-水-醋酸四元反应体系汽液平衡．化工学报，1995, 46(1): 57-65
[41] Wesselingh J A, Krishna R．多组分混合物中的质量传递．刘辉译．北京：化学工业出版社, 2007: 19-29
[42] 程文龙等．生物质热解气喷雾冷凝的传热传质特性研究．化学工程, 2010, 38(11): 27-30
[43] Andberg J W. A simplified model for absorption of vapors into liquid films flowing over cooled horizontal tubes. ASHRAE Trans, 1987, 93 (Ⅱ) : 2454
[44] 化学工程手册编写委员会．化学工程手册：第 12 篇气体吸收．北京：化学工业出版社, 1982

第 7 章　生物油的性质与应用

7.1 概　述

随着全球石油资源的日趋减少，寻求石油替代燃料已成为全球面临的难题之一。生物质快速热解得到的生物油是一种基本不含氮、硫成分的新型液体产物，能量密度较生物质原料大幅提高，具有易存储、运输和使用方便等优势，既可作为化工原料从中提取或制备高附加值化学品，也可作为液体燃料燃烧供热或发电，经过精制后还可以作为车用燃料，具有其他可再生能源无法替代的优势。

生物油是一种复杂的水分和含氧有机物的混合液体，含有或多或少的固体颗粒，呈棕褐色至黑色，具有刺激性气味，其中的有机物有数百种之多，包括酸、醇、醛、酮、酚、醚、酯、烃、含氮化合物以及各种复杂的多官能团物质，几乎包括所有种类的含氧有机物，和化石燃料的化学组成截然不同。以生物油为背景构建产业链，需要深入了解生物油的各种理化性质，建立完备的生物油生产和精制提炼的规范体系，并实现生物油高效利用。

7.2　生物油的化学组成及其分离与分析

7.2.1　生物油的化学组成

1. 生物油的元素组成

生物油的主要元素组成为 C、H、O，另外还有少量的 N、微量的 S 以及多种金属元素，和生物质原料较为接近；生物油的元素含量受水分含量的影响较大。对于由木材原料制取的生物油，在干基状态下的元素组成如下：C% = 48.0%~60.4%，H% = 5.9%~7.2%，O% = 33.6%~44.9%，而木材生物油中 N 的含量一般在 0.1%以下。源于其他农作物秸秆和林业废弃物的生物油中 N 含量则比较高，一般在 0.2%~0.4%，硫含量一般在 60~500ppm。生物油中的金属元素主要来自于生物质原料中的灰分，也可能来自从热解反应器、冷凝器以及生物油存储容器等析出的金属(主要是 Fe 元素)。生物油和石油的最大区别在于生物油中的高氧含量(45%~60%，湿基)，这也是导致生物油和石油在物理性质和化学组成上有着巨大差异的根本原因[1]。

2. 生物油的化学成分

生物质的化学组成极为复杂，具体的化学成分及其含量受到多种因素的影响，源自于不同生物质原料的生物油在化学组成上表现出一定的共性。生物油化学成分的分析极为困难，即使综合现有的分析检测方法，也无法准确测定生物油的全部成分，这是由于生物油中含有大量的低聚物大分子；一般而言，干基状态下的生物油含有 50wt%可被 GC-MS(气质联用)分析的组分、25wt%可被 HPLC-MS(液质联用)分析的组分(主要是脱水低聚糖)以及 25wt%很难被检测的组分(主要是木质素裂解物)。到目前为止，国内外各科研机构针对源于各种不同的农林生物质原料制备的生物油进行了大量的化学组成分析[2, 3]，被检测出的物质已超过 400 种，有很多物质在大多数的生物油中都存在的，也有部分物质仅在某个特定的生物油中存在的。对于生物质热解过程中所形成的主要产物，在第 5 章中已有详细说明；此外，表 7-1 给出了生物油中可能存在的各种有机物。由于生物油中的化学成分复杂，为了更好地了解生物油的化学组成，一般将生物油中的同类物质进行归类，典型的生物油化学组成如表 7-2 所示。

表 7-1　生物油中可能存在的有机物

中文名	英文名	分子式
酸	Acids	
甲酸	Formic(methanoic)	$HCOOH$
乙酸	Acetic(ethanoic)	CH_3COOH
丙酸	Propanoic	C_2H_5COOH
羟基乙酸	Hydroxyacetic	$HOCH_2COOH$
2-丁烯酸	2-Butenic(crotonic)	$C_4H_6O_2$
丁酸	Butanoic	C_3H_7COOH
戊酸	Pentanoic(valeric)	C_4H_9COOH
2-甲基丁烯酸	2-Me butenoic	$C_5H_8O_2$
2-氧代戊酸	4-oxypentanioc	$C_5H_8O_3$
2-羟基戊酸	4-hydroxypentanoic	$C_5H_{10}O_3$
已酸	Hexanoic(caproic)	$C_5H_{11}COOH$
苯甲酸(安息香酸)	Benzoic	C_6H_5COOH
庚酸	Heptanoic	$C_6H_{13}COOH$
含氧戊酸	Oxopentanoic acids	C_4H_9OCOOH
羟基乙酸	Glycolic acid	$HOCH_2COOH$
十六(烷)酸(棕榈酸)	hexadecanoic acid	$C_{15}H_{31}COOH$
醇	Alcohols	
甲醇	Methanol	CH_3OH
乙醇	Ethanol	CH_3CH_2OH
2-丙烯-1-醇	2-propen-1-ol	C_3H_6OH

续表

中文名	英文名	分子式
异丁醇	Isobutanol	$C_4H_{10}O$
3-甲基-1-丁醇	3-Methyl-1-butanol	$C_5H_{12}O$
乙二醇	Ethylene glycol	$C_2H_6O_2$
醛	Aldehydes	
甲醛	Formaldehyde	HCHO
乙醛	Acetaldehyde	CH_3CHO
2-丙烯醛	2-Propenal(acrolein)	C_3H_4O
2-丁烯醛	2-Butenal	C_4H_6O
2-甲基-2-丁烯醛	2-Methyl-2-butenal	C_5H_8O
戊醛	pentanal	$C_4H_{11}CHO$
乙二醛	Ethanedial	OHCCHO
酮	Ketones	
丙酮	Acetone	C_3H_6O
1-羟基-2-丙酮	1-hydroxy 2-propanone	$C_3H_6O_2$
2-丁烯-1-酮	2-Butenone	C_4H_6O
2-丁酮	2-Butanone(MEK)	C_4H_8O
2,3-丁二酮	2,3 butandione	$C_4H_6O_2$
环戊酮	Cyclo pentanone	C_5H_8O
2-戊酮	2-pentanone	$C_5H_{10}O$
3-戊酮	3-pentanone	$C_5H_{10}O$
2-环戊烯-1-酮	2-cyclopentenone	C_5H_6O
4-戊烯-2,3-二酮	2,3 pentenedione	$C_5H_6O_2$
3-甲基-2-羟基-2-环戊烯-1-酮	3-Me-2-cyclopenten-2-ol-1-one	$C_6H_8O_2$
甲基环戊酮	Me-cyclopentanone	$C_6H_{10}O$
2-己酮	2-hexanone	$C_6H_{12}O$
环已酮	Cyclo hexanone	$C_6H_{10}O$
甲基环已酮	methylcyclohexanone	$C_7H_{12}O$
2-乙基环戊酮	2-Et-cyclopentanone	$C_7H_{12}O$
二甲基环戊酮	Dimethylcyclopentanone	$C_7H_{12}O$
三甲基环戊烯酮	trimethylcyclopentenone	$C_8H_{12}O$
三甲基环戊酮	trimethylcyclopentanone	$C_8H_{14}O$
2-甲基环已酮	2-methylcyclohextanone	$C_7H_{12}O$
3-乙基环戊酮	3-Et-cyclopentanone	$C_7H_{12}O$
2-甲基-2-环戊烯-1-酮	2-methyl-2-cyclopenten-1-one	C_6H_8O
3-甲基环戊酮	3-methycyclopentanone	$C_6H_{10}O$
3-甲基环已酮	3-methycyclohexanone	$C_7H_{12}O$
3-甲基茚满酮	3-methylindan-1-one	$C_{10}H_{10}O$
酚	Phenols	
苯酚	Phenol	C_6H_5OH
2-甲基苯酚	2-methyl phenol	$H_3CC_6H_5OH$

续表

中文名	英文名	分子式
3-甲基苯酚	3- methyl phenol	$H_3CC_6H_5OH$
4-甲基苯酚	4- methyl phenol	$H_3CC_6H_5OH$
2,3-二甲基苯酚	2,3 dimethyl phenol	C_8H_9OH
2,4-二甲基苯酚	2,4 dimethyl phenol	C_8H_9OH
2,5-二甲基苯酚	2,5 dimethyl phenol	C_8H_9OH
3,6-二甲基苯酚	3,6 dimethyl phenol	C_8H_9OH
3,4-二甲基苯酚	3,4 dimethyl phenol	C_8H_9OH
2,6-二甲基苯酚	2,6 dimethyl phenol	C_8H_9OH
3,5-二甲基苯酚	3,5 dimethyl phenol	C_8H_9OH
2-乙基苯酚	2-ethyl phenol	C_8H_9OH
2,4,6-三甲基苯酚	2,4,6 triMe phenol	$C_9H_{11}OH$
1,2-苯二酚	1,2 diOH benzene	$C_6H_6O_2$
1,3-苯二酚	1,3 diOH benzene	$C_6H_6O_2$
1,4-苯二酚	1,4 diOH benzene	$C_6H_6O_2$
4-甲氧基儿茶酚(邻苯二酚)	4-methoxy catechol	$C_4H_8O_3$
1,2,3-苯三酚	1,2,3 ti-OH-benzene	$C_6H_6O_3$
4-羟基苯乙酮	(4-hydroxyphenyl)-1-ethanone	$C_8H_8O_2$
2,3,5-三甲基苯酚	2,3,5-trimethylphenol	$C_9H_{11}OH$
2,4-二甲基苯酚	2,4-xylenol	$C_8H_{10}O$
2,5,8-三甲基 1-萘酚	2,5,8-trimethyl-1-naphthol	$C_{13}H_{14}O$
4-丙烯基-2-甲氧基苯酚	2-methoxy-4(1-propenyl)phenol	$C_{10}H_{11}O_2$
4-丙基-2-甲氧基苯酚	2-methoxyl-4-n-peopyphenol	$C_{10}H_{13}O_2$
3-甲基-1-萘酚	3-methyl-1-naphthol	$C_{11}H_{10}O$
4-乙基-1,3-苯二酚	4-ethyl-1,3-benzenediol	$C_8H_{10}O_2$
4-乙基-2-甲氧基苯酚	4-ethyl-2-methoxylphenol	$C_9H_{12}O_2$
4-甲基-2-甲氧基苯酚	4-methyl-2-methoxyphenol	$C_8H_{10}O_2$
4-羟基-3-甲氧基苯甲醛	Vanillin	$C_8H_7O_3$
6,7-二甲基萘酚	6,7-dimethylnaphthol	$C_{12}H_{12}O$
儿茶酚(邻苯二酚)	catechol	$C_6H_6O_2$
二甲基苯二酚	dimethyldihydroxybenzene	$C_8H_{10}O_2$
甲基乙基苯酚	ethylmethyphenol	$C_9H_{11}O$
对苯二酚	hydroquinone	$C_6H_6O_2$
间甲苯酚	m-cresol	C_7H_8O
甲基苯二酚	methybenzenediol	$C_7H_8O_2$
邻甲苯酚	o-cresol	C_7H_8O
对甲苯酚	p-cresol	C_7H_8O
对乙基苯酚	p-ethylphenol	$C_8H_{10}O$
间苯二酚	resorcinol	$C_6H_6O_2$
三甲基苯二酚	Trimethydihydroxybenzene	$C_9H_{12}O_2$
三甲基萘酚	Trimethylnaphthol	$C_{13}H_{14}O$

续表

中文名	英文名	分子式
2-甲氧基苯酚	2-methoxy phenol	$C_7H_8O_2$
4-甲基愈疮木酚	4-methyl guaiacol	$C_8H_{11}O_2$
乙基愈疮木酚	ethyl guaiacol	$C_9H_{13}O_2$
丁香酚(4-烯丙基-2-甲氧基苯酚)	Eugenol	$C_{10}H_{12}O_2$
异丁香酚甲醚(1,2-二甲氧基-4-丙烯基苯)	Isoeugenol	$C_{11}H_{14}O_2$
4-丙基愈疮木酚	4-propylguaiacol	$C_{11}H_{14}O_2$
2,6-二甲氧基苯酚	2,6-DiOMe phenol	$C_8H_{10}O_3$
甲基-2,6-二甲氧基苯酚	Methyl syringol	$C_9H_{13}O_3$
4-乙基-2,6-二甲氧基苯酚	4-Ethyl syringol	$C_{10}H_{15}O_3$
丙基-2,6-二甲氧基苯酚	Propyl syringol	$C_{11}H_{17}O_3$
丁香醛(3,5-二甲氧基-4-羟基苯甲醛)	Syringaldehyde	$C_9H_{10}O_4$
4-丙烯基-2,6-二甲氧基苯酚	4-propenylsyringol	$C_{11}H_{15}O_3$
3,5-二甲氧基-4-羟基苯乙酮	4-OH-3,5 diOMe phenyl ethanone	$C_{10}H_{14}O_4$
酯	Esters	
甲酸甲酯	Methyl formate	$C_2H_4O_2$
乙酸甲酯	Methy acetate	$C_3H_6O_2$
丙酸内酯	Propiolactone	$C_3H_4O_2$
丙酸甲酯	Methyl propionate	$C_4H_8O_2$
丁酸内酯	Butyrolactone	$C_4H_6O_2$
2-丁烯酸甲酯	Methyl Crotonate	$C_5H_8O_2$
丁酸甲酯	Methyl n-butyrate	$C_5H_{10}O_2$
戊内酯	Valerolactone	$C_5H_8O_2$
当归内酯(十五内酯)	angelicalactone	$C_{15}H_{28}O_2$
戊酸甲酯	Methyl valerate	$C_7H_{14}O_2$
糖	Sugars	
左旋葡聚糖	levoglucosan	$C_6H_{10}O_5$
葡萄糖	Glucose	$C_6H_{12}O_6$
果糖	Fructose	$C_6H_{12}O_6$
D-木糖(戊醛糖)	D-xylose	$C_5H_{10}O_5$
D-树胶醛糖(阿拉伯糖)	D-Arabinose	$C_5H_{10}O_5$
纤维素二糖	cellubiosan	$C_{12}H_{22}O_{11}$
1,6-酐的呋喃型葡萄糖(1,6-脱水呋喃型葡萄糖)	1,6-anhydroglucofuranose	$C_6H_{10}O_5$
低聚糖,寡糖	oligosaccharide	
呋喃	Furans	
呋喃	furan	C_4H_4O
2-甲基呋喃	2-Methyl furan	C_5H_6O
2-呋喃酮	2-furanone	$C_4H_4O_2$

续表

中文名	英文名	分子式
糠醛(呋喃甲醛)	Furfural	$C_5H_4HO_2$
3-甲基-2-呋喃酮	3-methyl-2(3h)furanone	$C_5H_6O_2$
糠基乙醇	Furfural alcohol	$C_6H_8O_2$
糠酸(β-呋喃羧酸)	furoic acid	$C_5H_4O_3$
糠酸甲酯	Methyl furoate	$C_6H_8O_2$
5-甲基糠醛	5-methylfurfural	$C_6H_6O_2$
5-甲基-5-羟基糠醛	5-OH-methyl-2-furfural	$C_6H_7O_2$
二甲基呋喃	Dimethyl furan	C_6H_8O
复杂含氧物质	Complex Oxygenates	
羟基乙醛	Hydroxyacetaldhyde	$C_2H_4O_2$
1-羟基-2-丙酮	Acetol(hydroxyacetone)	$C_3H_6O_2$
甲缩醛(二甲氧甲烷)	Methylal	$C_3H_8O_2$
二甲基缩乙二醛	Dimethyl acetal	$C_8H_{18}O_2$
乙缩醛	acetal	$C_6H_{14}O_2$
3-甲基-2-羟基-2-环戊烯-1-酮	2-OH-3-Me-2-cyclopentene-1-one	$C_5H_8O_2$
1-乙酰基 2 丙酮	1-Acetyoxy-2-propanone	$C_5H_8O_3$
2-甲基-3-羟基-2-吡喃酮	2-Methyl-3-hydroxy-2-pyrone	$C_6H_6O_3$
4-甲基-2-甲氧基苯甲醚	2-Methoxy-4-methylanisole	$C_9H_{12}O_2$
3-甲氧基-4-羟基苯甲醛	4-OH-3-methoxybenzaldehyde	$C_8H_8O_3$
3-羟基-4-吡喃酮	Maltol	$C_5H_4O_3$
烃	Hydrocarbons	
2-甲基丙烯	2-methyl propene	C_4H_8
二甲基环戊烯	dimethycyclopentene	C_7H_{12}
α-蒎烯	Alpha-pinene	$C_{11}H_{16}$
苯乙烯	styrene	C_8H_8
十五烯	pentadecene	$C_{15}H_{30}$
辛烯	octadecene	C_8H_{16}
二十五碳烯	pentacosene	$C_{25}H_{50}$
己烯	hexadecene	C_6H_{12}
苯	Benzene	C_6H_6
甲苯	Toluene	C_7H_8
二甲苯	Xylenes	C_8H_{10}
萘	Naphthalene	$C_{10}H_8$
菲	Phenanthrene	$C_{14}H_{10}$
荧蒽	Fluoranthene	$C_{16}H_{10}$
屈(1,2-苯并蒽)	Chrysene	$C_{18}H_{12}$
含氮物质	Nitrogen compounds	
氨水	ammonia	NH_3H_2O
甲胺	methyl amine	CH_3NH_2
嘧啶(吡啶)	Pyridine	C_6H_5N
甲基吡啶	Methyl pyridine	C_7H_7N

表 7-2　生物油的常规化学组成

组分类别	含量/(wt%)
羧酸类	5~10
醛类	5~20
酮类	0~10
脱水糖及其衍生物	5~30
酚类及聚合物	20~30
烃类	0~5
水	15~35

关于生物油中的木质素裂解物，目前还没有可以准确测定其结构的方法。在前人的研究中采用多种化学方法对其进行分析，确定了其平均分子量为 650~1300 g/mol，并进而确认了其二聚物的基本结构，推测了三聚物、四聚物等各种不同聚合度的低聚物的结构式[4]，分别如图 7-1 和图 7-2 所示。

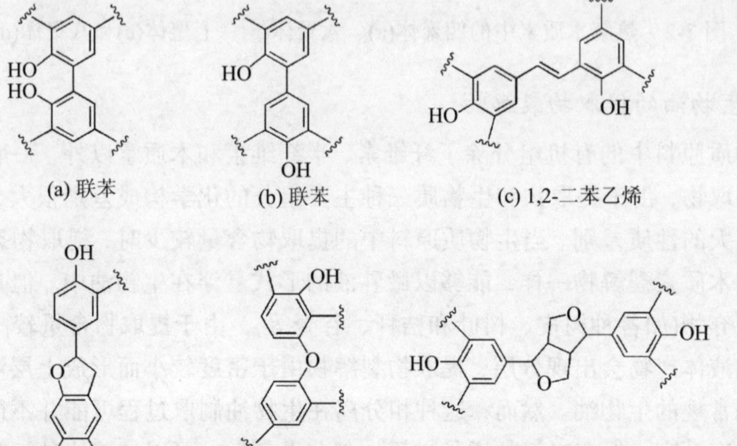

(a) 联苯　(b) 联苯　(c) 1,2-二苯乙烯

(d) 苯基香豆满　(e) 二苯醚　(f) 树脂醇

图 7-1　热解木质素中的二聚体

(a)　(b)

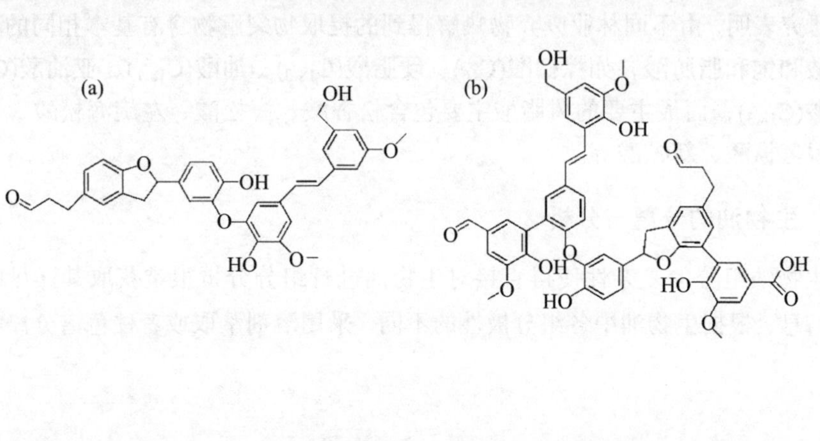

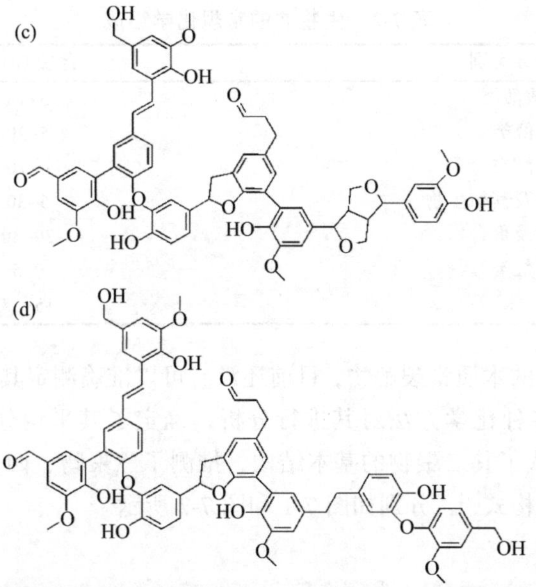

图 7-2　热解木质素中的四聚体(a)、六聚体(b)、七聚体(c)和八聚体(d)

3. 生物油的提取物裂解物

生物质原料中的有机组分除了纤维素、半纤维素和木质素以外，一般都还含有一定的提取物，由于提取物和生物质三种主要组分的化学构成差别很大，其裂解产物也有很大的性质差别。当生物质原料中的提取物含量较少时，提取物裂解物和不溶于水的木质素裂解物一样，能够以微乳液的形式悬浮在生物油中。但是，对于某些农林废弃物(如各种树皮、树叶和秸秆、谷壳等)，由于提取物含量较高，快速热解得到的液体产物会出现分层，提取物裂解物由于密度较小而形成上层液体，下层液体就是常规的生物油。然而，这种相分离在生物油制取过程可能并不彻底，随着生物油温度升高、保存时间的增长或添加某些助剂后，可以加速这种相分离。上层液体最大可占整体生物油的 20 wt%，上层液体不仅包含有提取物裂解物，还有部分木质素裂解物(约 30 wt%)，以及一些水溶性组分(如水、糖类、羧酸等)。目前开展的研究表明，由不同林业废弃物热解得到的提取物裂解物含有基本相同的不饱和脂肪酸和饱和脂肪酸，如棕榈酸(C_{16})、硬脂酸($C_{18:0}$)、油酸($C_{18:1}$)、亚油酸($C_{18:2}$)、亚麻酸($C_{18:3}$)，而最主要的树脂酸主要包含松香酸、海松酸、左旋海松酸、长叶松酸、脱氢枞酸、新枞酸等。

7.2.2　生物油的分离与分析

生物油组分的复杂性使得直接对生物油进行组分分析很难获取其详尽的化学组成信息，根据生物油中各组分极性的不同，采用溶剂萃取或者柱色谱分离等方法可以将生物油分成各个性质不同的部分，从而有利于其化学分析。在以生物油为原料进行化学产品的提取时，有效的生物油分离手段是必须的。

1. 水萃取分离与分析

最常用生物油分离方法是根据其组分亲水程度的不同，通过加水将生物油分为水相和油相两个部分，其中水相包括水和纤维素、半纤维素以及部分木质素裂解得到的所有水溶性物质，油相主要是不溶于水的高分子木质素裂解物。由于木质素裂解物结构复杂，反应活性强，且分析困难，通过加水分离出纯净的木质素裂解物，有助于其化学分析。

一种常见的分离木质素裂解物的方法如图 7-3 所示，将生物油逐滴的加入用冰冷却的水中，并不停地快速搅拌，生物油和水的比例一般为 1:10，过滤得到沉淀，将沉淀物进行水洗以除去其中的水溶性组分，再次过滤后得到的沉淀在真空条件下进行干燥，从而得到粉末状的木质素裂解物。Scholze 等[5,6]对几种由不同研究单位提供的生物油进行了分离，各生物油分离得到的木质素裂解物含量、颜色以及元素组成列于表 7-3，表中还列出了几种磨制木素(milled wood lignin, MWL)的元素组成。采用 Py-GC-MS(裂解—色谱—质谱联用)对裂解物分析发现，木质素裂解物的基本单元和磨制木素的基本单元有很大的相似性，但是生物油中的木质素裂解物中香草醛和丁香醛的含量比较低，反式松柏醇、松柏醛以及反式芥子醇、芥子醛则基本没有；GPC 分析结果显示木质素裂解物的平均分子量约为 650~1300g/mol，约为磨制木素的 1/10，木质素裂解物主要是羟苯基、愈创木基、丁香基化合物的三聚体和四聚体。此外，Ba 等[7]采用 Scholze 等所提出的方法将由软木废料真空热解得到的生物油分离成水相和油相，分析得到油相的分子量约为磨制木素的 1/5。

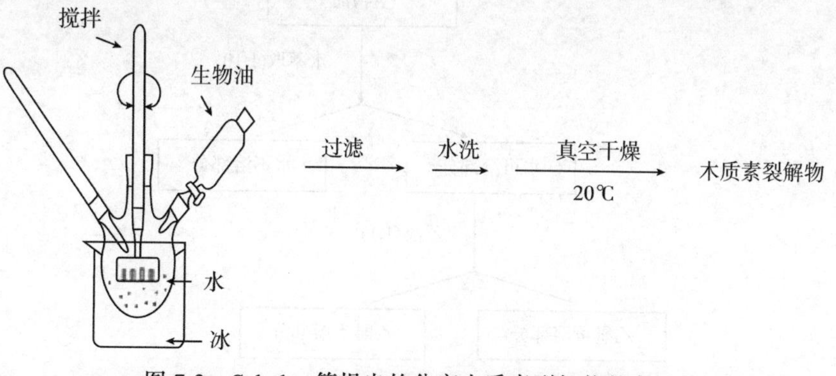

图 7-3　Scholze 等提出的分离木质素裂解物的方法

表 7-3　木质素裂解物和磨制木素的含量、颜色以及元素组成

生物油来源	含量/%	颜色	元素组成/%			
			C	H	N	O
IWC	13.5	棕红色	66.91	6.19	0.27	26.63
Ensyn	24.1	浅褐色	66.18	6.02	0.23	27.57
Fenosa I	25.0	褐色	63.68	5.79	0.19	30.34
Fenosa II	16.5	浅褐色	65.22	6.13	1.02	27.63
Aston	24.0	浅褐色	66.03	6.11	0.21	27.65
NREL	23.0	褐色	66.60	6.24	0.34	26.82
BTG	27.7	浅褐色	67.43	6.19	0.24	26.14
VTT	19.0	深褐色	70.56	6.64	0.15	22.65
MWL(山毛榉)			58.84	5.92	0	35.24
MWL(桉木)			60.20	6.21	0	33.59
MWL(杨木)			58.92	5.73	0	35.35
MWL(松木)			63.46	5.74	0	30.80

注：木质素裂解物含量是以干基生物油为基准；氧含量由差减法得到

2. 溶剂萃取分离与分析

仅仅通过加水将生物油分为水相和油相两个部分，对水相组分的分析还是远不够的，不同的研究者提出了多种通过溶剂萃取对生物油进行分离的方法，分别如图 7-4~图 7-7 所示。图 7-4 是 Sipila 等提出的溶剂萃取方法，首先生物油分为水相和油相两部分，然后水相部分用乙醚萃取得到醚溶部分和醚不溶部分。根据该方法[8]，Sipila 等发现可以采用 GC-MS 对水相中的醚溶部分进行分析，但是醚不溶部分能够由 GC 分析的组分很少，主要是左旋葡聚糖和纤维二糖，还包括一些其他的糖类和羟酸；进一步采用 Py-GC-MS 分析醚不溶部分，发现主要是多糖的降解产物，如水、丙酮、丁酮、糠醛以及其他各种脱水糖。

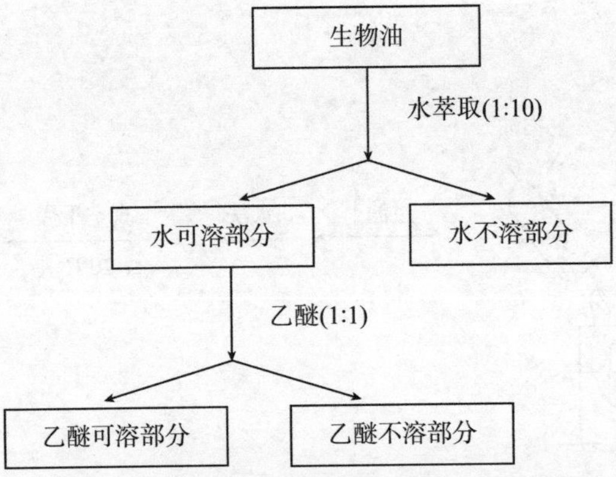

图 7-4　Sipila 等提出的生物油分离方法

图 7-5 是 Oasmma 等提出的生物油分离方法，首先将生物油分为水相和油相两个部分，然后水相采用乙醚和二氯甲烷萃取，油相采用二氯甲烷萃取，而提取物裂解物则直接采用正己烷对整个生物油进行萃取[9]。Oasmma 等采用这种方法对生物油进行了分离，可以将生物油中的有机组分萃取分离为六个不同的部分：①提取物裂解物部分；②小分子酸和醇类部分，主要是甲酸、乙酸和甲醇等组分；③水溶醚溶部分，主要包含醛(直链醛、呋喃衍生物)、酮(直链酮和环酮)和木质素单体(愈创木酚、邻苯二酚)；④水溶醚不溶部分，其中大部分是 GC 不能分析的糖类，另外还有少量可被 GC 分析的脱水糖和羟基酸等物质；⑤水不溶二氯甲烷可溶部分，一般称为低分子木质素裂解物(LMM)，主要是木质素单体和二聚物，其中有少量的不溶于水但可被 GC 洗脱的单体(愈创木酚和邻苯二酚衍生物)，这部分木质素裂解物的平均分子量一般为 400g/mol，聚合度为 1.7；⑥水不溶二氯甲烷不溶部分，一般称为高分子木质素裂解物(HMM)，其中没有可被 GC 分析的物质，这部分物质的平均分子量一般为 1050g/mol，聚合度为 2.3。

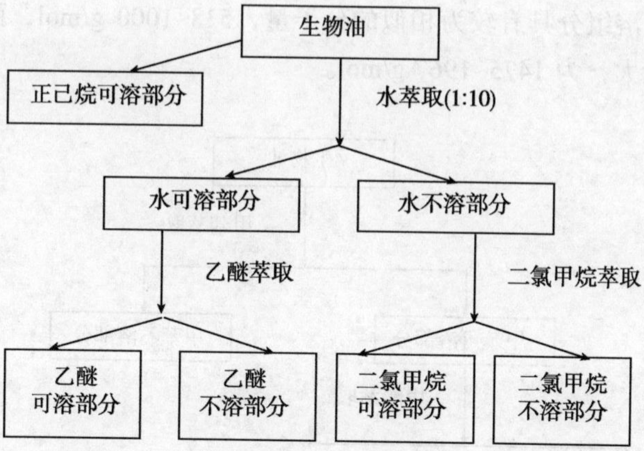

图 7-5　Oasmma 等提出的生物油分离方法

图 7-6 是 Perez 等提出的生物油分离方法，生物油首先用甲苯萃取，甲苯可溶部分就是提取物裂解物，甲苯不溶部分再用甲醇萃取，甲醇不溶部分是一些炭粒、非极性的蜡状物质和一些其他的低聚物，甲醇可溶部分再用水进行萃取，最后对水溶部分用乙醚萃取，水不溶部分用二氯甲烷萃取[10]。Perez 等对两种由废木料真空热解制取的分层生物油的下层部分进行分离得到的各萃取部分的含量如表 7-4 所示。对各萃取部分都进行 GC-MS 和 TGA(热重)分析，根据分析结果指出，生物油中的组分可以分为八个部分：①可挥发的非极性组分，溶于水且沸点在 60~220℃的组分，DTG 峰值为 116~153℃，主要的组分是乙苯和对二甲苯；②可挥发的极性

组分，溶于水且沸点在 50~220℃的组分，DTG 峰值为 120~130℃，主要的组分为 2(5H)-呋喃酮，2-羟基-2-烯-环戊酮，3-甲基-1,2-环戊二酮，四氢糠醇，环丙基甲醇，环戊醇；③木质素单体：这部分组分的沸点在 100~300℃，DTG 峰值为 170~215℃，主要的组分为烷化和甲氧基化的酚类和苯类物质；④具有一定挥发性的极性组分，这部分组分都溶于水，DTG 峰值为 178~198℃，主要组分是木质素单体和一些其他的组分，如 5-甲基-2-糠醛；⑤糖类，DTG 峰值为 235~300℃，DTG 峰的产生是由一些单糖的挥发和一些多糖的裂解所引起的，GC-MS 分析只能检测到左旋葡聚糖；⑥提取物裂解物，这部分组分的 DTG 峰值为 255~296℃，主要的组分是脂肪酸和树脂酸、石蜡、菲类等；⑦高分子非极性组分，DTG 峰值在 350℃左右，这部分组分由于不具有挥发性而不能用 GC-MS 进行检测；⑧高分子极性组分，DTG 峰值为 340~365℃，其热重曲线与木质素的热重曲线非常相似。此外，由于 GC-MS 只能对挥发组分进行分析。为了解生物油中不挥发组分的基本化学特性，对各组分进行了 GPC 分析。结果显示，多糖、乙醚可溶和不溶组分中的大分子物质的分子量分别为 390~486g/mol、561~576g/mol、630~772g/mol，二氯甲烷可溶组分中的非极性高分子物质和甲苯可溶组分具有较为相似的分子量，538~1000 g/mol，而二氯甲烷不溶组分的分子量最大，为 1475~1967 g/mol。

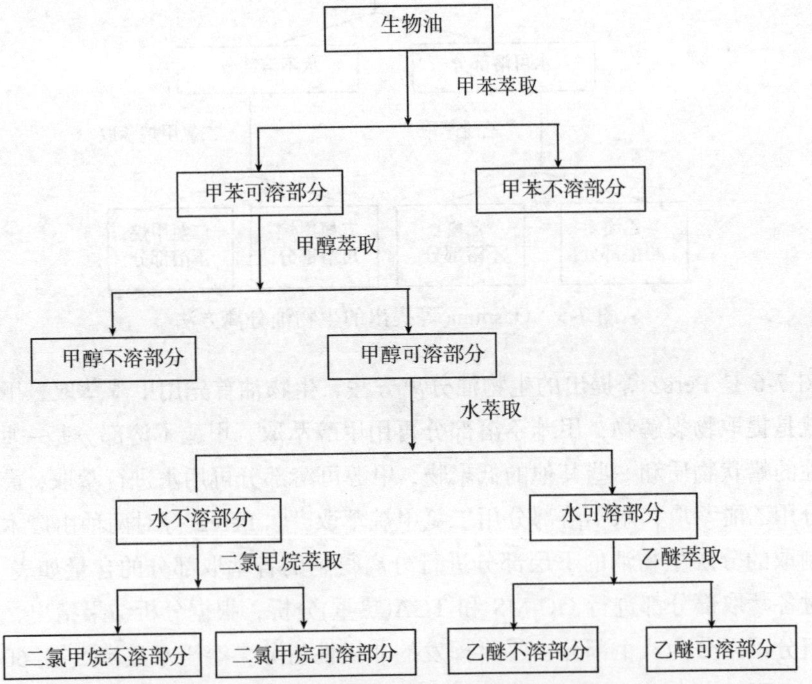

图 7-6　Perez 等提出的生物油分离方法

表 7-4　真空热解生物油下层部分各萃取组分的含量　(单位：wt%)

萃取部分	生物油(SWBR)	生物油(HWRF)
水	14.60	13.00
甲苯可溶部分	1.29	7.76
甲醇不溶部分	2.09	0.36
水溶部分	41.26	46.85
乙醚可溶部分	7.94	4.78
乙醚不溶部分	33.32	42.07
水不溶部分	25.51	20.86
二氯甲烷可溶部分	12.54	13.70
二氯甲烷不溶部分	12.97	7.16
挥发损失的组分(差减)	15.25	11.17

3. 柱色谱分离与分析

柱色谱分离是另外一种常用的生物油分离方法。Ba 等[11]提出依次采用五种极性不同的溶剂(戊烷、苯、二氯甲烷、乙酸乙酯和甲醇)将生物油分离为五个极性不同的部分。对一种软木废弃物真空热解制取的分层生物油的上下层部分和整体进行分离得到的各部分的含量如表 7-5 所示。戊烷可溶部分主要是烷烃、烯烃、酮类、麦角固醇等组分；苯可溶部分含有一些多环芳烃(如萘、蒽、菲等)、醛类、脂肪酸酯、脂肪醇等物质；二氯甲烷可溶部分含有酚类衍生物、脂肪酸和树脂酸酯；乙酸乙酯可溶部分主要含有苯二酚、酚类物质以及部分脂肪酸和树脂酸；甲醇可溶部分包括一些高极性的组分，如糖类等。

表 7-5　真空热解生物油各萃取组分的含量　(单位：wt%)

	戊烷	苯	二氯甲烷	乙酸乙酯	甲醇
上层生物油	4.0	11.4	7.2	63.3	14.1
下层生物油	0.2	1.4	3.0	49.4	46.0
整体	1.0	3.2	3.4	51.9	40.5

徐绍平等 [12]对自由落下床快速热解杏核生物油进行了萃取－柱层析分离分析，如图 7-7 所示，从中分离出沥青烯、酸性分、C_1 馏分、C_2 馏分、C_3 馏分和酚类化合物，并检测出 38 种有机物。此外，张素萍等应用萃取和柱层析的分离方法将生物油分为烷烃、芳烃、极性组分和难挥发性组分，并采用 GC、GC-MS、NMR 等分析方法对各分离组分分别进行了分析和鉴定，从而检测出了水相以及挥发分中的一些重要组分。

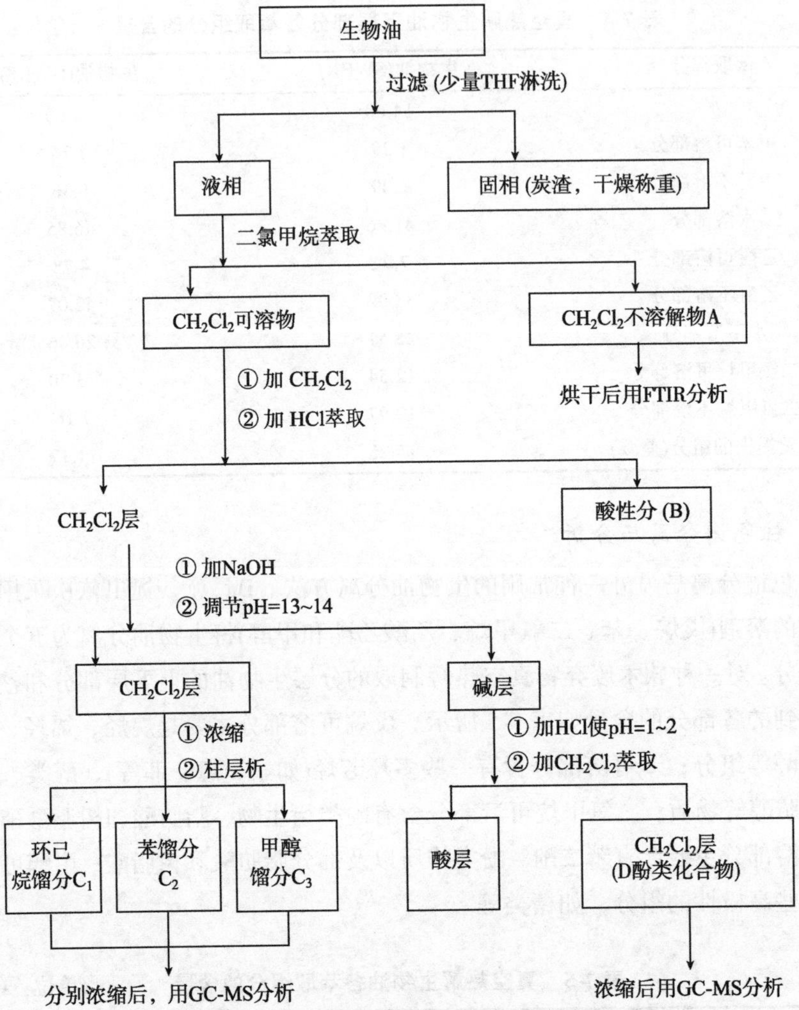

图 7-7　徐绍平等提出的生物油分离方法

7.3　生物油的理化性质

7.3.1　生物油的微观多相性

生物油是由固体颗粒、蜡状物质、水相颗粒和重质胶团组成的复杂混合物，是一种具有微观多相性的液体，其多相性是由生物质原料、热解反应条件、冷凝过程以及保存条件和时间所决定的。新制取的生物油用肉眼观察是均一的液体，而实际上是一种两相液体。水和水溶性组分形成了连续相，不溶于水的木质素裂解物以微乳液的形式悬浮于生物油中，一些水油两亲的组分作为乳化剂暂时保持了生物油的这种两相稳定性。对生物油进行的显微观察证实了生物油这种两相共存的特点。

对于含有提取物裂解物的生物油，特别是由于相分离(注：生物油的相分离有两种不同的形式，一种是由于木质素裂解物导致的相分离，分离后的两相在本书中称为上层液体和下层液体；另一种是由于水分导致的相分离，分离后的两相称为水相和油相)的不彻底性，生物油的微观结构更为复杂。图 7-8 所示为 Ba 等[11]通过显微镜观察到的生物油的微观结构，观察所用的生物油由软木废料制取，通过一定的方法将其分离为上层和下层液体。从图中可以清楚地看出，无论是上层液体、下层液体，还是生物油整体，都存在着连续相和分散相(各种大小不同的微团)，随着温度的升高，分散相中部分物质能够重新溶回连续相中。

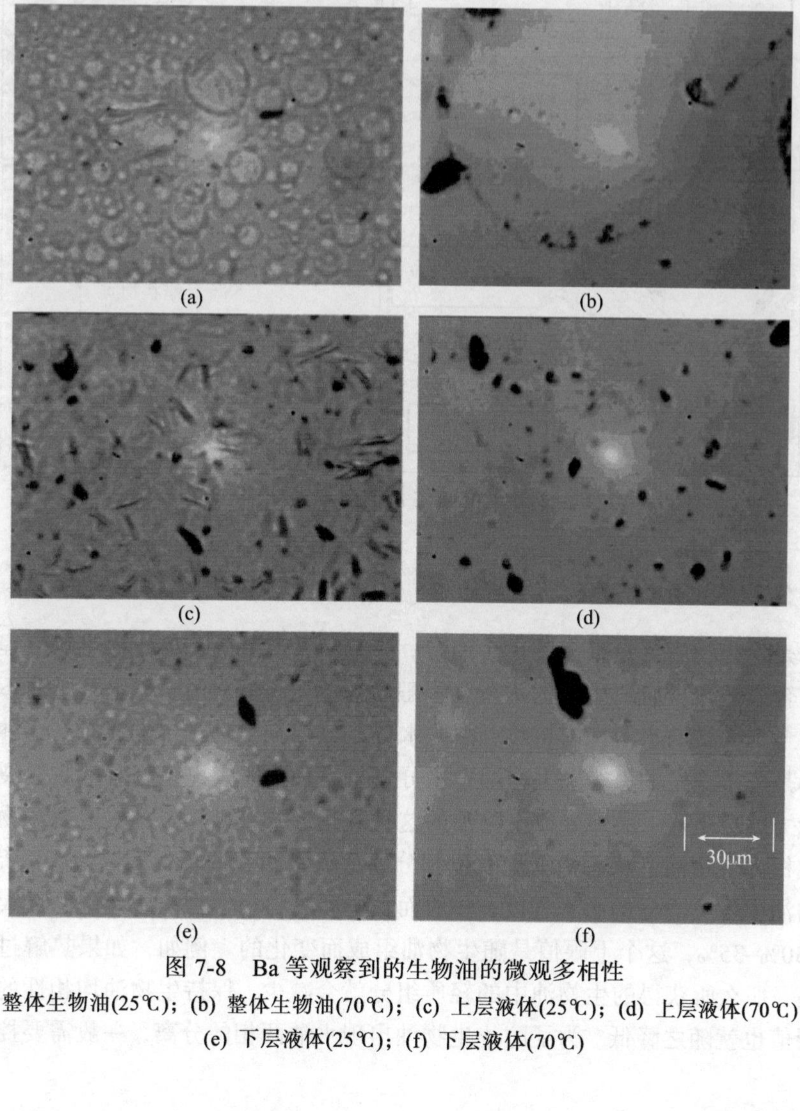

图 7-8　Ba 等观察到的生物油的微观多相性

(a) 整体生物油(25℃)；(b) 整体生物油(70℃)；(c) 上层液体(25℃)；(d) 上层液体(70℃)；(e) 下层液体(25℃)；(f) 下层液体(70℃)

Perez 等[13]通过大量的实验分析，证实了生物油在低温下存在着由重质胶团(heavy compounds)和蜡状物质(waxy materials)所形成的特定结构体，并由此提出了如图 7-9 所示的生物油微观多相性的物理模型。此外，Fratini 等[14]采用小角中子散射(SANS)分析了木屑生物油的微观特性，指出生物油是一种具有纳米结构的流体，其中的木质素裂解物通过结合形成纳米颗粒，这些颗粒具有分支结构，分形维数为 1.4~1.5，聚集数为 50~80。

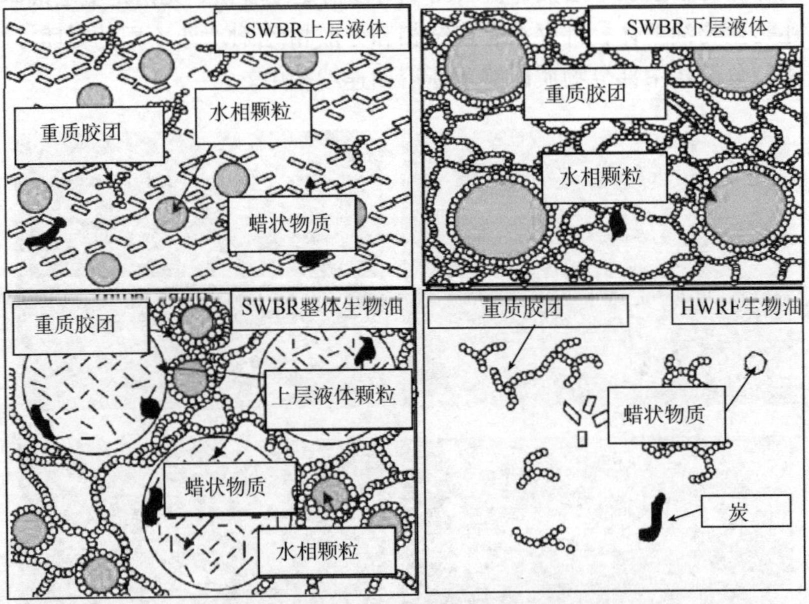

图 7-9　Perez 等提出的生物油微观多相性的物理模型

7.3.2　生物油的水分

水是生物油中含量最多的单个组分，主要来源于原料中水分和热解过程生物质发生缩合或缩聚反应所生成的水分，一般含量为 15%~30%。与化石燃油不同，生物油中含有大量的水溶性有机物，因此水分是分散在生物油中的，但是这种存在形式并不是非常稳定的，如果生物油中水分含量增加，那么连续相对木质素裂解物的溶解能力就会下降，最终导致生物油的这种乳化形式被破坏，木质素裂解物以沉淀的形式析出生物油，从而生物油发生相分离形成水相和油相，如图 7-10 所示。根据生物油中各类组分的亲水程度，一般而言，形成均相生物油所允许的最大水分含量为 30%~35%，这个上限值是随生物油组成而变化的。例如，如果热解过程的温度提高，那么所获得的生物油中的轻质组分就会减少，保持生物油均相性的水分含量上限值也就随之降低。为了防止生物油出现水油两相的分离，一般需要控制热解原料的水分含量不超过 10%。

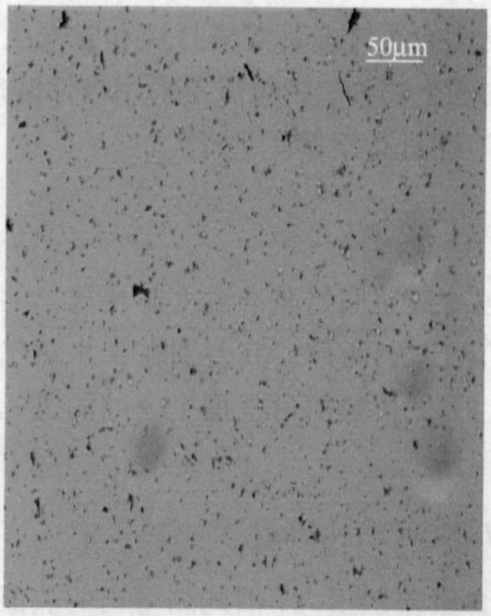

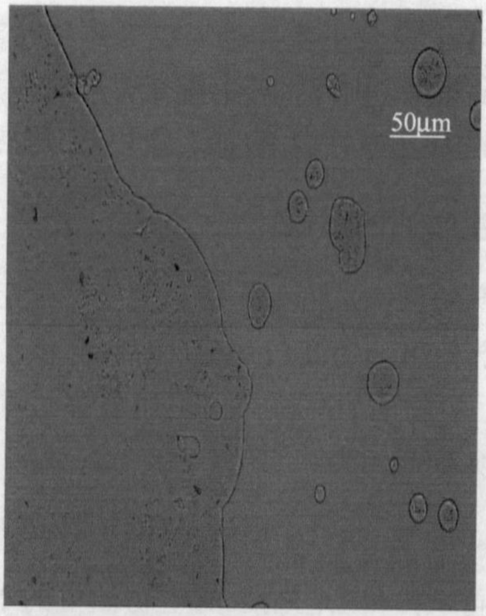

图 7-10　生物油发生相分离前后的微观照片

生物油中的水分很难被除去，主要是由于生物油中含有较多的低沸点组分，而且生物油的热安定性较差，使得常规的加热除水方法对生物油不可行。大量的水分含量对生物油的应用有很大的影响：一方面水分降低了生物油的热值，诱使生物油发生水相和油相的分离，导致点火困难，降低燃烧的火焰温度，也限制了燃烧过程中的预热温度；另一方面，水分降低了生物油的黏度，从而有利于生物油的雾化，最重要的是水分的存在可以降低污染物的排放。水分虽然降低了燃烧火焰温度，但使得燃烧温度场更为均匀，从而有利于减少 NO_x 的生成，水分在燃烧过程中的微爆现象强化了燃烧的充分性，源于水分的 OH 基团可以有效地抑制炭黑的产生并加速其氧化。

7.3.3　生物油的相溶性

生物油是一种高极性的液体，因此和一些极性溶剂具有一定的相溶性。虽然生物油中含有大量的水，但对外加水的溶解性不一定好。不同的研究表明，有些生物油可以在一定范围内很好地溶解外加水，但也有些生物油在加水后会形成一种乳化相，如果不经过混合摇匀，就会形成沉淀。当加水量超过一定范围时，任何生物油都会发生水相和油相的分离，一般而言，在干基状态下，源于硬木的生物油的油相含量为 34wt%~35wt%，源于软木的生物油的油相含量为 32wt%~35wt%，源于各种秸秆的生物油的油相含量为 17 wt%~28.5wt%。

生物油和其他溶剂的相溶性主要取决于溶剂的极性。和常规生物油相溶性最好的溶剂是小分子醇类物质，主要是甲醇和乙醇，这两种溶剂几乎可以将常规生物油全部溶解，不溶物仅为固体颗粒。此外，和常规生物油具有相溶性的溶剂还包括异丙醇、丙酮等溶剂(相溶性不如甲醇和乙醇)。常规生物油和烃类液体(如己烷和柴油等)则基本上完全不溶。提取物裂解物是非极性的液体，其溶解特性和常规生物油基本完全相反。因此，对于富含提取物裂解物的生物油，一般需要采用极性溶剂(甲醇或乙醇)和非极性溶剂(如二氯甲烷)的混合溶剂进行溶解。

7.3.4　生物油的热值

燃料的热值是指 1kg 燃料完全燃烧后，再冷却至原始基准温度时释放出的全部热量，热值可分为高位热值(HHV)和低位热值(LHV)两种，其差别在于水蒸气的汽化潜热。生物油的高位热值可用氧弹法测定，其低位热值可根据生物油的氢元素含量进行换算[1]，即

$$\text{LHV} = \text{HHV} - 218.13 \times H\%(\text{wt}\%)\ (\text{kJ/kg}) \tag{7-1}$$

不同原料和工艺制取的生物油中的水分含量差别很大，因此测量出的热值差别也很大，如果根据水分含量计算出生物油干基(无水)热值，计算结果则较为相似，根据不同原料的生物油的热值测定总结出，硬木和软木制取的生物油干基热值分别为 19~22 MJ/kg 和 18~21MJ/kg。

值得说明的是，生物油的热值虽然仅为柴油等化石燃料(41~43MJ/kg)的 2/5，但由于生物油的密度一般约为 1.2g/mL，远高于柴油等化石燃料的密度(0.8~1.0g/mL)，因此生物油的体积能量密度可以达到柴油的 50%~60%。

7.3.5　生物油的黏度和流变特性

黏度是流体微观分子内摩擦力的宏观表现，有动力黏度 μ 和运动黏度 γ 之分。黏度是燃油输送和雾化的重要影响因素，为了保证燃油的顺利输送和油泵的稳定工作，以及各种燃烧器喷嘴的良好雾化，对油品的黏度都有一定的要求。液体的流变特性可以表示为

$$\tau = \tau_0 + \mu D^n \tag{7-2}$$

其中，τ 是剪切应力；τ_0 是屈服应力；D 是剪切速率。对于牛顿流体，$\tau_0 = 0$、$n = 1$，在不同的剪切速率下，黏度保持不变，μ 和 γ 满足 $\mu=\rho\gamma$，其中 ρ 是流体的密度。对于非牛顿流体，黏度随着剪切速率而变化，根据不同的流动特性，非牛顿流体一般有假塑性流体、胀塑性流体和宾汉塑性流体等几种。

生物油的流变特性是由其微观结构所决定的，一般而言，不含提取物裂解物的均相生物油基本上都是牛顿流体[15]。对于富含提取物裂解物的生物油，由于在较低温度下一些蜡状物质以及木质素裂解物会在生物油中形成三维结构体，从而导致生

物油存在着流动特性的转变点[11]，在转变点温度之下，生物油呈宾汉流体，超过转变点温度后，生物油呈牛顿流体。宾汉型流体的特点是此流体具有三维结构，其坚固性可以经受一定值的剪切应力，当应力超过此值后，该三维结构被破坏。

室温下均相稳定的生物油的黏度可以采用多种仪器进行测量，如毛细管玻璃黏度计测量动力黏度，旋转式黏度计测量动力黏度，也可以采用落球法进行测定[16]。对于已经发生水相和油相分离的生物油，就不能再采用毛细管黏度计进行测量，可以采用旋转式黏度计测量其动力黏度。

生物油的黏度随水分、原料和热解工艺等因素而变化，不同生物油的黏度差别很大(40℃时 10~100cSt，对于少数由真空热解得到的生物油，黏度可能更大)。总的来说，生物油的黏度较大，雾化燃烧之前需要经过预热降低黏度。随着温度升高，生物油黏度迅速下降，但由于生物油安定性差，温度升高时各种老化反应也随之加剧，一般加热温度不能超过 80℃，否则生物油容易变形。

7.3.6　生物油的闪点

闪点是液体燃料加热到一定的温度后，液体燃料蒸气与空气混合接触火源而闪光的最低温度。闪点是燃油使用中防止发生火灾的安全指标，测量方法有闭口杯法和开口杯法两种，其中闭口杯法是在封闭的容器内进行加热测量，一般测定闪点较低的燃料，同一种样品，闭口杯法测定的闪点要比开口杯法低，生物油的闪点一般用闭口杯法测量。

生物油中的闪点与水分和挥发分的含量密切相关，由于生物油中水分含量较多，生物油的闪点范围一般在 40~70℃或大于 100℃，在此范围之间，由于生物油水分的大量蒸发，很难检测到闪点。

7.3.7　生物油的倾点和浊点

倾点(或凝点)是表征燃料的低温特性的，倾点是液体能够流动的最低温度，而凝点是液体失去流动性的最高温度，我国液体燃料规格采用凝点这一指标。在低温下液体不能流动的主要原因是黏度增大或者含石蜡成分的液体中石蜡发生结晶，倾点(或凝点)是燃料在低温下换装、运输的一个重要质量指标。生物油的倾点采用降温法测定，我国的凝点测量标准是油品在某一温度时，在倾斜 45° 的试管内，油面经 5~10s 尚保持不变，这时的温度称为燃油的凝点，凝点一般比倾点低 2~4℃。

源自于木材(包括硬木和软木)的生物油的倾点一般在−12 ~ −36℃，源于其他各种原料的生物油的倾点范围略有不同[8]。

表征液体燃料低温特性的另一个指标是浊点，浊点是液体燃料在降温过程中液体中出现冰晶而变浑浊的最高温度。在对富含提取物裂解物生物油的分析过程中，各种分析方法(如显微观察、差示热量扫描方法和流变特性测试等)都直接或间接证实了这种生物油在较低温度下存在蜡状物质的结构体，但目前还很少有直接测量浊点的报道，主要是因为生物油的颜色较深导致观察困难。

7.3.8　固体颗粒和灰分

生物油中的固体颗粒主要是炭，如果反应器中采用了流化介质，固体颗粒还可能包含一些流化介质。生物油中的固体颗粒以多种形式存在于生物油中，如和电荷相反的离子吸附在一起，吸附到有机物上，或者以沉淀的形式存在。生物油中的固体颗粒源于热解过程中生成的炭而未被气固分离器所分离干净，如果热解装置中只有旋风分离器一种气固分离设备，那么由此得到的生物油中就会有相当一部分的固体炭颗粒，最高含量可达 3%，一般炭粒的粒径为 1~200μm(大部分小于 10μm)。生物质原料中的灰分在热解过程中基本都留在炭粒中，而灰分中含有多种金属元素，因此生物油炭粒中的金属含量是生物质原料的 6~7 倍[17]，这些固体颗粒以及金属元素对污染物的生成以及发动机等的腐蚀都有一定的影响。

固体颗粒的含量一般采用溶剂溶解法测定，对于各种不含提取物的生物油，甲醇和乙醇基本上可以溶解生物油中的所有有机物；对于含有提取物的生物油，需要采用甲醇和二氯甲烷的混合溶液作为溶剂。固体颗粒中的一些大颗粒可能会导致雾化喷嘴的堵塞，因此需要对颗粒的粒径分布进行测定，具体的测量方法包括衍射法[18]、粒子计数和图像分析方法等[1]。生物油的灰分采用焚烧的方法进行测定，将生物油在有氧的条件下加热到 775℃进行充分燃烧，最后的残余物即为灰分。生物油中的金属元素含量可以用原子发射光谱或原子吸收光谱仪测定。

固体颗粒的存在会给生物油的保存和燃烧带来很多不利的影响：①固体颗粒一般沉积在生物油的底部，并吸附一些木质素裂解物形成沥青状的沉淀物，即使通过过滤的方式除去了其中一些较大的固体颗粒，剩余的小颗粒在保存过程中还会慢慢聚集形成大颗粒[19]；②固体颗粒增大了生物油的表观黏度，给应用带来一定的困难；③固体颗粒会磨损并腐蚀喷嘴，一些生物油的燃烧实验都发现了雾化喷嘴的严重磨损；④固体颗粒以催化剂的形式加速生物油老化反应，从而使生物油黏度增加，质量恶化并最终导致生物油水油两相分离；⑤固体颗粒在燃烧过程中难以燃尽，使得烟气中颗粒排放物超标，颗粒物对人体有很大的危害，如直径在 0.2μm 以下的烟炱被人体吸入后不容易排出，在人体肺部积累起来，会引起多种疾病；⑥灰分中的一些碱金属元素具有强烈的高温腐蚀性，钾、钠等元素在高温下会形成低沸点的化合物，以液态的形式黏附到锅炉、发动机等设备的部件上，从而腐蚀这些设备。

7.3.9　生物油的挥发降解特性

由于热解气并不是纯的气相组分，其中含有很多小粒径的胶质颗粒以及炭粒，而且热解的冷凝过程中，还会发生聚合等反应[20]，因此热解气一旦冷凝成为生物油，生物油就不能再完全转化为蒸气。对生物油在惰性氛围下直接加热，一般会有15%~25%的残炭值；此外，生物油在常压蒸馏所能够收集到的馏分的量会比真空蒸馏少很多，主要是因为生物油的安定性差，在加热过程中会发生很多缩聚或聚合等反应，从而形成不具挥发性的物质[21-23]。

热重分析(TGA)是一种有效的分析液体挥发降解特性的方法，它可以测量试样的质量在不同的加热速率下(一般为 1~30℃/min)随温度的变化关系，从而可以分析试样的热降解机理，并获得试样的降解动力学方程。一般而言，生物油的 TG 曲线没有明显的峰，而氮气氛围下的 DTG 曲线上会出现两个或者三个不同强度的峰值 [7, 11, 24]，分别是由生物油一些小分子物质和不稳定的物质挥发和降解，生物油中不挥发性聚合物的降解所造成的；而在空气氛围下的 DTG 曲线则一般会出现三个不同强度的峰值[25]，除了前述的峰外，最后一个峰是残炭燃烧的峰值。

单滴液体燃烧装置是一种非常有用的研究液体燃烧特性的装置，如果在装置的燃烧炉膛内使用惰性气体，就可以用来研究液滴的挥发特性。在实际的液体雾化燃烧过程中，液滴群受热挥发，群内很多液滴是在周围液滴挥发形成的惰性氛围内挥发，而不是直接和氧气接触燃烧，因此利用单滴液体燃烧装置研究液滴的挥发特性对实际燃烧过程具有重要的指导意义。根据 Hallett 等[26]对单滴生物质在氮气氛围下的挥发特性研究，生物油在加热过程中，首先经历恒温下的均匀挥发，小分子酸、醛和酮等有机物随同水分在此阶段中一起被蒸发出来，接着液滴产生气泡并伴随气泡的破裂，随后是液滴体积增大至原体积的 2 倍，紧接着发生剧烈的破碎，破碎速率为每秒 4~5 次，最后液体归于静态并发生一系列的缩聚反应，直至最后形成残炭。

7.3.10　生物油的润滑性

在液体燃料的燃烧过程中，热力设备的各个燃料系统活件，其润滑都必须依靠燃料自身的润滑性能来完成，当燃料的润滑性能不能满足要求时，就会使油泵和雾化喷嘴的磨损加大，影响它们的正常工作。液体燃料的润滑性能是由其化学组成所决定。

不同的研究人员采用四球机等设备对生物油的润滑性能进行评价，都证实了生物油具有一定的润滑性能[1]。根据陆强等采用四球机的评价结果，生物油的极压、抗磨和减摩性能都优于 0#柴油，其中炭粒的存在能够提高生物油的润滑性能，在生物油中添加甲醇、乙醇、丙酮和乙酸乙酯助剂后，摩擦性能都大幅下降；生物油和柴油乳化后，乳化油的摩擦随生物油含量的增加而提高，和纯生物油相比，乳化油的极压性能较好，但减摩性能较差，而抗磨性能则取决于乳化油中生物油的含量；生物油在摩擦实验过程中，会形成复杂的润滑膜，主要包括有机沉淀物、金属氧化物、固体颗粒、硫酸盐、含氮有机物等[27]。需要说明的是，由于生物油和柴油等液体燃料在使用方式上的差别，不能简单地根据仪器评价结果判定两者润滑性的优劣。

7.3.11 生物油的腐蚀性

生物油是一种酸性的液体，其酸含量可用 pH 或酸度来表示，酸度是中和 1g 生物油所需 KOH 的毫克数，生物油的 pH 一般为 2~4，酸度为 50~100mg(KOH)/g。

由于生物油中含有甲酸、乙酸等多种有机酸，Al、Fe、Zn 等活泼金属在这种酸性介质中都会发生严重的腐蚀，且腐蚀效果随温度升高而加剧[28]；此外，黄铜也会发生轻微的腐蚀，而不锈钢则不会被腐蚀，这是由于不锈钢表面能够形成致密的 Cr_2O_3 保护层，隔绝了生物油和 Fe 元素的接触，从而有效地防止腐蚀[29]。除了不锈钢之外，耐生物油腐蚀的材料还包括各种聚合物，如聚乙烯、聚丙烯和聚酯等。

7.3.12 生物油的安定性

液体燃料在存储和使用条件下保持原有质量不变的性能称为安定性。在生物质快速热解过程中，热解产物在没有达到热力学平衡的条件下就被冷凝为生物油，因此生物油是一种非热力学平衡产物，含有大量不稳定的组分，在保存和使用的各种不同条件下会继续发生各种反应，在宏观上表现为生物油黏度和平均分子量的增大，并最终发生水油两相的分离，这个过程称为生物油的老化过程[30, 31]。生物油较差的安定性可以归结为：①在保存过程中黏度缓慢增加；②在加热过程中黏度迅速增加；③发生轻质组分的挥发或和氧气接触发生氧化反应。

醛类组分是引起生物油安定性差的最大根源，醛类在生物油老化过程中所发生的反应包括：醛可以和水反应生成水合物；和醇反应生成半缩醛、缩醛和水；和酚反应生成酚醛树脂和水；和蛋白质反应生成二聚物；自身之间反应生成各种低聚物和酯；此外，其他的老化反应包括酸和醇反应生成酯和水；硫醇之间反应生成二聚物；烃类之间聚合形成各种低聚物和高聚物；此外，空气中的氧气还可以和多种有机物发生反应；而生物油的中固体炭粒则能起到催化剂的作用。

生物油老化过程中的黏度增加以及水油两相分离都是由这些老化反应所引起的。例如，高极性的有机酸和醇分子经过酯化反应后形成了极性较弱的酯和极性很强的水，而这两类组分的互溶性较差，导致生物油出现水油两相分离；各种缩聚反应产生了很多大分子物质，导致生物油黏度增大。随着温度的升高，一些在室温下就会发生的老化反应加速，同时还会引发其他的老化反应。在加热生物油的过程中，可以观察到四个过程：生物油轻质组分挥发并逐渐浓缩、两相分离、形成黏稠状的物质(140℃)、形成残炭[32]。

7.3.13　生物油的毒性

生物油的毒性是由其化学组成所决定的，热解反应条件是影响生物油化学组成的关键因素。研究表明，随着反应温度和气相滞留时间的增加，生物质热解所得到的生物油的毒性越强，这是由于在越为严格的反应条件下，热解会产生更多的有毒的物质(如多环芳烃、苯类物质等)，但一般在获取最大生物油产率的反应条件下，生物油中的有毒物质含量较少。从生物油生产、运输、存储和使用过程中接触生物油的操作工人的安全角度出发，必须开展生物油对眼睛、皮肤等的危险性测试。另外，从生物油对人体的毒害影响出发，必须测定生物油的毒理学信息，具体包括两大类，第一类是综合毒性，包括急性毒性、亚急性毒性和慢性毒性；第二类是特殊毒性，包括致突变、致癌、致畸胎、破坏免疫系统、诱导肿瘤等。

一般而言，生物油直接和眼睛接触会导致严重的损伤，但不会渗透进入皮肤破坏组织，吸入高浓度的生物油会对胃产生损害[33]。根据现在已知的生物油的组分及其在生物油中的浓度，引起生物油急性毒性的主要是醛类、不饱和氧化物和呋喃类物质(如甲醛、糠醇、丙烯醛、糠醛、乙醛、苯酚、2,3-二甲基苯酚、甲酸、1,4-二羟基苯酚等物质)[34]；由于生物油安定性差，组分之间的老化反应会使生物油的毒性随保存时间而逐步降低，生物油的毒理学信息为：LC_{50}(半数致死浓度)：>3100mg/m^3；LD_{50}(半数致死量)：>2000mg/kg(注射)；LD_{50}：700mg/kg(摄入)。对生物油的慢性毒性影响还不清楚，有研究结果显示生物油具有诱变性，而也有结果显示生物油不会引起诱变或染色体的变化。Girard 等[35]提出了一个完整的生物油毒性测试工作计划，研究不同条件下的生物油的毒性和降解性，初步实验结果显示生物油不会引起生态毒理效应，但可能会有一定的诱变效应。总的来说，生物油的对人体和环境的毒性效应比柴油小。

7.3.14　生物油的降解性

在液体燃料的运输过程种，不可避免地存在着泄漏的危险。不同的研究都表明，生物油中部分组分比较容易降解，而部分组分则比较难降解。总的来说，生物油的降解速率比柴油要快一些[36, 37]。

7.3.15　小结

生物油是一种非常初级的液体燃料和化工原料，不同的研究单位采用各自的热解工艺制取的生物油在化学组成上有一定的差别，这就导致了不同生物油性质之间的差别。由于目前对生物油的研究工作开展的比较少，对生物油的认识还较浅，上面仅简单介绍了生物油的一些主要性质，在今后的研究中，还必须采用更多更新的研究方法对生物油进行分析。此外，由于生物油是一种不同于化石燃油的全新液体燃料，针对石油产品建立起来的燃料性质以及相应的测试方法对生物油都不能完全适用，因此非常有必要针对生物油的特性建立起一套能够很好地描述生物油性质的特性参数。

7.4　生物油的化工应用

7.4.1　分离高附加值化学品

生物油的化学组成非常复杂，其中很多物质都具有很高的化工应用附加值。但由于目前生物油的分析和分离技术还远没有达到成熟的地步，而且绝大多数物质的含量都非常低，因此现阶段很多研究都集中在从生物油中分离提取含特定官能团的某一大类组分，这也是最有可能率先实现的生物油作为化工原料的商业应用。根据生物油中各种化学类别组分的含量以及提取的难易程度，目前开展的提取工作主要是：①将生物油水相部分作为熏液(liquid smoke)或从中提取食品添加剂；②提取酚类物质用以制备酚醛树脂。

从生物油中提取特殊化学物质的潜力是巨大的，有报道的生物油中各种物质的最高含量如表 7-6 所示。但在现阶段仅有少数物质的分离在技术上和经济上都是比较有前景的，主要是乙酸(AA)、羟基乙醛(HAA)、左旋葡聚糖(LG)、左旋葡萄糖酮(LGO)等。其中乙酸的分离已经实现了商业应用，这项分离技术是早已成熟的。

表 7-6　生物油中含量较高的组分及其有报导的最高含量　(单位：wt%)

物质	含量	物质	含量
左旋葡聚糖	30.4	甲醛	2.4
羟基乙醛	15.4	苯酚	2.1
乙酸	10.1	丙酸	2.0
甲酸	9.1	丙酮	2.0
乙醛	8.5	2-羟基-5-酮-甲基环戊烯	1.9
糠基乙醇	5.2	乙酸甲酯	1.9
儿茶酚	5.0	对苯二酚	1.9
甲基乙二醛	4.0	羟基丙酮	1.7
乙醇	3.6	当归内酯	1.6
纤维素聚糖	3.2	丁香醛	1.5
1,6-苷-呋喃式葡萄糖	3.1	甲醇	1.4
果糖	2.9	1-羟基-2-丁酮	1.3
乙二醛	2.8	3-乙基-苯酚	1.3

常规的生物质热解液化技术，一般是以最高的生物油产率为目的，并不是针对特定的某一种或者某一类化学品。从生物油化工提取的角度来考虑，可以通过改变反应条件或者使用催化剂等手段，实现生物质的选择性热解液化而获得特定的目标化学品，从而有利于后续的分离提取工作。

1. 熏液

将木材传统慢速热解得到的液体产物(如炭化产物木醋液等)作为熏液以及从中提取食品添加剂是一项早有研究的技术，熏液所包含的化学组分可以分为三类：有机酸类物质、羰基类物质和酚类物质，其中酚类物质是主要的食品调味料，羰基类物质起到染色作用，酸类物质则起到防腐剂作用，同时酸类和羰基类物质也具有一定的调味作用。生物油水相部分具备作为熏液所需的化学组分，因而也可以作为熏液。利用生物油替代传统熏液还具有一定的优势：①传统慢速热解液体产物产率较低(约 30%)，而且也只有水相部分才能作为熏液，因此产物的利用效率比较低，而采用快速热解工艺则能够大大提高熏液的产率；②快速热解反应过程迅速，从而可以大幅提高热解装置的经济效益；③慢速热解液体产物中苯并芘(一种致癌物质)含量较高(约 750ppb)，因此必须对液体进行大量稀释才能降低其浓度，这就会使稀释后的熏液中有机组分的含量降低从而无法达到作为熏液的指标要求，而生物油中的致癌物质的含量则非常少(苯并芘含量一般只有 5~50ppb)，品质较好。

目前美国 Red Arrow 公司已经实现了从生物油中提取熏液的商业化运行。为了富集生物油中有用组分的含量，热解原料一般使用木材，热解反应条件和常规获得最大生物油产率的条件有所不同，主要是大大缩短了气相滞留时间(几百微秒)。表 7-7 列出了美国 Red Arrow 公司[38]采用两种不同快速热解工艺制取的生物油的水相部分作为熏液的化学组成和褐变指数。从表中可以看出，生物油水相部分中羰基物质的含量比传统熏液高 3~5 倍，其褐变指数是传统熏液的 4~6 倍，因此通过快速热解工艺制备的熏液染色性较好。

表 7-7　生物油水相部分和传统熏液的化学组成和褐变指数

熏液来源	羰基物质含量 /(wt%)	酚类物质含量 /(wt%)	酸含量 /(wt%)	褐变指数 (/100g 干木材)
流化床热解(500℃，0.5s)	22.2	1.6	6.9	2877
快速热解(600℃，0.2s)	20.7~26.0	1.3~2.0	6.2~7.3	2390~3400
传统熏液	6.0	0.7	5.3	518

2. 酚类物质

从生物油中提取酚类物质的研究得到了广泛的关注，酚一般是生物油中含量最多的有机组分，酚可以直接用于制备酚醛树脂，酚醛树脂主要应用于生产定向结构刨花板(OSB)和胶合板等。在生物油中加水可以将木质素裂解物以沉淀的形式分离出来，这部分组分一般占生物油总量的 20%~40%，其中含有 30%~80%的酚，但是直接加水导致生物油的水相部分被严重稀释，后继应用或处理困难。针对此情况，很多研究者开展了使用可回收的溶剂从生物油中分离酚类物质，一些研究机构(如 NREL、MRI、Ensyn 等)都已经申请了从生物油中提取酚的专利，其方法基本都是基于利用酚和强碱反应生成酚盐溶于水而不与弱碱反应的特性将其从酸性体系中分开。如 Chum 等[39]首先用乙酸乙酯和水分别萃取生物油，再用碳酸氢钠的水溶液将水相组分的 pH 调至 8~10，此时水相为有机羧酸盐，残余物即为酚，其工艺流程如图 7-11 所示。Gallivan 等[40]用氢氧化钠溶液萃取生物油得 pH 为 12 左右的碱性水溶液，用二氯甲烷萃取中性组分，残液酸化至 pH 为 8 左右，再用二氯甲烷溶液萃取即可得到酚类组分，其工艺流程如图 7-12 所示。

很多研究单位已经将由生物油中提取的酚类物质用于制备酚醛树脂，当生物油酚替代传统酚的比例不超过 40%时，所生产的酚醛树脂完全能够达到产品质量要求。到目前为止，无论是从生物油中分离酚的技术，还是酚醛树脂的制备以及产品质量，其技术都已经相对比较成熟，而且经济效益都得到了证实，但目前还没有单位对这项技术进行产业化。

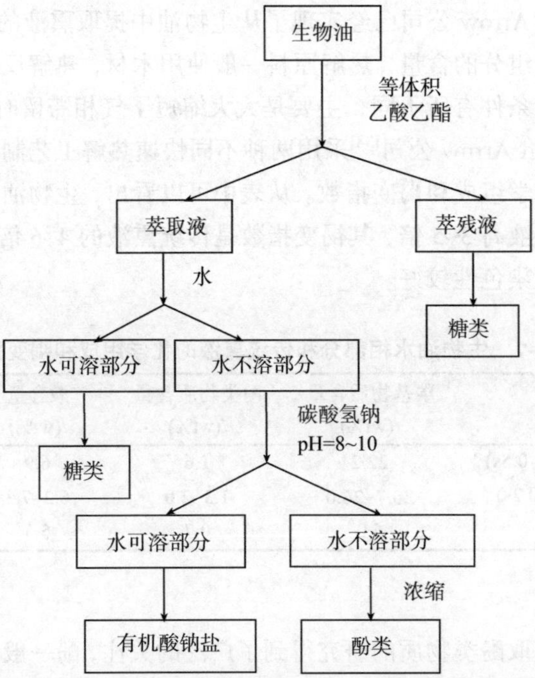

图 7-11　Chum 等从生物油中提取酚类物质的工艺路线

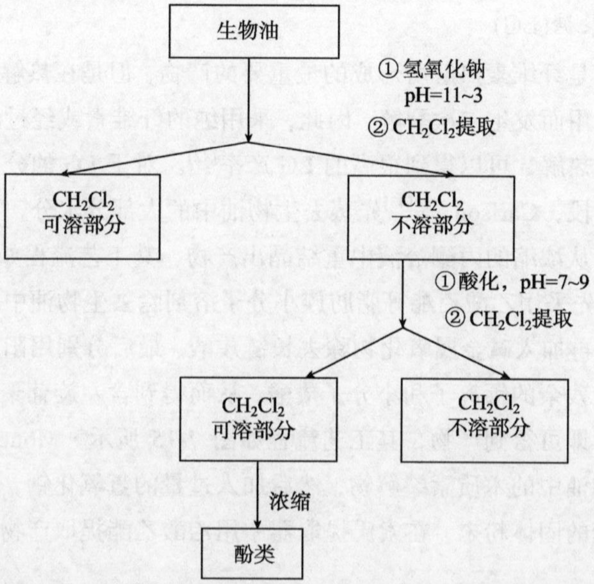

图 7-12　Gallivan 等从生物油中提取酚类物质的工艺路线

3. 羟基乙醛(HAA)

羟基乙醛(HAA)一般是生物油中除水以外含量最高的单种组分，它是一种很好的食品染色剂，也是一种很好的导入剂，由于羟基乙醛主要是纤维素的热解产物，因此单独采用纤维素热解可以得到很高的羟基乙醛产率。Stradal[41]等通过在低温下减压蒸馏得到含羟基乙醛等小分子物质的组分，经过除水后加入二氯甲烷等溶剂，在适当的低温下羟基乙醛就可以从溶液中结晶分离出来，其工艺过程如图 7-13 所示。

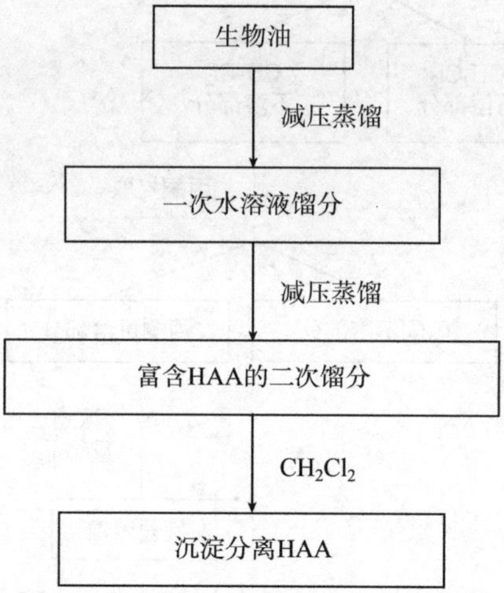

图 7-13　Stradal 等从生物油中分离羟基乙醛的工艺路线

4. 左旋葡聚糖(LG)

左旋葡聚糖是纤维素热解所形成的最重要的产物，但是在热解过程中，容易受灰分等的催化作用而发生二次裂解，因此，采用纯的纤维素或经过脱灰处理的生物质在一定条件下热解，可以得到很高的 LG 产率[42]。对于 LG 的分离，目前已有多种不同的分离手段，Carlson 等[43]先蒸去生物油中的大部分水分，再用氯仿、丙酮分别萃取，最后从浓缩的丙酮溶液中重结晶出产物，其工艺流程如图 7-14 所示。Peniston 等[44]则先采用乙酸乙酯等脂肪族小分子溶剂除去生物油中的酚类和高分子木质素裂解物，再加入碱金属氧化物除去长链羧酸，最后分别用阳离子和阴离子交换柱除去液体中残余的钙离子和小分子羧酸，从而得到含左旋葡聚糖的水溶液，通过浓缩、结晶后即可得到产物，其工艺流程如图 7-15 所示。Mones 等[45]用甲基异丁基酮除去生物油中的木质素裂解物，然后加入过量的氢氧化钙，冷冻干燥后得到含有左旋葡聚糖的固体粉末，在索氏提取器中用乙酸乙酯提取产物，其工艺流程如图 7-16 所示。

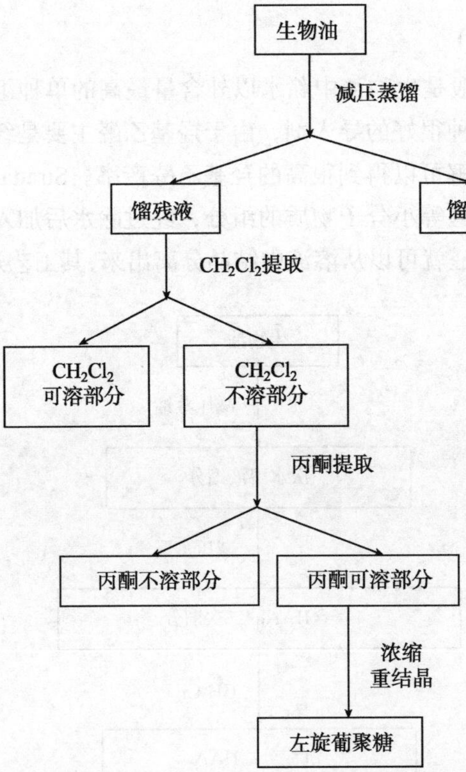

图 7-14　Carlson 等从生物油中分离左旋葡聚糖的工艺路线

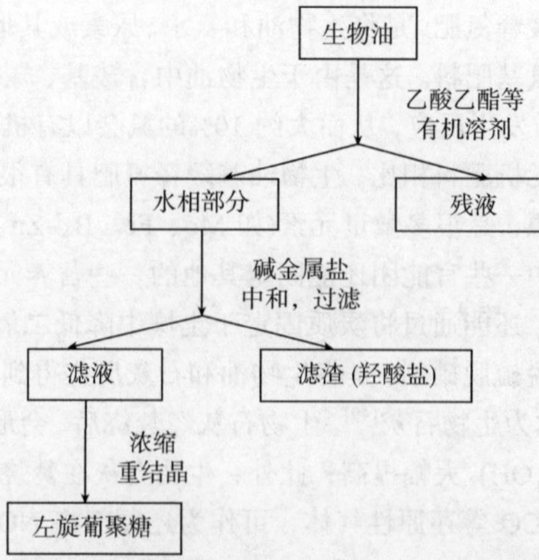

图 7-15　Peniston 等从生物油中分离左旋葡聚糖的工艺路线

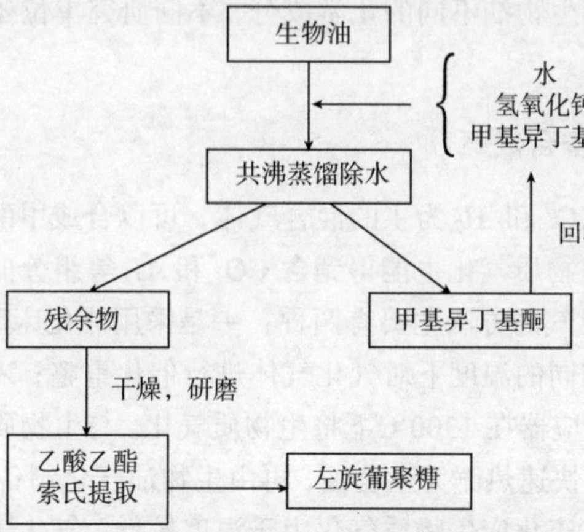

图 7-16　Mones 等从生物油中分离左旋葡聚糖的工艺路线

7.4.2　制备特定化学品

生物油是一种非热力学平衡产物，其中很多物质的化学反应活性都较强，可用于直接制备一些特定的化学品，主要包括木材防腐剂、缓释氮肥、脱硫脱硝剂、路面除冰剂等。

生物油作为木材防腐剂，主要是其中的一些萜类和酚类物质具有杀虫功效，另外生物油在空气中发生的聚合反应会在木材表面形成一层有效的保护膜，从而防止防腐组分的丢失以及水分的渗透[46]。生物油可以单独作为防腐剂使用，也可以和传统的油类防腐剂混合使用。

利用生物油制备缓释氮肥，是将生物油和氨水、尿素或其他氨基物质混合反应，加热除水固化就得到氨基肥料。这是由于生物油中含羧基、羰基的物质以及酚类物质，都可以和氨基物质发生反应，从而大约10%的氮会以有机物的形式被固定在肥料中[47, 48]。和普通的无机肥料相比，生物油基缓释氮肥具有很多的优点：可以提供土壤调节腐殖质的来源；是很多微量元素(如 Mo、Fe、B、Zn、Mn 和 Cu)的良好的螯合剂和络合剂；其中一些官能团还能固定其他的一些营养元素(如 Ca、K 和 P)；可以调节土壤的酸度；还能通过将炭质固定于土壤中降低二氧化碳的排放。

利用生物油制备脱硫脱硝剂，是将生物油和石灰反应得到富含有机钙盐的混合物，这个混合物一般称为生物石灰[49]。生物石灰经焚烧后，会形成疏松多孔的 CaO，脱硫效率比常规的 $Ca(OH)_2$ 大幅提高；此外，生物石灰在焚烧过程中，所形成的一些有机分子或者 H_2、CO 等还原性气体，可作为还原剂将 NO_x 还原为 N_2，从而起到脱硝的效果。

利用富含羧酸的生物油水相部分和 CaO 反应得到羧酸钙盐，可作为路面除冰剂使用[50]。此外，利用生物油不同的化学成分，不同研究单位还利用生物质制备了各种不同的产品。

7.4.3 生物油气化制备合成气

合成气是一种以 CO 和 H_2 为主的混合气体，可以合成甲醇、二甲醚、汽油等高品位的液体燃料。生物质气化也能得到含 CO 和 H_2 等组分的混合燃气，以生物质气化为基础制备合成气的方法主要有两种：一是采用流化床反应器在 900℃下将生物质气化，然后在相同的温度下对气化气体进行催化重整；二是在适当的原料预处理后，采用携带床反应器在 1300℃下将生物质气化。与生物质直接气化制取合成气相比，将生物质首先快速热解为生物油，再由生物油气化制备、调整获得合成气，具有多方面的优势：①流化床生物质气化由于温度较低，气化气体中 H_2 含量较低，并且焦油和甲烷含量较多，需要进行复杂的催化重整；而携带床反应器由于温度过高，对原料的预处理和反应器的材料要求都比较高，如生物质不经过脱灰处理就会发生灰分的熔融，而且该反应需要极细的原料颗粒；另外，如果气化过程中引入了氮气，产物气体就会被稀释；②生物油容易存储和运输，便于分散式热解液化再将生物油集中气化合成制取高品位的液体燃料，而直接将生物质气化再合成液体燃料，规模不易扩大；③生物油气化反应器可以建立起统一的规范，而生物质气化反应器随原料不同需要有不同的设计；④生物油加压气化较为容易实现，而生物质加压气化则非常困难。

1. 直接气化制备合成气

在无外部供氧的情况下，直接对生物油加热使之气化，是最简单的合成气制备方法。生物油直接气化过程中，随着气化温度的升高，气化效率逐渐增加。常压氮气氛围下生物油气化产物产率以及气体产物组成的典型结果如表 7-8 和表 7-9 所示[51]。此外，生物油气化过程中，气相氛围对气化产物产率以及气体产物组成有着一定的影响，表 7-10~表 7-12 分别给出了在氮气氛围中分别增加 CO_2、H_2 和水蒸气后对气体产物组成的影响[52]。总的来说，在各种添加剂的作用下，气化气体中 CO 和 H_2 的总含量都有大幅增加。因此，生物油在低温(低于 800℃)下的气化效果较差，气化气体中 CO 和 H_2 的总含量并不高。

表 7-8　氮气氛围不同气化温度下生物油气化产物分布

温度/℃	气体/%	炭/%	液体/%	总和/%
650	32	25	39	96
700	38	22	37	97
750	51	27	19	97
800	37	39	22	98
800	51	30	17	98
800	52	28	17	97
800	48	31	18	97

表 7-9　氮气氛围不同温度下生物油气化气体产物组成

产品气体组分/%	温度/℃			
	650	700	750	800
H_2	12.8	16.3	9.3	12.8
CO	17.0	9.2	6.5	7.7
合成气(H_2+CO)	29.8	25.5	15.8	20.5
CO_2	2.5	3.4	2.1	2.6
CH_4	19.2	21.6	23.2	9.0
C_2H_4	20.8	23.0	26.4	31.1
C_2H_6	7.2	7.2	9.0	5.5
C_3H_6	9.4	9.1	10.2	3.1
C_3H_8	0.9	1.1	1.3	0.6
C_{4+}	10.1	9.1	12.0	9.0
总和	99.9	99.8	99.0	99.8

表 7-10　氮气氛围中 CO_2 含量对气化气体组成的影响(反应温度 800℃)

组分/%	CO_2 含量/%			
	0	20	40	60
H_2	12.8	15.0	37.4	54.6
CO	7.7	51.9	25.2	23.6
CO_2	2.6	0.01	0.02	0.01

续表

组分/%	CO_2 含量/%			
	0	20	40	60
CH_4	27.4	15.2	17.1	12.5
C_2H_4	31.1	10.1	13.4	7.4
C_2H_6	5.5	2.2	2.8	1.0
C_3H_6	3.1	1.8	2.0	0.06
C_3H_8	0.6	0.1	0.5	0.0
C_{4+}	9.2	3.3	1.2	0.5
总计	100	100	100	100

表 7-11　氮气氛围中 H_2 含量对气化气体组成的影响(反应温度 800℃)

组分/%	H_2 含量/%			
	0	20	40	60
H_2	12.8	33.3	59.2	47.8
CO	7.7	29.0	24.6	32.1
CO_2	2.6	4.9	3.4	4.0
CH_4	27.4	17.0	10.9	13.9
C_2H_4	31.1	14.0	1.3	1.6
C_2H_6	5.5	0.7	0	0.1
C_3H_6	3.1	0.2	0	0.1
C_3H_8	0.6	0.0	0	0
C_{4+}	9.2	0.9	0.6	0.4
总计	100	100	100	100

表 7-12　氮气氛围中添加水蒸气对气化气体组成的影响
(总氮气流量 30 mL/min，反应温度 800℃)

组分/%	水蒸气流量/g/h				
	0	2.5	5	7.5	10
H_2	12.8	47.0	47.3	47.3	49
CO	7.7	26.6	27.0	29.5	30.2
CO_2	2.6	5.9	4.0	4.4	0.4
CH_4	27.4	16.2	13.6	12.8	13.4
C_2H_4	31.1	3.0	5.6	5.1	5.4
C_2H_6	5.5	0.2	0.3	0.2	0.2
C_3H_6	3.1	0	0	0	0
C_3H_8	0.6	0	0	0	0
C_{4+}	9.2	1.3	2.2	0.7	1.4
总计	100	100	100	100	100

除了氮气氛围外，也可以空气为气化剂对生物油进行气化。根据 Venderbosch

等[53]在携带床反应器上的研究结果，在 1000℃的反应温度下，将 ER(当量比)从 0.1 提高到 0.4，气化气体中 CO 和 H_2 的总含量从 25%降为 15%，甲烷的含量从 10%降为零，将反应温度从 1000℃升至 1100℃，对减少甲烷含量的效果并不显著，当采用富氧或纯氧气化剂时，气化气体中 CO 和 H_2 的含量可以大大提高，如果为了很好地控制气化气体中的甲烷含量(不超过 1%)，需要将气化温度提高至 1200℃。

2. 催化气化制备合成气

在不使用催化剂的气化过程中，为了提高转化效率以及合成气中 CO 和 H_2 的含量(抑制甲烷的生成)，需要很高的气化温度，反应条件较为苛刻。为此，有学者提出了生物油催化气化制取合成气，从而降低反应温度。催化气化的关键在于开发高效的催化剂，目前在该领域的研究工作还相对较少，一般认为镍基催化剂具有比较好的催化效果，在 800℃时就能够达到比较好的气化效果[54]。然而镍基催化剂容易积碳失活，且催化剂一旦失活，气化过程中会形成甲烷和 C_2-C_3 等杂质气体。因此，如何开发抗积碳失活的催化剂，是生物油催化气化技术发展的关键[55]。

7.4.4　生物油重整制备氢气

生物质制氢可分为热化学转换制氢和微生物法制氢[56]，其中热化学转换制氢包括生物质气化催化制氢、生物质热裂解制氢、生物质超临界转换制氢、生物油重整制氢等多种方式。虽然生物油重整制氢技术出现较晚，但显示出良好的制氢效果，且氢气在价格上非常具有竞争力，更由于生物油易于存储和运输的特性，使得重整制氢技术将会成为生物质制氢的一个重要手段。

1. 水蒸气重整制氢

生物油水蒸气重整制氢是一个两阶段反应，生物油首先在催化剂(主要是镍基催化剂)的作用下发生如下反应

$$C_nH_mO_k+(n-k)H_2O \longrightarrow nCO+(n+m/2-k)H_2 \tag{7-3}$$

然后，CO 和 H_2O 再进一步进行变换反应

$$CO+H_2O \rightarrow CO_2+H_2 \tag{7-4}$$

NREL 在生物油水蒸气重整制氢方面进行了大量的研究工作，指出含氧有机物和碳氢燃料的水蒸气重整机理基本相同，可分为四个过程：①有机物被催化剂中的金属(Ni)吸附；②水蒸气被吸附到 Al 表面并羟化；③有机物在金属的催化作用下发生脱氢反应，同时生成中间产物；④羟基从 Al 表面扩散到金属表面，和中间产物反应最终生成氢气和碳氧化物。上述反应过程中也会发生副反应生成碳，粘在催化剂表面。

NREL 首先开展的模型化合物的研究证实了生物油中的含氧有机物可以在传统的镍基催化剂上反应获得氢气[57]。随后针对生物油的水相部分开展了一系列实验研究，发现在镍基催化剂作用下，氢气产率(实际氢气产量和理论氢气产量之比)高达85%；对于失活的镍基催化剂，可以采用水蒸气或 CO_2 气化恢复活性[58]。

除了常规的镍基催化剂生物油水蒸气重整制氢外，也有学者提出了自热式的生物油水蒸气重整制氢的方法[59]，具体是将生物油、热解气体或其他可燃气和水蒸气通入含有催化剂和 CO_2 吸附剂(CaO)的流化床反应器，重整反应所需的热量可由 CO_2 吸附过程释放的热量来提供。Kinoshita 等[60]采用 ASPEN PLUS 软件模拟了采用 CaO 作为 CO_2 吸附剂的反应条件下生物油的水蒸气重整反应，设想的制氢系统如图 7-17 所示。模拟结果显示最佳重整反应温度为 600~850℃，催化剂再生温度约为 800℃，产物气体中 H_2 含量可在 95%以上，而在没有吸附剂的情况下 H_2 含量仅为 67%，H_2 产率为 0.07~0.08kgH_2/kg 生物油。

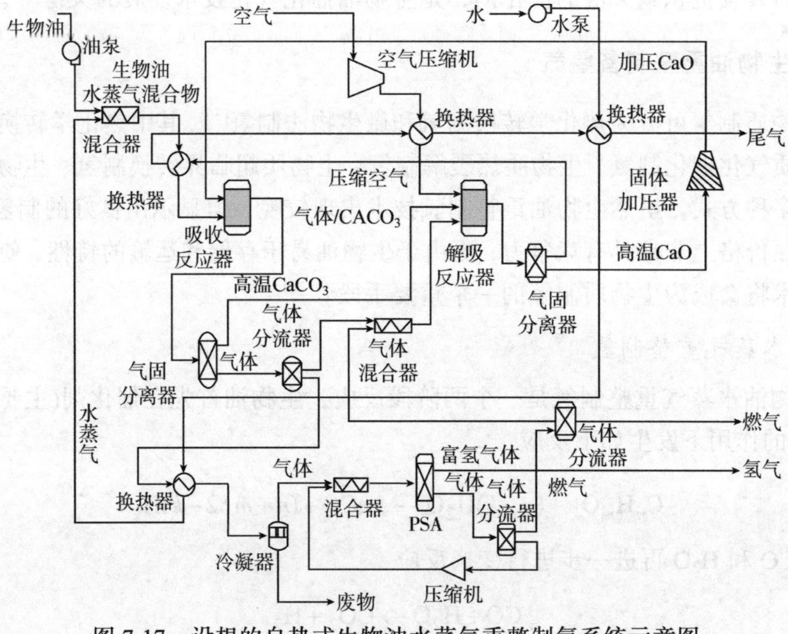

图 7-17　设想的自热式生物油水蒸气重整制氢系统示意图

生物油水蒸气重整制氢技术面临的一大难题是生物油中一些大分子物质(如糖类和木质素裂解物)重整较为困难，为此，NREL 提出可以利用生物油的水相部分进行重整制氢，而将油相部分分离后直接以制备酚醛树脂的原料出售，这样每 100kg 的木材经过热解、油相分离和水相重整后可得到 6kg 的氢气。在反应器方面，流化床反应器由于实现了催化剂的运动而大大减慢了催化剂的结炭速率，循环流化床更是能够实现催化剂的连续再生和循环，将会是生物油重整制氢的理想反应器类型。影响制氢效率的反应条件主要是反应温度、$G_{C1}HSV$、S/C 和催化滞留时间，和天然气重整相比，生物油重整需要较小的空速和较高的 S/C。催化剂的改进以及新型催化剂的开发是生物油重整制氢研究的重点内容，目前已有大量的研究在开发新型的催化剂[61, 62]。

2. 裂解/重整制氢

除了水蒸气重整制氢外，也有学者提出了将裂解制氢(不外加水蒸气)的工艺应用于生物油[63]。以甲烷为例，裂解制氢过程可以表述为

$$\text{甲烷裂解}\quad CH_4 \longrightarrow C + 2H_2 \tag{7-5}$$

$$\text{催化剂再生}\quad C + O_2 \longrightarrow CO_2 \tag{7-6}$$

甲烷首先降解为氢气和固体炭，这些炭以积炭的形式粘附在催化剂上，在催化剂的再生过程中被除去，由于制氢过程中不引入外加的水蒸气，有利于反应的控制和产物的分离。由于生物油含有一定的水分，当将这种制氢工艺应用于生物油时，这个过程实际上是一个裂解和水蒸气重整的混合过程。一般而言，这种制氢技术的氢气产率比水蒸气重整技术低，然而这种有序的制氢方法更适合处理催化剂的结炭问题。

Iojoiu 等[64]进一步对这种裂解/重整制氢工艺进行了研究，并提出了如图 7-18 所示的反应过程示意图。生物油受热后首先发生的是降解气化过程，其中不涉及催化反应，完全降解生成 H_2、CO_2、CO、H_2O、CH_4 和炭等物质，不完全降解气化则生成各种烃类(C_nH_m)和含氧化合物($C_xH_yO_z$)。随后在催化剂的作用下，各种降解产物发生二次反应，主要的反应包括：(a)小分子烃类物质(C_2、C_3)的裂解反应；(b)小分子含氧化合物的裂解反应；(c)烃类物质在水蒸气和 CO_2 的作用下发生重整反

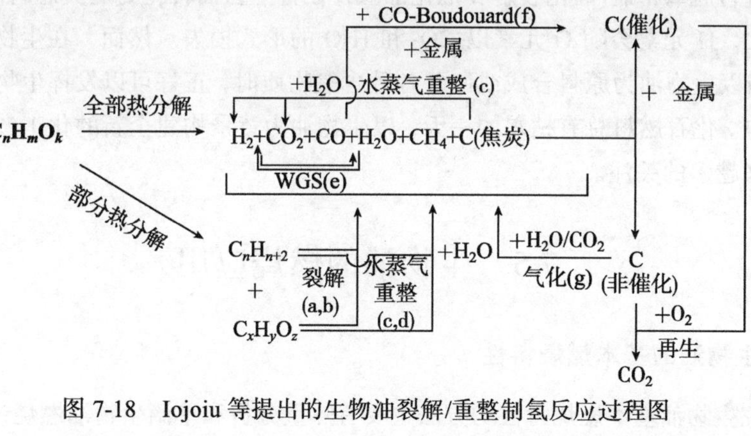

图 7-18　Iojoiu 等提出的生物油裂解/重整制氢反应过程图

应；(d)含氧化合物发生水蒸气重整反应；(e)CO 和水蒸气发生变换反应(WGS)；(f)Boudouard 反应(CO 分解为 C 和 CO_2)；(g)炭在水蒸气和 CO_2 作用下发生气化反应等。

7.4.5　生物油化工应用前景

生物油是一种完全不同于石油的新型液体物质，开展生物油化工应用研究的前提是对其化学组成有足够的了解，然而现阶段对生物油成分分析的研究还远不够，特别是其中的一些高分子物质还没有有效的检测方法。

生物油成分的复杂性来源于热解过程很差的选择性，不同的学者通过对生物油的分析，发现其中含有很多高附加值的物质，还有很多难以通过常规手段进行合成的物质，这说明生物油将会是一种非常重要的化工原料，因为它将是很多物质的提取来源。然而现阶段，绝大多数研究单位制取生物油的目的是将其作为液体燃料使用，热解工艺的目标是最高的生物油产率，而对生物油具体的化学组成并不太关注。

获取最高的生物油产率和富集生物油中特定组分的浓度在大部分情况下都是不能兼顾的，现在已经有一些学者注意到了生物油化工应用的巨大前景，提出了选择性热解的概念，目的是对热解反应过程进行控制，促进某些反应同时抑制另外一些反应的发生，这种选择性热解过程的反应条件根据不同的产物需求而变，不以最高生物油产率为目标。如果通过选择性热解获得的特殊生物油中某些高附加值组分浓度能够大大提高，在市场需求和经济利益的驱使下，将会有更多的人研究生物油的化工应用，从而将会促进生物油化工产业的发展。

生物油的化工应用将是一个全新的领域，很少有可以直接借鉴的工艺和技术，因此生物油化工产业的构建将会是一个漫长的过程。生物油是一种高氧含量的液体，这对其作为燃料使用是一个很大的缺点，为了提高生物油的燃料品位，需要对生物油进行脱氧精制(催化裂解和催化加氢)，在将生物油转化为烃类燃料的过程中，大量的 C、H 元素会随 O 元素以 CO_2 和 H_2O 的形式损失。然而，在生物油化工应用中，当以生物油为原料合成或制备各种含氧物质时，正好可以发挥生物油自身的巨大优势。化石燃料总有枯竭的一天，以生物油为背景构建全新的化工产业一定会得到越来越多的关注。

7.5　生物油的燃烧应用

7.5.1　生物油的基本燃烧特性

研究生物油基本燃烧特性的方法主要有热重分析和单滴生物油燃烧试验。热重分析的结果表明，生物油的受热过程可分为三个阶段：轻质组分的挥发、不稳定组分的降解、以及残炭的生成和燃烧。然而，由于热重分析过程中的升温速率比较慢(一般为 1~30℃/min)，和实际液滴燃烧过程中的迅速受热燃烧有很大的差别，因此热重分析只能作为一种初步了解生物油中组分的挥发、降解和成焦的手段。

单滴液体燃烧技术的最大优点是它能够通过照相获得液滴在燃烧过程中粒径和形态的变化特性，从而了解液滴的整个燃烧过程。根据使用试验装置的不同，目前有两种单滴生物油燃烧方法：第一种是将液滴悬挂在石英丝(不需测量液滴温度)或热电偶丝(需要测量液滴温度)上；第二种是让液滴在携带气流反应器中自由降落。液滴悬挂法的优点是可以获得液滴在整个燃烧过程中的温度变化，也可以测试高压下液滴的燃烧特性；缺点是由于石英丝(或者热电偶丝)的使用，对液滴的最小粒径有一定的要求，而且会影响液滴的燃烧过程。液滴自由降落法相比于液滴悬挂法，更接近于实际的燃烧过程，对液滴的粒径没有要求，但不能实时地测定液滴的温度变化。

意大利 Istituto Motori CNR 采用液滴悬挂法研究了单滴生物油的燃烧特性，生物油、生物油–柴油乳化油以及柴油液体在燃烧过程中的形貌变化如图 7-19 所示[65]。在加热过程中，生物油液滴首先经历恒温下的均匀挥发，小分子酸、醛和酮等有机物随同水分在此阶段中一起被蒸发出来；紧接着液体体积增大(体积最大增至为原体积的 2 倍)、产生气泡，并伴随着剧烈的气泡破裂；最后残炭着火直至燃尽。此外，意大利 Istituto Motori CNR 还研究了高压下单滴液体的燃烧特性。结果表明，随着燃烧室压力的升高，生物油液滴燃烧初期的体积膨胀逐渐减小，在压力超过 20bar 时，液滴体积膨胀的现象则消失不见。

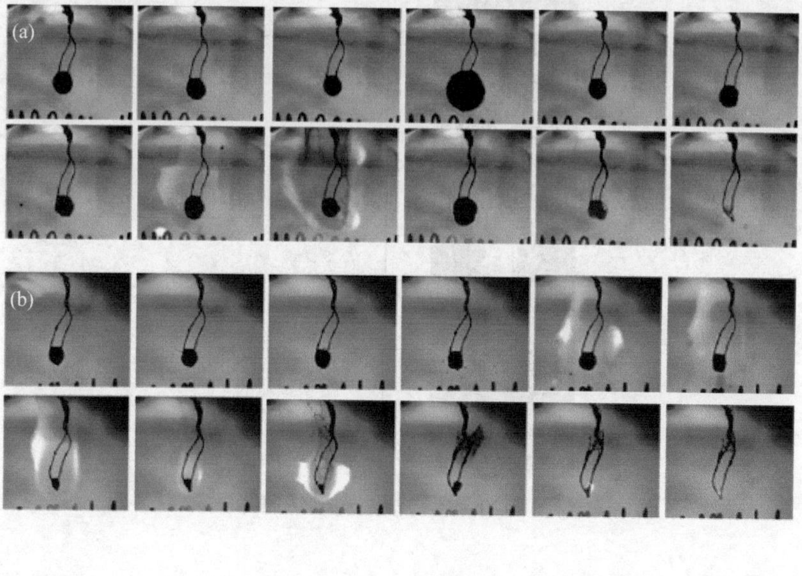

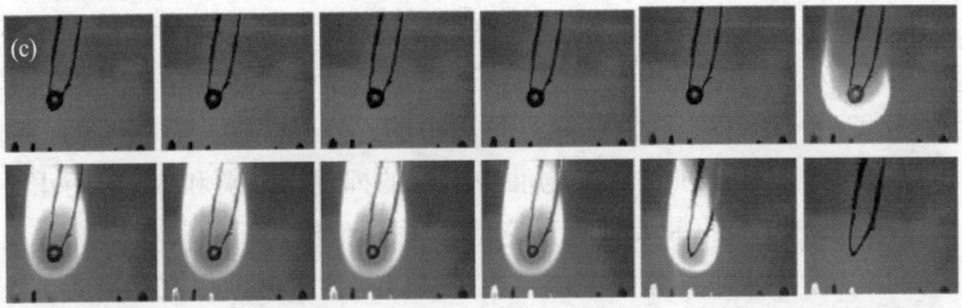

图 7-19　生物油(a)、生物油和柴油乳化油(b)以及柴油(c)液滴燃烧过程中形貌变化

美国 Sandia 实验室采用液滴自由降落法研究了单滴生物油的燃烧特性[66]，液滴燃烧照片如图 7-20 所示。结果表明，生物油在常压下的燃烧是一个多阶段过程，可分为：着火、静态燃烧(蓝色火焰)、微爆、碎片燃烧(明亮的黄色火焰)、微型颗粒(炭黑)的形成和燃烧。生物油燃烧过程中有两个显著的现象：一是液滴在燃烧初期的体积迅速增加并进而破碎，这个过程称为生物油的微爆(在液滴悬挂法试验中也会出现生物油液滴体积膨胀并破碎的现象，但由于剧烈程度不够而不能称之为微爆)；另一个是生物油燃烧非常容易形成炭黑粒子。这分别是由生物油组分巨大的沸程差别以及很高的残炭含量所决定的。微爆可以将生物油再次粉碎，有利于燃烧的强化，生物油的微爆程度对燃烧热量释放速率、液滴完全燃尽时间和炭黑粒子的形成都有着重要的影响。

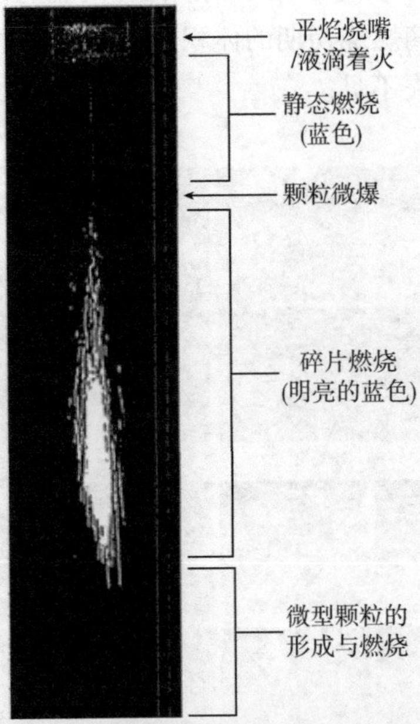

图 7-20　生物油液滴燃烧照片

7.5.2　生物油的雾化燃烧特性

生物油的雾化燃烧可以分为两个过程，首先是油料的雾化，接着是细小雾滴在燃烧室中的燃烧。雾化质量直接影响燃烧特性，影响雾化颗粒粒径大小的因素包括雾化条件、油料性质和喷嘴结构，其中的油料性质主要是黏度和表面张力。生物油的黏度一般介于柴油和重油之间，不同生物油的黏度差别比较大，随着温度升高，黏度迅速下降，但生物油的变性温度约为 80℃，超过 80℃后，生物油的老化反应加剧，老化的结果是导致生物油黏度增加直至发生水相和油相的分离。所以对生物油预热可以降低其黏度，从而改善雾化质量，但预热温度不能超过变性温度。生物油的表面张力一般为 28~40mN/m(高于柴油)，随温度升高而缓慢下降，但是对于以树皮等原料制取的含有提取物的生物油，在 45℃时表面张力可能会存在一个比较大的降幅[67]，这是由于生物油中的结晶状物质在此温度下溶解所导致的。

针对生物油较大的黏度和表面张力，一些研究者通过调整雾化条件以及喷嘴结构获得较好的雾化质量。Chiaramonti 等[68]采用常规雾化喷嘴对生物油雾化特性进行了研究，发现当把生物油预热到 80℃，在 0.6MPa 的压力下雾化颗粒的 Sauter 平均粒径(SMD)可以控制在 50μm 以下，并总结出了生物油雾化颗粒 SMD 的经验关系式

$$\mathrm{SMD} = 599.2FN^{-0.393} \cdot \Delta P^{-0.418} \cdot \gamma^{0.251} \cdot \alpha^{0.277} \tag{7-7}$$

其中，FN 是流量系数；P 是压力；γ 是动力黏度；α 是表面张力。实验实际测得的 SMD 数据和由经验公式预测的数据吻合较好。荷兰 BTG 针对生物油的性质，开发了新型的雾化燃烧器，在生物油和煤、天然气的共燃试验中，90%以上雾化液滴的粒径都小于 60μm。

与汽油、柴油相比，生物油的着火特性很差。表征液体燃料着火特性的参数是十六烷值，十六烷值越高，表明燃料油越容易点火，着火滞燃期越短。然而，由于生物油在传统的测量柴油等燃料的十六烷值的仪器中很难被点燃，因此无法直接测得其十六烷值。Ikura 等[69]将生物油和柴油乳化后测量不同生物油含量的乳化油的十六烷值，由此推知生物油的十六烷值约为 5.6。而高速柴油机燃料一般要求十六烷值达到 40~50。针对生物油较差的点火特性，在各种热力设备中，不同的学者提出了多种点火方式，包括提供外部辅助点火源、采用高能点火器、预热燃烧炉膛、预热空气、在生物油中添加各种醇类助剂或十六烷值改进剂等。

生物油虽然点火较为困难，但是对于性质较好的生物油，一旦点燃，就可以稳定地燃烧，燃烧的绝热火焰温度为 1700~2000K，而化石燃油为 2200~2300K，这主要是生物油中大量的水分所导致的。和柴油燃烧相比，生物油雾化燃烧的火焰长度较短[70]，但宽度较大，且最高火焰温度较低，如图 7-21 所示。此外，生物油燃烧

火焰比柴油明亮，说明生物油燃烧过程中产生了大量炭黑粒子，增强了火焰和周围物体的辐射换热。

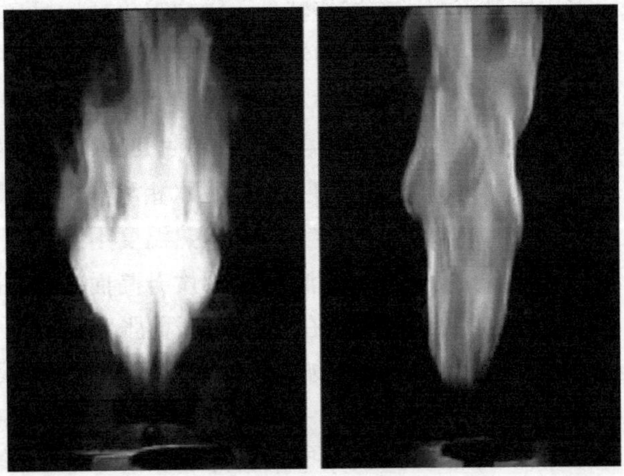

(a)　(b)

图 7-21　生物油(a)和柴油(b)燃烧的火焰形状比较

7.5.3　生物油的燃烧应用

1. 生物油和化石燃料的共燃应用

共燃是将生物油作为一种辅助燃料替代部分煤、天然气、重油等燃料用于各种大型热力设备，是生物油直接应用的一种较为简单的方式。共燃对生物油品质要求较低、燃烧技术相对简单，并且对现有热力设备的改造较少。

目前世界上唯一实现生物质热解技术商业应用的研究单位是加拿大 Ensyn，它将多套热解装置出售给了美国 Red Arrow 公司，但 Red Arrow 公司不是直接利用该装置生产生物油作为燃料使用，而是从生物油中提取高附加值的食品添加剂，经过化工提取后的残油作为燃料燃烧使用。在美国马尼托沃克一个发电厂将燃低硫煤的 20MWe 的锅炉进行改造以实现煤和生物油的共燃，仅在燃煤锅炉上新增了输油管路，将生物油直接雾化喷射到燃烧炉中，提供 5%的总能量。在 370h 的燃烧试验中，对燃烧尾气的检测表明，生物油和煤共燃没有增加污染物的排放，反而减少了 5%的硫化物的排放量，对锅炉本身也没有任何有害的影响，不需要额外的维护和保养。

荷兰 BTG 在马来西亚建成了日处理 50 吨棕榈壳的生物质热解液化工业示范装置，也对生物油共燃技术进行了研究[71]，在功率为 600MWe 的燃煤发电厂和 251MWe 的天然气发电站中分别成功实现了生物油和煤、天然气的共燃。在和天然气的共燃试验中，两天的试验总计运行了 8h，进油量为 1.9t/h，相当于输入能量为

8MWth，油喷油枪在没有任何冷却措施的情况下没有发生堵塞，燃烧尾气检测表明 NO_x 的排放量只增加了 3ppm，这是由于生物油含有 0.3%的氮。

目前已开展的一些共燃试验表明，无论是燃烧过程的控制还是污染物的排放都比较理想。然而从燃料价格考虑，由于煤的能量比价比生物油便宜，生物油只有和天然气、柴油和重油等燃料共燃时才会具有一定的经济效益；从热力设备的必要改造(如使用双燃料系统)和节约燃料费用考虑，生物油的共燃只有应用于大型的热电厂时才会有比较明显的经济效益。对于各种中小型的燃油燃气锅炉和窑炉来说，复杂的双燃料系统限制了共燃模式的应用，在这些热力设备中，必须单独使用生物油替代油气等燃料。

2. 生物油在锅炉和窑炉中的燃烧应用

锅炉和窑炉等热力设备对燃料的要求比较低，开发生物油作为锅炉和窑炉燃料的燃烧技术难度相对较小，能在短时间内实现。对生物油燃烧供热、发电和热电联供三种应用方式在欧洲的市场应用前景研究发现，燃烧供热是最具竞争力的[72]，因此集中精力对燃烧技术开发有利于生物质热解液化技术的产业化。

美国 Red Arrow 公司已在一个 6MWth 锅炉上使用生物油作为燃料。除此之外，很多研究机构都开展了生物油的雾化燃烧试验，如加拿大 Colorado 大学[73]，美国 MIT 大学[74]、Sandia 实验室[75]、NREL 实验室，希腊 ENEL[76]，芬兰 VTT 和 Oilon's R&D center[77]，德国 Rostock 大学以及中国科学技术大学生物质洁净能源实验室[78]等，研究内容包括生物油燃烧特性、燃烧技术的改进以及污染物的控制等。经过多年的发展，生物油的锅炉窑炉燃烧技术已经比较成熟。

生物油在锅炉和窑炉上雾化燃烧的一大关键技术是点火，生物油不仅点火困难，而且燃烧初期的火焰稳定性较差。生物油中含有大量的水分，水分的蒸发增加了着火热，延迟了着火时间。在点火初期，燃烧室温度较低，火焰散热损失严重，容易熄灭。生物油的点火决定于多方面的因素，如燃烧室温度、是否有辅助火源、雾化颗粒的粒径、喷雾速度、喷雾特性(如雾化锥角等)、高温回流区大小、燃烧空气温度等。合理地组织生物油的点火过程至关重要，这可以通过多方面的协同操作来实现。首先，炉膛预热和使用辅助点火源是使生物油顺利点火的最有效方法，特别是在窑炉燃烧中，这是普遍采用的方法；其次，提高雾化质量(预热生物油或者提高雾化压力)或者预热燃烧空气也有利于生物油的点火，但从工业应用角度考虑，这些操作会使燃烧工艺复杂并增加费用投入；再次，调节合适的燃烧工况对点火过程也至关重要，由于生物油中很多组分燃烧的火焰传播速度都较慢，如果可燃混合物的前进速度大于生物油燃烧的火焰传播速度，火焰就会被吹熄，因此在点火期间，在保证雾化质量的前提下，可降低喷雾速度，从而有利于火焰稳定；最后，喷雾特性和喷嘴结构的影响也很重要，如采用旋流雾化喷嘴，能够在炉膛中形成高温的回流区，着火就能够更为稳定。除了点火以外，生物油雾化燃烧还有一些需要注意的问题：初级生物油中一般都含有一定的固体颗粒，一些较大的颗粒物可能会堵塞喷嘴，因此含固体颗粒较多的生物油必须经过过滤后才能使用；生物油安定性差，受热后容易变性结焦，从而堵塞雾化喷嘴，可以利用空气冷却喷嘴，并在起动和停止阶段用酒精等燃料清洗油路。

随着生物质热解液化技术以及生物油雾化燃烧技术的逐渐成熟，生物油将会首先作为一种液体燃料应用于锅炉和窑炉等热力设备，污染物的排放将会是一个重要的问题。由于生物油基本不含硫，所以需要考虑的燃烧污染物主要是 CO、NO_x 和固体颗粒物。就目前而言，由于各个研究单位使用的生物油性质各不相同，污染物的排放也不尽相同，然而大量的实验结果都表明，采用性质较好的生物油，在合适的燃烧条件下，各种污染物的排放都完全能够达到各个国家的排放标准。例如，美国和加拿大一些研究单位利用 Ensyn 制取的生物油开展了不同的燃烧试验，尾气排放如表 7-13 所示；芬兰 VTT 在 Oilon's R&D center 的一个工业锅炉上开展的生物油燃烧试验的尾气排放，如表 7-14 所示。

表 7-13　不同研究单位利用 Ensyn 制取的生物油开展的燃烧试验的尾气排放

单位	燃料	尾气排放			
		颗粒物 /(mg/Nm^3)	CO /ppm_v	SO_x /ppm_v	NO_x /ppm_v
WWFB	生物油	0.7	44	–	<50
CANMET	生物油	34	26	4	164
	重油	76	37	952	268
	轻油	5	43	118	89
MIT	生物油	<5	38	–	108
	轻油	<1		–	80
BROCK	生物油	–	40	–	88
	轻油	–	2	–	69

注：WWFB 锅炉上尾气中颗粒物的含量是经过袋式除尘后的值

表 7-14　芬兰 VTT 开展的生物油燃烧试验的尾气排放

燃料	O_2 /(vol%)	NO_x /(mg/MJ)	CO /(mg/MJ)	颗粒物 /(mg/MJ)
生物油	3.5	88	4.6	86
重油	3.5	193	3	23
轻油	3.5	70	1	2
天然气	3.5	55	1	0

和柴油燃烧相比，在较低的过量空气系数下，生物油燃烧会形成大量的 CO，提高过量空气系数(一般保证尾气中氧气含量高于 3%)能够有效地抑制 CO 的生成。NO_x 的组成主要是 NO，NO_x 大部分来源于空气中的 N_2，也有部分来源于燃料中的氮；温度对 NO_x 的生成有很大的影响，生物油中大量的水分不仅降低了火焰温度，而且使燃烧温度场更为均匀，这对减少 NO_x 的排放是有利的，然而，由于生物油热值较低，要达到用样的热效率，生物油燃烧的进油量一般是化石燃油的 2.5 倍，这就大大增加了燃料氮的输入量。研究表明，高氮含量生物油(0.5%~0.6%)燃烧尾气中 NO_x 的含量最高可达 600ppm。生物油燃烧最大的缺点是极易形成炭黑，大大增加了颗粒物的排放，减少颗粒物排放的一个方法是对初级生物油进行过滤，更重要的方法是提高雾化质量并合理地组织燃烧过程，延长颗粒在燃烧室内的停留时间，使燃烧更为充分。

3. 生物油在柴油机中的燃烧应用

内燃机(包括汽油机、柴油机和燃气轮机)具有热效率高、经济性好、使用范围广等优势，但对液体燃料的品质要求也比较高。由于目前可以替代汽油、柴油和煤油等的燃料较少，如果能够实现生物油作为内燃机燃料的应用，将会具有重要的意义。

在各种柴油机中，低速和中速的柴油机对燃料的要求比较低，比较适合初级生物油的燃烧试验。早在 20 世纪 90 年代初，芬兰 VTT 和 Wartsila 就开展了生物油在柴油机中的燃烧试验，先后分别利用 4.8kWe 单缸高速柴油机、60kWe 的四缸中速柴油机、以及 410kWe 的 18 缸柴油机中的一缸进行了试验。试验发现，由于生物油点火性能差，冷起动非常困难，必须在生物油中添加硝化醇点火助剂或采用柴油辅助点火，生物油一旦着火，燃烧较为稳定，热效率可达 44.9%，但试验过程还是发现了很多问题：进油系统难以调整，喷嘴磨损和腐蚀严重，CO 排放多。此外，还有一些研究单位，也通过在生物油中添加十六烷值，在柴油机进行了生物油的燃烧实验[79, 80]，虽然实验了点火燃烧，但都发现了很多问题。美国 MIT 大学 Shihadeh 等[74]利用一个单缸高速柴油机研究了生物油的点火滞燃和燃烧热量释放速率的特性，发现生物油的点火活化能较大，必须对空气预热到 55℃才能实现点火，点火滞燃期较长；与一般的化石燃料不同，虽然生物油点火滞燃期较长，但汽缸中压力上升平缓(低于柴油)，并不会引起敲缸等问题；生物油燃烧热量释放速率较慢，表明生物油燃烧速率较慢，并由此指出生物油燃烧过程受燃烧化学反应速率控制，而柴油燃烧过程受燃料和空气混合速率的控制。进一步分析比较两种不同的生物油(分别来自美国 NREL 和加拿大 Ensyn)的点火特性，发现生物油的点火滞燃并不仅仅是由水分引起的，还决定于生物油的平均分子量，平均分子量越小，越有利于生物油的点火，生物油燃烧过程的热效率和柴油相当。英国 Ormrod Diesels 公司[81]将生物油用于一个 250kWe 的双油路柴油机，在启动阶段用柴油将气缸预热，其余阶段主油路中使用生物油，并用 5%的柴油作为辅助燃料，生物油燃烧的热效率为 32.4%(柴油为 34.3%)，燃烧尾气检测表明 NO_x 含量较低，但 CO 的含量非常高。

经过多年的研究和发展，虽然生物油作为柴油机燃料的燃烧技术还不成熟，但是基本可以确定，通过对现有中速至低速柴油机的结构和材质进行必要的改动，生物油完全有可能作为柴油机燃料使用。目前一些研究机构和柴油机企业已经开始联手开发以生物油为燃料的柴油机系统，并进行大规模生物油燃烧试验，以解决生物油燃烧的一些关键技术难题。

4. 生物油在燃气轮机中的燃烧应用

燃气轮机一般以石油馏分或天然气为燃料，如果对燃气轮机的结构进行一定的改进，完全可以应用各种低品位的燃料(包括生物油)。

早在 20 世纪 80 年代，就有学者将生物质热解过程中得到的液体产物在燃气轮机上开展了燃烧试验，由于油品的质量原因，试验都不太成功。自 1995 年，加拿大 Orenda Aerospace 公司[82]开始致力于将生物油应用于燃气轮机的研究，选用了一个能够燃用低品位燃料的 OGT2500 型燃气轮机(2.5MWe)，对供油系统和雾化喷嘴等部件的结构进行了改进以适应生物油的性质，并在所有的高温部件上都涂上了防护层以防止高温下碱金属引起的腐蚀作用。燃烧试验结果表明，经柴油点火之后，生物油可以单独稳定地燃烧，其燃烧特性和柴油燃烧时基本相同，燃烧 CO 和固体颗粒的排放高于柴油，但 NO_x 的排放仅为使用柴油的一半，SO_2 基本检测不到。近年来，Orenda 公司开始将以生物油为燃料的燃气轮机推向市场，这说明他们对生物油的燃烧技术已经比较有信心。其他一些研究单位也开展了大量的研究工作[83, 84]，但也都发现了一些问题。总的来说，鉴于 Orenda 公司的成功经验，可以确定，生物油作为燃气轮机的燃料使用也是完全可行的。

7.5.4　生物油燃烧应用前景

作为商用液体燃料，生物油在热力设备中使用必须具有和化石燃料相似的运行稳定性，并且不会对热力设备产生有害的影响。因此，除了要开发成熟的燃烧技术以外，还必须研究生物油的应用对热力设备的影响(主要是磨损和腐蚀)。针对这些问题，从燃料性质、热力设备结构和材质等方面共同改进，从而延长热力设备的使用寿命。

燃料润滑性直接影响了热力设备中各个燃料系统活件的磨损程度，很多研究都证实在常规热力设备中应用生物油时，油泵、喷油针等部件都会有严重的损坏，但基于这些结果还不能得到明确的磨损结论，主要是由于生物油还具有腐蚀性。由生物油的腐蚀引起的破坏作用可以分为两个方面：①生物油中的有机酸(含量 5%~10%)引起的腐蚀，现有常规热力设备的材质都不能耐生物油的腐蚀，开发新型生物油热力设备的过程中需要重新测试并规范恰当的材质。②生物油中固体颗粒中的金属元素(主要是碱金属元素)在高温条件下的腐蚀，研究表明，钾、钠等元素在高温下会形成低沸点的化合物，以液态的形式黏附到锅炉的金属壁面、燃气轮机的涡轮叶片等部件，从而腐蚀这些部件，特别是在含硫的情况下，碱金属形成的硫酸盐会具有强烈的腐蚀性，但一般而言，生物油中硫含量很低(60~500ppm)。

部分学者在内燃机试验中还发现了积炭等问题，积炭的存在也会引起腐蚀。积炭的生成，可能是由于使用的生物油性质较差，也可能是由于燃烧技术和内燃机结构不恰当。鉴于有些研究单位已经比较成功地将生物油应用于内燃机中，因此可以确认，积炭问题是完全可以避免的。

无论是生物油燃烧技术的开发，还是热力设备结构和材质等的改进，都依赖于稳定的生物油性质，这就需要建立生物油燃料标准，对生物油的品质进行规范。任何生物油生产者都必须按照这个要求生产生物油；热力设备制造者在此基础上开发合适的生物油热力设备。燃料标准的具体准则由生物油生产者和燃烧技术开发者之间互相协调而确立。

目前，部分热解技术较为成熟的单位已经开始大规模地制取生物油，他们都纷纷建立了各自的生物油燃料标准，但一直都没有能够建立一个统一标准，主要原因如下：一是各个研究单位制取的生物油性质差别较大；二是生物油性质分析(主要是化学组成)的准确性还有待提高，各个不同的研究单位即使对同一种生物油进行分析，分析结果也可能会有一定的差异，这就需要首先建立一套准确的生物油分析方法；三是缺乏大规模的生物油工业应用，由于目前生物油的来源受到限制，仅决定于少数研究单位，这就限制了生物油的各种可能的应用试验，更缺乏长时间的连续试验，这个因素直接导致了生物油燃料标准迟迟不能建立。

由于目前各个研究单位生产的生物油性质差别较大，从生物油生产者的角度来考虑，应该尽可能挑选一些对热力设备的设计非常关键的特性，如热值、水分、黏度、固体颗粒和灰分含量等，建立初级燃料标准。生物油初级燃料标准的建立，还有助于维持生物油的品质。目前已经知道了炭粒对生物油的各种不利影响，生物油生产者就必须根据生物油用途以及不同热力设备的要求控制相应的固体颗粒含量。另外，生物油的安定性差，如果生物油不是在新制取后的短时间之内使用，生产者就必须在生物油中添加甲醇等助剂后保存，防止生物油因老化而达不到燃料标准。从长远角度考虑，生物油的燃料标准不应该是单一的，而是可以根据不同的特性(如热值或者黏度)建立多系列的标准。

参 考 文 献

[1] dard fuel oil analyses. VTT Publications 306, 1997

[2] Pütün A E, et al. Pyrolysis of hazelnut shells in a fixed-bed tubular reactor: yields and structural analysis of bio-oil. Journal of Analytical and Applied Pyrolysis, 1999, 52(1): 33-49

[3] Branca C,et al. GC/MS characterization of liquids generated from low-temperature pyrolysis of wood. Industrial & Engineering Chemistry Research, 2003, 42 (14): 3190-3202

[4] Bayerbach R, et al. Characterization of the water-insoluble fraction from fast pyrolysis liquids (pyrolytic lignin) - Part III. Molar mass characteristics by SEC, MALDI-TOF-MS, LDI-TOF-MS, and Py-FIMS. Journal of Analytical and Applied Pyrolysis, 2006, 77 (2): 95-101

[5] Scholze B, et al. Characterization of the water-insoluble fraction from fast pyrolysis liquids (pyrolytic lignin) Part II. GPC, carbonyl groups, and C-13-NMR. Journal of Analytical and Applied Pyrolysis, 2001, 58: 387-400

[6] Scholze B, Meier D. Characterization of the water-insoluble fraction from pyrolysis oil (pyrolytic lignin). Part I. PY-GC/MS, FTIR, and functional groups. Journal of Analytical and Applied Pyrolysis, 2001, 60 (1): 41-54

[7] Ba T Y, et al. Colloidal properties of bio-oils obtained by vacuum pyrolysis of softwood bark. Characterization of water-soluble and water-insoluble fractions. Energy & Fuels, 2004, 18(3): 704-712

[8] Sipila K, et al. Characterization of biomass-based flash pyrolysis oils. Biomass & Bioenergy, 1998, 14(2): 103-113

[9] Oasmaa A, et al. Fast pyrolysis of forestry residue. 2. Physicochemical composition of product liquid. Energy & Fuels, 2003, 17 (2): 433-443

[10] Pérez M, et al. Characterization of bio-oils in chemical families. Biomass and Bioenergy, 2007, 31: 222-242

[11] Ba T Y, et al. Colloidal properties of bio-oils obtained by vacuum pyrolysis of softwood bark. Storage stability. Energy & Fuels, 2004, 18(1): 188-201

[12] 徐绍平等.杏核热解生物油萃取–柱层析分离分析和制备工艺. 大连理工大学学报, 2005, 45 (4): 505-510

[13] Perez M G, et al. Multiphase structure of bio-oils. Energy & Fuels, 2006, (20): 364-375

[14] Fratini E, et al. SANS analysis of the microstructural evolution during the aging of pyrolysis oils from biomass. Langmuir, 2006, 22 (1): 306-312

[15] Leroy J, et al. Rheological characterization of pyrolytic wood derived oils: Existence of a compensation effect. Chem. Eng. Comm, 1988, (71): 157-176

[16] Radovanovic M,et al. Some remarks on the viscosity measurement of pyrolysis liquids. Biomass and Bioenergy, 2000, 18(3): 209-222

[17] Elliott D C. Water, alkali and char in flash pyrolysis oils. Biomass and Bioenergy, 1994, 7(1–6): 179-185

[18] Agblevor F A, et al. Improved method of analysis of biomass sugars using high-performance

liquid chromatography. Biotechnology Letters, 2004, 26 (15): 1207-1210
[19] Agblevor F A, et al. Influence of inorganic compounds on char formation and quality of fast pyrolysis oils. ACS 209th National Meeting, Anaheim, 1995
[20] Evans R J, Milne T A. Molecular characterization of the pyrolysis of biomass. 2. applications. Energy & Fuels, 1987, 1: 311-319
[21] Boucher M E, et al. Bio-oils obtained by vacuum pyrolysis of softwood bark as a liquid fuel for gas turbines. Part I: Properties of bio-oil and its blends with methanol and a pyrolytic aqueous phase. Biomass & Bioenergy, 2000, 19 (5): 337-350
[22] Elliott D C, et al. Production of liquid hydrocarbons fuels from peat. Energy & Fuels, 1988, 2: 234-235
[23] Bakhshi N N, Adjaye J D. Properties and characteristics of ENSYN bio-oil. Biomass Pyrolysis Oil Properties and Combustion Meeting, Estes Park, Colorado, 1994
[24] Branca C, et al. Devolatilization and heterogeneous combustion of wood fast pyrolysis oils. Industrial & Engineering Chemistry Research, 2005, 44 (4): 799-810
[25] 陈明强等. 喷动流化床生物质裂解液体产物的燃烧特性. 安徽理工大学学报(自然科学版), 2005, 25 (4): 69-73
[26] Hallett W L H, Clark N A. A model for the evaporation of biomass pyrolysis oil droplets. Fuel, 2006, 85 (4): 532-544
[27] 陆强. 生物质选择性热解液化的研究. 中国科学技术大学博士学位论文, 2010
[28] Fuleki D. Bio-fuel system materials tesing. PyNe newsletter, 1999, 7: 5
[29] Darmstadt H, et al. Corrosion of metals by bio-oil obtained by vacuum pyrolysis of softwood bark residues. An X-ray photoelectron spectroscopy and auger electron spectroscopy study. Energy & Fuels, 2004, 18 (5): 1291-1301
[30] Czernik S, et al. Stability of wood fast pyrolysis oil. Biomass and Bioenergy, 1994, 7: 187-192
[31] Oasmaa A, Kuoppala E. Fast pyrolysis of forestry residue. 3. Storage stability of liquid fuel. Energy & Fuels, 2003, 17 (4): 1075-1084
[32] Boucher M E, et al. Bio-oils obtained by vacuum pyrolysis of softwood bark as a liquid fuel for gas turbines. Part II: Stability and ageing of bio-oil and its blends with methanol and a pyrolytic aqueous phase. Biomass & Bioenergy, 2000, 19 (5): 351-361
[33] Da G. Results of toxicological testing of whole wood oils derived from the fast pyrolysis biomass. Biomass Pyrolysis Oil Properties and Combustion Meeting, Estes Park, Colorado, 1994
[34] Diebold J P. A review of the chemical and physical mechanisms of the storage stability of fast pyrolysis bio-oils. NRTL/SR-570-27613, 2000
[35] Girard P, Blin J. Assessment of bio-oil toxicity for safe handling and transportation. Pyrolysis and Gasification of Biomass and Waste,CPL Press, 2003
[36] Piskorz J, et al. Conversion of lignins to hydrocarbon fuels. Energy & Fuels, 1989, 3: 723-726
[37] Blin J,et al. Biodegradability of biomass pyrolysis oils: Comparison to conventional petroleum fuels and alternatives fuels in current use. Fuel, 2007, 86 (17-18): 2679-2686
[38] Underwood G, Graham R. Method of using fast pyrolysis liquids as liquid smoke.1989,

US4876108
[39] Chum H L, Kreibich R E. Process for preparing phenolic formaldehyde resole resin products derived from fractionated fast-pyrolysis oils. U.S. Patent, 1991, 5 (091): 499
[40] Gallivan G C, Matschei P K. Fraction of oil obtained by pyrolysis of lignocellulosic materials of recover a phenolic fraction for use in making phenol-formaldehyde resins. U.S. Patent 1980, 4 (209): 647
[41] Stradal J A, Underwood G L. Process for producing hydroxyacetaldehyde.US5393542,1995
[42] Dobele G, et al. Levoglucosenone-a product of catalytic fast pyrolysis of cellulose. Progress in Thermochemical Biomass Conversion, Blackwell Science, Oxford, 2001
[43] lson J.Process for preparation of levoglucosan. U.S. patent 1966, 3 (235): 541
[44] Peniston P Q. Separating levoglucosan and carbohydrate derived acids from aqueous mixtures containing the same by treatment with metal compounds. U.S. patents, 3374222, 1968
[45] Moens L. Isolation of levoglucosan from lignocellulosic pyrolysis oil derived from wood or waste newsprint.U.S.Patent, 5432276, 1995.
[46] Freel B, Graham R. Bio-oil preservatives.2002, US6485841
[47] Radlein D, et al.Method of producing slow-release nitrogenous organic fertilizer from biomass. 1997, US5676727
[48] Czernik S, Bridgwater A V. Overview of applications of biomass fast pyrolysis oil. Energy & Fuels, 2004, 18(2): 590-598
[49] Oehr K H, et al. Reduction of acid rain and ozone depletion precursors. 1997,US5645805
[50] Oehr K H, Scott D S, Czernik S. Method of producing calcium salts from biomass. 1993,US5264623
[51] Panigrahi S,et al. Production of synthesis gas/high-Btu gaseous fuel from pyrolysis of biomass-derived oil. Energy & Fuels, 2002, 16 (6): 1392-1397
[52] Panigrahi S, et al. Synthesis gas production from steam gasification of biomass-derived oil. Energy & Fuels, 2003, 17 (3): 637-642
[53] Venderbosch R H, Prins W. Entrained flow gasification of bio-oil for synthesis gas.
[54] van Rossum G,et al. Catalytic and noncatalytic gasification of pyrolysis oil. Industrial & Engineering Chemistry Research, 2007, 46 (12): 3959-3967
[55] van Rossum G, et al. Evaporation of pyrolysis oil: Product distribution and residue char analysis. AIChE Journal, 2010, 56 (8): 2200-2210
[56] Ni M, et al. An overview of hydrogen production from biomass. Fuel Processing Technology, 2006, 87 (5): 461-472
[57] Wang D, et al. Biomass to hydrogen vai fast pyrolysis and catalytic steam reforming of the pyrolysis oil or its fractions. Industrial & Engineering Chemistry Research, 1997, 36: 1507-1518
[58] Czernik S, et al. Hydrogen by catalytic steam reforming of liquid byproducts from biomass thermoconversion processes. Industrial & Engineering Chemistry Research, 2002, 41: 4209-4215
[59] Iordanidis A A, et al. Autothermal sorption-enhanced steam reforming of bio-oil/biogas mixture and energy generation by fuel cells: Concept analysis and process simulation.

International Journal of Hydrogen Energy, 2006, 31 (8): 1058-1065
[60] Kinoshita C M, Turn S Q. Production of hydrogen from bio-oil using CaO as a CO_2 sorbent. International Journal of Hydrogen Energy, 2003, 28: 1065-1071
[61] Graça I, et al. Bio-oils and FCC feedstocks co-processing: Impact of phenolic molecules on FCC hydrocarbons transformation over MFI. Fuel, 2011, 90 (2): 467-476
[62] Basagiannis A C, Verykios X E. Steam reforming of the aqueous fraction of bio-oil over structured $Ru/MgO/Al_2O_3$ catalysts. Catalysis Today, 2007, 127 (1-4): 256-264
[63] Davidian T, Guihaume N, Iojoiu E, et al. Hydrogen production from crude pyrolysis oil by a sequential catalytic process. Applied Catalysts B-Environmental, 2007, 73 (1-2): 116-127
[64] Iojoiu E E, et al. Hydrogen production by sequential cracking of biomass-derived pyrolysis oil over noble metal catalysts supported on ceria-zirconia. Applied Catalysis a-General, 2007, 323: 147-161
[65] Calabria R,et al. Combustion fundamentals of pyrolysis oil based fuels. Experimental Thermal and Fluid Science, 2007, 31: 413-420
[66] Shaddix C R, Hardesty D R. Combustion properties of biomass flash pyrolysis oils: Final project report. 1999
[67] Perez M G,et al. Evaluation of the influence of stainless steel and copper on the ageing process of bio-oil. Energy & Fuels, 2006, (20): 786-795
[68] Chiaramonti D, et al. Sprays of biomass pyrolysis oil emulsions: modeling and experimental investigation. Preliminary results and modeling // 14th European Biomass Conference. Paris, 2005
[69] Ikura M, Stanciulescu M, Hogan E. Emulsification of pyrolysis derived bio-oil in diesel fuel. Biomass & Bioenergy, 2003, 24 (3): 221-232
[70] Hansen U,et al. Investigation of flame characteristics and emission of bio-oil in a modified flame tunne. 4th Biomass Conference of the Americas, 1999
[71] Wagenaar B M, et al. Bio-oil as natural gas substitute in a 350MWe power station. 2nd World Conference on Biomass for Energy, Industry and Climate Protection, 2004
[72] Brammer J G,et al. Opportunities for biomass-derived "bio-oil" in European heat and power markets. Energy Policy, 2006, 34 (17): 2871-2880
[73] Daily J W. Sprays and spray combustion. Biomass Pyrolysis Oil Properties and Combustion Meeting, Estes Park, Colorado, 1994
[74] Shihadeh A, et al. Combustion characterization of wood-derived flash pyrolysis oils in industrial-scale turbulent diffusion flames. Biomass Pyrolysis Oil Properties and Combustion Meeting, 1994
[75] Baxter L, Jenkins J. Baseline NO_x emissions during combustion of wood-derived pyrolysis oils. Biomass Pyrolysis Oil Properties and Combustion Meeting, Estes Park, Colorado, 1994
[76] Rossi C. Bio-oil combustion tests at ENEL. Biomass Pyrolysis Oil Properties and Combustion Meeting, Estes Park, Colorado, 1994
[77] Oasmaa A, Kyto M. Pyrolysis oil combustion test in an industrial boiler. Progress in Thermochemical Biomass Conversion, 2001
[78] 朱锡锋等.生物油雾化燃烧特性试验. 中国科学技术大学学报, 2005, 35 (6): 856-860

[79] Suppes G J, et al. Autoignition of select oxygenated fuels in a simulated diesel engine environment. AIChE National Meeting, 1996
[80] Bertoli C, et al. Running light-duty diesel engines with wood pyrolysis oil. Journal of Fuels & Lubricants, 2001, 109: 3090-3096
[81] Ormrod D, Webster A. Progress in utilization of bio-oil in diesel engines. PyNe newsletter, 2000, 10: 15
[82] Andrews R G,et al. Firing fast pyrolysis oil in turbines. Biomass Pyrolysis Oil Properties and Combustion Meeting. Estes Park, Colorado, 1994
[83] Strenziok R, et al. Combustion of bio-oil in a gas turbine. Progress in Thermochemical Biomass Conversion, 2001
[84] Juste G J, Monfort J J S. Preliminary test on combustion of wood derived fast pyrolysis oils in a gas turbine combustor. Biomass& Bioenergy, 2000, 19: 119-128

附录 7-1　生物油性质的分析方法

1. 均相性(是否发生水油两相分离)

(1) 准确取样

在取样之前，首先要保证储油容器中的生物油基本均相。对于小于 10 L 的储油罐来说，通过简单的振摇即可摇匀生物油；对于稍大一点的储油罐(10~100 L)，若油样已经存放 6 个月以上(老化已经较为严重)，首先将油罐倒置一昼夜，再使用搅拌器搅拌 1h 将其混合均匀；对于容积在 1 m^3 以上的大型储油罐，可以在罐中安装螺旋桨式搅拌器，也可以在油罐外部利用泵等机械实现罐内上下油层之间的循环，若下层生物油黏度过大而泵取困难，可在油罐外使用 30~40 ℃的循环水将其预热。

采用注射器、活塞泵或玻璃试管等从容器的上部、中部和下部分别取样。

(2) 显微镜观察

用显微镜对从容器中不同深度处取出的生物油进行初步观察，如果各部位取出的生物油形貌存在着很大的差别，则可认为生物油已经发生了分层；如果只是最表面或者最底层的生物油的形貌和其他部位的生物油的形貌有一定的差别，则不能直接判断生物油是否已经发生了分层，需要将各部位的生物油混合后进行水分或者固体颗粒含量的分析，最常用的方法是水分分析。

(3) 7 天静置试验

将混合后的生物油置于一个 100 mL 的容器中，密封，然后于室温下保存 7 天，分别从上部、中部和下部取样，采用卡尔费休方法测量各个试样的水分含量。如果上下部的水分含量差别不超过 5%，则是在可接受的范围；如果超过 5%，就说明生物油发生了分层。

2. 水分含量

(1) 测量

根据卡尔费休标准方法测量水分含量(以氯仿和甲醇的混合物作为滴定溶剂)。

(2) 结果准确性分析——加水测试

将少量水加入生物油中，然后搅拌 30 min，放入一个密封的玻璃容器中，于室温下放置一夜，在测试之前，将试样再度摇匀，所测得的水分含量应与理论计算值相当。

附表 7-1 卡尔费休滴定测量过程中可能会碰到的一些问题及其解决方法

观察到的问题	可能的原因	解决方法
滴定终点逐渐消失或者滴定终点不明确	①干燥剂潮湿 ②空气泄漏进去 ③生物油试样不均相 ④醛酮组分与卡尔费休试剂发生反应 ⑤测试瓶壁或者盖子上有水分	①更换或者干燥干燥剂 ②检查密封圈、隔膜等 ③将试样做成均相的 ④采用合适的试剂，如 Hydranal 试剂 ⑤将容器清洗然后滴定水分含量
滴定时间过长	①生物油试样过多或者水分含量过高 ②生物油溶解到卡尔费休试剂中的时间过慢	①减少试样的使用量 ②加入助溶试剂
滴定终点不清晰	①电极被污染 ②生物油非均相 ③试剂被污染	①清洗电极 ②使生物油呈均相 ③更换试剂
水分含量过高或者过低	①生物油均相化操作不充分 ②滴定管读数错误 ③电极污染 ④水当量波动 ⑤滴定终点有误	①使生物油呈均相 ②校正滴定管 ③清洗电极 ④检查水当量 ⑤校准或者加水检验
复验结果的差别	①试剂或容器中有水分 ②生物油非均相 ③试剂被污染 ④试样溅到容器壁面上	①滴定试剂 ②尽量使用等量的试样 ③更换试剂 ④试样放入过程小心

3. 固体颗粒含量

(1) 溶剂选择

乙醇——适用于不含提取物裂解物的生物油，如由软木、硬木或某些秸秆制取的生物油；

甲醇和二氯甲烷的混合物——适用于含有提取物裂解物的生物油，如由含有树皮、树叶等组分的林业废弃物和某些农业废弃物制取的生物油。

(2) 测试方法

1) 取样，取样的量根据其中固体颗粒含量而定，以最终得到 10~20 mg 的固体颗粒为准；

2) 将试样溶解于 100 mL 的试剂中；

3) 将混合液体用孔径为 1 μm 的滤纸过滤。如果由于试样中固体颗粒的含量很高而导致过滤困难，可以先采用大孔径滤纸(如 3 μm)进行过滤，然后将滤液用 1 μm 的滤纸过滤，将两次得到的固体颗粒含量相加即得到总的固体颗粒含量；

4) 充分洗涤试样瓶、滤纸和残渣直至滤液澄清；

5) 将滤纸连同其上的残渣先在空气中干燥 15 min，再转移至 150 ℃的烘箱中干燥 30 min，然后干燥冷却称重；

6) 根据初始生物油试样量计算得到固体颗粒含量。

4. 固体颗粒粒径分布

(1) 测试设备

Leica DM LS 生物荧光显微镜，带 Leica Qwin Lite Standard 图像分析系统。

(2) 测试方法。

通过显微镜观测到固体颗粒，计算机图像分析系统根据颗粒的长度计算并将颗粒分类。如果生物油中的固体颗粒含量过高，有可能颗粒之间会发生重叠，从而导致结果错误。

5. 金属元素含量

(1) 方法一：电感耦合等离子体原子发射光谱(ICP-AES)

试样预处理：湿氧化法。

操作过程必须在通风橱中完成。将 1~2 g 生物油加入 10~20 mL 浓硝酸(也可用 2:1 的硝酸与高氯酸的混合物代替浓硝酸)，煮沸约 1h 直至溶液澄清。澄清后的溶液用水稀释至 50 mL 待测。

如果生物油试样中含有较多的硅酸盐，在试样的预处理过程中，硅会以 SiO_2 的形式析出，这样对硅含量的测量就会有错误。对硅含量进行精确分析，一般通过燃烧得到灰分，然后对灰团进行分析。

附表 7-2　湿氧化法和 ICP 分析对各种金属元素的检出限

金属	检出限/(mg/kg)	金属	检出限/(mg/kg)
Na	5~10	Pb	5~10
K	5~10	Cd	1~3
Ca	0.2~0.5	As	5~10
Mg	0.2~0.5	Co	0.5~1

续表

金属	检出限/(mg/kg)	金属	检出限/(mg/kg)
Fe	0.5~1	Cu	0.5~1
Si	5~10	Ni	0.5~1
Zn	0.5~1	V	0.5~1
Al	3~5	Cr	0.5~1
P	5~10	Hg	0.5~1

(2) 方法二：原子吸收光谱(AAS)

1) 试样预处理：湿氧化法。

操作过程必须在通风橱中完成。将生物油试样(3~5 g)放入锥形瓶中，然后加入 20mL 的浓硝酸(浓度 65%)，液体会产生泡沫(NO_2)，待气体全部逸出(这个过程约 30min)，再缓慢加入 10mL 的高氯酸(浓度 70%)。将混合物蒸沸 1~1.5h，直至混合液体体积浓缩至小于 5mL，此时所得液体为无色澄清液体。将此液体用 50mL 的蒸馏水稀释，再转移到塑料瓶中，加入 5mL 的氢氟酸，静置一夜后分析。

2) 试样预处理：干烧法。

将 10g 生物油与一定量的异丙醇置于坩埚中加热燃烧直至有机物完全燃烧，将燃烧后的残余物置于马弗炉中加热至 520℃，灰化 2h，向残余物中加入 1mL 浓盐酸和 2~3mL 蒸馏水，再加热冷却，向冷却液中加水稀释至 25mL。所得溶液即可进行分析。

3) 试样预处理：乙醇溶解法。

将 0.1~1 g 生物油溶于 40 mL 异丙醇中，所得溶液即可进行分析。

6. 安定性分析

(1) 取一定的生物油试样，均匀搅拌，并静置让搅拌产生的气泡消失，然后将试样装入玻璃容器中(一般 100 mL 的容器中要装 90 mL 生物油，50 mL 的容器中装 40 mL 生物油)并密封，然后将容器称重。

(2) 将密封的玻璃容器置于一个设定的温度下加热一段时间，而后取出称重，如果容器连同油样的质量比初始质量有较大的减少，则在加热过程中可能出现了轻质组分的损失，实验必须要重做。如果质量基本不变，则可以对生物油进行老化性能的测定。

(3) 首先对老化生物油的均相性进行分析，对于仍为均相的生物油，分别测定其水分含量以及 40℃和 80℃下的动力黏度，然后计算水分和黏度(两个温度之下)的增幅。对于已经出现水油两相分离的生物油，重新准备试样并在此温度下对生物油保存不同的时间，找到生物油发生相分离的保存时间。

推荐的生物油安定性测试条件：分别在 80℃下保存 6h 和 24h，50℃下保存 7 天，然后测量生物油的水分以及 40℃和 80℃下的黏度。

7. 润滑性分析

(1) 测试设备

测定液体燃料润滑性能的仪器有四球机、高频往复机等多种试验设备，由于试验在摩擦过程中会产生热量导致液体升温，而生物油中含有很多轻质组分，因此，能够准确测定生物油润滑性能的仪器必须具有一定的密封性。常用的仪器是四球机。

(2) 测试方法

利用四球机测定生物油的最大无卡咬负荷(P_B值)，在一定的载荷下测定标准钢球的磨斑直径(WSD)和摩擦系数(friction coefficient)，从而得到生物油的极压、抗磨和减摩性能的参数。

可利用扫描电子显微镜观察钢球磨斑的表面形貌，并可利用X射线光电子能谱仪(XPS)分析钢球磨损表面元素的化学状态(包括元素含量以及各元素的存在形式)，以及俄歇电子能谱仪(AES)分析元素的深度分布，从而确定生物油润滑机理。

8. 腐蚀性分析

(1) 测试条件

腐蚀性能的测试条件应该根据生物油实际应用过程中的各种可能的工况而定，如静止或流动(不同的流动速度)、常压或高压、常温或高温、长时间接触或间断接触、有无空气接触等。

(2) 测试方法

将磨光、洗净、晾干的各种金属片浸入定量的生物油试样中，在一定的试验条件下保持一段时间后，取出金属片洗净、晾干并称重。首先与未试验金属片(或标准比色板)比较，观察金属片的颜色变化；然后称重，判断金属有无质量损失，如果有腐蚀，计算腐蚀速率。同样，可采用XPS和AES分析腐蚀金属表面的元素状态及元素深度分布，从而确定腐蚀机理。

9. 推荐的生物油标准分析方法总结

附表 7-3　生物油标准分析方法总结

分析项目	标准方法	所需的试样量
水分含量/wt%	ASTM E203	1g
固体颗粒含量/wt%	乙醇溶解	30g
	甲醇和二氯甲烷溶解	30g
固体颗粒粒径分布	显微镜+粒子计数器	1g
康拉逊残炭值/wt%	ASTM D 189	2~4g
灰分含量/wt%	EN 7	40 mL
CHN/wt%	ASTM D 5291	1 mL

续表

分析项目	标准方法	所需的试样量
S 和 Cl/wt%	毛细管电泳法	2~10 mL
碱金属含量/wt%	AAS	50 mL
金属含量/wt%	ICP，AAS	50 mL
密度(15℃) /(kg/dm^3)	ASTM D 4052	4 mL
运动黏度(20,40 ℃) /cSt	ASTM D 445	80 mL
动力黏度/mPa·s	旋转黏度计	40 mL
倾点/℃	ASTM D 97	80 mL
高位热值/(MJ/kg)	DIN 51900	1 mL
闪点/℃	ASTM D 93	150 mL
pH	pH 计	50 mL
水不溶组分/wt%	加水	5 mL
安定性	80 ℃ 24h	200 mL
	40 ℃ 1 周	200 mL

索　引